32体质之生日与血型

E时代的东西方医学整合

郭 明 著

中医古籍出版社

图书在版编目（CIP）数据

32体质之生日与血型/郭明著．－北京：中医古籍出版社，2013.9（2018.4重印）
ISBN 978－7－5152－0418－5

Ⅰ．①3…　Ⅱ．①郭…　Ⅲ．①体质学－通俗读物　Ⅳ．①Q983－49

中国版本图书馆CIP数据核字（2018）第050857号

32体质之生日与血型
——E时代的东西方医学整合

郭　明　著

责任编辑　杜杰慧
封面设计　唐人佳悦　曹　成
出版发行　中医古籍出版社
社　　址　北京东直门内南小街16号（100700）
印　　刷　三河市华东印刷有限公司
开　　本　787mm×1092mm　1/16
印　　张　19.5
字　　数　450千字
版　　次　2013年9月第1版　2018年4月第3次印刷
印　　数　0001～3000册
书　　号　ISBN　978－7－5152－0418－5
定　　价　78.00元

序　一

郭明大夫发明的32体质量子检测仪是当代医学领域的重大发明，对人类的健康保健会发挥积极作用。建议卫生行政管理部门予以大力支持推广，并且使之更加成熟和有利于更广泛的应用。

赵元果

2017.11.9

（注：赵元果先生是原中国专利局专利复审委员会副主任。）

序　二

我对郭明大夫32体质的认识

郭明医生及其团队的中西医并重研究新成果，是个实施健康评测和健康管理的全新服务模式。知道了人体生物分子受光波能量激发而散射的能量会因人体健康状况而异，因此根据人体细胞散射的这种能量，来评估人体健康状况，是很科学的。

人体生物分子受光波能量激发而散射的能量会因年龄大小和生理周期等情况的变化而变化，因而在根据人体散射的这种能量来评估健康状况时，通过利用生日、血型来确定人的年龄及当前生理水准，从而来校正评估误差，达到解决健康问题的目的，这在国际自然医学领域是个创举。

郭明医生在美国等国家原有血型与饮食的研究成果基础上，发现并提出O型血禁用活血药、B型血慎用疫苗、A型血与三高慢病密切相关、AB型血肠癌多发等，证明血型不同，人体体质不同，人体生物分子受光波能量激发而散射的能量不同。即血型不同，人体生物分子受光波能量激发而散射的能量也不同。

在根据人体生物分子受光波能量激发而散射能量评估人体健康状况时，郭明医生通过生日确定人的年龄及当前生理周期水准，以及血型对散射能量的影响，进一步提高了人体健康状况评估的准确性。

作为香港国际生命品质医学院的院长，我很赞同和推荐郭明医生的中西医创新理论和成果，最近我成功康复了台湾1例渐冻人患者，就是用我独创的活能技术和郭明大夫的32量子检测理论和仪器相结合，取得了令人瞠目的神奇效果。我确信，如果所有疑难疾患能用郭明大夫的32体质理念和技术来进行先天体质分类，再针对性治疗，这将是对人类一大贡献。

香港国际生命品质研究院　李泽恩

2017年11月8日

序　三

认识 32 体质

郭明医生曾服务于北京博爱医院 30 多年，她临床工作的最后 10 年，是在医院的病案统计室做研究工作。郭明医生用一生的从医经验，翻阅了 5 万多份重症者与死亡者的病历，从中发现了很多对临床极有意义的提示，其中一项就是每个人的生日和血型对生命和疾病的影响。郭明医生认为，作为行医者真的要了解患者的先天体质和血型，假如医生不认识患者的先天体质和血型，在临床上用手术或用药物等，很可能对患者造成过度治疗引起后续康复的困难，甚至死亡。

2013 年郭明医生出版了著作《32 体质之生日与血型》，为了呼吁中西医生们重视患者的先天体质和血型，呼吁爱好养生及重视健康的人能够认识自己的先天体质和血型，保护好自己，远离疾病。去年我有幸接触郭校长的 32 体质理论，感悟 32 体质理论的精髓，透过自己或每一个人的出生年月日的天干地支简单的排列，从而认识先天体质选择同气相求的食物并如何从自己的血型中正确选择饮食方式，启动人体的自愈能力与平衡。近一年来，我深深体会到郭校长独创的 32 体质的威力，结合中华传统文化中易经的八个卦象与 7 亿人口拥有的常见的 4 种血型，全写在人类的双螺旋中，透过 32 体质揭开每个人的先天密码。

2017.10.26.

钟丽

（**简介**：法国钟丽老师是国际自然疗法师、国际膳食营养专家委员会委员，曾专程来北京参加 32 体质培训班学习，毕业后回巴黎开展 32 体质大中医服务，其行动已影响当地社区和葡萄牙医生圈，让外国人体验到中国生命智慧。）

La compréhension des 32CIS

Dr.Guo Ming a travaillé à l'hôpital de Beijing bó ài pendant plus de 30 ans. Elle a consacré les 10 dernières années à la recherche en exploitant les données statistiques obtenues à l'hôpital. Durant sa vie, elle a accumulé de l'expérience en médecine, a lu plus de 50 000 cas de maladie grave et de décès dans les dossiers médicaux, d'où elle a découvert des récurrences cliniques significatives, notamment au niveau de la date de naissance et du groupe sanguin des patients.

Dr.Guo Ming pense que si le médecin ne connaît pas la constitution innée et le groupe sanguin du patient, alors une pratique chirurgicale ou la prescription de médicaments, etc., risque de provoquer un surtraitement des patients, une difficulté de réhabilitation ou même la mort. C'est pourquoi il est important que sa découverte soit connue par le plus grand nombre de spécialistes.

En 2013, Dr.Guo Ming a publié un livre intitulé « 32 constitutions innées et groupes sanguins », afin de sensibiliser les médecins chinois et occidentaux à la constitution congénitale du patient et à son groupe sanguin. Il a aussi pour but d'apprendre aux particuliers sensibles au bien-être et à l'importance de la santé, à pouvoir reconnaître leur CIS, et se protéger de la maladie.

L'année dernière, j'ai eu l'honneur de contacter la créatrice des 32 CIS. J'ai ainsi découvert l'influence des combinaisons des troncs célestes et branches terrestres et le groupe sanguin régies par la naissance d'un être, et qui permettent une meilleure compréhension du corps originel. J'ai également compris l'importance de l'alimentation dans ce contexte, pour équilibrer la santé et améliorer sa capacité d'auto guérison.

Durant cette année, j'ai compris la puissance des 32CIS, qui combinent la sagesse des anciennes pratiques chinoises et les 4 groupes sanguins inscrits dans notre ADN, et qui dévoilent notre héritage inné.

Le 26.10.2017

目　录

第四篇　32 体质应用中的问与答

后记

附录

前　　言

自序一：从病案查出来的 32 体质分类

为什么我强调“用医案说事”？

首先，因为我是个大夫。不管什么大夫，中医西医、国内海外、正规的还是民间的，远古的还是现代的，只要行医就有文案，就会有记录，区别只是记录文字和记录的方式不同罢了。更何况，我的大量时间还在医院病案室，用医案说话，顺情顺理，既不耽误工作，又可以及时把学习的体会汇集成书。

我感恩八年来日复一日的普通病案室工作，感恩翻过的 4 万多份出院病历。正是这众多的病历，给了我启迪和灵感，给了我大量的数据和佐证，让我可以不用四处奔波，就能完成自己的研究积累。我书中的所感所言，全部来自临床一线的医疗实践，希望读我书的有缘之人，不要把时间浪费在书本的文字上，这是其一。

其二，书中所谈，是 40 年的临床心得感悟，是我多年坚持医学知识更新，对临床现象的融会贯通。其中有很多全新的医学理念，包括信息能量、气场频率，都是看不见摸不着，却又真实存在的病例所见。对于习惯传统理论思维的人不仅陌生，还会有很大的感觉冲撞，如果不用事例串起理论的珍珠，有一定理解难度的体质属性很难讲清楚，医案是我说明观点的制胜法宝。一个临床几十年的医生，其经验并非单纯是以往经历的堆积，而是经过一次又一次的“去伪存真”，才可能在错综复杂的临床现象中，准确地识别其症结所在，找到解决矛盾的方法。医生没有更多的时间去钻研理论，养成的习惯就是重凭据重数据，我相信只有临床病例能够点燃科研思路的火花。

其三，生日 + 血型 + 量子科技的三合一体质定类，获 2010 年香港国际自然疗法创新奖，文字定位很准确，“易经与量子医学之临床应用和知识技能整合”，整合的正面理解是创新，负面解释是东拼西凑，所以我必须用到案例。不否认，32 种体质的创立来源于 21 世纪三个前沿医师的最新研究成果。生日的运算是我学妹栾加芹博士的易经卦象体质学说；血型是美国华盛顿州西雅图贝斯特大学自然疗法专家戴德蒙（Perter J. D' Adamo）博士的研究所得；生物信息能量医学的应用来自台湾何逸仙医师的宝贵临床实践；书中“弱脏”的推算来源于台湾的楼中亮医师，他们都是原创。是他们的智慧，点燃了我32种体质的分类和临床心得。我只是凭着对病案的感悟，凭着感悟后的举一反三完成的此书，不是理论研究和文化探讨的结果。

其四，作为一个医生，我感恩所有经医疗救助过世的每个人，感恩生我养我的父母双亲，是他们用生命留下的救治经历，让我不敢有丝毫懈怠；是每个生命的严肃性，教会我怎样做个好医生；是医生的责任告诫我，绝不能在同一个石头上摔两个跟头，所有病人弥留人世的生命诠释，都是每个医生临床学习的最好教材。如果把遗体捐献比作物质财富，病案记录就是无形资产，其教育意义远胜于尸体解剖和动物实验，尤其在21世纪医学的今天。书中举例并非全是死亡，也不全是我自己亲诊，但全部来源于临诊一线。

其五，32体质分类开天辟地头一次细化了每个人的生日血型分析，正面的帮助是为了疾病预防和量化优质人生，如果理解上有误差，包括教条式的照搬、井喷式的需求等，都可能带来事与愿违的风险，为防止这种可能的负面结果，我必须采用病案说事，减少好奇、减慢传播，局限在有需求的读者缘分里。与此书观点产生共鸣的人，不论你是不是医者，都会用心灵去感知世界和自己身体的和谐，有较高悟性和仁孝的家庭亲情者，都叫有缘。相反，如果面对大量事例没有悟性，以为偶然个案、以为迷信忽悠、以为荒诞不经者，则为无缘。

不知从何时开始，当今的医生竟站到了职场的风口浪尖上。我希望此书的出版能促进更多新入职的医生写好病案，无论中医还是西医，无论是民间草医还是博士后，拿出更多的时间关注病人和临床，关注治疗质量，关注自己的行医积累，能耐住寂寞看病解决问题，少一些时间花费在比拼SCI论文多少和论文影响因子上。如果读完此书，能够悟出以下规律，我的行医心得就没有付之东流：

医学进步的标志永远都取决于治疗效果，而不是其他。

如果医疗实践的结果是一次又一次的失败，那么指导实践的理论或者假说，就一定是错误的，不论罩在什么样的光环下，都会被推翻后重新来过。

历史总是在以看不见的速度淘汰落后，以摸不着的规律成就未来，面对一个充满未知的生命医学前程，我们所能把握的只是自己。

作者　2012年7月12日

自序二：一个内科医生历经30年的行医探索

2012年是我进入医药卫生领域工作整整43年的光景。

从护理员兼三大常规化验员做起：

1969年4月，我参军入伍到广州空军医院。先是被分配在大内科做护理员，类似现在病房的护工。那时不是护理一个人，而是负责整个科室的卫生、病人的开饭，护士的助手。

工作一段时间，内科刘主任可能看我有较好的文化基础，让我去化验室学习了一周，然后回病房，一边继续做护理员的工作，一边兼病房的血尿便三大常规化验员。那时我忙的一塌糊涂，又要搞卫生、开饭，又要采标本、做化验出报告。当我刚刚熟练时，护校的护理培训班开课了，我被送去学习，那时对医药卫生行业的进入还是完全盲目和被动的，缺乏主动意识，直到后来被送军医院校。

初进西医院校：

20世纪70年代初，护校学习还没毕业，又被医院领导选送军医院校学习，使我有幸作为第一批工农兵学员，进入了广州第一军医大学第九学员队。在学校上基础课时的我，首先表现的才华仍然在文化知识上，而不是在功课上。直到进入临床实习，我开始转变。临床学习的基地在广西桂林一家专区医院，我“治好”的第一个病人让我至今不忘。

第1个病例：耳聋治愈？——给我的警醒

一个农村老大爷带着他10岁的儿子挂号五官科，一定要找解放军医生解决儿子的耳聋问题。当时的电台广播，一直在宣传解放军医生在自己身上扎针解决聋哑的事迹。我当时正好轮转在五官科学习，于是在教员的同意下，先询问病史，知道不是从出生时就聋，心里踏实了。

开始做常规检查，所见让我震惊：孩子两个外耳道被泥土堵得满满的，有的甚至已经结痂。于是我就开始“清淤”，把脏东西润湿、软化，一点点取出，两个耳道也真是颇费了一番时辰。等我什么都清干净，还想进一步检查时，孩子已经能和他爸爸对话，显然已完全恢复了听力。这哪里是什么耳聋?！不曾想，老大爷却拉着孩子给我跪下，一边磕头，一边说了一大堆感谢解放军救命之恩的话。我无从解释，手忙脚乱去拉扯着，真觉得受用不起。

但当时的情景却给我留下了一生的感慨：医生与病人、与非医界的人士，在医疗认知上的反差如此巨大，提醒着我这个刚上路的医学生。我开始思索医生这个职业，开始关注临床个案，开始感兴趣解决临床问题，开始懂得，当好一个医生绝不仅仅是学校书本，包括解剖、实验那一点点理论知识和技术所能涵盖了的问题。我要终生学习，向病人、向实践、向时间、向社会、向自我身体去学习，去通过实践寻找和解决问题。

第2个病例：冷饭后胃痛 ——医学生的自我疗愈

回院校后，一次因备考吃了冷饭，一直胃痛，伴随点腹泻，就住进了自己院校的附属医院。当学生什么都新奇，看医生给自己开所有课堂学到的解痉药，一个个吃下去，却疼痛依旧。想想诱因很明显：不就是吃了凉饭嘛，于是就回原医院，找来些暖胃的食物，吃后立即止痛，感觉比服颠茄合剂管用多了。住了一周病房没解决的问题，2 天后就痊愈出院了。

这一次自我干预的成功给了我自信，从此便一发而不可收。也就是说，从我还是个医学院学生起，我就开始为自己治病了，直到现在。40 年过去了，我始终认为，如果一个医生解决不了自己的患病痛苦，应该不具备给他人看病资格的。当医生的过程，应该是一个自我诊病、自我疗愈，从自己身体的切实感受来探索治病救人规律的过程，如总是把未知的答案押宝在书本、理论，押宝在实验动物身上，他可能是个学者，但不一定是个好医生。

当时，我们是“文革”后的第一批医学院校学员，可能考虑到政治上的影响，挑选的任教老师都很棒，他们基础课功底扎实、有真才实学、非常敬业。由于学时短暂，与其说从老教员那里学到临床基础课程，不如说学到了做医生的严谨，和全身心投入这个职业的道德和品行，精神信仰层面的感召力，远比书本知识更多。

院校期间，我把更多的精力投入在了医学相关知识的广泛涉猎上，而不是条文的背诵应考上。所以，第一个西医学院校的学习，对我更像一个做医生的洗礼，夯实了一个如何做医生的奠基石：从学识到灵魂。我由此认识到，医生这个行业的崇高和神圣，绝不仅是值个班、开个药，那么简单。毕业时我已开始立志：一定要做个好医生，并要为此付出终生！

初做内科医生：

院校毕业被分回原来医院内科，当时对分配有首打油诗："金眼科，银外科，破铜烂铁妇产科，糊弄人的是内科。"意思是说当内科医生是很不幸的，因为内科没有能治好的病。但我很喜欢内科，那时的内科是个综合大内科，分1内心肾血液和2内呼吸消化两大病区，我开始在1内科值班管病人。喜欢内科还有个理由，就是内科有3个让我佩服的科主任：雷集瑞、刘振跃、王仁元。事后证明，正是老一辈医生悉心的全方位调教，才让我临床处置的本事得到迅速的成熟和提高；临床医学是要有传承的，没有哪个毕业生可以不需要带教。

我那时同所有西医毕业生一样，临床上遇到所有问题都是先寻找病因，确定诊断，可能是到了某种痴迷的状态。2006年去广州，当年的老医生还提起，我为明确一个病人的诊断，通宵看书、床边观察，第二天早交班兴奋地告诉大家："我找到原因了，入院病人是个胰腺炎。"几十年过去我都忘了，这些老人们却还记得，可见对我当时寻因找诊断印象之深刻。

不过很快，我也陷入了困惑，开始认同了分配打油诗的观点。因为每个诊断过后的处置，除去抢救，就没有什么像样的解决办法了。尤其是那些模棱两可的神经功能性诊断和所有慢性病，治疗措施都是那样无可奈何，未知数甚多，且持续至今，影响着几代西医内科系的医生们。

开始西学中旅程：

20世纪70年代中期，国家又开始了新一轮西医学习中医的教育，正好被我这个初出茅庐的小内科医生撞上。第一次西学中是在建国初期的50年代，国家倡导中医、西医、中西医结合并举。那时从原苏联学成回来的很多前辈，成为后来物理治疗领域的中坚力量，90年代又成为物理康复领域的先锋力量。

第二次西学中浪潮掀起时，我恰被医院领导选送，去广州中医药大学第六期西学中高年资医师班学习。理论加实习两年时间，让我终身受益。那段时光太难忘了，我徜徉在祖国医学的知识宝库里，倾听着现在成为中医泰斗的老医师们讲课，与来自广东各县地许多临床西医的老主任们同窗，与来自各国的外国留学生同宿舍（得益于我的标准普通话）。

当时留学同学有德国、日本、越南、老挝、柬埔寨等，所有师生之间没有语言障碍、没有争吵、没有炫耀、没有抄袭，也完全没有金钱、商业、媒体的纷扰，有的就是如饥似渴地学习和探究。我们一起讨论病案、上山采药、观察疗效、总结收获，从早到晚700多天，那是一个何等的学习经历，全身心完全敞开，像藏传佛教顶礼膜拜般崇敬，像藏民五体投地叩拜那样虔诚。

到21世纪的2009年，我给当时的任教老师邓铁涛写了一封信，可见一瞥，信的全文附后。信发出去没多久，邓老就让秘书回电话给我：郭明同志，邓老收到来信及大作很高兴，谓："您没白学中医，已走在正确的路上，但不可限于60岁，60岁以后是人生的又一次征途的开始。"

西学中班2年的学习，留给我唯一的遗憾，是知道点天干地支的皮毛，但不知如何去计算和运用其中的规律；当时只有朦胧的感觉，天干地支是中医宝库中埋藏最深的知识瑰宝，其强大影响力无处不在，因为它可以把天地对人类局地流行性疫情的影响，预测的非常精准。恰恰是毕业30多年后，在医疗实践积累的大量病案中，我才渐渐悟出些天干地支的奥秘。

中西医结合的早期临床实践：

尽管西学中的时间短暂，但对我一个年轻医生来说，掌握中西医双料治疗方法的我，相当知足了。毕业回科，我开始转型，不再感兴趣病因和诊断，而是像一个上紧发条的小闹钟，没日没夜地围绕在病人身边，观察临床反应和细微的改善，寻找着最好的解决办法，追逐着神奇的疗效，那时有很多案例让我至今都感到骄傲和执迷。

第3个病例：肝癌好转 ——被老医生否认了肝癌诊断

那是一个40多岁的部队干部，因为肝肿瘤病情危重，住在二内科一进门右手第一间单人病房内。查房时，我看到他养了几个龟鳖在桶里，说是养来治病用。想想那时还没有像样的癌症的治疗办法，不如用中医院校学到的理论试试，开完中药的常规方剂，我悄悄约出另一个年青大夫，在一个老医生家3岁的小男孩那取了100毫升左右的童子尿，持续1~2周，天天配中药汤剂同服。那段日子疗效显而易见，病人脸色开始红润，身体恢复了体力，肝功化验值开始正常。

正当我想一鼓作气之时，科主任却把我给调开了，理由是说那人已经排除了肝癌的诊断，不是我的病人，不让我继续开方给药了，我只能离开。离开不到两周，病人就出现了反复，抢救无效去世了。我去参加了最后的尸解，亲眼看见：整个肝脏像一个白色的菜花，唯有肝表面有4~5层薄纸般的正常肝组织。

那个印象太深刻了，当时我猜想，也许就是那层肝组织支持着正常的肝功能化验？事情过去半个世纪了，童尿、菜花状肝癌、被否定、解剖现场……还不时浮现在眼前，似乎在昭示我：人的自愈机能是能够被激发调动的，肝细胞的再生能力和身体的调控能力，远没有想象的那么脆弱。

第4个病例：复合型溃疡2周愈合 ——中西药合用的成果

30年前胃溃疡的检查办法还很单一，就是钡餐透视。部队的胃溃疡患者很多，几乎占了半边楼，病员都是些老病号，反反复复，症状好些、部队有训练就出院，闲下来、医院有床就又回来住院。有个胃与十二指肠双溃疡的病人，现在分析很可能就是胃体质O型血患者，在科里多次反复住院，成了消化内科的老大难，无人不晓，别说病人连医护人员都失去了信心。接管后，我用黄芪建中汤和痢特灵给他治疗，复查钡餐透视回来的那天，情景很轰动：整个楼层都洋溢着病人欢乐的声音，“我的溃疡愈合了，钡餐上2个溃疡都愈合了，我不会再来住院了！”

第5个病例：晚期肝硬化腹水减少，好转中度过3个月死刑期

当时还有个被判只能存活3个月的肝硬化病人，两口子感情很好，男方是个干部，女方一定让我开中药。我仔细辩证，小心摆平，活血中行气，破淤中补气，三剂药下来，症状明显改善，腹水减少，黄疸指数和转氨酶呈下降趋势，他们拿到化验单的复查结果，高兴的样子至今还浮现在眼前。虽然不是我治疗的全程，但是在我的中药方干预下，他们不是在惊恐中，而是在身体全面恢复，准备出院的情况下、渡过了曾被判定只能活3个月的期限。

第6个病例：碎辣椒治愈滚水烫伤的提示

有个未满周岁的孩子，家人烧水洗澡时，孩子不慎光屁股坐到没兑凉水的滚热水盆里，立时皮肤烫伤起泡，家长托他们的厂医找到我，当我们即刻把碎辣椒涂抹在烫伤的皮肤上时，眼见着孩子不哭了，烫伤皮肤的水泡消了，皮肤颜色很快恢复了正常。

之前，我和厂医曾做过试验，把碎辣椒涂在被火燎伤的皮肤上，用纱布包扎上，结果烫伤的皮肤好了，烫伤外围的好皮肤却伤了，又红又痒，这个案例让我难忘。当我从易经同气相求的理论中得知辣椒、辛味走肺，肺又是主管皮毛的，再回想这个案例，就不再觉得是个偶发现象了。

我很在意民间医生的经方验方，我一直都认为，看似个别的神奇一定蕴藏着普遍的真理，只是我们不知道罢了。后来，在我创办的《中国康复城》网站中，我专门做了一个栏目，把北京晚报的“从生活中来”搜集提供给网民，以弥补现今正规治疗手段的不足。

那段时间我很活跃，除了在医院值班还和药厂的研究人员合作，成功开发了最早用于临床退热的石膏针剂、面瘫的外敷鹅不食草……，与没学中医前比真是全然不同，如果广空458医院的病案保存完好的话，把1976年后我

管的出院病历找出来，我想一定还会有很多尘封的记录，会让我激动不已。

总之，我很享受那段时间中西医两种手段结合解决临床问题的实践，当时也成了医院大内科最受欢迎的年轻医生。记得有天晚上我值班，病人看完电影从操场回来，忽然都管我叫起了“春苗医生”。后来知道，那天放的电影描写和歌颂了一个农村的赤脚医生，那个赤脚医生名字叫“春苗”，病人不约而同地把我比作他们身边的“春苗医生”，可见，我当时在内科住院病人心目中的形象，有多么美好和赋予期待。

正是临床中西医结合的早期成功实践，奠定了我后来为之奋斗一生的根基。2008 年在香港参加第 3 届国际自然疗法学院博士班的毕业典礼上，我代表大陆唯一北京学员发表了毕业感言，其中有一句话是说：“我很高兴，行医 30 余年终于找到自己临床学问的归宿和全身心投注的事业，那就是人体整合、医学整合、服务整合。我坚定地相信 21 世纪的医学必定是自然疗法唱主角的世纪”。我想这句话应该是我将近半个世纪中西医实践最后的结束语和终极目标，在当今东西方医学整合、医疗国际化的大潮中，我不努力，更待何人。

20 多年艰辛的创新医学探索历程：

起步：夯实和更新中西医基础课程

80 年代中期我开始了中西医知识的全面补习课程，中医函授让我重新复习了医古文和黄帝内经等所有科班课程；北医大回炉让我掌握了计算机编程和统计学技能；外文培训让我通关了英语和日文……，总之，对工农兵学员的歧视掀起的复训热潮，让我拿了很多成绩单和各种各样的证，也帮海军总院的中医科建立了病房。但当时没人理解我，包括我的亲人和师生朋友，在那个医学生努力考研、医生出国镀金的年代，我却像个怪人一样反其道而行之，我的稿件只有当时新创办的期刊愿意采纳，两篇文章“医学的方向是中医”“医学发展需要通才”被登载后，犹如泥牛入海一般悄无声息。但我自己很欣赏，直到今天，我把它们收录在本书后面，以证明我今天所为起步在 20 年前。

早期：投身中国现代康复医学

我当时很清楚，知道自己在探索一条前面没有过的医疗新路，一定要到一个新的医疗机构去实践。恰好中国康复研究中心在创办成立中，1987 年我去应聘康复研究中心的医学情报研究所，开始了做我自己学问的历程。当时的康复医学刚刚从海外引进，与中国的残疾人事业一起在国内是个空白，一个在大陆医学界全然陌生的领域。医院的门诊和科室都还没有病人，我选择从海内外医学情报研究起步，现在看来真是个明智之举。

在资料博览中最突出的发现是：全球医学近年来的发展都离不开对高新技术的依赖，日本、加拿大的康复医学引进了最新康复技术，短时就发展到了全球的前列。当我从日中合办的“中国康复医师”班毕业，第一件事，就是和当时情报所的孟继祥所长，用日本支援的设备，报课题整理我国50年的残疾康复医学资料，建成了50年康复与残疾的期刊检索数据库。其与当时协和医科大、中国中医科学院、解放军图书馆的即时期刊库并列为4大检索系统。

1992年，我以自己在康复医学情报界工作的成绩，晋升了高职称系列，比同辈工农兵学员提早完成了这一步，不是考研、也不是留学，是在边工作边学习的一线。我很庆幸自己没有因为坐等病人而耽误时间，也明白自己不是在搞理论研究，而是在探索另一条e时代的行医之路。如果说医生在病房才被称为行医的话，从1987年到2003年整整16年我没在病房。所以，当我以病案质检医生的身份重回医院病房时，我很感慨，以致同行不解为何我会有重回家的激动。

尝试：创办《中国康复城》网站

当我提出希望继续完善网络的数据化系统时被上峰阻止，对一个刚起步的残疾人康复事业，我的建议实在是太超前了。我遭到了太多不解之人的各种心态驱使下的反对，而我却如着魔般执意而为，竟然可以在无奈之中选择了一条不计后果的个体行为。

断奶！在丰台高科技园区我建立了自己的公司“北京康复信息高科技研究开发中心”，接着就创办了《中国康复城》网站。后来人可以从这两个名称的选择上，感受到资源的久远和无形资产的价值。

确实，那是1996年的事。在中科院计算所的网络中心我看到第一天全国上网600人，第二天上网900人的发展速度；我读取到海外所有的即时资讯，参与了铊中毒、食人菌致双手溃烂、教皇打喷嚏、南斯拉夫留学生流鼻血等网络会诊活动，那时发来的救治会诊咨询之多，不胜枚举。我感慨互联网的魅力，作为一个大夫我为自己开了一个从未有过的门诊，零距离与病人沟通，与海外沟通，与各学科的临床医生沟通，自然而然也成了最早一代无国界医师成员。我对在网上跟同仁携手挑战疑难案例，解决世界性的疾病难题充满兴趣，而且乐此不疲，我很清醒自己闯进了一个崭新的医学服务领域。

也正是互联网的帮助，我先后学习掌握了现代康复医学、顺势医学、脊骨神经医学、信息能量医学、国际自然医学、国际自然疗法等多种学科门类的知识和技能。我的“医患交流台”据当时懂行的人说，浏览量竟然达到日20万人次之多；网上的“健康档案”“民间验方”等栏目都有很多人光顾，短信电话咨询不断，当时在我康复城起步的年轻人后来都陆续成为了IT业的佼佼者。

但那时，我经济上很窘迫。都说有钱人才玩网，我一个医生去搞什么电脑技术，尤其我原来科里的老主任们，都以为我“不做医生”替我惋惜而批评我。为了生计，我开办过有12张床的“康复高科技美体减肥中心”、开发了“新编全医药大词典”“北京医院通”多媒体光盘，所有这些难处都没能终止我的探索，反而让我更体会到了医院外的生活和社会上对健康服务的多层面需求。

醒悟：难忘的2003年

在2003年4月20号SARS肆虐、全国宣布疫情动员时，我当时正坐在去德国参加学术会的飞机上。下飞机就被当成从疫区来的人了，不仅整个开会行程改变，连欧洲同仁的接待态度都变了，让我惊讶的是外国医生怎么也会这样?!这医生怎么当的？一群职业医生对疫情的反应怎么会跟社会媒体等同。

从来的大陆教育都是外国的医生比中国的棒，中国医生到国外只能做助手不能行医，大陆医学界崇洋媚外那叫一个甚！别说是医生，国内连护士的英语不过分数线都别想晋升。下飞机才知道，海内外都差不多，整个社会、医药界、媒体都把注意力投向诺贝尔奖了，全然不把临床实践作为重点，全球的公共卫生事业，从来的主力军都应是一线的医生而不是研究人员，医生遇到疫情绕开回避，就像警察放弃维持治安，何止是个失职啊！

虽然SARS发生时我还没回医院，我却没有一天放弃医生的职责。上飞机前我对我家先生说，“你不用担心SARS，你们汽修厂也不用担心，因为你们都被免疫了。”之所以能口出如此狂言，是因为我亲自干预了一个非典疑似案例，是他们汽修厂的会计。

第7个病例：疑似非典，1周好转治愈

那年早春，乍暖还寒。先生汽修厂的许会计与厂里另外2个工人都同时患上重感冒，

咳嗽无痰，伴随高烧。因为牵扯到第二天去工商报税，我电话询问在家病休的许会计，能否如约。当时她正准备去北医急诊，被我劝阻了，经询问知道家中备有同仁堂的板蓝根冲剂，我让她每半小时冲1包，大量喝白开水，在家休息。这样持续到晚上，虽然还有咳嗽，但自觉胸口憋得没那么难受，有微汗出，体温下来点，电话告诉我，“明天可以去报税了。”

确实，我当时并没把许会计的高烧当成是非典。但是，去报税回来所造成的影响，让我确信一定是了。为什么呢？因为那几天去工商所办事人非常少，现场只有发烧的许会计在，而且咳嗽不止，伴随着许会计离开，在场工作人员一半人以上出现症状，第二天高烧，他们打来电话质询时，我联想到他们汽修厂那两个高烧病人，在当时，能有这么巨大的传染易感性、如此肆虐的流行病毒，不是SARS还会有什么?！当然她好了，厂里2个师傅高烧退了，你想我先生汽修厂不等于被集体免疫了吗？后来事实证明，确实如我所料。

疫情对于医生治病救人的分内职责没有什么特别，只不过传染性与易感人群不同罢了。“正气存内，邪不可干”，自体抗病能力强，“任尔东南西北风”。在当时，整个欧洲社会环境跟风也就算了，当医生的也回避我们中华医学会组织的医生代表团，就有点不被瞧得起了。对比之下，我就很为老一辈中医泰斗，包括我的老师邓铁涛教授骄傲。他们在广州很短的时间内治愈了诸多非典患者，还有当时地坛医院的李兴旺大夫，他抢救一个放射科大夫的过程，至今我都记得。我佩服他们，这才是真正的医生，有医术有责任感的医生！

我当时搜集了很多与SARS救治方法有关的文章，登载在我《中国康复城》的网站上。摘一段对非典主检医生李兴旺的采访：说起丈夫，妻子张伟说：“他这个人特别适合当医生。无论碰到什么情况，他似乎总能很快找到应对的办法。”李兴旺笑着反驳：“什么适合不适合，反正自己当了这些年的医生，从来就没烦过病人。一看见危重病人，就觉得来事了，就有一种跃跃欲试想干活儿的感觉。当医生不就应该这样吗，如果见了病人就烦，见了难题就躲，为什么还要当医生呢?”

都说危难之刻见真情，医生的真情不只是奋勇献身，还有、而且更重要的，就是要有解决处置临床问题的能力，有当医生的直觉，这与搞科研不一样，不管你是中国医生还是外国医生；同时也与学历高低无关，有个中医博士当时登载了一篇“SARS怎样使用激素”的文章，光看标题就感觉不靠谱，白瞎了中医博士的称谓。

2003年是我国际学术交流最活跃的一年，去了2次欧洲；9月被康复中心唤回参加组织了在北京召开的第42届国际脊髓研讨会，伴随着第一颗载人卫星的升天成功和国际脊髓北京会议的成功，作为秘书长的我，已经完全不再迷信国外医生了。任秘书长的8年里，我有幸结识了全国各省市脊髓损伤领域有成绩的医生300多人，是他们教会我如何站在一个全新的角度审视脊柱外科的发展。每年一次的学术会议，拓展了我原来只关注内科，不了解外科的视野局限，找到了医学整合、首先在内外科结合上的聚焦点，完成了卸任的论文，“脊髓损伤相关疾病的另类思考——谈全程综合康复大有可为”一文，这次也被我收编在本书后边。

回归：医院病案室的八年

2004年1月，我正式开始了病案室的质量检查工作，也许是离开医院的时间太久了，下病房那天竟有一种难以抑制的激动：30年前初当医生写病历、被病案室刘老师电话叫去修改的情景，我怀孕时蹲在病案资料室查找如何无痛分娩的情景，都不时浮现在眼前。

回家了，那种手边都是病案，穿着医生白大褂的地方才是我真正的家，是我最感安全、最有灵感的家。病案室的八年光阴，我粗算了一下，经我手查阅过的出院病历近4万份之多，都记录在我的Excel表里。期间我学习了海外很多新知识，都以我手边的病案相对照，这种别样的临床实践拓展了我行医的经验积累，也成就了我今天这本学习笔记。

作为一个大夫，当他完成了院校的学习，他就步入了临床实践的积累，10年的学业（5年本科、3年硕士、2年博士）给的只是当一个大夫的基础课程，接下来就是临床学习阶段。多高的学历都要从一个一个病例、一个一个操作去做，去积累，不论你是中医还是西医。

医生是一个人命关天的技术性很强的职业，是一个终身都要不断学习的岗位。但凡有一个环节脱节，但凡有一个原因终止了临床诊病的积累，比如名誉、经济、性格、意志、兴趣、信念、家庭、健康、纠纷等等，包括离岗做动物实验、学术研究、医学教学、医疗管理、国际交流、健康市场等因素，都可能导致脱离临床积累，终止行医的路。怨天尤人、可惜感叹都没用，真正离开的本因只有一个，那就是被生命的严肃性所淘汰。电视剧《心术》中说，能在医生这个岗位坚持做下去，做一辈子的，将来墓碑上都会有两个字“英雄”，想想，在当今医患纠纷频发、医疗市场化的时代，真是一点都不为过。

医生工作的大部分时间在平凡且忙碌之中，不论是外科还是内科，只要有个病人经手，他的愈后就会成为一个有责任感医生没完没了的心里牵挂；病案室的工作可以满足我去追踪一个病人反反复复的全过程，拓展我的医疗实践和积累，所以我乐此不疲地直到今天。虽然职责是住院病案的终末质量控制，但内心里，我始终觉得我和各科一线的医生是同事，我由衷地感恩他们认真严谨写下的医疗活动记录，看着这些记录，犹如亲临一线，在每个患者身边。

要想让每日忙碌的医生跟上整个医学创新的步伐，那真是一种奢望，过细的分科体系，每天纷繁频出的疗法、药物、管理规定等等，能跟上已属不易，所以我从不苛求我身边的医生跟我一样去琢磨病历的规矩，只要及时属实认真就行。但是，我很难容忍，明明没有病情好转的记录，却一味坚持，既没有分析，又不改医嘱，一条道走到黑；更甚的是把责任推给病人出院自己去观察病情变化，缺少当医生的素质，医生都做不到的事，病人岂能代替，而这显然与学历无关系。

我常从一个病案的厚度，看一个病人反复住院的次数和疗效；从一个科普遍病案的厚度，看这个科室收治这个病种的疗效；从疗效中，看这个科室的医疗质量和医学进步的程度；我非常看好那些肯于思考勇于解决临床问题的医生，而不是获得什么头衔的医生，不管这个头衔来自何方神圣。

在病案室的八年也分为两个阶段，没学习新知识前的心安理得，用32种体质核查病案后，由短暂的惊叹很快转为拍案而起，到今天按捺不住地要“用病案说事，尽快出书”，这个阅案态度的跨度，完全来自一个老医生的良心和责任心驱使，是我必须给这个八年岗位递呈的一份答卷，也是当今医院医疗改革的进步需求使然。

总之，40年一个内科医生的路，今天终结在了体制内医院的大墙内，终结在了一个病案室质检医生的岗位上；然而一路孕育和长成的“32种体质分类”，却跑出了公立医院的大墙外，叩响了全球生命医学和健康医学之门窗，开启了东西方整合医学、整合人体、整合服务的崭新天地。大自然就是这样以平衡的法则不断演化，万事万物无一例外。

从40年前医校毕业分配的打油诗“糊弄人的是内科”，到40年后只要告诉我出生日期和血型，就能解决绝大部分疾病的疑难问题，这是一个严谨、不断求索的内科老医生，多么巨大的历史跨越。

由不得常常涌起一股不自量力的冲动，如果有生之年能写出一部“新编大内科学”也说不定，见笑了。还是回到眼前，先尝试把这本书的序言写完，听听有缘者的评判：疑义相与析，等待出书后，在下这里谢谢所有读我书的有缘之人了。

作者　2012年7月14日

第一篇　偶发中的必然写在生日里

2008年的某天上午，我正在病案室看病历，一个骨科病人带她一个朋友来找我。那是个曾经的医生后来去做药品销售，她的弟弟在一次任务中不幸受伤，为了弟弟的康复想尽了办法，咨询后的感慨让她又专程来，就为送我一本栾加芹博士的《易经养生说明书》。

因为我对天干地支并不陌生，所以大致看了看，就把书后的生日与卦象的查询录做成了卡片随身携带。首先是家人，后来不论是看电视，还是健康讲课和朋友聚会，都拿出来查对，而最有所获的，就是每日对照出院病历里的病人生日和患病日期，看这两个日期之间的关联和相关性。

很快我就发现，我师妹这个算法太棒了！我立时给她写信并约她来我家，留下了上面那张具有历史意义的合影。我对她说“作为一名大夫我从心底感激你所做的努力，能把易经与人体、与疾病的关联阐述的这么透彻，省去我不少的时间做重复的计算和探索。作为你的师姐，我很为你的研究成果自豪。本着拿来主意，我比对了临床一些蹊跷和莫名死亡的病例，正如你所言及的规律。……我可以确切负责任地说，你对易经在医学人体方面所做的努力和贡献，是21世纪东方医学对人类健康最有价值的突破性成果。正被我纳入人体基因特质的内容中，作为临床康复大夫诊病治病的必须学识和思考。”(2009年2月)

时隔不久，我又给她写信说：“亲爱的师妹：现在还没到联手做什么事的时候，对于你的研究成果我还在学习掌握阶段，尽管现在没做，但我知道迟早的事，我真的为你骄傲！几天前的三八节我被邀请去山东滕州讲课，关于基因体质学，我讲了两个内容，一是西方的血型与饮食，再就是你的东方易经八卦与生日及每个人体质属性的关联。会场反响巨大，以致走出滕州大剧院时我几乎都觉得自己变成春晚的“小沈阳”了。可见，在当今健康讲座铺天盖地的态势下，因为太缺少个性化的健康资讯，人们太难把握和分辨怎样才能正确地运用这些知识帮到自己。西方的血型和东方的易经智慧填补了这项空白，并正在满足现代社会对其可靠性与可信性的期望。”

血型、生辰八字与人体基因的最新研究成果直接冲击着我们的惯性思维，人与人是没有同比性的，最好的方法就是自己与自己比……栾加芹博士用计算机研究了《易经》与中医学的关系，发掘并整理了《易经》在研究天地、自然、人事方面通用的数学模型，计算结果发现：根据人的性格、日常表现行为惯性等，给人所做的八卦分类，可以从人的出生日期上直接推导出来。人的生日决定体质，体质决定人一生的疾病，包括一生难以治愈的疑难慢性病，甚至死亡，生病与生日有密不可分的联动关系。

这个结论看上去难以置信，我也曾经是满腹怀疑。然而，在我日常检查医院的出院病历中，尤其是分析完疑难杂症和突然死亡的复杂病例后，我被先人的智慧震撼，那叫一个精准！我又用量子共振仪和3D细胞定位仪的数据图形去对照，一边是古中国智慧，一边是现代宇航科技，两个八竿子打不着的结论，竟一次又一次地说明着同一个疾病问题！

我真的被折服了，我理解了什么叫“不知易经无以为大医”。你想一个好医生治病如有十之六七已算高明了，而易经中的个性化却犹如一箭中的，疗效当然可想而知。所以我确信，与人出生日期有关的生辰八字和卦象体质，一定是有种表达方式如同遗传信息一样写在了每个人的DNA中，是基因图谱表达最不容置疑的序列。不能违背，只有遵从，顺者生，抗者死，那可真不是迷信！

后来跟海内外同行交流，很多人误以为是我对易经的研究所得，在此郑重声明：我的贡献只是把它用到了临床案例与当代医学的结合。具体就是，把卦象体质翻拍成能被更多人，尤其是健康专业人士理解的脏器体质，并在此基础上创新和整理出了32种体质的基因信息系列学说。卦象是气，血型是血，气血、气血，有气有血才构成完整人体。

下面分为2个章节，“从生日中解读急危重症的生死”“从神奇疗效看不神奇之处”，目的是让更多初次接触这个主题的人，通过案例弄清楚，这些个案特例是偶尔发生的呢，还是每一个地球人只要活着，就必然成立的普适原理。为了更快明白文字术语，可以对照下面表格，理解所举案例。

表格 1　八种体质与脏腑定位

体质	头	脾	肾	胃	胆	肝	心	肺
卦象	乾	坤	坎	艮	离	巽	震	兑
属性	金	土	水	土	火	木	火	金
所管脏器的解剖定位	头部 颈椎 脑神经 脑血管 颅骨 大脑 脑脊液 骶尾椎	脾脏 血细胞 肌肉 平滑肌 消化道 血气 口唇	肾脏 脊椎 骨质 泌尿 生殖 盆腔 肾上腺 牙齿 耳	胃 食道 肠道 胰腺 鼻	胆囊 胆管 颜面 感官 感觉 N. 视神经	肝脏 眼睛 乳腺 两肋 感统 血管壁 四肢端 指趾节	心脏 心包 血循环 甲状腺 情绪 右大脑 小肠 舌头	肺脏 气管 胸腺 淋巴系 结肠 皮肤 咽喉 声带 自主神经
原穴	百会	太白	太溪	冲阳	丘墟	太冲	神门	太渊
合穴		阴陵泉	阴谷			曲泉	少海	尺泽

第一节　从生日中解读急危重症与生死

病例 8：7 岁男童突发脑出血？ ——测查：头体质

周某　男　10 岁　头体质　血型不知

出生日期：2001 - 7 - 31　辛巳年　乙未月　乙未日　（头日）

患病日期：2008 - 8 - 10　戊子年　庚申月　壬午日　（脾日）

病史摘录： 2008 - 8 - 10　晨起时突然出现小便失禁，自觉左上肢麻木，运动欠灵活，自行平卧 5 分钟后，左下肢出现麻痹，不能动弹。当时意识清醒，应答良好，无伴发其他不适。1 个半小时后，急送医院，已意识丧失，瞳孔放大，头 CT：脑出血，怀疑“颅内血管畸形”。发病 1 周后，转院行“介入治疗”，行“血肿清除”及“颅内畸形血管栓塞”。术后肢体功能无明显改善，头 MRI：1. 右侧额顶叶区脑软化灶改变；2. 右侧脑室轻度代偿性扩大；脑电图异常。其母亲孕 3 产 3，均为足月顺产；周某为其母 34 岁生育的第 3 个男孩。急性起病，起病前一切正常健康。

诊断： 脑出血后遗症期、脑血管畸形栓塞术后、痉挛性左侧偏瘫（轻度）。

32 体质病因分析

头体质的人病在头部，愈后有难度

（1）从周易万年历中查出：2001－7－31 出生时孩子的脑部结构受到看不见的信息流影响，天干地支算下来，在五运六气中得到 2 个金不及；头属金，金不及，是不是可以理解为先天干预了头脑部的发育减弱呢？表现为出血后头 CT 怀疑的“颅内血管畸形”？不理解没关系，再看突然发病那天的八字 2008－8－10 戊子　庚申　壬午。把出生时的八字和突发病早晨的八字相加，即时，孩子体内五运六气的失衡昭然若揭：原有 2 个头不及的基础，突然受到来自肝和心脏两个方向的太过夹击，导致了先天薄弱点的不能抗衡和雪上加霜，这就是患儿突发脑出血的直接原因。

（2）以往对这类“先天颅内血管畸形”，从来都是原因不明的，而这个患儿让我们看到了与出生日期的影响关联。从出生到长成 7 岁一直健康，起病突然又无因可寻，凌晨 3～5 点是肺金当班的时间，也是给脑神经细胞的配氧时间，除了老天谁有这么大的影响力能让患儿在这个时间段发生脑出血?!

（3）头体质又病在头部，按照当家脏器的理念，是不病则已，若是病在本脏，就是大病或疑难问题，好起来也不如病在其他脏器那么容易；所谓不容易好，不是传统理解的“好不了”“不治之症”，只是个时间段的问题，孩子脑神经的再生能力以百天为期。

（4）此患儿没有血型记录，但从病势和检查综合判断，以 O 型和 B 型血的可能性为大。

探讨解决方案

如果我们有 32 体质的知识，借天之势，尤其在 2012 的壬辰龙年，检查并干预患儿左侧肝经的曲泉穴和左侧心经的少海穴，帮助这个孩子的头部功能去摆平自身小宇宙的五运六气平衡，采取针对性强的干预措施，一定会产生鼓舞人心的疗效。

病例 9：中外双胞胎都患遗传病 ——生日同病同，生日不同病不同

病例 9a：Au.　与　Em.　3 岁　俄罗斯籍　肝体质　血型不知

出生日期：2006－7－19　丙戌年　乙未月　己酉日　（肝日）

出院日期：2009－7－28　己丑年　辛未月　甲戌日　（肺日）

病史摘录：双胞胎，与同胞症状表现相同，2 岁半不能独站独行，多次住院

诊断：双侧痉挛型脑性瘫痪

病例 9b：许某与许某　男　9 岁　心体质　血型不知

出生日期：1999－10－27　乙卯年　甲戌月　壬子日　（心日）

出院日期：2009－7－10　己丑年　庚午月　丙辰日　（心日）

病史摘录：双胞胎，1 双胞胎兄弟与其症状体征相似。外公食管癌去世，1 姐体健。

诊断：儿童孤独症

32 体质病因分析

肝体质患痉挛性脑瘫　心体质患孤独症

（1）上述两个病例都是双胞胎发病，都是同一天出生，有相同的症状体征和完全一样的诊断。对这种双胞胎的先天疾患，传统都认为母亲怀孕期间不良因素导致，很难想到的是，出生时辰的影响构成了他们患病不可忽视的另类重要原因。

（2）病例 9a 的俄籍双胞胎是肝体质，出生时都受到来自宇宙木星看不见的信息流对肝功能的干扰，肝的关联脏器有感觉统合、四肢末端，所以这两个孩子的突出表现是“不能独站独行”，诊断是“双侧痉挛型脑性瘫痪”。

（3）病例 9b 的双胎是心体质，出生时受到的是宇宙火星看不见信息流对心功能的影响，心的关联系统有情绪和大脑的右半球，加之有“外公食管癌去世”来自母亲情绪的负面因素，他们的患病诊断是“儿童孤独症”。

（4）这就是周易体质带给我们的新概念：体质相同得病相同，体质不同时，同是先天性遗传疾患一定有不同的临床表现。

病例 10：2 个淋巴癌都是肺体质 ——病切一模一样，结果一死一生

病例 10a：罗先生　男　48 岁　肺体质　血型不知

出生日期：1961－5－29　辛丑年　癸巳月　壬戌日　（肺日）

病亡日期：2009－6－5　己丑年　庚午月　辛巳日　（胆日）

病史摘录：2008 年 7 月，在体检中被查出患有淋巴肿瘤，病理切片：符合弥漫大 B 细胞瘤，非生发中心来源，属于恶性化程度较高那种。暂停工作入院接受治疗，2008 年 8 月 31 日，经历过一次化疗的罗某重新登上新闻联播的主播台。之后开始在北京大学肿瘤

医院系统化疗，过48岁生日时已在解放军307医院接受最先进的药物化疗，7天后病情突然恶化，他与病魔顽强斗争了10个月，2009年6月5日突发病故。

病例10b：**我父亲**　90岁　肺体质　A型血

出生日期：1919－9－25　己未年　癸酉月　庚辰日　（肺日）

患病日期：2009－5－09　己丑年　己巳月　甲寅日　（肺日）

病愈日期：2009－9－20　己丑年　癸酉月　戊辰日　（肺日）

病史摘录：　2009－6－9看病时主诉：右眼上眼皮内长一肿物，一个月时间呈明显增大趋势，影响睁眼和视物，CT检查怀疑淋巴瘤。2009－6－30眼科手术切除，手术过程很成功。当日病理切片报告："符合弥漫大B细胞瘤，非生发中心来源"，属于恶性化程度较高那种。2009－7－15日，血液病多位专家进行了会诊，归纳专家意见如下：

◎Ⅲ期，评分0－5，愈合4级，愈后不好

◎BCL　Ⅱ级，淋巴瘤耐药不敏感，2.1×0.7，弥漫大B非生发中心

◎PET－CT示：右眼眶肿瘤值21，因为>7，提示愈后不佳；左肾上腺上极数值12，高度怀疑，不排除

◎眼眶处诊断肯定了，肾上有否转移、左侧淋巴结等都不确定。高龄、恶性淋巴瘤、分期等都预示愈后不好。建议做两个检查，①B超引导下的肾脏穿刺②通过小剂量给药做诊断性治疗。

◎治疗要积极抑制原发癌灶，采用：利妥昔单抗联合化疗、美罗华等

虽然诊断毋庸置疑，但在家人坚持与配合下，未采取积极抑制原发癌灶的化疗。在保守治疗为主的3个月后，复查PET－CT结果完全正常，所有可疑的癌转移灶已经全部消失殆尽。2009－9－20在完全没有癌恐惧的欢乐中，被判为"弥漫大B细胞瘤中晚期转移"的高龄老者，渡过了90岁高龄的全家祝寿午宴聚会，而且是在外面饭店、自己上的二楼用餐。此后也一直没有再复发，直到2011年春节，因为其他原因住院。

32 体质病因分析

肺体质与恶性淋巴瘤碰撞绝非巧合

（1）从病患的基本情况来看，两个病人年龄相差38岁，一个是中青年，一个是耄耋老者，出生日期算下来都属于肺体质，都患淋巴癌，都有相同病理切片证实，都怀疑中晚期转移，医疗条件都是全国最好的军队医院和血液病专家，不同的只是老者血型是A，中年人血型不知道。

（2）按身体基础条件，中年人更有优势：是体检发现，经过一次化疗后曾重回岗位，死前1周在准备出院中度过的48岁生日。我父亲常年患有肺气

肿、慢性支气管哮喘，罹患中等度恶性淋巴癌后被海外称之为“夭寿癌”，普遍认为是“终老之过程”。但是，治疗结果却大相径庭：我父亲患病3个月不到痊愈，庆90寿辰，中壮年过48岁生日后夭折，被其父母白发人送黑发人。

（3）这两个案例最神奇的巧合是送的病检：我父亲送检的病理切片，在报告没出来之前，我已经根据体质特点推算出来了，一字不差“弥漫大B细胞瘤，非生发中心来源”，以致医生通报结果时还以为我先期看到了报告。

（4）后来看病历再看到淋巴癌，我都留意一下出生日期。我楼内的退休同事65岁肺体质，也是被发现患淋巴癌，传统手术加放疗8个月就死亡了。所以归纳出淋巴免疫系统的主管领导是肺，肺体质与淋巴癌碰撞绝非巧合。

病例11：71岁肾体质 ——前列腺钬激光术后死亡

牛先生　男　71岁　A型血　肾体质

出生日期：1937－01－21　丙子年　辛丑月　戊申日（肾日）

手术日期：2008－11－20　戊子年　癸亥月　甲子日（肾日）

死亡日期：2008－11－21　戊子年　癸亥月　乙丑日（肝日）

病史摘录：

患者住院前3年无明显诱因出现尿频，6次/晚。近1年症状进行性加重，出现尿频、尿急、排尿困难。1个月前出现尿潴留，同仁医院诊为“良性前列腺增生、尿潴留”，予口服可乐必妥、希刻劳、可多华等药物，并留置尿管，至今症状不见好转，以排尿困难进行性加重，尿潴留1个月，于2008－11－13住院。

当时体检：Bp 120/80，T36℃，P 78次/分，R 18次/分；心音有力、律整。尿道口有1尿管引出，肛诊前列腺Ⅲ度肥大，质地偏软，中央沟消失，无明显压痛。肛管直肠内位置觉存在，鞍区深浅感觉正常。阴茎球海绵体反射正常引出。

诊断：（1）尿潴留留置尿管；（2）良性前列腺增生（逼尿肌受损）；（3）高血压Ⅲ级极高危；（4）Ⅱ型糖尿病。

既往史：30年前有过阑尾手术；血压高30年，最高200/100，Ⅱ型糖尿病1年；有冠心病、心脏病史；1个月前脑梗死。否认家族遗传等其他病史。

病程记录：

（1）住院7天，完善各项检查。B超：胆囊壁间结石；左肾门门处异常回声5.1 * 2.2cm，性质待定；前列腺大小6.1 * 5.7 * 5.4cm，前列腺凸入膀胱3.0cm，膀胱壁厚0.75cm；心电图：窦性心律，完全右束支传导阻滞。患者病情平稳，一般状况好，无不适主诉，拟11月20日在麻醉下行“钬激光前列腺剜除术”。

（2）11－20日　在连续硬膜外麻醉下，行经尿道钬激光前列腺刨除术。镜下见前列腺3个叶均重度增生，均突入膀胱腔，切除后彻底止血，无明显活动出血，退出钬激光切除镜。手术中血压平稳 120－140/80mmHg，手术用了 1 小时 40 分钟，安返病房。

（3）术后 2 小时　17：00pm（子午流注为肾当值时间）：见膀胱冲洗液血性明显，加大止血药——血凝酶，解决出血。

（4）19：00pm（子午流注为肾和心包经换班时间）：全身汗出，面色苍白，Bp100/70mmHg，出血未止住；医生加大配血输血，冰盐水＋肾上腺膀胱冲洗，冲洗液变浅，但心率过速，心率 160 次/分，自诉胸闷不适。

（5）20：50pm（子午流注为心包经值班时间），二氧化碳分压呈下降趋势，医生考虑为过度呼吸所致，间断小剂量速尿预防肺水肿。

（6）0：30 分时（子午流注为胆经值班的子时），患者出现躁动不安，手向下抓尿管，躁动后尿液红色加重，检查见下腹部包块，予拔出尿管后，经尿道排出淡红色尿液 500 毫升，更新尿管再取血 400ml 等；出现心率阵发性过速，高达 140 次/分，心电图示窦性过速，血压 105/65mmHg，意识存在，浅嗜睡，呼吸浅快，30 次/分。

（7）夜至凌晨 3 时（子午流注为肺值班时），用杜非合剂减轻局部刺激。心率 126 次/分，呼吸 39 次/分，面罩吸氧，血压 115/65mmHg。

（8）至凌晨 4：40 分时，监视器心率数值从 120 次/分急剧降至 40 次/分，随即血压 0/0，心跳停止，脉搏消失，即行抢救。多次人工除颤、人工呼吸、药物维持，持续约 2 个多小时，心电无自主恢复迹象，在家属同意下放弃并终止抢救。

32 体质病因分析

肾体质王国覆灭的真实过程

（1）这是一个典型的不被现代医学理解的抢救案例，又是一个典型的身体自我调理失衡导致死亡的案例。病人是肾体质，前列腺归肾脏管中西医一致。持续 3 年的尿频和近一年的排尿困难、一个月的尿潴留，都昭示病在本脏，如同身体这个国家病在了执政党，愈后原本就不乐观。

（2）手术日为肾日，也就是说如果这天有孩子出生，一定是肾体质王国的诞生日。与肾有关的手术选在肾日，如同身体肾本该当政之时，却被釜底抽薪，导致王国政权流产一般。出现突发情况的病程记录时间很准确：下午 5 点，正是子午流注的肾当值时间（请注意：肾体质、肾日和肾当值，分别代表三个不同的管理层次；“肾体质”管一辈子，“肾日”管 24 小时，“肾当值”管一个时辰，相当 2 个小时，都是固有程序），该当值的时刻肾不能站出来了，才使原本顺利平安的手术发生了质的逆转，表现是术后膀胱冲洗液突然出现了明显的出血。

（3）接下来两个小时突然出现的第二个坎儿，发生在 7 点，这个时间正是子午流注的肾和心包经换班的时间，肾水本应制约心火，这是肾的职责，而此时肾已被“钬激光”重创，能以极度的伤残熬过自己的值班时间已属不易，遂交给了心脏的士官－心包。心脏突然无以制约，开始过分发挥功能：全身汗出，面色苍白，Bp100/70mmHg，心率过速160次/分，患者自诉胸闷不适。

（4）心脏如此不能自控，第一倒霉的是肺。所以在心包经值班临近交班时，晚8：50分出现了心脏对肺呼吸的制约过度，患者开始出现过度呼吸，氧分压呈下降趋势。

（5）从周易算过来，肾日紧接的第2天是肝日，夜里11到1点的子时，是两个日子的换班时间。这个时间是胆经值班，所以胆被易经比喻成人体的小太阳，太阳升起的时间预示着新一天的来临，身体的生命与天地同行，自然也遵循这个规律。患者恰恰在这个时间段，突然出现躁动不安，手向下抓尿管，显然是无意识想解救对肾的伤害，因为，国不可一日无君啊！当时全国也发起了总动员，表现为心跳呈正常节律的加速，高达140次/分，呼吸浅快，30次/分，血压很正常，105/65mmHg，意识在浅嗜睡状态。

（6）虽然危险，总算交待给肝了，也就是说人还活着，生命还在体内。因为这个时间段，从夜里1点开始既是肝日，也是肝经的值班时间，肝经坚守在上下协调的岗位上，帮肾脏妈妈最后打理这个国家。大家都很努力，到肝交给肺值班的时候，已经到凌晨3时了，这时呼吸已达39次/分，面罩吸氧。

（7）终于在肺当值的时间凌晨4点，心脏扛不住了，心率从120次/分急剧降至40次/分，随即血压0/0，心跳停止，脉搏消失；一个肾体质当政的王国，在走完71年的历程后，彻底消亡了。

（8）医生们真的很棒了，在已经没有生命的时候仍然全力抢救持续了2个多小时。这不是治疗的失误，是一个谁都不愿意发生的意外，当今医学抢救技术是很高超的，而缺少的恰恰是对每个人生命王国的认识。当大家还在争论中医西医谁优谁劣的时候，当大家还把出生日期与八卦视为封建迷信的时候，有谁会知道基因的奥秘竟写在老祖宗的生辰八字里?!

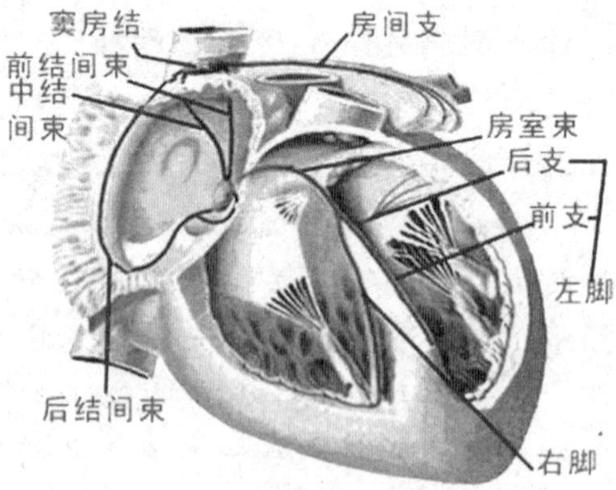

心脏传导系

现在常常把不明原因的死亡归在“心脏猝死”，看了这个真实的故事就会明白：一个身体王国的消亡是有一个过程的，并不像想象的那么快。这个肾体质王国的衰败，开始在3年前每晚6次出现的尿频上，近1年的加重和近1个月出现的尿潴留是消亡的前兆，钬激光对肥大前列腺的切除从今天的医学科技看，应该是最优选择，但对这个肾体质的病人，尤其肾体质走向衰败之时，就成了加速死亡的促进剂，虽然这个病人存在心脏右束枝传导阻滞的问题，但不是死因，结论就来源于这个真实的反应过程，信不信由你！

病例12：3个不同血型脾体质——都因不可控的出血死亡

病例12a：崔先生　男　59岁　A型血　脾体质

出生日期：1952－11－08　壬辰年　庚戌月　戊午日[第1弱脏脾，第2弱脏肝]

入院日期：2012－04－28　16：19　壬辰年　乙巳月　己未日　壬申时[肝日　肝时]

死亡日期：2012－04－29　13：29　壬辰年　乙巳月　庚申日　癸未时[本命年　肾日]

病史摘录：间断呕咖啡样物6年余，皮肤黄染、并间断出现口角流血及鼻衄2月余，近10天间断血便，为鲜血便，有时见血凝块，有时为大便中混有鲜血，有时大便与鲜血分开，每次量约几毫升，便血10余天入院。入院时睡眠差，近期小便减少。既往否认高血压、糖尿病、心脏病病史。平时未服用药物。否认肝炎、结核等病史。否认食物、药物过敏史。否认重大外伤、手术史及输血史。北京人，否认疫水疫区接触史；饮酒30年，每日约1斤白酒。否认家族类似病史及遗传病病史。体格检查：T：36.2℃　R：22次/分　P：80次/分　BP：75/44mmHg　神清无力，喘息状态，平车推入院。

入院诊断：酒精性肝硬化、腹水、脾大、下消化道出血。入院后化验检查提示严重低钾血症、肾功能不全、贫血、凝血功能障碍、代谢性酸中毒。

入院记录摘2012－4－28　19：30：出血原因考虑可能为（1）凝血功能障碍致肠道渗血：患者肝硬化失代偿期，近2月间断出现口角流血及鼻衄考虑存在凝血功能障碍，可导致肠道渗血，不除外此病。（2）肠道肿瘤：此病也可出现消化道出血，如病情允许可行肠镜检查明确。（3）其他：如息肉、血管瘤、憩室等均可引起消化道出血2012年4月28日21：34入院后至目前排尿约几十毫升。

2012年4月29日　**病情变化时间录：**

（1）00：03：患者于28日约23：10心电监测示心率逐渐下降，最低至30次/min，血压最低40/29mmHg，SPO2最低77%。牙龈有少量出血。

（2）07：00：今晨患者出现昏迷，测血糖低值，病情危重，随时可出现生命危险。

（3）08：29：出现了肝昏迷，肾脏衰竭，出现了多脏器功能衰竭，转往监护室

（4）13：48：患者血压、心率逐渐下降，血氧间断测不出，给予升压、强心治疗无明显效果，于13：20出现血压测不出，心率降至30次/分，给予肾上腺素，心率后降至0，心音听不到，大动脉搏动消失，瞳孔散大固定，心电示一直线，患者家属拒绝进一步有创抢救，于13：29宣布临床死亡。

病例 12b：傅先生　男　70岁　O型血　脾体质

出生日期：1940－2－21　庚辰年　戊寅月　甲午日第1弱脏肝，第2弱脏肺

发病时间：2010－10－13　夜1点左右　庚寅年　丙戌月　丙申日　己丑时脾日　子时

死亡时间：2010－12－20　午11时　庚寅年　戊子月　甲辰日　庚午时

病史摘录：老年男性，夜间起床如厕时，突发肢体活动不利，很快意识丧失，急呼120来院。入院后呕吐1次，昏迷状态，小便失禁。头CT：右基底节区脑出血，丘脑血肿，多发腔隙性脑梗死，弥漫性脑萎缩。入院体检血压164/97mmHg，无自主睁眼及刺激性睁眼，双侧瞳孔不等大，左侧直径2.5mm，对光反射迟钝，右侧直径1.5mm，对光反射消失；右侧肢体可屈曲，左侧肢体无动作，肌张力下降。既往：15年前曾患“桥脑出血”，经保守治疗好转，此后发现高血压，服用硝苯地平缓释片20mg，2次/日控制血压，平素血压水平在160－170/90－100。糖尿病史10余年，口服格华片治疗；长期口服银杏叶片、阿司匹林80mg/日。一年前患左侧脑梗死，遗留右侧肢体活动不利；30余年前曾因左膝关节外伤手术治疗。个人史：出生并久居北京，无烟酒嗜好。

诊断：①自发性脑出血。②血肿引流术后。③颅内感染。④脑干功能衰竭。⑤肺部感染应激性溃疡。⑥高血压病3级极高危。⑦脑梗死恢复期。⑧Ⅱ型糖尿病。

血化验所见

1. 血常规：

2010－10－13入院日	23项1项异常	粒细胞百分比70.1（正常50.0%～70.1%）
2010－11－13 住院1个月	23项7项异常	粒细胞百分比88.6，红细胞数目和血红蛋白浓度均呈下降趋势，血红蛋白浓度120（正常131－172）
2010－12－14（2次） 住院2个月	23项8－9项异常	粒细胞百分比76.6－77.3，血红蛋白浓度呈持续下降，血红蛋白浓度91－96（正常131－172）
2010－12－20 死亡当日	23项12项异常	粒细胞百分比79.8，红细胞数目由入院4.67下降到2.24（正常4.09－5.74），血红蛋浓度71（正常131－172）

2. 凝血7项：

2010－10－13　入院日	7项1项异常	凝血酶原时间10.6（正常10.9－13）
2010－10－17住院第4日	7项1项异常	纤维蛋白原4.689（正常1.88－4.35）
2010－11－4住院21天	7项2项异常	凝血酶原时间10.7（正常10.9－13） ＋纤维蛋白原4.572
2010－12－20死亡当日	7项6项异常	凝血酶原时间不降反升13.7（正常10.9－13） 纤维蛋白原升得异常6.317（正常1.88－4.35） 国际标准化比值1.15（正常0.88－1.12） 活化部分凝血活酶时间96.1（正常20.9－34.9） D－二聚体　787.0（正常0－425）

病例12c：许先生　男　73岁　B型血　脾体质

2009年11月，山东某干部之父，被家人发现有出血，检查脾大、血小板低。医院建议手术切脾，家里亲人一致意见，送父亲到北京最好的医院去看病。临来前，通过一个朋友的介绍，电话咨询了我，查了生日是脾体质，血型是B，感觉不对，立即劝阻他们不要远程奔波来北京手术切脾，应该在当地煮大量黄芪水喝，把出血控制住。全家人经过商量，一边给老人熬黄芪水，一边还是把父亲送到了北京，儿女们本着一定要给父亲最好治疗的心愿，全家近20人专车队护送老人，直奔北京协和医院西院的普外消化科。

手术当日家人请我去看病人，在病床前，我与许父交谈，我告诉他不用紧张，这种手术时间是很短暂的，手术的一般风险都会想到和避免，协和外科医生的外科技术尽可放心，遂目送他推去手术室。尽管我极力反对他们手术切脾，但对一个马上要进手术室的病人及家属，我能做的就是让他们对已经选择的手术有信心，对手术医生有信任，给术者的儿女和家人送一份医生的关爱和温暖。

随后我就走了，之后得知脾切手术很顺利，术后其父的血小板化验值从非常低的3000升到6万，来京亲友团当晚举家聚餐，庆祝他们果断的抉择和父亲的病愈。不料第2天病情峰回路转，其父开始高烧，医院用尽了办法，体温仍高升不降，虽经全力抢救老人还是去了，这是一个谁都不愿意看到的结局。确实很悲剧：一辆载着父亲和亲友团满腹期望进京的看病车队，又载着家人的悲伤和父亲的遗体返回了山东。当知道这个消息时，老人的遗体告别都结束了，我黯然无语。

32 体质病因分析

脾体质亡国的危机是出血

（1）以上3个出血死亡的案例都是脾体质，不论中西医临床，都认为脾与血液和血细胞有直接关系。血型不同血液质量有别，从脾看血，从血失脾，我们具体分析一下就知道，何为气血合参？为什么临床现象和生辰八字发生吻合？又是怎样吻合。因为他们又一次印证了这个规律，“病在本脏，如一个国家病在了执政党，愈后不乐观”。

（2）病例12a的崔先生，呕吐咖啡样物有6年，死前2个月出现口角流血及鼻衄，然后是间断鲜血大便10天入院，A型血与其他血型相比血液流速缓慢，凝血机制较好，像这样出现不可控的出血就更要提高警惕了。从出生日期的天干上分析，此患者一生下来就有2个弱脏，第一弱脏是脾，第二弱脏是肝（见后弱脏计算），要想健康不生病就要时刻注意摆平这两个脏器的关系，比如舒肝和脾。

怎样能使肝和脾和谐相处呢？从五行中分析的功能走势是肝木克脾土，

也就是俗话说的每每肝脾之间闹矛盾，都是肝木惹事在先。医生会用药来解决，而普通人会有意无意选择饮酒，这个病患就养成了常年喝白酒每日 1 斤的习惯，最后得了酒精性肝硬化，酒精性肝硬化带来的相关病变不是造成他死亡的直接原因，而是间接原因，居第二位。

第一的直接原因是病人的脾体质，1952 壬辰年出生，在 2012 壬辰年病加重，整整一个 60 年甲子。出生时存在的肝侵犯脾土的矛盾，每 10 年都会重复一次的边关战争，到了人已 60 的时候，肝和脾原本都已经两败俱伤无力再闹了，但老天又把机会给了肝木太过，肝木不得不再一次进犯脾土，从年初一打到四月，脾国灭亡，表现特点就是不可控制的出血。如果我们的医生病人能够知道这个规律，至少到了晚期不至于手忙脚乱，只要能低调熬过今年除夕，迎接他的才会是新一年年轮。

（3）病例 12b 的傅先生是 O 型血的脾体质，1940 年出生的脾体质，第一弱脏是肝，第二弱脏是肺，所以与上例表现不同，出血部位不在消化道而是在脑部。与上例相同的，也是逢 10 年是个坎儿。40 年出生，2010 年起夜时突发。他虽然也死于出血不可控，但已经明显掺入后天治疗无效、越治越不好的元素了。

这是个有知识的老人，出生并久居北京，既无烟酒嗜好，也非常注意遵医嘱按时服药，从患“桥脑出血”开始控制高血压 15 年，控制血糖 10 年，硝苯地平缓释片、格华片、长期银杏叶片、阿司匹林 80mg/日，从不敢间断。出生日期告诉我们他的第一弱脏是肝，他突发病的时间告诉我们也是肝当值的时间。尽管壬辰年的老天给肝更多的关照，仍没能挡住后天用药的伤害。

最致命的伤害也是通过他脾脏当政的特点告诉我们的，那就是全身细胞尤其是脑神经细胞不可控的出血。血凝 7 项的检查结果就是有利的凭证：入院时 2010－10－13 日，7 项中 1 项异常；住院后第 21 天（11－4），7 项中 6 项异常，且当日死亡。如果还坚持说这是死前的改变不以为凭，那就看看血常规化验，血细胞和血红蛋白比值的渐进性过程，就是最有利的佐证。

举这个病例的用意，就在于强调：脾体质和 O 型血的结合，最大的保护原则就是立即停止一切有抗凝、活血作用的中西药包括保健品和食品，不要心存侥幸，没有商量！相反，要积极代之以行气补气的药，不懂中药的用医院的高压氧、或智能呼吸机，关键时刻能救脾体质的亡国之危。

（4）病例 12c 不是我医院的病人，却是我早期干预不被理解很悲剧的典型，所以至今记忆尤深。从那一刻起，我就暗暗地对自己说，一定要把 32 种体质的知识普及给那些孝顺的儿女们，千万别把父母的出生日期和血型不当个事儿，如果因自己的无知，把本来的尽孝变成了一生的悔恨，那就太冤了。

这个病历当初我记忆的是A型，所以一直以为此人的高烧是A型血人术后的无菌炎症反应。写书时与其儿子核对，说是B型血，术后高烧考虑的原因就不一样了。B型血有很活跃的排异反应，尤其在脾脏切除术之后，高烧一定免不了用抗生素，是所有外界因素的总和导致了这场政变的激烈表现和脾体质王国的最后消亡。

（5）ABO血型不同，出血的原因、方式、易感性会明显不同。不被认识的是B型和O型。尤其是O型，出血的根本原因是缺少凝血维生素K3，当没有构成一定量时表现是细胞渗血，所以常被人忽视而当成梗阻继续用活血药。但不管怎么说，脾脏当家的国度都以出血为最大危险，不是说其他体质没有出血风险，只是说跟脾体质相比，都不如脾体质伤害大，因为关乎脾国政权的安危！

病例13：53岁胆体质——胆囊摘除术后突发脑萎缩

夏女士　53岁　血型不知　胆体质

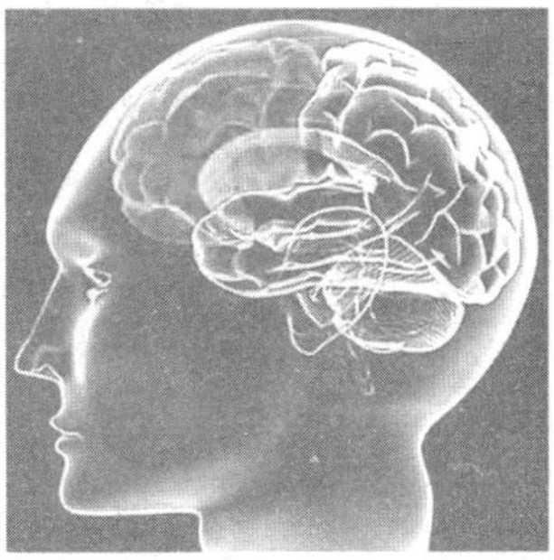

出生日期：1956－1－03　乙未年　戊子月

己巳日第1弱脏肺，第2弱脏心，第3弱脏肝

发病日期：2009－7－08　己丑年　庚午月　甲寅日（心日）

入院日期：2009－7－31　己丑年　辛未月　丁丑日（头日）

病史摘录：患者因右上腹痛隐痛，伴右肩部放射性痛3年，在某3甲医院诊断为“胆囊结石，胆囊炎”。09－7－8在全麻下行腹腔镜胆囊切除术，麻醉苏醒正常。但在术后3小时患者突然出现右侧肢体抽动伴意识不清，急行头颅CT检查后，考虑存在缺血性脑血管病，不久患者意识不清程度加重，并出现右侧瞳孔散大，急行开颅去骨瓣减压术，并应用脱水，改善脑循环等药物。复查头颅CT示左侧颞枕顶叶大面积脑梗死，脑疝形成，经脱水降颅压等综合治疗，术后第5天开始清醒，意识逐渐好转。2009－7－31日为加强康复治疗转入我院。

既往史：发现血压升高8年，服用“硝苯地平”控制血压尚满意，否认糖尿病、肾病、传染病等，无手术、外伤、输血、药物过敏史。

体检：生命体征稳定，神志清楚，精神弱，反应差，运动感觉性失语，问诊不能配合。留置导尿管，胃管，不能自理，平车推入病房，头颅减压窗张力正常。右侧偏身感觉障碍，右肢体肌力0级，左侧肢体肌力5级，右巴氏征阳性。

化验检查：

（1）血生化　前白蛋白低155（正常170－420mg/L），葡萄糖高6.21（正常3.9－

6. 11mmol/L)，尿酸低 76（正常 154－428umol/L)，转铁蛋白低 1. 96（正常 2－4g/L)，铁低 4. 63（正常 6. 6－28. 3umol/L)，甘油三酯 2. 16（正常低于 1. 7mmol/L)，载脂蛋白 A1 低 0. 86（正常 1－1. 6g/L)，超敏 C 反应蛋白高 0. 78（正常 0－0. 3mg/dL)

(2) 血常规　血红蛋白低 108. 0（正常 113－151g/L)；

(3) 凝血 7 项　PT 凝血酶原时间高 18. 7（正常 10. 9－13/sec)；PT－% 活动度下降 50. 1（正常 70－97)；PT－INR 国际标准化比值高 1. 59（正常 0. 88－1. 12)；FBG 纤维蛋白原高 4. 37（正常 1. 88－4. 35g/L)

(4) 尿常规　红细胞 30－35 个/高倍，尿胆原弱阳性

诊断：①脑梗死脑疝形成开颅去骨瓣减压术。②肺部感染。③高血压病 3 级（极高危)。④慢性胆囊炎胆囊切除术后。

32 体质病因分析

胆体质，胆囊摘除术后发生的暴动

(1) 这是 1 个院外手术后急送来的病人，因是胆囊手术摘除后引起，遂查了一下患者的出生日期和手术日。固定程式算下来是胆日出生、心日手术，有个词叫“火雷噬嗑”，指宇宙能量频率当天的天地表象，被这个病人赶了个正着，意思是说这个人体内的五脏六腑也在这个时候，与发生“火雷噬嗑”的能量频率产生了谐振。

看不懂没关系，把它当成一个假设，如果没有后来我们全然不用继续。而偏偏这个病人产生了影响一生的病情改变，这就不能不去问责她身体的当政党了。而当政党胆囊却正被摘除中，虽说突然的广泛性脑白质萎缩在手术后发生，但不是操作上的错，而是手术和麻醉、以及后来的开颅减压术，把这个体内发生的暴动推波助澜到了极致，这个病人没发生死亡已属万幸，当然这也归于医生的及时救治。

(2) 胆体质是最不被认识和重视的体质，因为很多人都可以摘除胆囊而健康自如，把胆与头脑心等重要脏器并列，10 个有 9 个想不通。胆体质最大的特点是大量吃荔枝不上火，还能改善失眠，降糖治疗糖尿病。过去多知道肝胆相照，肝与胆联系紧密，很少知道胆和心脏的密切关系，尤其是在五行中，胆和心同属于火，而不属于木的特性。从大量临床病例中可以看到，胆与脑神经系统突发病、与头面五官感觉系统、与情绪疾患、与心脏病都有着推不掉的首责；加之胆的休整时间是夜里 11 点到 1 点，这个时辰，现代人熬夜又常常此时不眠，胆的能量会经常处在透支的状态而得不到补偿，日常许

多亚健康、说不清道不明的心身疾患、症状，都与胆的能量不足有关，与睡眠的时段有关。

（3）这个蹊跷的术后，告诉我们的就是医患双方在体质上的无知，医生的无知是把胆囊的病变局限在了解剖所见，不知与脑神经系统的信号关联，为解决病人的腹痛结石，竟导致了偏瘫失语。这个无知是所有外科系缺少整体观使然，只知其一不知其二的手术医生，今天即使侥幸过关，明天也还会重蹈覆辙，前面病例 11 也是如此。

患者的无知会把这些不幸归在医生的责任事故上，因为手术前好好的，都是医生手术做坏了。殊不知，医学能解决的疾病问题 10% 都不到，高科技只是把手术的精细度和安全性提高了，手术的时间缩短伤害性减小了，对人的整体认识还是 20 世纪从躯体解剖了解的那些，一点都没增加。我把这种可视化医学称为简单医学，把数字化系统整合称为复杂医学。

外科手术是简单化医学的产物，是专门负责修理人体硬件的，好比电脑行业负责硬件维修的技术人员。外科医生只在硬件上找问题，或者替代、或者越苞代俎、或者切割引流，若碰上真是硬件出状况，加上电脑软件的适应性又强，硬件维修的效果确实又简单又好。若不是硬件而是系统出问题，或者系统和硬件都出问题，单修硬件就会更麻烦，招致系统崩溃和电脑整个报废的风险是很大的，更何况人体比电脑可复杂多了。

医患都应该认识到，临床不能解决的大多数疾病问题，是复杂系统的多因素问题，在诸多因素中寻找主要矛盾，做到“提纲挈领”“一箭中的”是最好的医疗。多先进的外科手术都只能解决看得见的局部问题，而看不见的、手术后的、身心整体的适应性干预，才是能否病愈的主要责任方。谁负责？身体王国的执政党，这个人的出生日期告诉我们，她身体王国的当政者是胆囊体系。

医患都一样，对外科的期望值越高，失望就会越大。用保守疗法调调软件就能解决的事，非要或者只能选择手术，不论是做治疗还是疾病预防，都好比“用宰牛的刀杀鸡”，焉能不过?！面对当今医疗纠纷频发不断的现象，我冒昧地说一句：要想解决这类专业性很强的纠纷，主要措施应该加大医学进步与医术的创新。这例病患是外科技术观念与知识层面的事，与责任事故无关。如果因此而对医生实施人身攻击更是错上加错了，因为对解决问题无益，对避免以后的重蹈覆辙无益。

病例 14：6 岁女童莫名高烧 40 度 ——因天地即时火太过

喻某　女　10 岁　血型不知　肺体质

出生日期：1999 – 8 – 10　己卯年　辛未月　甲午日第1弱脏脾，第2弱脏肝，第3弱脏肾

高烧日期：2008 – 6 – 17　戊子年　戊午月　戊子日

入院日期：2010 – 5 – 19　庚寅年　辛巳月　己巳日

病史摘录：因脑炎后言语不利近 2 年入院。学龄女童，急性起病，足月顺产，出生情况良好，以后生长发育正常。08 年 6 月 17 日突发高热 40 度，抽搐后昏迷，急送北医三院，行腰穿结果无明显异常。5 天后转至北京儿童医院，入院第 20 天因肺感染气管切开，鼻饲饮食，并导尿。30 天后，生命体征稳定。转海军总院，出院时诊为“病毒性脑炎，癫痫”，行高压氧治疗 5 次，患儿睁眼，期间一直有癫痫发作。病后 3 个月，再次入北京儿童医院，近 4 个月时恢复意识清醒，5 个月可坐起，可主动发音，但吐字不清，6 个月可独行，但姿态异常。可独行时拔出气管插管及鼻饲管出院。一年前去语言科门诊，诊为“获得性失语”。现仍有癫痫，平均 2 ~ 3 天一次，多在晨起睡醒时发作，一直口服“苯巴比妥”“开普兰”“妥泰”“便卡西平”控制癫痫。检查患儿神智清楚，精神良好，纳可，二便正常。病前一直体健，否认药物过敏史。

诊断：①病毒性脑炎后遗症。②癫痫。③痉挛性右偏瘫轻度。④中重度智力缺陷。⑤失语症。

32 体质病因分析

肺体质国度的通天大火，是 40 度高烧的直接原因

（1）看到这个病例的第一反应是姓名：“喻昕旸”3 个字两个日字偏旁。我当时转身问身旁的同事：“你们看看这个名字有什么感觉?”“热呗”，不记得是谁说的，确实就是这个感觉。

一看患病原因果然与热有关：急性起病，突发高热 40 度，抽搐后昏迷，之前没有任何征兆。当时立刻去北医三院，腰穿结果无明显异常，起因病毒有些牵强。那谁有这么大的影响力？能把一个好端端孩子的 36 度常温瞬间升到 40 度高温?！显然只有老天和大自然有这个能力。

于是，我立刻把患儿的出生日期和发病日期进行了常规计算，果然是宇宙火星的能量场影响到地球，地球又影响了大自然的时间气象，大自然的共振频率直接导致了这个肺孩儿体内的五运六气严重失衡。使原本就受大火制约的肺国，突然引发了一场有灭顶之灾的通天大火。以后所发生的癫痫、痉挛性右侧偏瘫、中重度智力缺陷、失语症，都是这场通天大火带来的灾害，

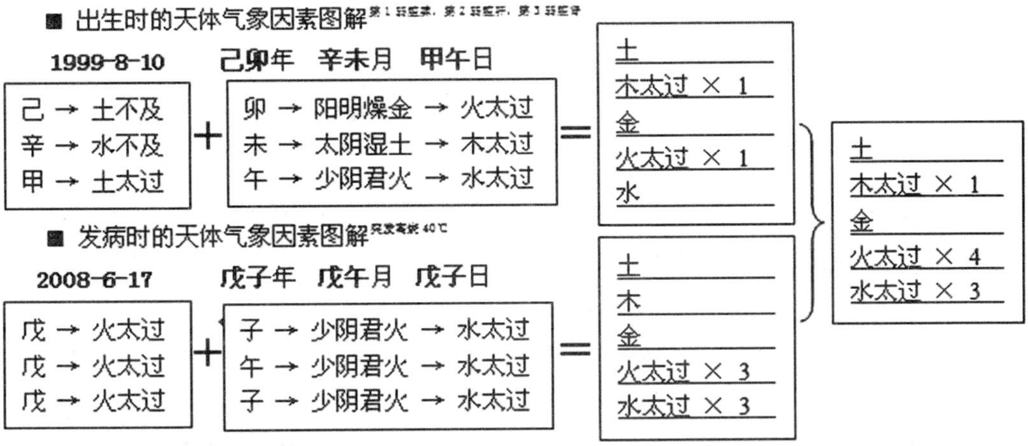

因为左大脑及语言中枢是肺国度的重灾区。

(2) 出生日的八字之六：己卯 辛未 甲午，每两个为一组，第一个字是天干，第二个字是地支，一天一地，天的影响是直接的，地的影响是适应性的。因为没有具体时间，有6个字已过50%，所以通常计算有六字也说明问题。“己”代表天干里的土不及，“辛”代表水不及，“甲”代表土太过，说的都是当天宇宙能量场金木水火土5个行星对地球看不见的信号影响。

第2个字“卯”代表地支中的阳明燥金气候特征，“未”代表太阴湿土，“午”代表少阴君火，讲的也是当天的地球气候特征。所有信息流的整合叠加，在孩子出生与妈妈断脐的一刹那间，写进了DNA中。用五运六气程式算出来的结果，孩子身体王国的当家脏器是肺，第一弱脏却是身为肺妈妈的脾脏。

(3) 高烧日期的八字之六：戊子 戊午 戊子，也是每两个字为一组，没有准确时间就略掉，与生日六个字取得计算上的对等。一眼看上去，高烧当天六个字三个组，天干都固定在一个“戊”字上，而“戊”字代表的意思是“火太过”。也就是说，2008年一年、阴历五月的整个月，以及17号的当天，都是热能量鼎盛的时间段。

三个组的第2个字地支，也有2个字的重合，“子”字代表少阴君火的气象特征是热，午也代表少阴君火，也是热。如果有当天出生的孩子，这孩子一辈子的健康都会表现肺弱。因为肺很娇气，对气候很敏感，遇冷就咳嗽，遇热就发烧。而孩子是肺当政的体质，又起了一个这么热辣辣的名字，出生日期和当天相加竟有7个火太过，就好像孩子的肺国里引发了一场通天大火，不高烧才是奇怪的事。

(4) 什么叫火太过？如何理解？从天人同构的生命角度来看，人生病的原因是身体的动态平衡被打乱了，美国的生理学家坎农曾写过一本书《躯体的智慧》提出了内稳态的概念，认为人体各种指标都能调节在一个稳定的范围，内环境的稳定构成细胞生存的必要条件。任何破坏稳态、使稳态发生震荡的因素，都会导致身体的疾病。

我理解，这句话就是体内平衡、百病不生的英文表达。有些事就是这么怪异，西方人用英语说就是知识，东方人用汉字说就是疑问，真追究起来，其实又都是一个道理。本着“适者生存”的法则，我必须常常把国外的袈裟披上，让那些信奉与国外接轨就是与先进接轨的人，至少别把我的话当成忽悠，也至少能有耐心把我下面的解释听完。

美国生理学家和我们的老祖宗比（不是和我们现在的中医比，两个概念不要混淆），虽然都是同理，但美国专家还差一步，差在哪呢？差在细化和量化上，即怎么去细分稳定内环境的各种因素，天地人同在的情况下，如何计算和汇集不稳定的所有元素，能否以统计数字的方式，做出让大家都认可的规律和表述？也就是俗话说的，怎样经得起重复。

这个智能计算利器就是易经的五运六气学说。很多人一看五运六气就“晕”，我就不讲常理了，感兴趣的满世界都可以找到，我们看应用。五运讲的是天体的能量场，按金木水火土五个行星分类，运行规律按相生相克的程序保持着动态平衡，循环往复不止。六气指地球的能量场，以风寒暑湿燥火的六之气划分和描述了地球绕着太阳转 12 个月的不同气象特征。对人体生命和健康的影响，无论从力量还是从时间上看，天老大、地老二、人老三，永远都是这个规律。所以，一个人患病了，先排除的是老天的因素，第二是气象的因素，时间与气象因素都排除了，才考虑后天的所谓感染的病因。

看不懂患儿算式可以略过，我们只分析最后的结果，就是大括号后面这张图。我以为，这张图可以用老祖宗的智慧，把美国生理学家的内稳态概念、把天地人所有影响因素，给有序化整合起来，并形象和数字化的表现出来。人体的气场，或叫频率、或叫能量、或叫功能块、或叫系统……，总之是看不见的非物质那部分，分成金木水火土 5 大势力，天人同行，轨迹一致，由此保持着人体小宇宙与大宇宙之间的协同一致。

五行间的关系分为相生和相克，相生是母，相克是父，都是正常顺序，也是固定程式。在这个基础上任何一方势力太过或不及，都会对相邻两方造成影响，终其结果是破坏了身体的整体平衡，导致生病或死亡；除非又回到 5 大势力的和谐，才可能重返内稳态的疾病康复。

图解是一个五行相克规律的示意，每个上一行都被下一行所克。第一行的脾土，克最底行的肾水，“水来土掩”就是此意，行行相克，构成一个五脏内稳态平衡的环。稳定来源于势力相当，表现是数目相等，大家都是单挑，运行就相安无事，否则就乱。

孩子是肺体质，肺在这个相克的链环里归金；我们看到金后面没有数字，表示它很正常不多不少，但架不住老天给它下一行，4 个火太过（五运算出来的为明火，六气是暗火），加上地气的 3 个暗火共 7 个，7 个人打一个人，多大的悬殊！肺金的上一行是肝木，肝木也趁火打劫，以 1 个太过的优势反侮肺金；你想这个平日就娇气的肺国哪里能受得了两面的夹击，肾水儿子也来帮助母亲灭火，显然 3 个水太过打不过明里暗里 7 个火太过，所以那个时段肺国真是倒霉透了，突发高烧 40 度不说，整个重点地段都相继遭受重灾，尤其是大脑皮层的左侧和语言中枢，以及所有发声构音的区域。

现代医生研究的是火灾后受灾物品的结构特征，力图恢复几近灰烬物质的原有状态，这种解决问题的思路和办法，但凡有点常理的人，都会觉得是“于事无补”，就像北京最近发生的 721 洪灾，面对泥石流你去研究被冲毁房屋的结构，有意义嘛（⊙_ ⊙）？现代医学对整个发病的无知和救治过程的无奈，是喻昕旸这场大病的根本病因和不可能康复的全部缘由所在。

探讨解决方案

肺体质高烧的解决方案

（1）有关姓名：在序言里我写到隐去案例姓名，后来我改变了。因为这个病患还小，如果他们的家长有缘看到我的意见，可以来找我，尝试换一种康复办法，一种医患双方共同努力、从肺体质上提升本体自愈力的办法，来解决这场火灾后的恢复重建问题；不一定打什么保票，但至少可以建立一个信心：喻昕旸不会再发作癫痫和终身失语了，正是学龄时间，千万别把孩子给耽误了。其二作为解决方案建议，昕旸的名字必须要改，增多些三点水偏旁的字，以尽可能地减少一切引发伤害的元素。

（2）体质意义不是马后炮的分析，应该是对所有病患实施治疗的入门的指导思路，比如这个孩子恢复健康的重中之重在肺上。但不是局限在医院呼吸科的呼吸道和气管概念，而是提升肺主气的功能，肺主气的作用点在细胞供氧的层面，尤其是脑神经细胞核膜的正负电层面。病史有段记录“行高压氧治疗 5 次，患儿睁眼”，讲的就是这项措施的重要，尤其是 O 型 B 型血的患儿，针对性的有效救治一定要考虑上高压氧。

还有一个最不被认识、又最有效的抢救措施，就是经络调理，尤其是对于孩子。在五个脏器经络的五个合穴上摆平相互之间的关系，虽然不能抗衡天力，但五脏和谐团结起来能减少灾害。如果当时选择五个脏经的如下合穴：左侧的心经合穴少海、左侧的肝经合穴曲泉、右侧的肺经合穴尺泽，在左右侧不发生混淆的情况下，采取任何方式的任何刺激都行，只要认真做了，一定会给着火的肺国带来清凉，由此降低孩子的高烧，减少并发伤害。

两个措施一起上的中西医结合，将会赢得时间为后续的全面康复铺平道路。接下来就好办了，不过现在也是充满希望的，前提是需要颠覆传统的治疗思路，不论是医生还是病人，建立一个全面康复的系统流程。

病例15：45岁中年男性 肝体质 ——2次心脏停搏都发生在饮酒之后

谭先生　男　45岁　山东济南　军人

出生日期：1964－2－1（阳历）　肝体质　血型B

外伤日期：2008－9－6

第一次心脏停搏时间：2009－7－18　14：30

第二次停跳死亡时间：2009－9－27　19：40

病史摘录：2008－9－6患者高速路行驶发生车祸，被从车窗甩出车外数米，当即昏迷。急救车送医院X光片示“C6、7、T1骨折脱位”即行“颈前路颈椎管减压植骨内固定术”，术后3天清醒，醒后发现上肢无力，下肢不能活动，术后1个半月转至济南军区总医院，行“颈椎后路椎管减压术”，术后多次行干细胞移植术，术后自觉双上肢力量及麻胀感减轻，于2009－2－20日来我院康复治疗。既往史：无特别。个人史：不吸烟，偶饮酒。

两次心脏停搏的发病经过：

2009－7－18　在外吃中饭因女儿放假，高兴饮酒有白酒和啤酒，午餐后半小时14：30，无诱因，突然颈部、肩背疼痛，迅速出现全身紫绀，不能呼吸，意识不清，突发心跳骤停，急呼120，经胸外按压，10分钟后呼吸心跳恢复，遂送入医院急诊。入院时生命体征尚平稳，但处于昏迷状态，呼之不应。当时检查血生化、血常规、血气、血凝，心电图、头CT等均未见明显异常。后予吸氧、醒脑静、甘露醇脱水、补液治疗，为进一步治疗促醒转内科，18：00时神志逐渐转清，第2日已无明显不适。主任查房考虑①患者为过敏体质，发病之前有少量饮酒史，而过敏常引起的改变喉头水肿致呼吸停止，需气管插管机械通气后缓解，与患者表现不符，故排除；②因平日有窦性心动过缓，心率最慢40次/分，高度怀疑此次发作与心率慢有关，是安装起搏器的Ⅰ类适应症。21日因生命体征平稳，搬出重症监护室。患者自行出院到301医院做冠脉CT等检查，因无安装起搏器指征，体位性低血压症状有加重，为进一步康复再次入我院。

2009－9－27　患者自行外出请他人训练和陪人进餐，7点40分时，突感头昏憋气，呕吐大量胃内容物，然后意识丧失，呼之不应，浑身青紫，急呼999急救，因堵车8点20分到达现场时，发现病人已经意识丧失，面色青紫，双瞳孔散大约6mm，颈动脉搏动消失，心率、呼吸、心跳均消失，各生理反射消失，心电图示直线。9点05分送来我院急诊，继续抢救电极除颤，患者心电图一直为一直线，抢救无效死亡。抢救现场人员闻到患者一身酒气，对此特征记忆清晰。

死亡诊断：呼吸心搏骤停。

32 体质病因分析

肝体质人对酒精反应强烈 ——生死之间，切不可太过侥幸

（1）这个病人是从山东专程来北京康复的现役军人，因为是我联系入院，前后接触多一些，所以有机会，在他住进病房当天，我就把他的体质类别和注意事项告诉了他和家人。因为康复效果较好，1个月后产生了更高的期望值，除了医院安排的康复训练还在外边吃小灶，背着科里医护人员到院外给自己安排了很多其他人的康复训练。由于增加了院外的社会应酬，所以加大了风险，两次突发情况都发生在院外进餐之后。

（2）第一次饮酒后突发心搏骤停，因999抢救及时呼吸心跳恢复，当家人告诉我时，我就指出了，病人是因肝体质的原因而不能喝酒，心脏停搏是饮酒导致的，不管我怎样强调，家人一副不以为然的表情，显然我的意见成了耳边风，为此心里不安。过后的某一天清晨，当我听到急诊科送报表，说有个综合科的住院病人昨晚死在了院外，全身都是酒气时，我第一反应就是他，“是不是叫谭＊＊？”“是”。于是我直奔急诊，值班医生已经换班了，看着急诊抢救记录，我心黯然。

（3）记录上说，昨晚下班时间，家人带着谭先生在外面找他人做康复训练和陪人进餐。也是在进餐后，19：40突发心脏骤停，呕吐大量胃内容物，然后意识丧失。这次就没第一次那么幸运了，999急救因堵车20：20到达现场，人已经意识丧失，双瞳孔散大6mm左右，呼吸心跳都没了。再送到我院急诊已经21：05了，看得出家属急切的心情，仍让继续抢救，尽管已死亡多时，值班还是上了电极除颤等所有抢救手段，真的是太晚了，心电图始终是一条直线。

（4）这是我碰到肝体质因酒丧命最典型的1例，他用宝贵的生命警醒我

们：肝体质人对酒精的过敏反应强烈，事关性命。有一句话用在肝体质人饮酒，一点都不为过，即“不是不报，时候未到，时候一到，身无命销”，千万不可心存侥幸！记录中我们看到，此人平时不吸烟，偶饮酒。是B型血的过敏体质；心跳骤停前仅有少量饮酒，第二次全身都是酒气，是因为呕吐了大量的胃内容物所致。也就是说，肝体质人的酒精含量不用很高，达不到酗酒的程度，就会招来对身体的致命伤害。

（5）在我的朋友中，每遇到一个肝体质我都提醒说“肝体质不耐酒力，饮酒一定要慎重”，由此，我也得到了很多反馈，更证实了这个带有普适性的规律。

案例15b：一个60后、肝体质B型血的赵先生对我说，“我不能喝酒，20多岁的时候在海南，因为一单生意喝酒，汽车开着车门丢在马路上，人躺在房间睡了一个星期”。

案例15c：一个70后、肝体质A型血的刘先生对我讲述，“医生说我体内缺少消化酒精的一味代谢物，我一沾酒准倒霉。年青时不懂事跟人喝酒，遂进了医院，护士量血压说没有高压，光低压就一百八，从此我再也不敢喝酒了，昨天老同学聚会偏拉着我喝酒，这不，刚一沾酒边儿，手机又丢了”。

再强调一遍：肝体质不耐酒力，带有普适性的规律。

第二节　从神奇疗效　看不神奇之处

病例16：已安排手术日的尿结石肾积水——3日后B超正常手术取消

王先生　男　59岁　胆体质　O型血

出生日期：1949-8-03（年份是霹雳火，己丑年 壬申月 乙丑日）

患病日期：2008-9-22（年份是霹雳火，戊子年 辛酉月 乙丑日）

病史摘录：2008年9月22日因突发左侧腰痛2天，去北京人民医院泌外科看门诊，B超示左肾积水3.8cm，透视下见左输尿管末端结石影像0.5cm大小，诊断：左输尿管结石，抗炎排石保守治疗。2周后复查B超，积水似有改善为1.5cm，继续上述治疗。

11月3日感觉不适去人民医院复查B超，积水增至4.5cm，输尿管上段结石0.5～0.9cm，诊断：左输尿管上段结石，左肾中重度积水，建议内窥镜碎石。

11月5日患者为慎重起见，于302医院做超声复诊（超声号B0811050103），超声所见：左肾集合系统分离84×47mm，输尿管扩张上端增宽处14mm，距肾门5mm处可见9mm稍强回声团，左肾积水左输尿管结石。并有胆囊结石，胆囊多发息肉。

11 月 5 日患者于是返回人民医院挂专家会诊，专家诊断：左肾重度积水，左输尿管结石 9mm，约其住院手术治疗，并讨论了该采取什么样的术式更利于积水消除。

诊断：左肾重度积水，左输尿管结石。

32 体质康复点评

3 天缓解症状，3 天排出结石；14 天后复查，肾积水由重度到完全正常

（1）11 月 6 日正好碰到我讲健康课，因为他爱人的推荐，王先生向我寻求自然整体疗法来治疗结石。我建议其在增加饮水 3000ml/日的情况下，买新鲜的核桃 4 ~5 个砸来与小米一同煮粥喝，并继续服用金钱草水剂，配合足疗等综合措施。患者很配合也很相信我，第二天晚饭就照着做了。尽管如此，我还是给他约了医院的泌尿科专家进一步诊治。

（2）11 月 9 日当我通知他预约 3 天后会诊时，他爱人（孟医生）电话说：按照我的治疗方案，感觉腰部不适已明显好转，估计石头已经没了。我当时觉得，可能是他爱人太不希望做手术，所以说的有些夸张。

（3）11 月 12 日，患者与其爱人如约来我院专家门诊，当时我正在病案室看病历，连续接到孟医生手机短信："石头没了，哈哈"，"感谢神医妙手回春，免去一刀"。短信是在 B 超室发出来的，检查结果：左肾盂分离间距 2. 1cm，左输尿管内径 1. 4cm，诊断：左肾积水伴左输尿管扩张，未见回声异常。K. U. B. 示左肾区、输尿管路及膀胱区未见阳性结石。因自我感觉好转，没有再开药物，继续吃核桃小米粥和保持饮水。

（4）11 月 26 日，患者如约又一次来院泌尿科复诊，还是那个泌尿科专家亲自陪患者去 B 超室复查，其结果，竟然是一个完全正常的肾脏，专家写在门诊记录里的诊断：B 超左肾无积水，输尿管无扩张，未见结石。

解决方案依据

《本草纲目》中记载："石淋痛楚，便中有石子者，胡桃肉一升，细米煮浆粥一升，相合顿服即瘥"。今我用核桃仁代替胡桃，小米粥代细米，吃 1 ~2 碗/天，治疗此胆体质的输尿管结石伴肾盂积水，在综合整体的调理配合下，果然有"即瘥"之功。

在不到 2 个星期的时间里，左肾由"重度积水→无积水"，"左输尿管由

结石扩张”→“无扩张，未见结石”。此后无复发，从2008年9月直到2012年的中秋国庆。

病例17：冠脉阻塞75%的心绞痛患者
——即时心率提升，次日搬出CCU病房

我妹妹 54岁 脾体质 血型 A

出生日期：1954-12-12 甲午年 丙子月 壬寅日（脾日）

患病日期：2009-06-30 己丑年 庚午月 丙午日（心日）

病史摘录：09年6月30日上午，我妹妹坐学校班车上班的路上，突然感到心前区一阵绞痛难忍，被全车人紧急改道送去医院抢救，住进了医院的CCU抢救病房，即刻心血管造影，冠状动脉阻塞了75%，S-T倒置，诊断：心绞痛、心肌缺血，冠心病，并上了心电监护仪。当电话通知我时，正在班上查病案，随即进行了公式运算。

看以下图示：

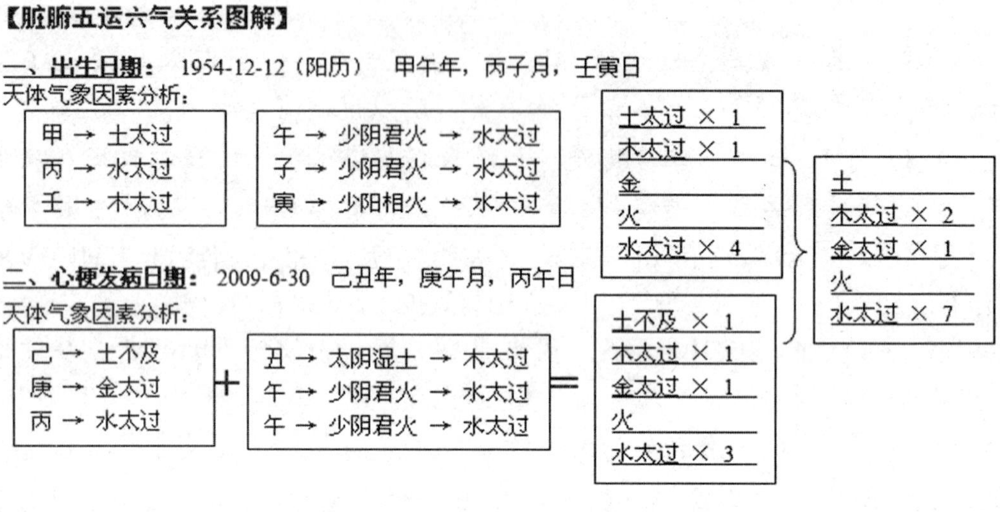

32体质康复点评

未安支架=安支架的效果
第二天由CCU抢救室搬入普通病房

（1）此人是我亲妹，所以对其身体状况了如指掌，只是细化到图解运算是第一次。公式运算让我明白了她的既往史中，为什么会在儿时有“尿床”、

年青时怀疑“缺血性心脏病”、退休体检有“更年期冠心病”的诊断。

原来她出生断脐啼哭的一刹那，老天给她的能量频率就是肾水有4个太过。这决定了她一生的主要问题是肾功能弱，肾管着水盐排泄，排泄弱自然水就多，体内相邻的脾土和心火都在其强势之下。站在肾的角度，脾是肾的上家，心是肾的下家。所以，具体到她的一生失衡，心脏比脾脏更容易出现问题。

2009年是己丑年，己在天干中的意思是土不及，也就是说除非到来年初一，整个牛年都是土不及。常识：“水来土掩”，意思是，土克水，水被土管着。我妹脾体质，通年老天都不给力，使身体原本就弱的当家脏器更加无力治水。发病那天，不排除有其他原因，但天力第一，因为图示告诉我们：当天脾土不及，水太过有3个，与她生日时的同类相加共有7个水太过；结果就是7个水太过抗衡1个脾土，直灌1个心火。这样严重失衡的肾水克心火，心脏病的突发当然是顺情顺理，在所难免。

（2）按照中医“理→法→方→药”的顺序，此病例原因既已明确，核心法则：强心利尿。具体救治方案如下：

◎ 泻肾水→左侧足少阴肾经　阴谷穴（屈膝腘窝内侧，平委中穴，靠内侧的地方）持续揉压；

◎ 补心火→右侧手少阴心经　少海穴（屈肘，肘横纹尺侧内）持续揉压；

◎ 抢救时，不用或少用活血药，减少输液量，如一定要用点滴“生脉饮”注射液，或“参芪”注射液类，提气增加心脏动能的药；

◎ 人参生脉饮（同仁堂）2支/小时，到入睡前；

◎ 跟着生物反馈系统作腹式呼吸辅助

（3）西医也有强心利尿的法则和措施。我去抢救室干预时，当时的主管大夫就说，“这类心脏病急救早就已经有金标准了，您应该知道。”所谓金标准，就是规范化的操作流程，以及现在盛行的安支架和心脏搭桥手术的标准，那都是不容置疑的无数循证案例制定出来的，没有错；但是有不足，不足之处就是缺少个性化，缺少针对性强的抢救效果和高安全指数。

主管医生看在我是个老大夫，又是病人直系亲属的份上，同意让我在心电仪监护下，减缓输液，并使用我的急救办法，解决病人心律慢、用强心药无效的问题。到病房后，我告诉护工按压病人左阴谷穴，护工竟惊讶说，“怎么好像一个小脂肪瘤”，按压右少海穴，病人直呼“疼痛”，显然都是适应指标。

在不到1个小时的时间里，心率由“40次/每分钟”→“58次/每分钟”，主管医生对我说，“看来效果还不错，您可以放心回去了”；夜里11点钟，我妹护工电话询问，“病人腰痛短时剧烈，未处理自行好转；是否还继续吃生脉饮?”。答：“停服生脉饮吧，睡个好觉”。次日晨，主任查房说，“心脏处有肌桥，像是个老年人的心脏。但心脏功能恢复能力很强，已经脱离危险，今天可以搬到普通病房了。”

仅仅1天不到24小时，没有安支架，却是安支架的抢救效果。后来得知，这位值班主管医生给全CCU的病人都常规用上了生脉饮，显然她把这个成功案例归在一味药物上了。岂知，这不过是人体凭借天力，集综合整体组合，纠正了五脏之间的失衡而已！

病例18：高龄 晚期 淋巴癌转移 ——三个月 PET－CT完全正常

我父亲 男 90岁 肺体质 A型血

出生日期：1919－9－25 己未年 癸酉月 庚辰日（肺日）

患病日期：2009－5－09 己丑年 己巳月 甲寅日（肺日）

病愈日期：2009－9－20 己丑年 癸酉月 戊辰日（肺日）

病史摘录：2009－6－9看病时主诉：右眼上眼皮内长一肿物，一个月时间呈明显增大趋势，影响睁眼和视物，CT检查怀疑淋巴瘤。2009－6－30眼科手术切除，手术过程很成功。当日病理切片报告：“符合弥漫大B细胞瘤，非生发中心来源”，属于恶性化程度较高那种。2009－7－21日被通知再次入301医院血液科，当日的B超检查发现全身有91个淋巴结肿大，血流活跃，怀疑全身淋巴癌转移，病属中晚期。本着对病人负责任的精神，大夫们提出做骨髓穿刺、腰椎穿刺，抽取脑脊液做进一步的分级检查，然后上系统化疗（专家会诊意见详见前面一节）。

医院“淋巴癌”的诊断确定无疑，而且所有词汇“高龄、中晚期、转移”都把病情的转归指向了死亡。与之相反，2009－7－16日的量子检测结果显示：病人较入院前的全身状况比较，出奇的好，第一疾病风险是“炎症”，不排除A型血术后的常规改变，病人的感觉与量子检测结果吻合。这在当时，遭到众人的反对，包括医院和家人。大家都对量子仪检测数值很排斥，偏又是这样一个与B超所见出入很大的结果。

因此，我把病理检测结果与量子报告都寄去了海外，台湾何逸仙医生是著名病理学教授，他写来的会诊意见说：

高寿者罹患中等度恶性淋巴癌，被称之为天寿癌，这是人终老之一种老化过程。附来的量子检测报告，非常有国际水准，可以看到老人主见强，心急，且有环境之负面压力。因此，此刻不宜侵入性治疗和检查。大部分欧美较为人性化的全科医生及本人，皆认为不要使用破坏性疗法，最好使用积极性根本和建设性疗法。如坚守对自然整体医学信念，病人甚幸！人类甚幸！

32体质康复点评

完全保守，高龄晚期转移淋巴癌
三个月PET－CT复查：癌转移灶全部消失殆尽

这是我的老父亲和我妹妹疾病痊愈后，在2010年去房山参加我主持的国际自然疗法学院毕业典礼时，留的照片。

我老父亲是我用32体质新理念进行整体综合调理干预，取得良好效果的第一个90岁的老人。作为一名以临床为终身职业的医生，我对我老父亲的呵护是本着专业精神和最新医学知识来进行的。尤其在我攻读完国际自然疗法医学和生物能量信息医学之后，每天查阅大量临床病案和亲身实践，都让我诚惶诚恐不敢懈怠每一个生命，更何况是我最亲的父亲。

（1）我首先质疑的是判断（请注意判断不是诊断），尤其是对“高龄、中晚期、转移”这些把病情的转归指向死亡的判断。不是因为亲情，而是因为，从2007年下半年开始我对父亲进行了东西方整体身心医学呵护，我爸是我用新知识和新技术服务的第一个近90岁的耄耋老人，两年多走下来他身心整体恢复的趋势和成果显而易见，竟会在08年12月，自己动笔完成了他十多万字的《往事回眸》一书，这就是患病之前真实的身体状况。

2009年3月，在他身体整个趋势好转的情况下，眼睑处出现了持续增大的异物，我当时判断是一种自体排异的表现，因为我帮他的自愈系统通过舒适洗肠，完成了肠道的大扫除，他身体的智能系统自会继续转向血液和淋巴系统的清扫工作。3月是地球回暖万物开始萌发的春天，我爸当家脏器是肺，肺管全身淋巴免疫系统。肺的下家是肝，眼睛又是肝的直辖管区，大自然又正好赶上了由内向外宣发肝当值的时节，眼睛出现快速增大异物当然不足为奇。既然定位体内排物是垃圾，几十年的积累能有什么好东西？

所有海内外医生，也包括我自己，但凡看病理切片，诊断板上钉钉没有疑义，“天寿癌”与“高龄、中晚期、转移”说的都是一种结局。针对这个诊断，不抑制原发癌和控制转移灶，对任何医生都是一种行为失职。

而换个角度，不从病理、从身心整体趋势的角度看呢？如果没有我前面

近2年的总体干预，如果没有我父亲前面的自愈力激发和身心整体调动的经过，如果没有量子检测的数据支持，如果不是在全身状态整体好转下发病……，结论自然等同。而偏偏都刚刚经历过，且现在的淋巴癌改变，又恰恰是这个过程的延续。所以，我认可诊断，但不同意对病势的判断。

也就是说，我判断发生在我父亲身上的这个淋巴瘤不是传统意义上的坏事，正相反，是其身体自我康复的延续，是个排毒过程，是好事。当时我这样劝慰父亲："您查出来的这个淋巴癌，就像当年你们湘西剿匪剩下的那几个毛贼。全国辽淮海四大战役都结束了，剩几个土匪有什么大碍，留个台湾都这么多年了，还不照样开国大典、国运昌盛。你眼科切出的东西是大战役后的战果，病理报告只是大战役剩下的残余，没有威胁的，不像医院说的那么严重。"当然，那时除了我本人，没有人理睬我的意见，直到今天，我仍然确信：最后之所以疗效神奇，首先是因为对病势的判断，其次才是适度的保守治疗。

（2）不是说保守治疗不重要，我当时心里很明白，虽然淋巴癌没什么可怕，但处理不当就可能恶化。正确的处置措施应该以能让老人从身心两个层面都不要太紧张，尤其是A型血，其压力排解走肾上腺才可能奏效。我很感谢医院血液科大夫对我这个亲属的理解，和具体用药上的配合把握，因为不仅涉及治疗的总体方向，还关系到每一个处置办法的方寸之间。比如NK细胞回输后，回家换个环境就会发烧，如果判断为感染，结果就得上抗生素，如果判断为免疫系统调动，解决的措施就大相径庭。出院回家的每一次状况调理，我都如履薄冰，小心翼翼，家里人也有个从认识到支持的过程。其中，还特别要感谢台湾何医生的技术支持和草本酵素等辅助。

总之，在以保守治疗为主的3个月后，复查PET－CT结果完全正常，原有癌变和所有可疑的转移灶，均已消失殆尽。2009－9－20在完全没有癌恐惧的欢乐中，曾被判为"弥漫大B细胞瘤中晚期转移"的高龄老人，渡过了90岁高龄的全家祝寿午宴，而且是在外面饭店、自己上的二楼用餐。从那时直到2010年，我父亲的身体全面进入了平稳恢复期。他可以走出家门去海洋馆看海豚表演、去植物园看花展、去圆明园秋游，甚至远到房山观看了我主持的国际自然疗法学院的毕业典礼，俨然是个生活很有质量、自尊自理的健康老人。

病例19：几碗葵花籽水，救活两侧肺水肿 ——垂危的胆体质老人

师妹外公　男　85岁　胆体质

出生日期：1921 年　胆日　辛酉年　属鸡

肺癌患病：2000 年 10 月　庚辰年　戊戌月　龙年

垂危日期：2006 年 11 月　丙戌年　戊戌月　狗年

病史摘录：

06 年冬天，我师妹 85 岁高龄的外公患了重病，医院检查是两肺全部水肿，也就是两胸腔积液。亲人主诉：老人有整整十天，一口饭都没有下咽，吊盐水也不往血管里进．每天他连开水也喝不下多少，所有的亲戚都来了，都来向他告别。此病曾在 6 年前（79 岁），被医院诊断为肺癌晚期，因医生说他过不了两月，所以也没有接受任何抗癌治疗。一年又一年地过来了，虽然有时免不了疼痛，但通常不算剧烈，生活也能自理。但是这次病倒，就像现在这样滴水不进，非常严重，所有亲戚都做好了送葬的准备。

师妹当时正在研读五运六气，就对守着外公的大姨妈建议：剥些生葵花籽，熬些水喂给外公喝吧。反正没有希望，试试又有何妨?

32 体质康复点评

高龄　肺癌　两胸腔积液
垂危时葵花籽水喂服，当天有效，继而康复自愈

这是易医栾加芹博士的案例，具体日期不知。我虽然也遇到了很多胆体质病人，但都有医药等其他因素干扰，远不及本案单纯和典型。再则我是大夫，师妹当时读博还没毕业，之所以拿来分析，是希望能给更多有悟性的人带来震撼，带来深层次的思考，唯此，病人甚幸，人类甚幸！

（1）患者是胆体质，《易经》中的离卦、离火之人，网上也称为离人。胆体质的属性归属金木水火土五行中的火，火性炎热，32 体质里属于“吃荔枝不上火”“胆为当家脏器”的那种。出生日期 1921 年，第一弱脏是肾，肾的属性是水，水性寒凉。水克火，水在火上，火在水下，形成的水火既济关系，是生命你中有我、我中有你的平衡和谐之象，这种态势下有生命有健康。老人出生的那一年那一天，显然是很平衡的环境，破坏了这种和谐和平衡，轻则患病，重则丧命。所以说，水火之间、冷热之间的失衡是老人一生健康的纠结所在，也是影响老人生死的关键原因所在。

（2）发病史就是个证明，两次患病的时间特点，都与水太过，火不及的气象有关，加之持续的时间、年龄的增长、当家脏器的管理能力下降等。

79 岁患肺癌：推算是2000 年10 月，庚辰年　丙戌月

85 岁垂危时：推算是2006 年11 月，丙戌年　戊戌月

庚辰年　丙戌月：庚在天体中的意思是“金太过”；辰在地球气象节气中的意思“太阳寒水”，水多天寒；丙在天体中的意思是“水太过”；戌在地球气象中的意思“太阳寒水”，也是水多天寒；年的意思是365 天，月的意思是30 天。总体就是说，老人患肺癌的时间段，天地的整个外能量场以水和寒为主，而老人的当家脏器、身体属性是火和暖，人在天地间犹如浮尘微粒，能量上的严重不平衡导致的肺癌。病在肺金，对于胆当家脏器而言，是推卸责任或让下家分担风险，看似很重，其实不然，所以愈后乐观，就像上面案例18，肺当家扫除的垃圾堆放在肝管理的直辖区一样。

丙戌年　戊戌月：丙和戌的意思上面说了，都代表“水和寒多”，6 年前丙和戌是30 天，6 年后却是全年365 天，到了11 月整个30 天都弥漫着这些“水和寒多”的影响元素。易经说，06 年是太阳寒水司天的年份；正是冬天，又为太阳寒水主气的时候，老人的两胸腔积液与太阳寒水自然脱不了干系。胆体质执政的生命体，两次遇这种来自天地的压力变化，都是在用一种方式来平衡自己。这次比6 年前那次大多了，而医院的输液，与患病的起因背道相驰，自然受到身体自愈系统的抵抗，导致滴水不进。

（3）医理一清楚，医术就明确了。从大自然的角度去看，只有火能够消除严寒的气息，太阳的温暖之气与人体胆体质能量对应匹配。我聪明的师妹联想到向日葵，迎着太阳而生，从早晨到傍晚，只要太阳出现，它的花盘便追随着太阳走，所以，它得了较多的太阳气息。也许，它能够制约太过的太阳寒水？于是，有了用葵花籽水喂服垂危胆体质外公的建议。

虽然一次只一小勺，竟然发生了奇迹。一天功夫，只喂下半碗葵花籽水的老人竟想喝粥了；于是给他粥喝，同时又多给些葵花籽水，也就几天时间，垂危的老人竟能站立下床了。不到3 个月的春节假日里，老人竟然能同他的老朋友们打麻将了。

病例20：远程干预2 例肝体质，1 例心梗，1 例肝癌
——心梗痊愈，肝癌好转返乡，均未谋面

病例20a：王先生　男　44 岁　肝体质　血型B

出生日期：1966 – 06 – 07　丙午年 癸巳月 丁酉日（肝日）

患病日期：2010 – 11 – 08　庚寅年 丁亥月 壬戌日（肾日）

远程干预：2010 – 11 – 12　庚寅年 丁亥月 丙寅日（肾日）

病史摘录：

2010 年 11 月 12 日晚上，手机铃响，病患爱人从深圳打来电话讲述其夫在 CCU 抢救，医院诊断：心肌梗死（前下壁）。已经 3 天了，不见好转，还有加重趋势，她很着急，希望听听我的分析和建议。她认为液体输入对心脏造成负担，是否还有必要继续输入？随后她告诉我其夫的生日和血型。我写出如下算式：

【脏腑五运六气关系图解】

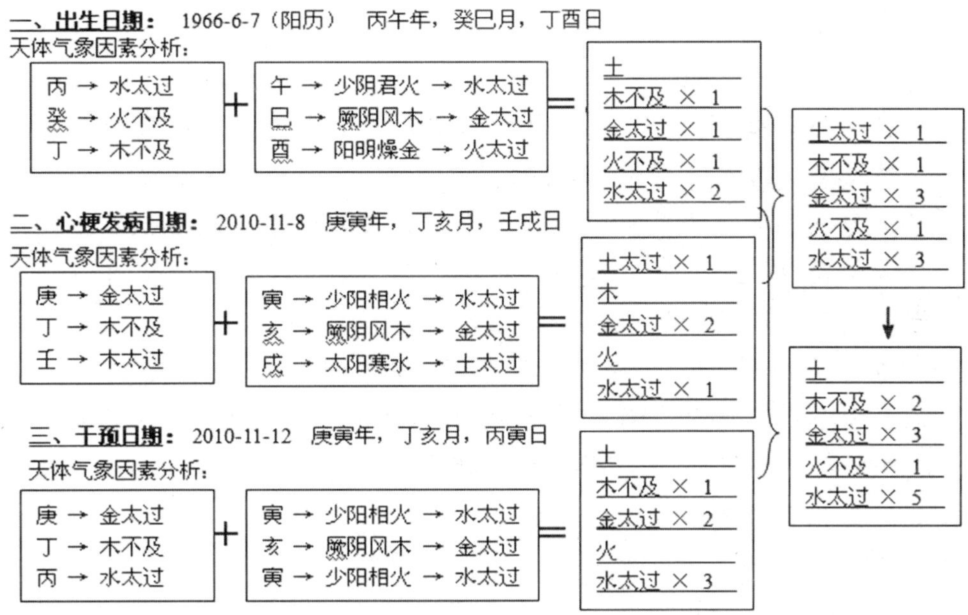

32 体质康复点评

停止输液，强心利尿，未安支架
心肌梗死 1 周好转，1 月可将其妻抱举，至今无恙

2010 年 11 月 12 日晚上，我接到友人从深圳打来长途电话，此人曾在香港听过我的课，是对 32 种体质很有悟性的一个医生，她来电话求助，显然是碰到了处置的难处，希望得到我的意见和专业支持。果不其然，她老公突发心梗住院急救，监护室抢救 3 天无好转迹象。

（1）我遂画了以上的图，做出了出生日、发病日和远程电话日 3 个时段的五运六气算式。图解：此人为肝体质，出生时当家脏器就在 1 个不及的位置，心火也有 1 个不及。2 个不及比较，心脏更弱势，因为心的顶头上司肾水，有2个太过压着。肝是心脏的妈妈，此人属于妈妈弱、孩子也弱的那种。生理上看，肝是心脏的血库，很多心功能问题都因肝功弱引起，此人一生出现的健康问题都会集中在这对母子身上，除非老天给肝木更多的能量，从天地中帮到他。

比如2012壬辰的壬字，意为肝木太过，肝不及会借天力增强而少病少灾；偏偏此人患病之时，是在2010农历的庚寅虎年，天干中庚字的意思是金太过，地支中寅字的意思是人体水太过，整整一个虎年，宇宙的能量频率都笼罩在肺金和肾水太过之中，这一年就比较难过了。因为其原来就弱的功能更加无力面对强势的邻居母子：1个肺金太过和2个肾水太过，尤其心脏更甚。发病那天的五脏失衡，落在1个火不及面对3个水太过，同时还被3个金太过夹击，就好像1个不称职的准员工被3个老板管着不说，还有3个债主追逐，形成了“屋漏偏逢连夜雨”的倒霉链环，所以，突发心肌梗死，看似偶发，实则必然，不足为奇。

（2）电话干预那天，我们从图示中可以看到，比发病那天的态势还要恶劣，1个心火面对着5个肾水太过，力量如此之悬殊，想必那天病人的情况是很危的，否则朋友也不会连夜打手机长途，我也有种惊心动魄的感觉。

所以果断地提出：让医生停止输液！这是第一要务。

对一个抢救病人停止输液，让医生同意是有难度的。但可以试试，理由2个，第一是3天救治无效反而加重。抢救病人是24小时观察的，3天已能够说明问题。第二是减少伤害，给身体平复以喘息之机，这也是医生的职责，可惜这些年被淡化了，具体到这个病人就是停止输液。

输液为什么是伤害？因为对这个病人不适宜，害处反大于益处。

从理论上说，液体从血管进入直接影响的是肝和心功能，肝脏管着血管壁和管壁相连的结缔组织，心脏管着循环的动力系统。突然从非正常渠道闯入的液体量，立时增加的是心脏和肝脏的功能负荷。虽然，抢救医生的主观愿望是希望把强心扩冠的药快速送达病灶，结果却适得其反，立即停止输液反而会立即改观，身体的自我平衡系统只有在无外界压力的情况下，才能得以慢慢平复。尤其这个肝脏当家，心脏功能明显不占优势的时候，抢救不当生死之间。

当然，停止输液的同时，还要谨慎所有用药。不论经管医生能否同意，都要增大人参等补气的中药和补充芽菜类食品，都要有提升正能量、补右少海合穴、泻左阴谷合穴，加大给氧等措施的辅助，把提高心脏的功能作为抢救的重中之重，用改善功能去促进梗死病灶的新生和恢复。

之后1个月，当深圳电话再次打来时，听得出对方声音透着喜悦。她说，“你知道他恢复得有多快吗？他昨天能把我给抱举起来了！”这是一个心肌梗死完全康复的表现，从卧床抢救到回家能持重1个月时间。王先生2个月后，经北京到山西出差，阴差阳错也没能见上一面，留下一箱从山西带来的核桃，又回深圳了。直到今天，除了声音我就没见他一面。

病例20b：某先生　男　37岁　肝癌　血型A　远程干预：2010－10－10

病史摘录：

此病患没留下原始数据，但救治的是一个经络调理的专业小组，此例来自他们的学习心得。那天下午我正在查病历，一个要拜我为师的同学打来电话，说他养生馆来了个内蒙古老乡，肝癌，病情很危，去302医院没床位，挂了急诊的号在等床位。问我梳理经络方面应如何处置，希望给予32体质的个性化指导。

我随即要来出生日期和血型，做了算式。原始图没留，但我清楚的记得这是一个肾水泛滥，脾功能弱不能尽职那一类。于是告诉了我的处置方案：疏通经络以泻肾水为第一，一定是左侧阴谷穴，不可颠倒。之所以反复强调，是因为这些经络调理的专业人员，他们秉持经络理论中“左升右降”的原则，曾对选左侧合穴起泻的作用，有不同的意见。

32体质康复点评

肝癌等床，循经调理20多分钟　腹胀消，腹水减，好转返乡

这是诸多远程电话咨询、没见面取得即时好转的典型病例之一。我的干预只是通过生日和当天八字做了个算式，给开展经络调理的专业人员，提供了选择穴位的指导性建议。那时很多年青的针灸按摩师在跟我见习，很多案例都没留资料，之所以这例印象深刻，不仅仅是因为显效，还因为有很多专业人员的见证，平息了一场专业选穴上的争执。

（1）远程诊断的精确让年轻医生折服　虽然此案原始算式没找到，但结论我记得很清楚，那天跟病患的生辰八字相加，五行中失衡的表现是肾水泛滥，脾土功能势弱，不能治水。当时电话告诉他们，此病患的主要矛盾在脾和肾脏之间不和，肾水过多，要助脾之力来泻肾水，方能摆平身体矛盾，改善症状。他们确信了我的判断：因为除了生日和血型，他们并没有告诉我任何有关此人病情和表现的只言片语。而电话那头，大家都看到了这个年纪不

大的肝癌患者腹胀、腹水、下肢明显肿胀，全身无力，急于挂急诊号，焦急等待床位要住院的情景。

（2）之后他们没有再来电话，反倒让我心生不安。因为之前他们曾经跟我争论，对“用左侧的合穴泻下，用右侧的合穴补升”有疑义，他们学习的经络理论是“左升右降”，与我强调的正相反。我担心他们坚持原来理论在合穴上反着做，就麻烦了。所以反复叮嘱，再三强调按我的处置方案做：一定选左侧阴谷穴，不可颠倒。后来知道，这份担心完全是多余的，诊断的精准已经让他们确认了老祖宗智慧的神奇，照着做就是，并且在这个原则指导下，增加了更多相同医理的其他经穴的疗效叠加。

这是一周后他们告诉我的，循经调理大概20多分钟的时间，病患精神明显好转，据说是20多年都没有过的舒适感觉。当时腹胀减轻，腹水减少，小便增多，下肢水肿消退。是不是真的跟用药后一样，我没亲眼看见不好说，但最后的结果有目共睹，买火车票回内蒙古不去住院了。半年以后，他们还跟我说，这人一直不错，在内蒙古找了个老中医在治疗肝癌呢。直到今天，我也没见过这个病人。

天下无癌　大家来见证
——30余年亲历确凿，岂是一句空话

从30年前，初当内科医生开始，我就遇到太多这样的质疑了“是癌治不好，治好就不是癌”。而我却偏偏干预了很多癌症眼见好转的病例，都是大医院确诊后的，甚至是死后尸体解剖证实的。我还特别愿意干预自己的同行，即医生本人患有的癌症，故而在我干预的癌患康复中，有大夫把好转癌症按照严重程度，设为难度系数，分出我医术水平的三六九几个等级；有的癌症病愈大夫建议与我同开癌症门诊，帮助更多癌患病人。

尽管我没有一天挂牌出诊，但至今推荐来的癌症病患仍持续不断，包括海外纷至沓来的同胞，搞得我大有应接不暇之势。所以这一主题，我不再采取个案分析，而是从梳理思路的角度切入，跟大家做个讨论。

2010年8月28日在世界自然疗法大会上，我有个《顺天规律养生，借天之力平衡——癌症康复的另类自愈疗法实践》的讲演（本书第5篇里有文章的提纲）。其中，我反复强调“我不治癌，癌症康复真不是我治的，我只是出了点主意。天力大于人力，是大自然的规律在帮你，借我天大的胆我也不敢跟老天爷抢功！任何人换到天人同构的角度，都很容易看到，癌症其实不是

病，不过是人体违背了大自然规律、出现的表征。顺着天地人的时空规律养生就不可能患癌症，借助老天之力去重建身体内环境的和谐秩序，恢复到原来的动态平衡，与大自然规律保持一致，人人都可能成为治癌专家，而且还不仅仅是癌症，几乎包括所有现代人的疑难病症。”

这不是一句空话，是由以下诊疗思路加上30年亲历组成。不好说放之四海而皆准，但至少目前，在认识和解决癌症问题上有指导性意义。

（1）首先要区别判断和诊断，判断和诊断有什么不同吗？诊断是静态的有形结构改变，判断是动态的病势走向和对健康能力的评估。至今为止，医院所有的确诊都是立时静态的有形结构改变，单凭一个检查和病理可以得出诊断，但诊断不等于判断，拿化验单做诊断下判断，都是把诊断与判断混同了，少了具体分析，十个有九个会错，治疗效果肯定有风险，凡是没有出现风险的，都得益于个体强大的自愈修复力。

比如前面我父亲的案例，在身心整体好转的情况下切掉的淋巴瘤，凭着病理可以诊断，但绝不等同于病势的判断，如果混为一谈，就如同古时的典故“刻舟求剑”。船在走，剑掉在水里，把掉剑的位置刻在行走的船上，是不是很好笑？而现在只有诊断没有判断，诊断判断混杂的现象比比皆是，何止是癌症，还包括很多疑难慢性病，再先进和有效的治疗，面对时过境迁的癌瘤，都是马后炮，于事无补。

天下无癌，首先在于分析判断。不要一听“癌症”就发懵，把心情平静下来，缕缕整个病程，把与个性化关联的内因外因都拿来想想，再下结论不晚。不论医生还是病人都一样，只有心情平静下来，才会发现原来癌症不过如此。好像一个不会游泳的人，突然掉到河里，于是大喊“救命！救命！”，岸上有个住附近的老者，冲着他喊“站起来！站起来！”，落水人站立起来才发现，水其实很浅，或者虽然很深，但不足以要命，只要想办法站立起来，就没有了风险。我常常觉得，自己就是那个高喊“站起来”的岸边老者，真正治癌的大部分时间是在喊，究其实，说我治癌有招数不过是个传说。

在癌症病势的判断上，告诉大家两个如何知道落水深浅的技巧。一是看体质类别和发病时间，如果肺体质人病在肝的功能区，且是肝的节气（案例18）；胆体质人病在肺的功能区，且是肺当值的节气（案例19），以此类推，即病在五行所克之脏器、和所克之脏器的当值节气里，愈后一般都比想象的乐观，不管病理切片的结果多么恶性。二是看整体健康走势，如果近期总体健康趋势上升发现癌症，比近期总体健康趋势下降发现癌症，要乐观许多，哪怕同时伴随扩散和转移，都不可一概而论，惊慌失措。

总之，强化我们对癌症的分析判断，至少可以平反一半“是癌治不好，治好就不是癌”的冤假错案。

（2）别揪住癌瘤死缠烂打不松手，要宽容，和谐相处，否则两败俱伤，癌肿没了命也没了。癌症之所以成为闻之丧胆的绝症，除了医学判断失误，就是治疗错误。凡是几经手术、放化疗后仍健康活下来的，请感恩你自己的强大生命力吧！感恩你身体的自组织能力和自愈力系统在默默地帮你，是你身体自平衡能力的宽容让你恢复了健康，不是医生和破坏性的治疗。

生命就像一道溪流，从山顶流到大海去完成一个时空过程。溪流不可能一路顺畅，所以会夹带泥沙形成沉积物，如同体内的癌瘤，当不能及时有效地清除和化解时，就会成为溪流的一部分随波逐流，即便慢些也阻挡不了流向，如同癌瘤无法使生命停止呼吸一样。当我们发现癌瘤之时，要顾忌身体的感受，因为它是个有生命的超智慧系统，如同我们要清理河流的垃圾，必须在流水中作业，如果采用“抽刀断水”的方法，结果不是“水断流”生命终止，就是“水更流”，导致癌肿的全身转移和扩散。

每个人只要活着，就都有一个超强大、超智慧的自组织体系，与天地保持着同步，完成着整个生命旅程。这个体系并不全被意识支配，如同心的跳动、肺的呼吸，以及抗衡各类外来压力的内环境平衡。现在的医疗如同盲人摸象，当你发现癌症时，对于你的生命体系来说已经是马后炮了，当我们揪住癌瘤死缠烂打不松手时，损害的不是癌症，是生命的自组织体系，因为她每天都在当值工作，像一道溪流从不停止流淌，像一轮红日每天升起落下，她化解和摆平着所有外来药物的伤害，直到耗尽能力不能自救自保，那时，河水不再流淌、太阳不再升起、眼睛一闭不再睁开。

生命不在癌瘤还有什么意义？所以，从生命的角度，而不是从疾病的角度看，最好的治癌办法就是：“带癌生存”“与癌共存”“千万不要揪住癌瘤死缠烂打不松手”，尽早从微观的破坏性治癌中脱身，进入宏观的生态性调理程序，如同从“驱逐鞑虏”到“和谐共融”，这种治疗原则的本质性变革，虽将成为21世纪所有癌症患者的首选，但眼下还不被行业认可，还没有形成势能，还面临着巨大的社会道德压力。

（3）选择的主动权在自己，不在别人。医生治疗的是症状而不是病因，他们不会细想、也没时间去追踪每个病人的不同个案，比如癌瘤是否根治，药物是否有副作用，以及很多专业性很强、又与癌症康复密切相关的问题，更何况医生自己死于手术后放化疗的也不乏其人，所以，凡选择“带癌生存”的个人及其亲人是要有勇气的。

“带癌生存”目前还不被绝大多数认同：“反正是个死，死在医院手术放化疗，也比死在外边的江湖骗子手中强”，这话不无道理，也是绝大多数人的选择。确实“爹死娘嫁人，各人顾各人”，每个癌患及亲人都有自主选择权。医生的治与不治，治好治坏，责在“知情交代”，不在“或生或死”，癌症病患者自主选择才是第一位的。

在现实社会中，越来越发达的信息技术使交流传播更加便利，让我们感受到了，个性化越来越突出，多样性越来越明显，国际化越来越普及，当然选择性也就越来越多了。这种情况下，说“聪明人生，糊涂人死”，一点都不过分。那些认为有癌基因就必得癌症，得了癌症就必然死亡，国外甚至一个家族 13 口亲人查出胃癌基因，都去做胃切除手术来进行预防，是不是有点过分！美国医生是全球西医界的领头羊，看看他们近期治疗癌症的趋势，也许会给我们的治癌选择带来些许勇气。

2005 年美国医学界上层就向中国领导人提出业务合作，其中“纠正癌症的治疗思路”即是其一。整个西方不乏医学专家、医学博士自己患癌症的案例，对自身癌瘤的治疗选择，不是用自己的研究成果而是用饮食、旅游等自然疗法，美国癌研究者调查的结论：那些不治疗者比治疗者，生存的希望要大[哈定·B·琼斯]。美国从手术、化疗、放疗治癌前后 70 多年，当开始转向“与癌共存”的 1995 年时，全国患病调查第一次出现癌死亡率降低，以及随后的逐年按 1.2 比例降低的趋势。

有人会问：“美国的调查已经反映了西医学破坏性治癌办法的失败，为什么我们还在步失误的后尘呢?”因为社会和市场上的医药利益财团比临床医生的学术意见，势力要强大和直接快速得多，全球如此，医生的调查能不被扼杀已经得益于美国学术的多元化了。另外，美国的放化疗治疗癌症已经历时 70 多年，而自然疗法只有近 10 多年，不是科学性而是百年西医发展的惯性使然。

只可惜我们国人，守着老祖宗的智慧不用，每年的癌症新发病例有 312 万之众，癌死亡率竟高达 270 万人，这个数字来自 2012 年的官方《中国肿瘤登记年报》。更可甚的是，与美国 1995 年癌死亡率开始降低的趋势比较，我国近 20 年的癌症却在呈现年轻化、发病率和死亡率“三线”走高的趋势，这难道还不值得我们国人警醒吗。还是那句话，如果医疗实践的结果是一次又一次的失败，指导治疗的理论和假说还有意义吗？是我们的生命值钱，还是癌症治疗的所谓“正规化”“先进性”值钱……，仁者见仁智者见智吧，反正我给自己的亲人选择“带癌生存”“治癌必死”的治疗法则。

治癌必死的呼吁之声，在大陆我已经不是第一个医生了。如果全国能够认真汇集一下数据，癌症不治而痊愈的人早已过万，具有统计意义了。我笃信老祖宗的话："有病不治，常得中医"，与其治，不如等待身体自愈更符合医理。我治疗癌症的第一绝活就是不治，并且认为无癌可治。第二绝活是能以紧急救治的速度终止医药带来的伤害，尤其是在破坏性治疗盛行的当下拨乱反正。我治癌只是借天地之力激发个人潜能，调个体五脏平衡来自愈百病。

第一绝活谁都可以做到，第二绝活则不是所有医生会做的，真正的医术高手体现在第二绝活上。然而无论第一还是第二，都需要病患的同意和理解，没有病患及亲人的支持和配合，光靠医生自己是创造不出神奇的。这里特别要提醒的是，终止治疗必须要在有经验医生的指导下进行，癌症病患和家人万不可自作主张，把正在进行的抗癌疗程，不问青红皂白就给停下，这样的做法一样有性命之危。

总之，天下本无癌，说癌症不治，是我们对生命的真谛知之甚少。癌症康复不在专家，是每个人身体自愈力的功劳。只要能与大自然同行，亲近自然，回归自然，融于自然，就能从天地中获得痊愈的力量，即便不能与天地同寿，也会与日月同辉，活着就看得见！

第二篇　血型无知的治疗失误　俯首皆是

人类研究ABO血型系统的历史源于20世纪初，卡尔·兰德斯坦纳（Karl·Landsteiner）医生的发现，临床应用不及百年，医学院的课程也是异常简单。所以，现在很多临床大夫普遍缺少血型的知识，如果没有外伤的救治、器官移植、献血输血、胎母不相容、亲子鉴定等问题，一般都不会想到查血型，血型知识匮乏很正常，且司空见惯。

近些年，我们的邻国日本、韩国有大量“血型与性格关系”的读物进入，涉及性格、行为的分析，血型又被当成了隐私，或被有些人认为很不靠谱，不到万不得已，就更不愿意检查，更不想广而告知了。

很多人花费上千元做全套基因检查，却不知花上5元钱就能检测的血型，才是人类最稳定的遗传特征，每个父母留给下一代最神秘的基因密码，都写在了血细胞的DNA中了，所有遗传性疾病的表达都体现在了血型上。

自从ABO血液系统发现以来，人们一直试图寻找血液密码的解密要素，是医生的疾病统计循证，给血型研究者提供了一个好的角度。1989年，美国华盛顿州西雅图贝斯特大学有个轰动世界的最新研究成果，是由全美自然疗法专家彼得·戴德蒙（Pert J. D” Adamo）博士完成的。我从2008年开始多次登录了他的网站，有幸得到他们父子两代医生研究的《不同血型不同饮食》的著书，据说全球有50文种的不同译本，畅销了三百万册，可见影响之广泛，后来在国内也查到2版类似的书，应该都源于同一出处。

从血型发现到血型与饮食的研究，是个历史的跨越；从人类遗传学研究，到多角度、多侧面的细微应用研究，是血型知识的深入。我的发现只是结合到了病案，对比了所有的抽血化验值，尤其是出凝血改变和用药的关系。这一比较非同小可，我看到并确实了血型与人体生理属性的一致性，血型规律对人们的防病治病有着极大的应用价值和指导意义。

所以，我把《易经》的体质学加上血型的分类，组成32种体质；我认为有气有血，才构成完整人体，两手抓两手都要硬，才能当今天的医生。

第一节　验血不查血型　最大本末倒置

由于慢性病的泛滥，大家对抽血化验已不陌生，检查的项目也已门儿清，从我40年前开始就有的血液检查，随着科技的发展，检查的内容已经越来越多，越来越细了，例如血常规，我当化验员时10项都不到，现在已经23项了。血生化检查28项、肾功8项、肝功22项。多因素下的抽血化验值如何分析，抓住重点，也就是对“多因一果”的判断，是现在普遍缺少的思路。

不论是哪个外国专家制定的什么标准，如果还是停留在凭单一数值的一次检查就下结论，就一定会带来用药风险，以前简单时对，现在复杂时就错了。因为多因素情况下，异常值的多数和异常值在多项正常值中所占的比例，以及异常值固定后的连续性，才是疾病问题的真实关键所在，才能对疾病的变化走势做出针对性判断。不论医生和病人，计数的能力普遍都具备，看一张化验单只要算一下异常值占多占少，就能知道这张化验的结果正常与否；而且，一次异常只有经得起重复才有意义，不论哪项数值异常。

血液检查是我们诊断疾病指导用药最常用的手段，现代血型知识和循证数据告诉我们，血型不同血液的成分不同，不是看得见的结构差异，是超微观的组成元素不同，导致的数量功能上的差异。这是西医血液检查的历史进步，不同血型的血液抗原形式，所带的凝集原不同，对血管内的外来物质抗原反应就大不相同。血液中的这种凝集和反凝集的工作是无时不在进行的，输错血型是多抗原凝集的战时反应，而平时不集中的凝集反应，就表现在血液各项检查化验值的波动上。所以我说，抽血化验不知血型，是最大的本末倒置。

拿血常规的红白细胞数值为例，如果把人体血循环比成马路交通，红细胞比作公交汽车和私家车，白细胞比作救急等警务车，数量多少就形成了比例，载人的车多过救急车是正常现象，比例反之则异常；简单医学只要看到急救公务车多就以为有情况，血型知识告诉我们，O型血经常的增多现象却是因为公交汽车和私家车中老爷车多，载人效率太低所致，如果把公交汽车更新改造加大体积，两车比例失常情况，也就是粒细胞计数会立刻恢复正常。而同样的对比异常，如果出现在A型血则意义完全不同。

以下案例都是具体说明：

病例21：治疗无效导致失误的百案节选

左女士　86 岁　血型不知　入院诊断：慢性阻塞性肺气肿

出生日期：1923 – 6 – 3（阴历）肺体质　主要弱脏排序：心→肾→肺

住院日期：2010 – 4 – 9（阳历　肝日）

死亡日期：2010 – 4 – 13（阳历　肝日）

病史摘录： 30 年来频发咳嗽、咳痰。慢支 30 年，慢阻肺 20 年。入院前 8 天（2010 – 4 – 1）出现无明显诱因喘憋，全身无力，由家人送急诊科。吸氧、平喘等对症处理病情未改善，二氧化碳潴留与意识障碍逐渐加重。遂与经口气管插管接呼吸机辅助通气治疗，二氧化碳潴留逐渐改善，1 天前脱机并拔出气管插管，而后出现急性左心衰。纠正心衰后为进一步治疗，急诊收入 ICU 科。否认高血压、冠心病，糖尿病 20 年服“糖适平”控制血糖效果不佳。

住 ICU 4 天： 2010 – 4 – 9 由急诊入院，4 – 11：PO2 64mmHg，4 – 12：PO2 70mmHg，遂持续低流量吸氧，抢救前 8 小时（4 – 12 22 点），PO2 93mmHg；13 日晨 6：40 突发喘憋心率减慢，烦躁不安，6：47 瞳孔散大，7：10 心电室颤，7：20 宣布临床死亡。

死亡讨论： COPD 病史，晨起突然心率减慢，出现恶性心律失常，心功能极差，死亡无法避免。死亡诊断有一条，恶性心律失常（窦性停博）。**诊断：** 左肾重度积水，左输尿管结石。

化验单数值趋势：

1. 凝血　7 项检查：3/7 项异常→4/7 项异常（4 – 13）
2. 肾功　8 项检查：4/8 项异常→5/8 项异常
3. 血生化　28 项：4/28 项异常（4 – 10）→10/28 项异常（4 – 13）
4. 血常规　23 项：9/23 项异常→10/23 项异常
5. 血气检查：

4 – 09　入院当日：PO2 83mmHg

4－10　第二天：PO2 87－91mmHg
4－11　第三天：PO2 64mmHg
4－12　第四天：PO2 70mmHg
4－13　第五天：PO2 67mmHg（6：40 晨突发时测）

32 体质血型点评

连续数值看趋势　无措手足的无效救治

（1）高龄 86 岁的急危重症，在很多医生看来，抢救无效是很自然的事情，在我没有 32 体质思路时也是这样认为，但今天这种认识改变了。从体质上看属于肺体质，肺脏不论中医西医，认识上都没有太大争议，管“气”比管“血”多一些。老人属肺体质，矛盾的主要方在“气”，次要方在“血”。表现在抽血化验上主要看血气的氧分压，其他凝血、肾功、血生化、血常规等在其次。

从 ABO 血型系列分析，当“气”和“血”都有问题的情况下，矛盾的主要方在“气”，次要方在“血”的血型，以 O 型血和 B 型血为最多，这就是为什么我把 ABO 血型系列分组的原因，O 和 B 型为一组，这组的临床常见改变“气”多于“血”，程度上 O 型更甚一些；A 型血和 AB 型为一组，这组的临床常见改变“血”多于“气”，程度上相差无几。

（2）老人血型不知，从四天连续的各项抽血检查异常值上看，明显是一个增长的趋势，如果我们的抢救治疗措施有效，应该至少停止这种趋势。死亡讨论中说，“晨起突然心率减慢，出现恶性心律失常”，死亡诊断有一条，“恶性心律失常（窦性停博）”，显然把死因归于了“突发”。这种死因，面对入院四天连续抽血化验的异常趋势，是不是有失偏颇。且缺少凭据不说，这四天的抢救在干什么呢？难不成是在临终看护、为老人送行？

不是任何死亡都是自然趋势不可抗拒，至少这个老人不是。任何突发都有个过程，只是时间长短和变化大小问题，老人入院第三天的血化验其实就已经告诉我们了治疗无效，只是没被我们认识。谁都是根据化验值来判断治疗情况的，因为它体现了即时即刻血液动态的变化，只看单张单项构不成趋势，只有连贯起来才说明病势，判断整个治疗方向的对与错。对这个老人的治疗方针，从根上说就是错的，所以导致了救治四天后的死亡。有没有本身的原因，有！但不构成那天的死因。

（3）正确的方向是什么呢？就是把救治的方向侧重在“气”的方面，说白了，就是重点解决细胞层面的缺氧问题，把主动、智能、加压给氧的办法和措施，放在输液用药的前面，放在第一位考虑。集中所有治疗优势资源，不论中医的参类补药、西医的氧气治疗、生物能量的信号反馈，还是经络的疏通疗法都一并采用，集最优治疗办法组合，不说促进老人病情好转，至少能遏制住变坏的走势，让病情平稳下来，只要平稳下来，就会为自愈力的恢复留下一线喘息之机。

病史也告诉我们这个治疗方向的有效，“经口气管插管接呼吸机辅助通气治疗，二氧化碳潴留逐渐改善，1 天前脱机并拔出气管插管，而后出现急性左心衰。纠正心衰后为进一步治疗，急诊收入 ICU 科。”显然这些细微的前后顺序的变化，没有引起医生的重视，转科又截断了治疗抢救的连续性。

（4）生死攸关，多一个思路多一条生机，我是这么想，我知道自己的同行也会与我同样，不会排斥的，但为什么没这么做呢？关键是不了解血型在抢救中，除了输血还能做什么，缺少血型知识是导致无效治疗的主要原因。关于血型问题我曾经跟很多大夫讨论过，纵观这个病人整个病史、发病时的症状和抽血化验值，加上治疗的反应，这个病人没查血型，但所有阳性因素都指向了 ABO 血型系列分组的 O 和 B 型那一组，并以 B 型血的可能性为最大。（具体理论见血型一章，此处只讨论抢救思路。）

如果我们住院伊始就检查了血型，那些凝血、肾功、血生化、血常规不用送查，也会知道老人当时的血液质量和状况，我们只需要观察血气值来指导治疗方向和强化治疗手段就可以了。血型的知识能够使我们临床紧急救治多一份个性化的选择，在基本救治原则不变的情况下，多一条救治思路和办法。虽不是输血但胜于输血，因为，其一可以唤起病人体内自愈力的主动配合，其二可以使我们的抢救措施有的放矢，可以做到适度而不太过。

问责医院，还是问责当代简单医学？

问责医院医生还是问责当代简单医学？这是一个读我病案分析回避不了的选择题，答案明确也单一，那就是一切责任在当今“主流医学”的简单化。我们已经进入了系统整合医学时代，而我们的学识和思路还停留在上一个世纪的简单直线上。

原来想把所有案例都一一列举分析，后来改变了主意。在当今医患关系紧张的时候，分析过多这些专业性很强的问题，如果成为某些人攻击他人的口实，就事与愿违了。

现今的人多心绪浮躁，医学又处在多元化发展、高科技冲击下的不断创新时期，既是新事物就存在着不成熟，需要在成长中完善。不是打压，也不是捧杀，更不是市场和商业的弄潮儿。

医学创新是个严谨的探索，需要的是有专业背景的医务人员进行知识的更新和严格的专业培训，需要缜密的思路和连续性跟踪，其主力军必是一线看病的执业医生，不论是中医生还是西医生。

32种体质的提出源于循证的数据和对比，从2008年服务至今不及万人，却几乎每天都被提问和质疑包围，当然也被惊喜和感叹包围。书中截取的案例、提出的问题，虽然都来自我们本身的工作，但稍有有点常识的人都可以看出，问题不出在医生的本意、与责任心无关。是1与2、知与不知的程度差异，不是好与坏、存心不良的问题。凡因此蛊惑煽动闹事，伤害他人获取经济利益的，最后都会伤害到自己，甚至连及自己的亲人。

不否认医院是社会的缩影，社会的浮躁也影响到学术上，中医西医谁对谁错，治疗反应孰是孰非，闹闹哄哄争吵了一个多世纪。但不管怎么吵闹，在医学知识和经验方面，医生和病人绝对是不等同的，是天高地下的区别，在学识和医术上也永远不在一个水平线上，尤其面对抢救和紧急救治，那是整个科室医生护士的集体行为，旁人都不便干预，何况是病患亲属。如果将“同情弱者”一说，用在因抢救无效死亡的医患纠纷上，永远是不合适宜的，在这个问题上较劲，徒劳无功、两败俱伤。

那么问责谁呢？

正确的回答是问责20世纪简单医学，简单到只看疾病，不看整体；简单到单一病因就下结论，只有对抗治疗没有和谐包容的平衡调理；简单到只信看得见的，不信看不见的规律，只重书本知识不分析临床病人表现等等。

人的身体是个复杂的巨系统，西医仅百多年的发展历史，哪能把身体的全部规律摸透？凭着解剖建立的生理病理，凭着动物实验的药效研究，哪能把人体真相弄懂？如果哪个医生认为医学已经很完美科学不需要进步，那就需要问责了。凡终极了医学的发展，故步自封的医术，其处置办法必是草率的，疗效必是低劣的，不论中医还是西医。

看到这一定会有人说，医学简单复杂的问题，如果连医生自己都搞不明白，我们一个病人一个弱者怎么可能搞得明白，不明白又怎么维护我们的权益呢？答案只有一个：病人维权的最好办法就是“知情选择”。唯有“选择”才是病人维权的关键所在。

选择不是选择治疗方法，是手术还是不手术，上化疗还是不上化疗，那些与医学专业密切相关的问题交给医生去做决定，治疗救治风险的承担人是医生，病人的权益是选择医生，选择你及家人信赖的医生，包括主管医生和手术医生。

医生怎么选？

很简单，中医西医都一样，不用费心去打听哪个医生水平是高还是低，只要凭心去检验他的服务，就能选到满意的高水平医生。

第一看这个医生对你的述说有没有耐心，能不能听完你说的每一个细节；

第二看看这个医生对解决你的痛苦有没有信心，如果给的都是疾病治不好的负面信息，还没检查就全然失去了信心的，换个医生；

第三看这个医生是否虚心，判断他对曾经的治疗采取什么态度或对血型的知识了解多少，虚心的医生不会轻易推翻他人的经验和判断，不会固守成见，自以为是。

如果一听病人及亲属讲病情就烦、没有信心、又不虚心，这个医生的水平一定高不到哪去；如果没机会判断，但交谈上自我感觉不亲，有心理压力，也可以提出换医生，不要犹豫，要当机立断。

如果整个科室都让你不满意就换个科室，直到换医院，这是病人的真正权益，也是防患医疗风险最有意义、最有实际效果的选择。

尽管现在，这种维权行为还少之又少，但却是个方向，会成为这世纪病人维权的主流选择，因为体现了公平。从古至今，从国内到海外，看病的医疗活动从来都是一对一的行为。

医生的医术不仅体现在与病人的互动上，还包括在关心病人的心理情绪层面和社会家庭的和谐共处等多方面。

医患之间不论专业水平有多高的差距，任何只有一方没有对方的参与配合，不仅毫无疗效可言，而且充满荆棘和风险。

我常常说“医渡有缘之人”，指的就是此意。不论行医还是看病都不可太过强求，双方互信时就能得到来自双方体内看不见的正能量支持，产生好的疗效，反之，则什么状况都可能发生，不是危言耸听。

下面举一纠纷病案，以说明医患双方相互信任的重要，警醒后人。

病例22：椎间盘突出症2次手术治疗 ——植物人4年后死亡

李女士　55岁　血型：B　胃体质

主要弱脏排序：脾→肝

住院日期：2007－12－5（阳历　头日）

死亡日期：2012－6－13　早7时（龙年　肝日　卯时）

病史摘录：中年女性，腰痛反复发作7年，加重伴左下肢疼痛行走困难1个月于2007－12－5入院。7年前因双下肢乏力行走不稳，在某大医院被诊断为“脊髓型颈椎病”，接受“颈前路减压植骨，C4－C7钛板内固定术”，术后双下肢力量有所恢复，但目前仍步态不稳，双下肢乏力，希望解决腰痛问题。

既往史：高血压病20年，目前服用降压药，血压控制在130/80mmHg左右；2004年发现糖尿病，服用优降糖和二甲双胍，血糖控制不详。否认肝炎、结核等病史。无药物过敏史、无输血史等。家族史：父母都有高血压和糖尿病病史。

体格检查：36.5℃　R：18次/分　P：80次/分　BP：140/90mmHg发育正常，肥胖体态，神清合作，余无特殊。

入院检查和化验值：B超“中度脂肪肝”；空腹血糖12.75mmol/L。

初步诊断：①腰椎间盘突出症L3－4 L4－5间盘突出，L2.3. L5－S1间盘膨出；②高血压病；③糖尿病；④脊髓型颈椎病术后（右侧躯体感觉运动障碍）⑤腰椎退行性改变。

确定诊断：同一天做出，与初步诊断完全相同。

补充诊断：2007－12－13　①脑梗死；②肺部感染；2012－3－26；③冠状动脉粥样硬化性心脏病；④不稳定心绞痛；⑤心律失常－偶发室性早搏；2012－6－13；⑥心律失常－心室颤动。

离院诊断：腰椎间盘突出症、高血压病、糖尿病、脊髓型颈椎病、腰椎退行性改变→脑梗死、肺部感染→冠状动脉粥样硬化性心脏病、不稳定心绞痛→肺部感染、心律失常——心室颤动（→：标示后来的补充诊断）。

治疗经过：首程在诊疗计划中写了四点：其中重要两点：1）内科会诊协助处理高血压及糖尿病；2）择期手术治疗。

<u>内科主任会诊意见</u>：格华止500mg 1000mg 1000mg三餐前口服，阿尔法波糖50mg三餐时随第一口饭嚼服，并予优必林三餐前20分钟静脉降血糖；结沙坦胶囊（代文）80mg口服3次/日降压；吉非罗齐降血脂，肝素乐护肝等治疗。

<u>脊外专家会诊意见</u>：诊断成立，有手术适应症。但单纯椎间盘摘除可能会进一步加重腰椎不稳，可考虑使用内固定。

2007－12－11晚9点记录：患者在下午5点左右签“术前知情同意书”后，血压上升至190/110mmHg。急请内科会诊，意见：因精神紧张所致血压升高，予罗拉0.5mg，卡托普利12.3mg，倍他乐克12.5mg，口服后血压降到正常，急查血糖值9.6mmol/L。

2007－12－12上午10点，患者一般情况好，晨血压150/68mmHg，空腹血糖7.99mmol/L，经麻醉科会诊同意病人进手术室，全麻下椎间盘摘除、植骨融合内固定术。手术过程顺利，术中失血2200ml，补血1600ml。术后短暂清醒后转入意识障碍，急查血糖15mmol/L，内分泌主任会诊意见，予胰岛素4u皮下注射。急查头部CT排除脑出血，术后即转入ICU科监护病房。

2007－12－13 组织两轮会诊，全院各科专家会诊、宣武医院神经内外科专家会诊，意见统一，头部 CT 已出现左大脑半球梗死，脑水肿严重。

2007－12－14 在神内外专科诊断急性脑梗、脑疝（早期）、颅内高压情况下，急诊手术：左侧额颞顶开颅、去骨瓣减压。术后神智仍昏迷状态，无恢复，继续在 ICU 监护治疗。

2007－12－18 特请北京同仁医院耳鼻喉专家给患者行气管切开术。

2012－6－13 晨 5 点 45 分心率突然上升至 170 次/分，继而心电示波为室颤（细颤），经各种抢救无效，临床死亡。

32 体质血型点评

责在医患双方的心理压力　当时都太紧张

（1）胃体质 B 型血，最容易引起脑神经张力高，最容易出现糖代谢障碍问题，出现这些症状都是本体的原因。7 年前的脊髓型颈椎病是标不是本，为一个下肢走不稳的表症做了颈椎手术，显然是比较超前的选择，好在 7 年前还年轻，身体的自我调节还有能力，7 年后 55 岁就今非昔比了。病人显然对接受第 2 次手术有想法、有顾虑，否则，不会在签“术前知情同意书”后，血压上升至 190/110mmHg。

（2）医院也是谨慎了又谨慎，术前术后，所有处置都由专科主任亲为，甚至连气管插管这样抢救科室的常规操作，也请同仁医院的耳鼻喉专家来做。4 年半的 ICU 抢救病房，1652 天每日必须的处置和记录，什么概念，想来都觉得异常的不容易，在全然尽义务一分报酬不取的情况下，全科上下一如既往，救治护理及时到位，几乎没发生任何卧床综合征。

（3）谁都不愿意看见的结果毕竟产生了，问责医院手术？前后两个 3 甲大医院的脊外专家同一套思路和做法；问责对病人昏迷的抢救？全北京最顶尖的神经内外科医生和五官科医生都到场了，所有处置白纸黑字都记录着，学术医术服务都规范到无可挑剔，最后就剩下亲情损失、心理抚慰了。确实，医院手术后意外的比率即使占到 1%，对病人全家也是百分之百的打击，放到医生自己身上也是同样的，没有例外。

（4）当然，从 32 种体质分类的角度分析就不同了。这个病人的基因属性决定了 7 年前的第一次手术就是选择上的错误，7 年后的 2 次手术是雪上加霜，签“术前知情同意书”后的血压上升是身体的紧急报警，开颅减压更是于事无补的无稽之谈，如果当时把脑外手术改换成进高压氧舱，也许会产生柳暗花明又一村的改观。可惜手术当时，连我自己都还没有血型的知识，更何况这些日夜繁忙的医生护士了。

那就认倒霉、没有一点办法吗？当然不是。

病人在 2007 年术后昏迷时，已经是轰动海外脑死亡抢救成功后的第 4 个年头了，那一例也是宣武医院神外科的杰作，看来大家都把她当成偶然了，没有人注意到刘海若脑死亡的抢救成功，最大的原因是中医、西医、康复医学治疗办法的完美结合。如果当时发生脑水肿请来的是凌峰大夫本人，恰巧她又注意到了医院的康复专科特色，也许会提出自己的救治经验帮助换一个思路？这是后话。

而实际上，我院一个中西医科主任当时会诊时就提出了亲情促醒等建议，这类看起来很不规范、而对这个病人具体病情很有针对性的综合康复措施，才是当时治疗脑水肿、促进这个患者术后清醒、最及时有效的帮助，可惜都被当成耳旁风了。

（5）失去最后一次复苏机会的原因是什么呢？是医患双方太大的心理和精神压力，不能平心静气坐下来，仔细地分析一下前因后果，多了解点抢救成功的经验，借鉴过来共同努力。

医生不是圣人，处在剑拔弩张之时，忙于抢救还唯恐不及，明明无效也要反复努力，哪会静下心来分析问题顾及其他；病人家属悲痛叩首，反正进手术室时和出来后如同生死两重天，感情接受不了，忙于兴师问责，也不可能坐下来与病人进行心灵沟通。

尽管病人当时神志不清，但只要心跳呼吸还在，她对环境生物场的感受就在，如果每天都在负面紧张信息的干扰下，她的意识永远没有恢复的可能。"心病用心药治"，指的就是这种状况，这是一条普适规律，对神智丧失的植物人和昏迷的病人，如果想让其醒过来，就不要放弃与其心灵沟通的努力，只有让过高的神经张力松弛下来，才会有希望。那些我们在电影电视剧里看到的情节，并不都是说戏。

今天的医生不一定非知道 32 种体质，但必须得具备坚强的心理素质，否则，治疗差错会淘汰我们每个医生出局。

第二节　用药不知血型　有最大治疗风险

病例23：O型血不宜用阿司匹林类抗凝活血药

O型血的人是不合适用阿司匹林类抗凝活血药的，包括中药的红花、营养神经的银杏叶片，预防脑梗的华法林等，以及一切有促进血液活动的保健品。初始，我还只是提醒大家，后来亲临了很多O型血的人因活血治疗病情加重的、无病添病的、甚至出血而死的情况以后，我现在已经改口气为“没的商量，O型血人凡用阿司匹林预防心梗的，包括拜阿司匹林、所谓肠溶的、进口的都一样，立即把药物停掉!”。

为什么？原理和循证数据告诉我们，O型血的血液特点，是缺少凝血维生素K，缺少血铁红素。所以容易发生出血、容易细胞缺氧。

傅先生　70岁　血型O型　工程技术人员

出生日期：1940－2－21（阴历）肝体质　主要弱脏排序：肺→肝

住院日期：2010－10－13（阳历 脾日）

死亡日期：2010－12－20（庚寅年 戊子月 甲辰日 庚午时）

病史摘录：老年男性，夜间起床如厕时，突发肢体活动不利，很快意识丧失，急呼120来院。入院后呕吐1次，昏迷状态，小便失禁。头CT：右基底节区脑出血，丘脑血肿，多发腔隙性脑梗死，弥漫性脑萎缩。入院体检血压164/97mmHg，无自主睁眼及刺激性睁眼，双侧瞳孔不等大，左侧直径2.5mm，对光反射迟钝，右侧直径1.5mm，对光反射消失；右侧肢体可屈曲，左侧肢体无动作，肌张力下降。

既往史：15年前曾患“桥脑出血”，经保守治疗好转，此后发现高血压，服用硝苯地平缓释片20mg，2次/日控制血压，平素血压水平在160－170/90－100。糖尿病史10余年，口服格华片治疗；长期口服银杏叶片、阿司匹林80mg/日。一年前患左侧脑梗死，遗留右侧肢体活动不利；30余年前曾因左膝关节外伤手术治疗。已婚48年，爱人去世，两妹一弟均患“高血压”“糖尿病”个人出生并久居北京，无烟酒嗜好。

诊断：①自发性脑出血。②血肿引流术后。③颅内感染。④脑干功能衰竭。⑤肺部感染应激性溃疡。⑥高血压病（3级极高危）。⑦脑梗死（恢复期）。⑧二型糖尿病。

化验单数值趋势：

1. 血常规23项：1/23项异常→12/23项异常

入院时：1/23项异常　粒细胞百分比70.1（正常50.0%～70.1%）

住院1个月：7/23项异常　粒细胞百分比88.6（正常50.0%～70.1%）

红细胞数目和血红蛋白浓度均呈下降趋势，血红蛋白浓度120

住院 2 个月：9/23 项异常　粒细胞百分比 77.3（正常 50.0% ~70.1%）

血红蛋白浓度持续下降，血红蛋白浓度 91（正常 131 - 172）

死亡当日：12/23 项异常　粒细胞百分比 79.8（正常 50.0% ~70.1%）

红细胞数目由入院 4.67 下降到 2.24（正常 4.09 - 5.74），血红蛋浓度 71

2. 凝血 7 项检查：1/7 项异常→6/7 项异常

入院时：1/7 项异常

住院 21 天：2/7 项异常

死亡当日：6/7 项异常

32 体质血型点评

O 型血脑出血　住院 68 天后去世

（1）老人 O 血型，15 年前曾患“桥脑出血”，血型特点已经显露。老人是工程技术退休人员，出生并久居北京，无烟酒嗜好，属于有知识、有较好医疗条件的人。所以在既往史中可以看到对于保持血压血糖的稳定，老人是认真和坚持服药的，偏偏问题就出在认真服药上面。降压和降糖用药暂且不说，就一个“长期口服银杏叶片、阿司匹林 80mg/日”，就足以构成 O 型血的最大风险，导致 15 年后突发“右基底节区脑出血”。

（2）医生缺少血型知识，患者“一年前患左侧脑梗死，遗留右侧肢体活动不利”时，对于 O 型血来说，已经是脑神经细胞缺氧，导致细胞层面渗血的警报信号了，而不连贯病史的就事论事分析，只会让医生继续活血通络，促进脑部微循环。患者的自体修复能力已经很能干了，所以病人才一直处在不出血的代偿期，直到 2010 - 10 - 13 夜，老天的能量场都帮不上他自愈力的时候，才突然出现了“失代偿”，脑 CT 看到的“右基底节区脑出血，丘脑血肿”，同时伴发“多发腔隙性脑梗死、弥漫性脑萎缩”。

（3）尽管如此，入院时的血常规、血凝检查值还是基本正常的，遗憾的是 68 天的救治，没能起到一鼓作气帮助身体自愈力重新回到“代偿时期”，反而好心没起到好的结果，血常规和凝血化验值的连续数值呈不可逆的递减趋势。血红蛋白是携氧细胞，主要成分是血铁红素，O 型血本来就比其他血型要少，这是基本体质元素，68 天的血红蛋白浓度越来越少，抢救时再给他吸氧，也不能被身体内部吸收运走啊。

（4）从 32 体质的角度看，最后的死因是老人自愈力的衰竭，全身细胞缺氧，导致生机能力全无。病人身体的功能特点是肝执政，此次突发在夜里肝当值的时间，死亡时间中午11时，是心脏当值的时间，肝为心母，母亲实在是帮扶不了儿子了，在体内阳极阴生的交接时间里，生命终止。

病例24：按血型防治心脑血管病 ——减少残疾比率

病例24a：张先生　63岁　血型O型　胆体质　画家

病史摘录：2010年某一天，其妻打来电话告知，病人刚刚完成了一幅巨大的油画制作很疲劳，近些天头痛，走路一侧腿不好使，容易摔倒。因为是熟人自然知道体质和血型，平时常不断提醒，所以家人多少有点预知，知道是小中风的症状，病发后立即住进一家3甲综合大医院，并希望我能进行康复干预。当时偏巧我不在北京，于是嘱咐家人，“告诉病房医生，说你对活血化瘀药过敏，严禁一切活血药物使用；用高压氧替代治疗，并一定保证落实。另外让中医科会诊加强补气的药，饮食不要断红肉等荤食”，当知道可以进高压氧舱时心里踏实了。回北京后其妻希望我去医院看看，因为别的事也没能去成，1个月后康复出院。今年春节看见，完全健康的一个人，若我不主动提及此事，全家根本就没把那1个月的“小中风”当回事，好似得了一次感冒，忘记了。

病例24b：佟先生　56岁　血型O型　脾体质　药师

病史摘录：2009年下半年，在一次开车途中突然头痛、意识迷糊，趴在方向盘上。被家人救起，一边紧急灌服1丸“牛黄清心”，一边送进了医院，急查CT为脑出血，出血量约5ml，随即按常规抢救，家人也是用尽了最名贵的中药，2周后不见好转还有加重趋势，再次复查脑CT，出血量增加至25ml。其女儿电话咨询，感到最大的伤害来自对血型的无知，嘱咐调换气血用药比例，随之病情稳定，开始康复训练。

病例24c：李先生　60岁　血型O型　体质不知　中医师

病史摘录：几年前患病“脑梗”，因为工作关系，一直坚持自我治疗，预防脑中风再发，用中药活血化瘀不断，最后结果，死于“脑出血”。其儿子因此弃中医而学西医，并学有所成，在内科临床做主任医师。岂知这哪里是中医西医的问题，完全是血型的血液本质不被认识的结果。医生世家都如此，难怪不出现医疗风险！

32 体质血型点评

O型血脑中风　医院处置首先选高压氧

脑中风是造成肢体残疾的头号杀手，目前北美地区的中风存活者有四百万人，我国七百万，其中有一半的人在肢体上有严重的残疾，这些中风存活患者的后遗现象有瘫痪、口齿不清、视觉受损、以及记忆力丧失等，严重影响生活质量。上述3个案例都是我身边发生的脑中风，都是O型血，第一人张先生是康复效果最好的一个，第二人佟先生在治疗无效时及时更正，很快步入康复训练，第三人用死亡揭示了O血型的规律。

从病人认知程度上看，越没有医学知识的效果越好，比如这3人，最好疗效的是画家，最差的是医生本人。当前诸多医学教育、医疗差错，缺少的就是对血型规律的了解，医生病人都一样，相比较，医生不知道血型风险最大，因为直接关系到治疗和用药。

原理和循证数据告诉我们，凡是有脑中风先兆的，不论CT、MRI有没有提示，先检查血型，如果是O型或是B型的，不要犹豫，首先从呼吸解决问题，有条件的进高压氧舱，而不是忙着用疏通血管的药物，不论中药还是西药。即便用活血药也在氧气给足之后，视情况而定。

这一原则也适宜心血管疾病，尤其在寒冷季节对心脏搭桥、安支架、输盐水等治疗选择，医生病人都不可太过执着，否则，尤其O型或是B型血的患者，会有性命之忧。当然，要采取其他治疗支持措施的配合，比如中医中药、物理治疗、康复辅助等等。

病例25：为什么B型血会与葡萄膜炎发生巧合

赵女士　53岁

血型B型　脾体质　医务人员

病史摘录：从2009年底到2010年上半年，赵女士患有葡萄膜炎，前前后后去大医院专科某教授处诊治，因为之前知道其体质血型，所以猜测其葡萄膜炎必有原因。

经询问得知，在迎战甲型H1N1流感期间，医院组织了预防注射活动，其以护士长身份参加了工作，后来剩下几支疫苗，怕被浪费，工作人员就自我用了。

我告诉她："这就是你患葡萄膜炎的根本病因，B型血脾体质，都是对外界病毒、细菌等不良元素反应很敏感的类型，是反应过强的错，不是疾病、病菌、病毒的错，至少不是直接的错，对这种疾病的有效治疗，最后的收官之作都是激素，因为激素是免疫抑制剂。"

当然她是不相信的，在某大医院专家的专科门诊候诊室里，坐等的都是葡萄膜炎患者，她因此有心询问了这些待诊人的血型，居然都与其相同，都是B型血。她回来马上把了解的结果告诉我，并新奇地说："也许你说的有点道理，反正我现在病情已经康复，确实得益于那个最新型的免疫抑制剂"。

32 体质血型点评

B 型血　活跃的排他性导致过敏

B 型血强劲活跃的排他性导致过敏反应亢奋，这是 B 型血常见到的临床表现和症状。没有血型知识前，这一特点不被认识，会被当成体质弱，所以容易感冒、皮肤过敏、蚊叮虫咬等等各种表现，凡是以前没有多少治疗办法、最后用到激素药物的病，如肾小球肾炎、风湿性心肌炎、淋巴性白血病、皮肤病，包括此例葡萄膜炎等，一般都以 B 型血患者为多见。还有统计说，B 血型人做器官移植，排异率要比其他血型的人高出 2 倍多。

所以，从 B 型血角度看这类准备用到激素药物的疾病，首先应该排除血型的因素；再强调一遍：B 型血的人，不论什么体质，都是对外界病毒、细菌等不良元素反应很敏感的类型，出现症状和疾病，常常都会是反应亢奋的错，不是疾病、病菌、病毒的错，至少不是直接的错。

信不信的大家可以去实践，多一种思路多一种救治办法。鉴于这个原理，对于疫苗注射、预防接种，B 型血不论儿童、老人都要慎重，与 A 型血和 AB 型血相比，会有严重的神经性反应。如果，孩子疫苗后出现走路或爬行的姿态改变，或是出现某些微小的行为、个性变化，要想到是身体排异或过激反应的信号，警示我们注意，身体可能已经进入攻击自己组织的程序了。

前段时间有一家父母抱着孩子来北京会诊，4 岁女孩诊断脑瘫，据说出生到 1 岁多都还没发现问题，3 岁后开始不正常，父母觉得与疫苗注射有关。我问了父亲血型 O，母亲血型 B，孩子虽然不知道，从遗传规律分析，恐怕家长的顾虑不无道理，就这个孩子的脑瘫，谁能断言与疫苗接种无关?!

搞清楚血型是为了治疗更有效，如果医生能把观察患病用药的相关性与血型结合起来考虑，会是怎样结果，我想每个有心的临床医生都会清楚！

病例 26：AB 血型的不稳定性导致血型变化常见

案例 26a：王先生　48 岁　血型 AB→A 型　肝体质　公务人员

病史摘录：3 年前因胆囊结石手术，查血型为 AB，上半年因单位组织献血，再次核对血型，竟成为 A 型。专业人员解释说，“不可能”，问题提到我这里。

案例 26b：宋先生　54 岁　血型 B→A 型　心体质　警务人员

病史摘录：本人是公安警务人员，年青时曾在部队服役，参加过边境反击战，那时查血型是 B 型。后来退伍干了公安，体检时查血型是 A 型。因此跟检查人员发生冲突，复查结果仍然是 A，为此大惑不解，详细了解后得知其父亲的血型是 AB 型。

案例 26c：滕女士　24 岁　血型 B　父母是 A　心体质

病史摘录：询问血型时得知，此人正在为父母都是 A 型血，而自己是 B 型血的事情发生着纠结，怀疑自己不是父母亲生。于是问其奶奶爷爷一辈有否 AB 型，果然，奶奶是 AB 型血。故而告知，“你父有 AB 型血的基因，不必怀疑自己的血亲”。

32 体质血型点评

AB 型血 = 易变的血型

血型是天生的，子代的血型由父母特定的遗传物质决定，通常状况下是一经产生就不会自行改变，所以被称为人类最稳定的遗传性状之一。血型研究者的结论也说：“有些特殊情况，如：非自然的身体危害、某些疾病的中晚期、长期大量输血后的病人，血型也会出现暂时性改变，但是这种改变维持不会太久，待日后造血器官功能恢复，血型还会转回原型。”

然而，在我 32 种体质的临诊中却发现，并不一定非出现重大伤害或输血之后，一个完全健康的人，血型的改变一样也会出现，并不罕见，比如上面的 3 个案例。这些血型的改变，都与 ABO 血型系列中的 AB 型有关联，或者是早期 AB 血型变为 A 型；或者是 A 型变为 B 型；或者是隔代有 AB 血型，都会产生血型的变化。正因为血型与用药密切相关，所以，AB 型血易变性的规律，需要我们，尤其是临床大夫掌握。

第三节　只要知道血型　健康就化繁为简

血型的规律和特征，与其他识别人体的头发、眼睛、指纹、DNA 等特征相比，更有实用性和影响力。每个人的血型都是一把钥匙，能够解开身体血液状态与健康、疾病、长寿、活力、情绪耐力等关系之谜。20 世纪简单医学研究的所有器质性病变，都源于血液的检查数值，很多海内外的医生，都在试图找出血型与血液改变、与各种饮食之间的关联，一旦它们之间的关系被解密，各种疑难疾病的复杂问题将会变得简单而有意义。

直到 20 世纪末有了现代技术后，医生们才得以把循证的经验积累，用客观的评估归纳出来，找出了其中不同血型与饮食、生活方式之间密不可分的规律性联系。当很多欧美西方的医生掌握了血型的知识，开始运用这套健康法则帮助病人，一般在2周内，都能产生显著的疗效和明显的改善。全球更多的病人和知识阶层，当学会依照自己的血型个性，规划自己的健康饮食和作息时，一般都能不去看医生，也会得到疾病的康复和生活质量的提升。

真有这么神奇吗？美国戴德蒙教授在2008年时就已经指导4000人实行这种血型健康饮食方法了，每个人都可以拿出2个星期的时间来试试。试前找出个坐标，看看2周后自己是不是活力增加、体重减轻、消化不良的现象减少，如果有慢性病如气喘、头痛和胃痛不适等症状的，看看是不是明显减轻，试过才能知道，健康其实很简单。当然事前要先查出自己的血型。下面举例先看看美国人怎么用血型饮食控制自己的癌症。

病例27：A型血癌症与美国“上山吃中国和尚的饭”

美国人 49岁 A型血 胃癌晚期

病史摘录：正值青壮年就患上了胃癌，医院建议手术切除，他知道了自己血型适宜以素食为主的进餐特点后，就上山修行，吃“中国和尚的饭”。一边使身心得到减压和放松，一边是进食了大量生蔬有机的植物，没用多长时间，自己的癌症就得到了有效的控制和好转。于是，下山继续在职场上打拼，挣钱，参加各种应酬和酒席宴会，当这种原有的无规律生活导致癌症再次出现时，就继续上山去吃“中国和尚的饭”，来予以治疗。有意义的是，这样反复了3次，每次不服用任何药物，都能获得如同手术一样的疗效。这个美国人，最后放弃了职场的无规律生活，办了自己的农庄，至今健康，胃癌早已成为过去。

32 体质血型点评

A型血的素食防癌概念

从医学角度上看，A型血属于血液浓稠，自身的免疫功能和抵抗力都相对弱，比较容易受到多种疾病和病毒的侵袭。加之胃酸含量偏低，胃中缺少消化酶，特别是对动物蛋白质的肉食消化吸收能力弱，相反对于植物类食物反而消化效率高，新陈代谢快。顺应了这种消化系统的规律，A血型的人就健康，反之喜欢食各种肉食，引发肥胖还是小事，糖尿病、心血管疾病、癌症、脑血管梗阻等疑难慢性病，都容易不请自来。

遗憾的是，A 血型的人很难抵挡住诱惑，肉食、奶制品等常常是餐桌上的最爱，如果缺少了这些最能构成饮食文化的部分，很多 A 型血的人会抱怨，“如果是全素食，简直跟吃草一样无味”“生活将索然无趣”。确实，文化也是精神生活的一部分，当把健康饮食的理念拿到饮食文化的餐桌上去高谈阔论，常常是很倒胃口的事情，消化不好也一样对身体健康无益。

正确的做法应该是适时、适需而为。怎么适时、适需而为呢？

（1）适时而为　及时纠正：像上面那个美国人，该吃什么的时候尽可能去吃，只要注意把吃这些伤害性食品的时间段缩短，比如以前是每天必吃，现在每周一次，或只到聚会上才去尽情享受；在每一次进食了不适宜的食物后，最好能立即想办法加大消耗和排除，以保证身体进与出的平衡，让享受和健康两不误。

（2）适需而为　食在药前：有痛苦了，生病了，有需求比如要减肥了、要吃药了，先检查一下饮食，从纠正饮食开始调理，坚持 2 周甚至更长一段时间的食疗，然后再选择用药不迟。总之能用饮食改善的就不要吃药，包括很多疑难怪病，食物会比吃药好把握和安全很多。

（3）血型饮食比营养物质合理搭配更重要：长期来的饮食概念是“营养物质的合理搭配”，那是普遍性的比例成分概念，与血型饮食比较，欠缺活性和个性化，对患病的好转并没有直接帮助。如果两下选择，先选血型饮食，其次再选营养搭配，因为血型饮食会帮助到每个人的自愈系统，而营养餐搭配，增加的是身体自愈力的负担。

病例 28：A 型血和 AB 型血的疾病预防攻略

病例 28a： 余女士　79 岁　A 型血　医务退休人员　胰头癌

出生日期：1932 -9 -19（阳历）主要弱脏排序：脾→肝

死亡日期 2011 -8 -12（阳历　庚寅年　甲申月　甲午日）

病史摘录： 2011 年 3 月份出现进食后上腹及腰背部痛，饭后 1 小时呈烧灼样，持续 1 ~1.5 小时。5 月 14 日左右进食及水后，即出现腹痛。当地医院：慢性浅表性胃炎伴糜烂，腹部 CT 疑为胰头癌。2011 -5 -23 从我院转去其他医院，2011 -8 -12 死亡。

既往史：“慢性萎缩性胃炎”30 年；20 年前“急性下壁心梗”，遗留心脏问题。发现高血压 30 余年，最高 140/90，服用拜新同。2 年前被诊为“慢性肾功能不全”。

化验单数值：

1. 凝血正常，血型 A，Rh +

2. 肿瘤标志物检验：

癌胚抗原 CEA　6.23　（正常 <5.00↓）

糖链抗原 19 CA19-9　79.91（正常 <35.00↓）

糖链抗原 242 CA242　46.88（正常 <20.00↓）

病例 28b：赵先生　46 岁　AB 型血　胃体质　直肠癌

病史摘录： 2010 年在一次讲健康课时，其妻咨询病人的直肠癌治疗，告知我生日和血型。我给她分析说，AB 血型是比较容易出现直肠癌的血型。她于是多了一个心眼，在陪病人看专科门诊时，特意询问了周边的十几位老病友，偏巧都是 AB 型血的患者，她确信了我的血型建议，自己开始从健康饮食角度给丈夫以更多自愈力的关照。

32 体质血型点评

A 型血组构成现代三高症的主流群体

（1）上面两个病例一个是 A 型血，一个是 AB 型血，这两个血型我编为一组，称为 A 型血组，因为血液质量和易患疾病比较靠近。

A 型血组是构成现代三高症的主流群体，因为 A 与 AB 血型的人血液比较浓，而现代人的慢性病大多数起因血液的太浓太酸，所以心脏病、癌症、糖尿病、高血压、高血脂，多是 A 型血组的患病风险。有统计说，脑梗死的患病率 A 型高居各血型之首，心血管病人 35% 都是 A 血型，患胃癌、直肠癌的概率，A 型血组比其 O 型血组（O 型 +B 型）高 25%。

现今海内外铺天盖地的专家讲堂，倡导的“吃阿司匹林预防心梗”“生机饮食治疗癌症”“素食健康”等养生建议，都是针对病因去的，适用于 A 型血组，而且怎么强调都不过分，不同的只是掌握上的量化差异。

（2）从医学生理角度上看，A 血型的人血液浓稠，胃酸的含量偏低，缺少消化酶，影响人体对动物蛋白的消化吸收，这是导致 A 型血液生化改变的直接原因。而对于植物类食物，A 血型人的消化效率较高，新陈代谢也快。AB 血型的人，虽有 A 型血和 B 型血的双重特性，但更偏向 A 型人的消化系统特性，胃酸低，消化酶少，对肉食的消化功能比单纯 B 型血要弱很多。

A 型和 AB 型血的另一个医学生理特性，就是体内肾上腺素的含量不稳定，在面临压力的状态下，含量都会迅速增加。结果就会导致血压升高、心跳加快，神经张力增大，出现无菌性炎症，并引起烦躁、爱发脾气等承受压力时的情绪。当压力增大时，身体又会将其转化为“食物的力量”，用吃东西来舒缓压力，导致本来就慢的血液循环会更加放缓，使消化功能的效率更低。

（3）不过，按辨证的方法看，最坏之处也是最好之处。既然A 型血组患病因食而起，如果把基本饮食结构改过来，是不是提升自体免疫力、预防和战胜疾病就变得轻而易举？答案是肯定的。所以，A 型血组的预防疾病攻略，就是从血型健康饮食做起。“把吃出来的病吃回去”，这句话用在 A 型血组的三高症预防上，再合适不过了。

我搜集了全球众多疑难慢性案例，讲课时又经常得到反馈，实践验证了这一真理：凡是患了癌症，甚至出现了癌症的中晚期转移和扩散，被医院放弃治疗的 A 型血和 AB 型血的患者，只要把饮食结构改过来，用美国人的话：“到山上去吃中国和尚的饭”，坚持一段时间，就会收到比放化疗更好的效果，包括解决 A 型血组的三高症等所有慢性病，都是如此。

但是实施起来是有难度的，最大的阻力就是“膳食营养合理搭配”的传统理念，大家更相信多少碳水化合物、脂肪等产生多少卡路里，如果原本就身体有病，又去吃些汤汤水水的一般食品，感觉没营养、不科学，儿女给老人不吃点好的就是不孝等等，不知道身体在生病时，最能接受的营养不是人类后配的物质，而是大自然生态中的“信号语言”。

只有这类“信号语言”，身体能听得懂，用得上。现今信息技术的发展已经能把食物所带的这种“信号语言”数字图形化，不是用分子结构式的办法，而是用粒子频率检测出其对免疫、循环等各项功能上的影响，并指明其功效的大小，从而研制出被海外称为“有功能性保健作用的食品”。

太专业了理解有困难，我们忽略不谈（感兴趣的可以网上了解国际自然医学），我强调的是，膳食营养搭配与血型健康饮食是两个不同的理念，后者是前者进入 21 世纪后的升级版，是饮食营养科学带有里程碑意义的突破和进步。血型健康饮食的效用不是在营养层面解决问题，而是提升每个人的血液质量和自体抗病的能力，尤其对于 A 型血与 AB 型的人，如果不想得病的话，切不可把坚持长期吃素食当儿戏。

病例 29：O 型血与 B 型血：不一样的饮食攻略

病例 29a：盛先生　80 岁　O 型血　肺体质　警务退休人员

出生日期：1931－9－18（辛未年　丁酉月　丙子日　主要弱脏：肾→脾→心）

复检日期 2012－1－2（辛卯年　辛丑月　壬戌日）

病史摘录：盛先生退休后在家里一直闲不住，近 1 个月感到胃口不好、疲惫，咳嗽、小便频数，体重明显下降。家人怀疑有肿瘤让去医院检查，老人固执不去，遂带来我处做 3D 细胞定位扫描。3D 的检查结果确如家人所料，40 张彩图几乎全部是黑色病变图形，全身多系统报警。尤其是血液循环系统，布满了O型血人本不该有的表现，联想到台湾一个前列腺癌患者的相同改变，此时如果老先生去医院检查，他的癌胚抗原一定不在正常范围，只要这个数值异常，医院癌症的诊断怕是躲不过去的。询问近来饮食情况，病人立刻抱怨老伴不让吃肉，怕胆固醇增高。我一反常规，不再做任何治疗调理，动员老伴立即把现有营养补品全部停掉，给老人恢复三餐不离肉食的习惯，两周后复查。

两周后复查时，家人已经欣喜不已，因为盛先生胃口增大，自我感觉有力气，又开始搞卫生了。复检时，全家都聚在3D屏幕前，相同图像对比好转率明显提升，最高竟达百分之七十几。最后复检，健康已全面升级。至今半年多过去了，盛先生已经完全恢复了生病前的社会活动习惯，又去外地参加画展了。

案例 29b：万同学　16岁　O型血　脾体质　在校学生

出生日期：1996-10-30（丙子年　戊戌月　庚子日　主要弱脏：心→肾）

检查日期：2012-4-8（壬辰年　甲辰月　己亥日）

病史摘录：万男生被家人带来体检时，一看就知道，是个什么话都不用说就知道困惑在哪里，身体很胖很宽大，确实像个精面馒头，男孩无力的样子，一点都不像个16岁的学生。虽多次减肥但是都没有什么效果，全家都很发愁，像所有家长那样，平日里控制着孩子吃肉，及一切可能促进身体长肉的食物。孩子已经没有了吃肉的习惯，但很能吃馒头，就这两点饮食习惯，结合其血型特征，减肥怎么可能有效?!

案例 29c：冯先生　男　62岁　B型血　胃体质　医生

出生日期：1950-6-19（庚寅年　壬午月　乙酉日）主要弱脏：肝→肺

初诊日期：2010-6-26（庚寅年　壬午月　丁未日）

复诊日期：2011-1-10（辛卯年　庚寅月　丙申日）

病史摘录：台湾冯先生是毕业于美国医学院的西医，近10余年开始转向整合医学，推崇国际自然疗法，经常以自己的身体实验各种最前沿的食品、保健品，从专业医生严谨科学的角度、独特的视野，为病人提供最安全有效的辅助。

像所有当代的医生一样，所有的临床研究都是瞄准解决疾病问题去的，缺少对自己身体属性的了解。持续全素有机蔬果半年多以后，感觉体力有些减弱，2010年6月来北京，我给了他初次的建议，经恢复均衡和加强体质饮食，自觉有明显改善。2011年初，在开发另一种新食品的自身体验中，不幸伤及肝脏住进医院，祸不单行又引发脑出血。

我还是按体质进行了远程的个性化饮食上的辅助建议，在综合治疗下，整个病程不到2周就得到控制，1个月后完全康复出院让海外医生同行都惊呼“大中华医学的力量”。

32 体质血型点评

O 型血人吃荤食健康，吃面食长体重 吃奶制品过敏；B 型血饮食的规律重在“均衡”二字

（1）以上的前两个典型案例都是 O 型血，一个 80 岁、一个 16 岁，不论生病还是肥胖，都与进食高动物蛋白密切相关。后一个案例是 B 型血，之所以归为一组，称为 O 型血组，是因为 O 型血与 B 型血的血液质量和易患疾病的原因靠近，在健康饮食攻略中，都是不适宜选择全素膳食的人。

O 型血适宜以肉食为主的饮食结构，要吃肉才有体力，与我们现在社会健康教育的普遍认识相违背。现今大都不鼓励吃太多的动物蛋白，因为饱和脂肪酸、激素、抗生素等物质，是引发心脏病、癌症、肥胖等疾病最危险的因素；而且吃肉涉及捕猎杀生，又与慈悲为怀的佛家精神不符，所以不论从疾病预防、还是从文化与宗教角度，全球都兴起了一股绿色生机果蔬、完全吃素吃斋的膳食之风。

这种预防措施对 A 型血和 AB 型血的人再适宜不过了，但对 O 型血人则正相反。尤其事关 O 型血人的健康，不仅不合适，长期全素食下来反而有伤害，最大的伤害就是细胞层面的缺氧和渗血，连带不被认识的判断和治疗用药失误，以及日常饮食的错误选择。轻则体质下降，影响生活质量；重则疾病缠身，反而越治越重。除了上面两个例证，实践中遇到的真是太多了，包括我身边的亲人都不能幸免。

（2）O 型血人另一个不被认识的健康饮食攻略，就是对全麦和乳制品的消化能力弱，即不适宜吃面食和喝奶。戴德蒙教授研究的结果，面食对 O 型血的副作用是限制胰岛素的新陈代谢过程，从而妨碍了食物转换为能量的速度，被储存成脂肪，换句话说面食能增加 O 型血人的肥胖，如果持续每天不断，这种感觉会更明显，不论你是减体重还是减啤酒肚，包括案例中男孩子的肥胖，停掉或减少每日吃馒头的习惯，是必须必的事情。

再就是奶制品，如果担心缺钙，可以豆浆为替代品。戴德蒙教授研究的结果，O 型血人缺少消化吸收奶制品的酶类，会引起肠道过敏，以及皮肤湿疹、搔痒、脸上青春痘、牛皮癣等疾患。当然所有表现，还有其他因素作祟，这里仅从血型角度给大家以提示，如果 O 型血人长期喝奶补钙并没有什么不适的话，可以继续。如果出现了以上问题，从断奶的角度先行排除，是不是

比上医院开药要简单和安全得多?!

(3) B型血的人与O血型人很相似，具有一个强健的肉类食物消化系统，和高效的新陈代谢功能，能够很好地适应各类食物，吸收各种有益的营养物质，需要避免的食物不多。B血型人的饮食是非常均衡的，如果破坏了均衡，就破坏了自身强健的免疫系统和抵抗力，就难免不发生各种严重的疾病。上面冯先生案例就是其一，初诊时的亚健康，是生机全素食持续半年时间导致的，B型血没有一点肉类食物也是破坏了食物链的平衡，只是反应没O型血人那么强烈罢了。

B型血人与O血型另一个共同点是：都不适宜太多扩冠活血药，包括植物草本和保健品等有这类功效的安全食品，不是这类东西不好，是血型特点结合当前极大丰富的社会物质特征，生活的舒适、以车代步等现代条件的进步，使当今人类普遍减少了体力活动，增多了脑力负荷的缘故，气虚亏、能力减弱的情况普遍，尤其是O型血组表现明显。

凡是促进血液循环的扩冠活血物质，到体内发挥作用时都要得到自体能量的参与和配合，消耗自体的正能量。当人体疾病是血液垃圾堆积为主时，扩冠活血物质的体内进入就能很快疏通，恢复健康；相反，血液垃圾虽然有，但不足以致病，或者把血液清除垃圾的治疗当成预防疾病的措施使用，并形成依赖，就人为地造成和加大了原本就气虚气亏、能量不足的情况。一般条件下自愈力会摆平，出现的只是亚健康表现，当有大自然气候等外在环境影响时，就会出现细胞层面的出血改变，中医叫“气不摄血”。

海外冯先生的脑出血就是这个原因，B型血胃体质，到了60岁本身就很容易出现中气不足，平时用黄芪补中益气才是根本。而做自然疗法医生接触的大量病人都是血液垃圾多引起的疾病，所以清血管的营养输液很奏效，但以身示效，增加病人信心的做法，对于自己的体质属性就显得过分了，而过分也是一种伤害，是导致后来脑出血的直接原因。

解决的办法用中药补气，中医所谓的一味黄芪或者一味人参的止血奇效，常常就产生在这种境况下；如果在西医院就上高压氧舱，促进体内细胞的自主摄氧能力，而不是传统意义上的单纯增加氧气含量。

(4) 综上所述，3个案例提示的O型与B型血的饮食规律具有普适性意义，O型与B型血的O血型组，与A血型组有着完全不一样的健康饮食攻略：都不适宜全素膳食，都不适宜用活血的办法预防疾病；O型血吃面食长体重，吃奶制品消化道不耐受；B型血的饮食均衡不等于“吃什么都行”，均衡的比例与完美的食品同等重要。

规律是铁，谁碰谁出血，规律是风，谁顺谁成功。确实，如果我们每个人都能顺应自己的血型规律去调剂饮食，肥胖、癌症、脑溢血、心肌梗死、糖尿病等可以减少一半以上，健康其实就这么简单。

病例30：血型不同：排解身心压力的办法大不同

我们所处的时代，一方面是数不清的科技成果带给人们闻所未闻的便利，另一方面是工作带来的前所未有的压力和竞争，导致不少人在希望和现实的反差中，生理心理上日趋纠结和失衡。由压力而导致的疾病，被1992年联合国的一份报告统称为“全球流行的世纪疾病”。

如何排解这些精神压力成为全世界关注的问题，很多专业人员都进行了积极的探索，也有很多高科技的好产品问世。站在一个医生的角度，当接触到众多血型与饮食、与性格的案例后，我找到了血型与精神压力的生理关联，不同血型的身心压力与血液特性是一致的，四个血型都有不同的临床表现和不同的解压途径。这也是个铁的规律，谁碰谁出血，谁顺谁成功，按照自己的血型规律去做，不仅可以及时减压，有效地舒缓身心压力，还会有个长久的好心态。

案例30a：张先生　48岁　O型血　脾体质　忧郁症

病史摘录：张先生是我自然疗法界同仁，10余年前，开始研究笑疗治好了自己的忧郁症，以后一发而不可收，组织了多场千人大笑的活动。在一场活动刚结束的时候，我检查了他和同伴的3D细胞定位扫描，全身12系统无一细胞报警，属于全优。时隔半年，再行复检，降至3级的疾病报警状态。经询问得知，近2个月都在山上庙宇打坐修行，自觉是受庙内寒冷所致，因为同时感觉关节也有不适。

案例30b：杨同学　18岁　A型血　胃体质　在校学生

病史摘录：杨同学父母带来我处体检，虽然高高的个子喜欢运动，但总在锻炼中出现不适的状况，有两次甚至突发心跳剧烈、腰痛不能直立，怀疑腰椎有问题。经美国最新脊椎AK技术评定，杨同学系剖腹产，脑脊液的神经律动为零，脊椎问题严重。

32 体质血型点评

排解压力的运动：O 血型人登山大笑
A 血型人调息太极；B 血型人均衡创意；
AB 型人仿 A 加仿 B 血型

（1）上面两个典型案例，是 O 型和 A 型血的对比。O 型血的行为表现与其血液的开放性是一致的，张先生曾经患有忧郁症，大笑，尤其是在公园、海边、山上等大自然环境下的大笑，非常有利于现代 O 型血人精神压力的全面释放，改善自己的健康状况，经常参加户外消耗体能的锻炼，有益于提升自愈潜能和生命质量；相反，静坐的室内活动不适宜 O 型血人，时间久了就会生病，年青人常会有甲状腺的问题，年长些的会引发骨关节疾病。

A 型血的杨同学，尽管年纪小还是个在校的学生，但已经显现出对剧烈竞技性体育运动的不耐受性。A 型血人遇到紧张压力，会在第一时间反应到肾上腺，不自觉地产生焦虑、急躁和过动，年青人会心跳加快、瞬间喘不过气来，老年人则可能突发心脏停搏或晕厥，所以 A 型血人的运动锻炼项目，最好采取冷静技巧，能用专注力和静思调节呼吸的办法，比如太极拳、印度的瑜伽、钓鱼、拉筋，以及健走、游泳、骑自行车等，只有适度等张力的运动，才是 A 型血摆脱压力之苦的解药，选择了不适宜的锻炼项目，减压效果会适得其反。

（2）B 型血对压力的反应与抗原、抗体的活跃性是一致的，是多元化环境下的一种创新复杂性，是 A 型血紧张心理活动与 O 型血强烈躯体反应之间的一种平衡，比较容易面对压力。理想的平衡锻炼办法，是和其他人一起作温和的活动，例如群体健走、自行车出游、练身武术、网球、高尔夫等有氧锻炼项目。最好每周 3 次比较耗体能的剧烈项目，2 次放松的锻炼项目更适宜。

（3）AB 血型则完全遗传了 A 型血的压力模式，没有一点 B 型血的特质。虽具有扭转压力的能力，但不是释放而是转交给肾上腺分泌系统，使神经系统的反应高涨、敏感起来，潜移默化地损伤微小的保护性免疫力。所以，所有 AB 型血的锻炼项目、方法和原则按 A 型血的执行。运动不剧烈不等于不出汗，当你将呼吸吐纳与心中意向结合为一体时，全身汗出会像跑步回来一样。这种减压方式可以帮助 A 型与 AB 血型的每一个人，安全有效地达到放松紧张情绪和恢复身体活力的目的，避免突然加大运动量带来的健康风险和身体伤害。

（4）上述四种血型不同的减压方式，源自血液的生理特性，属于行为干预的心理减压，与以往的心理说教减压有别。劝说式的心理教育还是有局限性的，在不断的“不紧张、不紧张”的念叨下，就会得出“我叫不紧张”的效果。

相反换一种分散注意力的方式，比如对拔牙补牙很紧张，有经验的口腔医生会让你把紧闭的眼睛睁开，在睁眼的同时紧张的心情和肌肉张力都得到了放松。把这种以动作分散注意力的办法放大，就是现代心理学的前沿治疗方向→行为干预疗法。

日本和韩国对血型与性格的研究，更多的是基于不同血型的遗传学和生理属性的特征，是行为学上的探索，具有普适性规律。至于准确与否，是个人的比较方法问题，自己跟自己比就准，自己跟他人比就不准。

总之，不论是准也好，不准也罢，不用纠缠其中，当精神压力出现问题需要排解时，按照自体血型的类别去采取减压的办法，身体自会给你答案。

血型知识帮助夫妻、同事、邻里间的和睦相处

医学不仅有着科学的严谨，更与人文休戚相关。离开人，医学就失去了本源；离开了人文关怀，医学就失去了灵魂。人文精神不仅体现在“患者至上”的口号中，更与提升品质生活正相关，在社会群体中生活，人与人之间的沟通交流技能，常常是影响生活质量的首要因素。

21 世纪的医学模式是身心灵整体医学，所有医学新知都带有可见形态和不可见的精神层面两个审视特点，如影随形不可分割。血型知识也不例外，既包括血液有形物质的生理属性，如日常人们所熟知的生物学、遗传学改变，也包括无形气质，即对应产生的生活方式、思维方式、行为举止和行为惯性等表现，以及如何与不同血型人相处的技能。

每个人的周围，每个人的一生，都要接触很多人和事。我们的心情和工作效率，在很大程度上受身边人和事的影响，处理得当则快乐，处理不得当则郁闷。当我们把血型知识运用于生活后，就会发现很多有趣的规律，很多交往中的矛盾实际是在不经意中被扩大了，当你把血型特征的生理因素给分离出来就会看到，有些纠结不用太费周折就可以迎刃而解；有些交流障碍，不用参加训练，也可以提升沟通技能；即便每天生活在琐碎的吵闹中，也能够找到平和自己心态的有力支撑。顺着规律去做，不仅能为夫妻、同事、邻里之间的宽容、善意与和谐相处，增添促进的元素，还能使自己成为一个天天快乐、天天进步、天天出色的人。

夫妻之间相处

如果夫妻血型相同，饮食用药兴趣爱好比较一致，相处大多相安无事，即便夫妻反目发生争吵，也与血型生理因素无关。如果夫妻之间血型不同，摩擦就在所难免了，尤其是A型和B型血人组成的家庭。

从人类遗传学角度看，A型血是继O型血之后，开始在大约二万五千年新石器时代，有了农耕家畜和稳定的社群时出现的血型，俗称为“农民血型”。之所以由O型血演变而来，源于旧石器时代人口增加密集所引起的传染病，A型血能够在拥挤社会的众多疫情下幸存。

所以A血型人：

意志力比较强→能忍，富有牺牲精神，对人温文有礼，随和友好。

性格内向→不外露，有很强的发明创造能力和非常强的直觉判断能力。

遵守规则→不打无准备之仗，做事过分循规蹈矩，显得挑剔和有些优柔寡断。

杞人忧天的完美主义→办事节奏慢，成事效率低，稍遇困难障碍，就会失去执著。

生理影响→面临压力体内肾上腺皮质素的含量会迅速增高，继而转化排解，导致身体血管神经张力加大，血压升高、血流缓慢。

B型血出现在公元前一万五千年期间，是逐水草而居的游牧族血型，虽然B型血同时具有O型和A血型人两种体质特点，是一种比较完美的血型，但在行为、性格上，很多方面都与A血型人截然相反。研究者认为，这也许与B血型内所含的抗原凝集素与A型血的抗原凝集素完全相反，不无关系。

所以B血型人：

随意性比较强→热爱自由，不喜欢禁锢，不会局限自己，比较容易朝三暮四，富于创意。

性格外向、活泼、开朗、充满活力→好奇心强，缺乏耐心毅力，容易健忘、夸张。

自信、也很负责→凡事想到就做，马上动手实行，会做广泛、不定型的弹性思考。

做事决断迅捷，有重点结论→快节奏，成事效率高，不求结果、只在乎过程。

生理影响→面临压力容易产生疲劳和自身免疫失调。

当A型血和B型血成为夫妻，生活中就会摩擦不断：不论是男方还是女方，A型在意他人感受，B型忠实于自我感受；A型讲话多虑，让对方感到很不爽快，B型则直白坦言，让对方感到很受伤害；A型血容易感受到陌生环境的压力，倾向于安定的生活，所以不愿意搬家，B型则经常愿意改换环境，或装修、或搬动、或添置新电器，不愿意固守原样不动……A型人讨厌B型人随心所欲的行为，B型则觉得A型的小心谨慎是种负担……总之，家庭生活琐事引起性格不合的争吵，在A和B型血的夫妻之间比较常见。我身边的A型血90后在了解了血型特点后，甚至发誓绝不找B型血为伴。

其实，如果知道了32体质的知识，最大的纠结却可能最容易和谐共处。只要夫妻间有一方知道了血型的规律，并尝试运用，在生活中、在争吵中扬自己所长，避自己所短，A型血人不要太较真，B型血学会照顾对方感受，把血型相克的因素转化为互补，A型血从B型血自由自在的想法中找到火花，B型血从A型血周到的考虑中获益，家中会立刻减少很多战争，不仅祥和很多，成为最佳夫妻拍档，而且还能促进共同的身心健康，携手天长地久。

A型血和O型血做夫妻，家庭一般比较和睦，A型血对O型血很有好感，还总是处在照顾O型血的位置上，注意的是：A型血对O型血的照顾，不要把O型血吃肉健康的饮食，拉到A型血吃素食健康上，因为全素食对O型血的健康是伤害。A型和O型是吃不到一个锅里的，所以，从夫妻共同健康的角度，A型血和O型血组成的家庭，最好采取分锅制，各人按照各人的饮食规律走。

同事邻里之间相处

身为社会的一员，需要跟各种各样的人相处。在人际关系上，能否做到很好的沟通，归到底就是怎样发现并接受彼此的“不同”。知道血型间的差异，会减少很多矛盾，大大促进办事效率的提升，血型相同的和血型同一个组的，一般都比较合得来。上面说了A与B型在夫妻关系中相处的注意事项，是因为这两个血型反差很大，最容易引起矛盾，如果说到同事邻里之间关系，就不能不知道O型和AB型血的历史沿革。

O型血是人类最古老的血型，具有远古时代狩猎者的特征。数亿年前，祖先们日夜奔跑，在与野兽的长期搏斗中捕猎为生，练就了超强的消化系统。爱斯基摩人和印第安人大多数都为O型血，虽一生以肉食和各种鱼类为食，却很少患心血管疾病和癌症。

所以O血型人：

性格与血液的开放性等同→精力旺盛、适应能力强、爱交往、有强烈求生欲望。

性格外向→竞争意识、有领导能力和组织能力，很重视团队的力量。

责任心和自信心强→非常注重实效，讲求原则，处理面临问题积极果断。

以信赖感为主轴的同伴意识→对善意、恶意很敏感、喜欢交朋友、自信活跃。

生理影响→面临压力会表现出易发怒、沮丧和行为失常的性格特征，竞技性的有氧运动是分解压力最好的办法。

AB 型血是地球上出现最晚的血型，大约出现在不到 1000 年前，是最现代的一种血型，数量很少，约占人口的 2% ~5%。它带有复合、双重抗原的特性使 AB 血型时有 A 血型、时有 B 型、或时有两者融合特征，表现出生理结构复杂、血型不稳定、不宜与其他血型兼容等，许多混杂可变的特点。

所以 AB 血型人：

比较理性冷静→评论家、喜欢探究对错，冷静不易合群，喜欢行动获好感。

性格内向→喜欢与人保持距离，受伤害时，会有反应很强的分析能力和批评精神。

超理想和感性化的结合→自己有追求，淡化世俗，容易适应环境，喜欢对比。

奇特的精神世界→内心有强烈正义感，爱追求合理性，爱好广泛，喜新厌旧。

生理影响→既有 A 型血的低胃酸，又有 B 型血的敏感，血液黏稠容易凝固。

关于血型的考察

总而言之，每个人言行举止、行走坐卧都带有血型的特点，血型跟生日、年龄、性别、出生地、家庭、教育、经历、经济状况一样，都是形成人性不可或缺的因素，而且血型是最稳定的人类遗传学主导元素。

知道各血型的优缺点，对于了解自己、了解他人确实大有帮助，交往出现问题时，首先从血型因素对照排除，会非常快乐地解决至少一半的矛盾纠纷。

如果对下面的问题，你能猜出其血型，并能够予以理解和宽容，就说明你已得到了血型的帮助。

对方的冷漠和不理不睬曾让你失望？

领导的刺耳批评曾带给你郁闷悲伤？

总是迟到、不守时的家人让你倍感无奈和烦躁？

总在考虑、举棋不定的合作方，什么时候能约定成行？

这个孩子为什么总与其他孩子不同？

……

还有更多类似的问题，不给答案了，因为每人的血型不同，理解和兴趣点不同。这章节想说明和强调的核心问题：

身心一体，血型与行为生理特征，如影随形。

第三篇　32 种体质的组成（8 体质 ×4 血型）

咋听32种体质，有的人觉得太多了很难记，其实很简单，就是八个脏器体质与四种血型的相乘，四八三十二得出来的。只要记住生日对应的心、肝、脾、肺、肾、头、胃、胆，哪个脏器，和八体质对应 A B O AB 四个血型，哪个亚级，32种体质就齐了。不是专业人员不需要32种体质每种内容都去记，只要记住自己体质的归属脏器，血型是什么，以及自己最在意的亲人体质和血型就足够了。

至于八种体质怎么从《易经》推导出来的，大家可以去看栾加芹博士的书《不生病的智慧3－易经养生说明书》，我这里只是更直白的翻版。比如易出现头部和脑神经问题的乾卦人，直接称为头体质；易出现脾脏问题的坤卦人，直接称为脾体质；以此类推，肺体质易出现肺部疾病；胃体质易出现胃部疾病；肾体质易出现肾系统疾病；心体质易出现心脏疾病；胆体质易出现胆系统相关疾病；肝体质易出现肝系统相关疾病。至于对应哪种卦象，一般人用于看病保健，可以忽略不计。

第一节　组成总论

生日＋血型＋能量数据＝1 个不能少

1. **生日**：32体质的第一要素

生日的学问→出世时的啼哭激活了人体的小宇宙　每一个人出生，不论是剖腹产还是自然分娩，当每个生命跟宇宙的沟通时，都源于离开母体那呱呱坠地的第一声啼哭。因为，人在母体成形，没出世前虽有肺的结构但无肺的功能，是“九窍不通一窍通”，仅靠肚脐一窍经母亲与外界联系，到了母亲分娩那一刹那“大哭”，“一窍不通九窍通”的时候，肺才被激活和膨胀成型。

每个人如果站在成人的角度去想自己出生的那一刻，会觉得很遥远，一

片空白。建议有机会去看看和感受一下刚出生的婴孩，与世界偌大的天体宇宙相比，成人尚且渺小和无助，更何况刚刚出世的婴儿。每个新生命的到来，都会被地球上的生命网所覆盖，不论在东方还是西方，不论在城镇还是在乡村，只要他是个地球人，就无一例外。

这张生命的大网，天上由太阳、月亮和木、火、土、金、水五个行星环绕，大地由空气、阳光、水、土壤、火、电磁场、生物微电信息场等诸多元素编织而成，人在这个生命网中就像一个单细胞，一粒微尘，在出世一刹那的啼哭中，天地人间所有元素构成的信息，天体宇宙所有粒子运行的规律，均在肺膨胀的一刹那，以看不见的吐纳方式被全盘整合，写入了每个新生命的 DNA 双螺旋中。

人在那一刻没有选择只有全盘接受，不能接受的出生时就夭折了，只有完成这道程序的，才能激活自身的“人气”，健康地活下来。俗话说的“人活一口气”，“咽气了”，指的应该就是这个被天地宇宙洗礼的过程。

有电脑背景的人对这一过程可以这样理解：胎儿从十月怀胎到一朝分娩，就好像电脑的整装流水线，在一个个电脑被组装好以后，它们只有各种硬件的叠加和组合，像十月怀胎，组装好的电脑只有装上软件操作系统才可以被使用，就像一朝分娩时的出生儿大哭的吐纳动作。

人是个超复杂的巨系统，由解剖结构的硬件和功能调控的软件系统共同构成，人没有出生那口气不能存活，就如同电脑没有操作系统就没办法使用同一个道理，而八种体质就与电脑操作系统的八个软件版本等同。

对天下大事感兴趣可以这样理解：一个生命的诞生犹如一个共和国的成立，出生之日就如同开国大典。共和国没有执政党就不称其为“共和国”，“王国”没有“国王”就不是“王国”。新生儿呱呱坠地那一刻，虽然个体存在父母血缘的基因信息，但霎那间，血型成分信息，与天地构成的强大信息流相比，简直微不足提。天书根据时辰确定的身体属性，如同身体王国执政党的性质，担纲的就是八个候选脏器的其中之一。不可能两个脏器同时执政，哪个脏器入选，哪个脏器就负责一生，统领机体的五脏六腑，直到国家灭亡。

党的性质决定了施政纲领时，党就代表了这个国家，人体与国家体制等同，从整体角度看这个人，五脏六腑中的“执政”“当家”脏器就很重要了，它的特征表象无处不在，随时随刻都会彰显出来。不是传统得什么病的概念，而是以当选脏器为核心建立的运行规律，包括与其他五脏六腑之间的功能关系等，一套体系组成。注意这里指的是功能关系，不是形态结构的关系，与解剖定义的概念有本质的区别。

比如，执政脏与其他脏器系统之间相生相克，孰亲孰远，和谐还是抗争的功能分析。不同的执政脏器有它专属的领地、规矩和表象特征，不管你是否认可，是否意识到，它都在默默无闻、任劳任怨，按照天体宇宙的运行规律，执掌着你身体形态结构的生老病死流程，管理着身体60兆（万亿）个细胞的走向，将所谓“天命不可违”的旨意，贯穿于整个生命的始终。

不知智慧的老祖宗是怎么发现这个规律的，反正在我核对的病历中，确实“超准”，百验百灵；对西半球的外国人测过不多，测过一个国人在加拿大渥太华刚刚分娩的婴儿、测过美国乔布斯，结果一样精准。更令我叹服的是，生辰八字的测算竟然与基因检测的患病预测和量子能量检测的医学分析结果，如出一辙！本书第一篇讲的典型案例都可以拿来对照。

2. **血型**：32体质的第二要素

血型知识来源西方的最新研究成果，由全美自然疗法专家戴德蒙博士完成，我把这项研究成果与生辰八字的解读，同列为当代东西方医学在人体基因方面可以相互媲美补充的一项跨时代的伟大突破。如果说东方重“同气相求”，西方特点则注重“血中精微物质－血凝素”。人体内的变化本来就是非气即血，有气有血，两手抓两手都要硬，才能构成32体质的完整概念。

百年西医研究，都是建立在解剖结构的可视化基础上，血液是看得见的改变，所以用血型来讲血液改变，大家容易接受。事实也确实证明，血液改变影响因素最大的，就是血液细胞的质量和数量，即血凝素情况，而血凝素的改变与血型的抗原抗体一致。所以在大量的病例中，以一名大夫的眼光，我看到了血型与治疗用药之间极为密切的关系，血型在防病治病中的极大应用价值，是当今医药学不可或缺的知识。

也就是说，如果外科输错血型会死人，内科不知血型开药，一样也会死人，这在本书的第一篇中也有大量医案说明。有没有血型知识，对所有人、尤其是医生，将成为一个原则性的问题。所以，在事关生命医学的研究中，我把血型融入易经八种体质，同列为32体质中互为补充的两大支柱，缺一不可。某种意义上说，掌握血型规律和要点比研究基因、干细胞、生长因子更为重要。

3. 能量信息数据：32 体质的第三要素

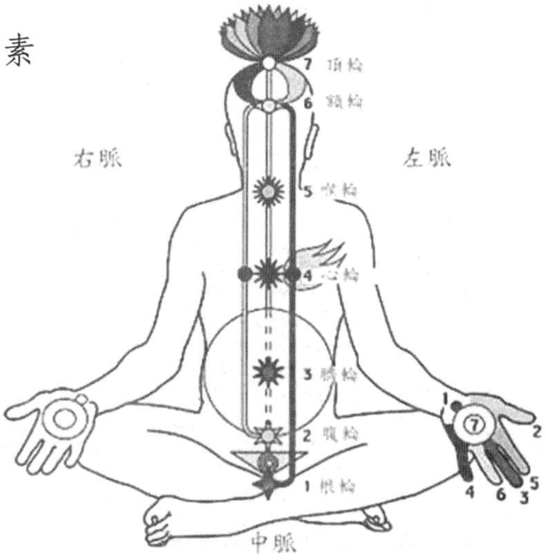

人體的能量系統

32 种体质分类的最后一项要素，就是生物信息能量技术的成果整合。不知道生日、没有查血型，仍然希望全身找原因看病的，又不愿意跑各科体检的，又要有科学数据指标、又要有早期提示有预防意义的，又要安全简单、有可信度的，现今恐怕只有 3D 全方位定位扫描诊疗仪了（简称 3D）。

3D 是量子医学的第二代产品，同属能量信息医学范畴。能量信息医学是 21 世纪西医学的新生门类，就像大陆的“90 后”，它更侧重生物技术的数字化探寻，是把东西方医学沟通在一起的桥梁。东方医学的生辰八字、西方医学的血型，都追溯到远古人类的起源，两个充满睿智的老人需要有对话的工具，全靠这个“90”后，而“90”后需要进步，也必须从中寻找智慧，别无他路。

能量信息检测是这个世纪可以取代听诊器的工具，它可以帮助每个医生，不论是中医还是西医，不论是内科还是外科，都可以尝试从一个全新的角度观察人体，从一个更微观的基因层面和更宏观的“天人同构”去探索生命和疾病的秘密。我国一直在进行适应信息化条件下的军队改革，能量或叫量子检测系统，就是医学适应信息化条件下的诊疗工具。

3D 的数据分析，基于现今医学所有的资料库，包括：各脏器组织、血液生化、病理形态、疾病分类、微生物寄生虫等致病感染源，及各种化学药物、顺势疗法、中草药、营养补品、过敏源。3D 即时的图形显现，不仅包括看得见的器质性改变，更包括看不见的功能改变，及功能改变的数量等级。

32 种体质分类的凭据、分类后的干预措施、干预后的疗效判定、身体疾病好转的健康趋势等等，在目前阶段，全都是由 3D 来承担的。所以，很难想象 32 体质的组成没有能量信息的数据。同样，3D 也只有辅助 32 体质分类才有意义，如果简单地用于癌症的早期筛查，反而会有过度医疗的危险。

为什么强调第 3 因素是“能量信息数据”，而不说“3D”呢？一是因现今能量、量子这一类的检测仪种类很多，二是发展很快，我们强调的是对所有这类能量信息数字化技术的整合应用，强调的是整套数字化系统在东西医学整合中的位置无以替代，不是仅指“3D”这台仪器。这样强调的结果，是为32体质将来的发展、传播，留下升值创新的空间。

对生辰八字的现代理解释义

生辰八字的生命含义

农历沿用的干支纪年办法，现代人除了春节及24节气，其他已经都很疏远了，知道过龙年了，但对干支纪年的“壬辰”年是陌生的。以干支表示一个人出生的年、月、日、时，共八个字，分别称为“年柱、月柱、日柱、时柱”，一个人的八字就是他出生时间的四柱记录，所以称为“生辰八字”。

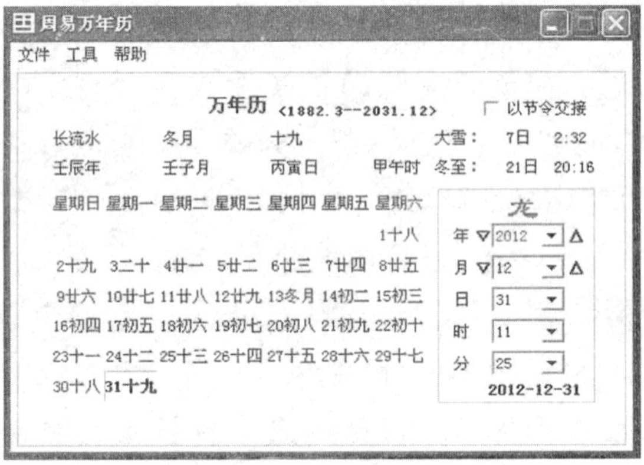

生辰八字，虽然在我之前没有正经的西医院校医生用过，但还真不是迷信。与现代的理解对接，我以为：是人类基因序列的八种组群；是生命科学把人体定义为智能开放巨系统中的八个系统软件的操作版本。到今天为止，在把握个性化的非形态层面，如功能、行为、情绪、心理特征方面，在把握人体软硬件的完美整合规律方面，如物质与非物质、功能与结构、气与血之间，没有比易经卦象更好的体质分类了。

人在初始状态受到的天体宇宙与气候环境影响，决定了人一生的体质属性和新陈代谢的循环规律，决定了每个人都是独一无二的个体，所谓“一命、二运、三风水”，指的就是生命属性、行为规律及外界影响。对于出生时就定夺了一辈子的事，听起来确实有点悬。

很长时间来，我们只知道我们身上有父母血缘的遗传，如果说宇宙、时空、气候、环境、甚至地球经纬度的生物能量场，能在出生那一刻有信号影响到我们的基因、影响到我们身体的形态结构，感觉不可思议。

这个结论是我一路追踪医学科技的前沿成果，跟到人类基因组草图公布10周年之际，突然发现的。在200份典型医案中，尤其我父亲患淋巴癌前前后后的检查结果对比，高科技的量子信息检测和第3代影像技术代表的PET－

CT，以及当今所有与生物电磁场有关的最新检测设备，得出的数据竟然与易经与《黄帝内经》分析判断等同，甚至典型到了不做检测就能推出报告结果、不做病理切片就知道活检分型、不做基因组测序就知道遗传信息，一种不可思议的精准地步，真是不由你不信。

医生是重凭据和数据的，所以，我相信每个人的生辰八字，都包含有个人生命的规律信息。有权威人士说，按照人类对基因研究的步伐，人类进入医疗保健的个体化时代，要到 2025 年后才能实现，而生辰八字，可以帮助我们把这个目标至少提前了 15 年。

天干地支：运算出生日期的计算器

如果你也有对比过四万人的出生日期与患病关系的经历，你也一样会有“坐不住、拍案而起”的冲动，看完我的书以后，每个人都可以试试。试过之后，相信你也会与我有同样的看法：算命先生的“生辰八字”确实大有讲究，不是“随便说说，骗个钱花”那么简单，“生辰八字”有铁的规律和固定的程式。

在当今高新科技飞速发展的今天，基因遗传密码尚且可以破解，生辰八字解密还缺少工具和参照系数嘛？结果证实，在电脑天干地支的运算面前，生辰八字的规律不攻自破，只是还没有实现完全智能化的计算。那么天干地支是怎么计算的呢？先普及点常识，感兴趣在网上可以查到。

把地球绕太阳公转形成的千古不变的春秋冷暖，称作“主气”或“地气”；把其他围绕太阳公转的星球，主要为金星、木星、水星、火星、土星对地球气候的影响，称作“客气”，也叫“天气”，因为它们围绕太阳公转一周的时间不等，对地球影响自然变化多端。所有这些变化，被古人精确地写在了天干地支的年历中，用固有的字定义出来。

2010 年是庚寅年，庚的天干代表金太过，同年，中国天文台就发表了一个某时方便观测金星和水星的天文布告；2012 年是壬辰年，壬的天干代表木运太过，中国天文台同时也有个天文观测预告，可以方便观测到“木星冲日”的景象。是不是巧合不知道，自己对天文知之甚少，但想必是有关联的。

天干地支是古代对时间的记录方式，可计数的同时包括了场景的描述。10 个天干，犹如树干，12 个地支，犹如树支。“天干”顾名思义是来自天上的信息，“地支”顾名思义是来自地球气候的信息。在天地人之间，天的影响力最大，说一不二，也就是说，天干即时的特征是什么，人体五脏六腑的即时特征就是什么，完全等同。如果把生辰八字两个字分为一组，头一个字是“天干”五运，第2个字是“地支”六气。

比如今年农历是龙年，“壬辰”两个字，就是天干地支的记录术语，“壬”为天干，“辰”为地支。“壬”的场景意义是“木太过”，对应人体是“肝功能亢盛”，故而，今年出生的孩子都会有“第一弱脏是脾，第二弱脏是肝”的身体健康短板，不同的只是数量级上的差异。

1. 从天干中寻找体质属性

既然老天第一，从“天人合一”的角度看，人体的属性自然是看即时老天的脸色了。老天的属性是由天上金、木、水、火、土五个行星组成的，称为五运。随着不同的时间段，五个行星对应地球的位置不同，影响的能量信息场也有多少的不同，每一运都有一个太过和一个不及。看插图，黑体字是天干时间的数字表述，甲、乙、丙、丁、戊、己、庚、辛、壬、癸，旁边浅体的字就是对应不同时间段的太过或不及的五运量化描述。

比如甲申猴年的甲字，天干“甲”是数字，同时又指出了土星在当时对地球的影响是“土太过”；如果“甲”变换到“己”，虽然也是土星对地球的影响大，但不是太过，而是“土不及”了，其他天干数字，依此类推。

五运与时间的关系：

甲： 土太过	**己：** 土不及
乙： 金不及	**庚：** 金太过
丙： 水太过	**辛：** 水不及
丁： 木不及	**壬：** 木太过
戊： 火太过	**癸：** 火不及

由此可见，天干的10字记录，是天体五个行星对地球影响信息能量场的记录，其中甲、乙、丙、丁、戊、己、庚、辛、壬、癸，描述的是能量场信号的质和量，直接影响我们身体五脏六腑功能的太过和不及。找出年月日时的第一个字，也就是生辰八字每组的第一个字，联组起来，就是我们每个人的身体体质属性。多数时间不需要八个字，六个字足矣，时辰只是在解决具体问题时分析参考，以求对等。

2. 八种体质的基本计算公式

步骤1　把“不及”的数编为一组，把“太过”的数编为另一组。

　　不及的数包括：乙、丁、己、辛、癸，5个字，简称乙组

　　太过的数包括：甲、丙、戊、庚、壬，5个字，简称甲组

步骤2　从周易万年历、或其他日历换算中，找到公元年与农历年对应的同一天

步骤3　分头查看年干、月干、日干的字，归类哪一组，是“不及”还是“太过”

步骤 4　逐一对应时，会发现八种有规律的组合，组成了 8 种不同的体质类别

1 号头体质：年月日都在乙组

2 号肺体质：年月在乙组，日在甲组

3 号胆体质：年日在乙组，月在甲组

4 号心体质：年在乙组，月日在甲组

5 号肝体质：年在甲组，月日在乙组

6 号肾体质：年日在甲组，月在乙组

7 号胃体质：年月在甲组，日在乙组

8 号脾体质：年月日都在甲组

步骤 5　把年在乙组和甲组的抽出来，分别为四个，乙组 1 –4 号，甲组 5 –8 号，一个属性年，只能有 4 种体质，不是甲组就是乙组，与公元年相对，逢单数年的是乙组的头、肺、胆、心 4 种体质，逢双数年的是甲组的肝、肾、胃、脾 4 种体质，单双数年不可能出现混淆。

步骤 6　弱脏的具体计算：

乙组 = 头、肺、胆、心 4 种体质组 = 逢单数年组 = 有 3 个弱脏；

甲组 = 肝、肾、胃、脾 4 种体质组 = 逢双数年组 = 有 2 个弱脏；

例：某人出生于 2012 –11 –14，周易万年历对应为：壬辰年　辛亥月　己卯日。这天的年干为“壬”，月干为“辛”，日干为“己”，壬在甲组，辛已在乙组，查 5 号肝体质是“年在甲组，月日在乙组”，此人属于肝体质。肝体质属于逢双数年组，有 2 个弱脏，具体是哪两个弱脏参见后面的附图。

以上就是基本体质的算式，生辰八个字，天上四个字，地上四个字，身体属性查天干三个字，就可定性。因为现在还没有太智能的软件，图省事的可以直接从本书后面附页的日子中查出来，也可以上网络去查，栾博士的网站还可以自动进行阴历阳历转换，缺憾的是，栾博士用的是卦象，我转换成体质了，所以测查前，最好先弄清楚，体质与卦象的对应关系，比如肝体质对应巽卦，肺体质对应兑卦等；弱脏的计算，是体质属性的进一步量化，以区别什么体质就是什么弱脏的模糊理解。

3. 从地支中计算地球气象对体质的影响

地球绕太阳公转形成的千古不变的春秋冷暖，古人使用地支的符号来记录，地支 12 个：子、丑、寅、卯、辰、巳、午、未、申、酉、戌、亥。凡是与地球有关系的时间信息记录，都以地支为工具。下边插图是地支与六气的固定对接，即天地人中的“地”的信息。必须知天干知地支，才能知道人的体质。

与五运天干相比，一年内更具体的气候变化，需要再小一级的定位描述，地支就是依据对五运天象的观察，归纳总结出六气的规律。也就是说，地球有6类特征性的气候元素：风、热、暑、湿、燥、寒，分别命名为厥阴风木、少阴君火、少阳相火、太阴湿土、阳明燥金、太阳寒水，并依顺序组成了六气学说。即一年当中的初之气、二之气、三之气、四之气、五之气、六之气，每一个气都等同于2个月时间，包含有农历的四个节气，循环往复，周而复始。

六气与时间的关系：

子：少阴君火	午：少阴君火
丑：太阴湿土	未：太阴湿土
寅：少阳相火	申：少阳相火
卯：阳明燥金	酉：阳明燥金
辰：太阳寒水	戌：太阳寒水
巳：厥阴风木	亥：厥阴风木

地支记录的六气学说，比较现在的一年四季学说，不仅在气候的描述上更具体，而且直接与每个人体质、每个脏器功能的运作相对应。我们提倡回归大自然，自然疗法养生，如果不知时令节气的规律和对世间万物的影响，实在是个空谈。

在32体质的公式运算中，天干是直接影响，地支是间接的，我称为隐性因素，比如医案“6岁女童莫名高烧40度，只因体内有7个火太过”对火太过的数字记录。总之，地支还有很多内容，我们这里会依照上边图表，把12个符号记录，对照六气命名拿来计算，就完成了。

当家脏器≠弱脏，弱脏与体质属性

每一种体质都有一个当家脏器，也称为身体王国的执政党。体质分类的另一个重要概念也因此产生了，那就是如何知道每个人自体的“弱脏”，即身体五脏六腑中的健康短板、或主要生病的脏器是哪一个。弱脏的定论，也是基于天干地支的基本公式算

阳历年	弱脏-主要1	弱脏-次要1	弱脏-次要2
年末尾数为0	肝	肺	
年末尾数为1	肾	脾	心
年末尾数为2	脾	肝	
年末尾数为3	心	肾	肺
年末尾数为4	肾	脾	
年末尾数为5	肺	心	肝
年末尾数为6	心	肾	
年末尾数为7	肝	肺	脾
年末尾数为8	肺	心	
年末尾数为9	脾	肝	肾

出来的，感兴趣的可以去核对，没耐心的直接查看我插图的结论。

需要注意的是，阳历年的末尾数与农历年有差距，比如，1984 年 2 月 1 日生，阳历年的末尾数是 4，而农历年的末尾数是 3 年，是我们俗称的属猪的末尾，那么这个生日的弱脏，应归在猪尾年数为 3 那一栏。也就是说，这个头体质的人，第一弱脏是心，第二弱脏是肾，第三弱脏是肺，而不是在年末尾数为 4、第一弱脏是肾，第二弱脏是脾那一栏。

为什么要有弱脏的概念，一为了加深大家对八种体质的理解。体质的概念很新，又多以脏器命名，比如肝体质，当告诉某人你是肝体质时，常常提出的问题就是，“我是不是肝有问题？是不是我肝脏最弱？”有了弱脏的概念，就不会把肝体质和第一弱脏连在一起了，当家脏器≠弱脏，不是一个概念。即便当家脏器与弱脏等同，也是来自两个角度的碰撞，要更在意了。

第二是提醒大家，要关注自己身体健康的天生弱脏，每个人出生日期不一样，出现问题的常见系统、主要矛盾、多发季节，以及所谓的生死劫数都会与他人不同。对于提早预防、本源调理、防患突发重大疾病风险，有着重要的指导意义。

第三，知道弱脏哪个是第一，哪个是第二，可以找出某个节气对某个脏器不利的时间段，从而采取针对性更强的防范措施。

总之，弱脏的观念，是体质定性后的易感脏器的具体定位，是体质健康的互补，不论是知道体质还是弱脏，都可以有效进行个性化的疾病预防，两个知识都掌握时，个人的康复和预防疾病的办法，自然就会更多，更有效。

血型的人类进化历史与血凝素

血型的研究是人类 DNA 突破性发现的一个延伸，是一个更方便得到的基因指纹，在此之前，很少人会想到自己血型的含义，会感受到血型带给自己强大的基因力量，血型对我们健康的功效，一直没获得它应得的重视。

虽然血型的分析有一整套逻辑系统，血型知识好像很复杂，而其实它的原理却像生活一样，既简单又基本，只要掌握两个要点就行，那就是人类进化的历史和血凝素的原理。

1. 血型的第一理解关键→人类进化的故事

大约在 10 万年前的地球上，出现了一批人类。当时生产力极其落后，人们只能以捕猎为生，在他们的身上流淌着一种最古老、原始的血—O 型血。

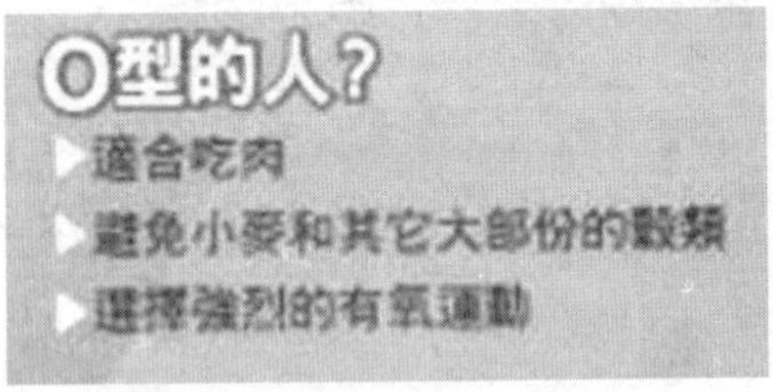

O 型血代表古老，具有狩猎者的特征，O 型血是地球上第一个出现的血型。祖先们日夜奔跑，为填饱饥饿的肚皮，经常与野兽搏斗，最容易获得的食物，就是野生动物的肉，以及鱼产品。日积月累，促使祖先们进化了一个超强的消化系统，就是高蛋白肉食的良好吸收者。只有肉类食品，才能够有效中和 O 血型人的高胃酸，补充身体能量，维持健康。

相反，O 型血对乳制品和粮食、尤其是麦子类面食消化要弱很多。因为这两类食物都是人类演化进程前没有，当时 O 型血老祖先不常食用的，消化系统没有消化吸收这些食物的物质，产生的凝集素久而久之，会使身体脂肪堆积，变成胖胖的 O 血型人，与其他三种血型不同。

O 型血代表的古老，使其具有原始的开放性和包容性。目前，在世界各地有 O 型血基因的，分布都在一半以上，其中，中美洲和南美洲的原住居民几乎全是 O 型血的人；在澳洲和西欧的原住居民中，O 型血也占有较高的频率。研究发现如爱斯基摩人和印第安人以动物性高蛋白食物为主要食物，但他们罹患心血管类疾病和肥胖症的概率，远比其他血型要少，就是凭据。

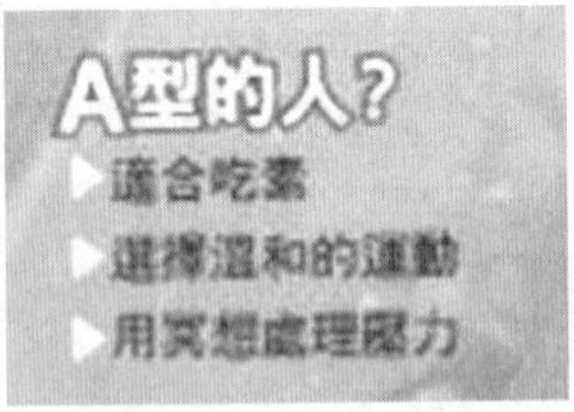

A 型血代表农业，是随着农耕社会出现的耕耘者，A 型血是继 O 型血之后的第二种血型，是最先从事农耕作物的素食主义者。最早出现在公元前 25000 年至 15000 年，新石器取代旧石器时代后的亚洲和中东地区。当时祖先已不再过着满日追逐野兽的日子，开始了农耕、驯养的定居生活。人类首次得以摆脱过一天算一天的日子，建立了稳定的社群和长久的生活结构。

粮食和家畜是这个时代的特征，与他人的计划合作，取代了打猎的技能，形成了 A 型血优越的心理特征。O 型到 A 型的突变在早期的农耕社会发展迅速，因为在人口密集区的生存，需要有抵抗疫情和传染病的能力，所有鼠疫、天花、霍乱的幸存者，A 型血都比 O 型血要多。

人类开始食用粮食、蔬菜等植物性食物，形成了 A 血型特有的消化系统：胃酸低、对植物性食物的特别钟爱……。A 型血代表农业，是第一批移民，被迫迁移并采取农耕的饮食与生活习惯，使其具有更合作、能容忍、安定的特性。目前，A 型血在西欧仍是最常见的血型，高度集中在地中海、亚得里亚海及爱琴海一带，日本人 A 型人口密集。

B 型血代表平衡，偏 O 型血特质，B 型血是继 A 型血后出现的第三种血型，在公元前 1 万年至 1.5 万年之间，伴随人类从东非炎热草原北移，到了更冷、更艰苦的环境，为了适应气候的变化而生存，出现在喜马拉雅山岳地带的部落之间。B 型血很快成为逐水草而居的、整个欧亚草原的游牧族主宰者。

B型的人？

- 多元化飲食，是唯一適合吃乳製品的血型
- 選擇適度的游泳或散步當做運動。

放牧与驯养的 B 型血基因，根深蒂固。随着成吉思汗横扫亚洲，并向北扩散，两种相异成趣的 B 型血兴起：北方的好战部落和南方的和平农夫。伴随蒙古人精湛骑术的传入，东欧人至今存在着强烈的 B 型血基因；而我国和东南亚地区则整个以农业为基础、展现了与 A 型血不同的、变革与工程的农耕文化。

B 型血代表平衡，具有狩猎者 O 血型和耕耘者　A 血型人共同的特征，体现了进化后较完美的体质。B 型血进化的地理分布全球是最清楚的，古代西欧的少数 B 型是亚洲游牧族的迁移，最典型的是德国人 B 血型出现率较高，尤其在出现率最高的地区，竟形成了一个源于古时的“文明与野蛮的分界线”。我国的北方人和韩国人都有非常高比例的 B 型和非常低比例的 A 型。也许是因为 B 型血的血清中有对抗 A 型抗原的抗体，所以 B 型血的平衡，在身体特征中更倾向 O 血型的体质特征。

AB 型血代表现代，偏 A 血型特征，AB 血型的“现代”一词，不是我们今天理解的、与“时尚同在”的“现代”概念，而是强调 AB 型是地球最晚出现的血型种类，在人类进化出现不到 1 千年的 AB 型，与出现 1 万年的 B 型血相比，是不是很“现代”？至少 10－12 个世纪前，还没有 AB 血型。

AB型的人？

- A型和B型的益處和不耐受，你大部份都有。
- 選擇安靜的運動和要懂得放鬆技巧。
- 所有血型中，免疫系統最友善。

据人类学者考证，AB 血型彻底适应了不同的族群融合，是 A 型血的印欧语民族和 B 型血的蒙古人结合后裔，属于全球人口中罕见的血型，仅占到 2%～5%。AB 型人同时承袭了 A 与 B 的血型特点，代表多面性和混杂的特征，既有 A 型血的平和与稳定，又有 B 型血的敏感与随意，组成了现代生活的写照：复杂和不稳定。比如可以吃肉，却缺少消化的胃酸等，这在 AB 型血随处可见，所以日常偏向 A 血型更能照顾到 AB 型血的体质特点。

人类血型的进化，其实也是一部生存的故事，从不可考的年代开始，它就是维持人类的生命动力，每个新血型都是一场惊人的进化革命，从公元前 6 万年开始的 O 型，持续到 2 万年前开始的 A 型，再到 1.5 万年前的 B 型，最

后演变到1千多年前的AB型，是个漫长的历史过程，分了四个历史阶段。

这个历史进化告诉我们，各种血型的产生，都源于古代环境变动的一连串剧烈的连锁反应，人类的适应性、自然条件，及食物链的供给等等。尽管人类进化年代久远，但祖先的基因特性，至今仍实实在在地活在我们的血液里，不是我们这几代人可以后天改变的。血型遗传特征的稳定性，比人类种族还老，比民族习俗、家乡地理更本源，人种之间的共通性应该是写在血型中。

2. 血型的第二理解关键→血液凝集素

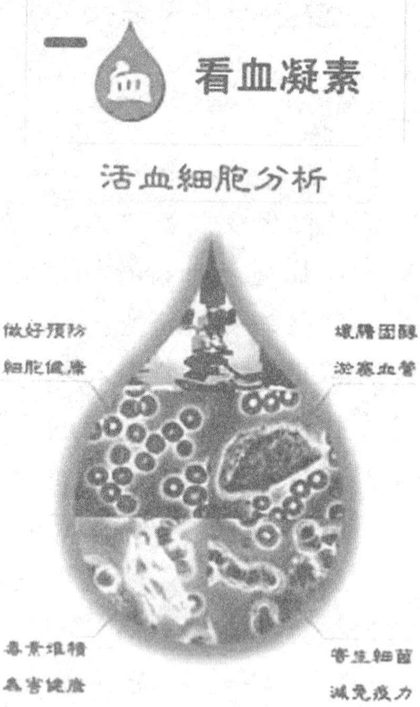

一滴血看似普通和渺小，却包含了无数的基因记忆。自从ABO血液系统发现以来，人类就没有一刻停止探寻血液中的密码，直到基因密码全部破解，美国人才发现，一大堆的碱基序列，实在不说明问题。只有中国很早以前“滴血认亲”的做法，能指明核心秘密在哪，不在“结构”上找，而要在“变化”中寻觅。结果发现，血型的根本原理都集中在一个因子身上——“血凝素”，也叫“血液凝集素”、或“血细胞抗体”，就理解为血细胞自带的黏着剂吧！

不同血型带有不同的抗原，血型的命名决定于红细胞所带抗原的特殊分子式。可以比成天线，也可以想成钥匙，有天线就有接收器，有钥匙就有锁，抗原的伴侣就是抗体。也就是说血型之间的区别就在于各血型带有自家特产的钥匙和锁，对外来的抗原会去配锁，产生对抗体。各种有分子式的物质，像细菌、病毒、寄生虫等都带有抗原，只要被识别就会被抗体凝集，排除掉。

在所有抗体中，抗其他血型的抗体是免疫系统的最强抗体，它们会迅间凝集不同血型的血球，威力强大到用肉眼立时就可以看到玻璃薄片的变化，实现“滴血认亲”。

最触目惊心的验证就是1978年发生在伦敦街头，一个叫马科夫的人等候公共汽车时，被克格勃特务用雨伞触到腿后死亡，最后在腿上找到一个金色的珠子，里面混有蓖麻子中提取的有毒血凝素。就极少的一丁点剂量，居然使全身红细胞瞬间凝集，片刻间使人致死，可见“血凝素”之威力。

在卡尔·兰德斯坦纳医生的发现之前，不知道有不同血型，及带有不同抗原和抗体，所以很多人因彼此交换血液而丧命；在之后，微生物学主导，认为体内大部分抗体都是需要经过刺激后才产生，不知道血型抗体是自动生成的，在人类进化时就存在，不一定非要有输血过程。据调研观察，婴儿 4 个月时，抗其他血型的抗体就已经成熟了[戴蒙德]。

随着血型研究的深入和科学检测手段的进步，科学家们发现，许多食物都带有抗原，不是 A 型就是 B 型，都会与体内的抗 A 或抗 B 抗体产生血凝素。尤其令人不可思议的是，血液与食物的血凝素反应竟与血型的遗传进化密切相关，也就是说，直到今天，不同血型的免疫与消化系统，与千万年前同血型的老祖先完全一致，血型的智慧竟是如此古老和根深蒂固。

中国的饮食文化历史悠久，而血型决定的饮食特征比五、六千年的传统还要远古千万年。血型饮食不是让我们死搬硬照给出的食谱，也不是不要文化，而是从个人健康与疾病角度，理解体内每个细胞的本质需求，把现在的你我跟历史悠久进化的祖先们连结在一起，从血型中寻找智慧，促进今天的进步。

能量信息的数据采集与图形原理

能量信息，也叫“能量信号”，是对看不见物质规律的研究，属于探索微观粒子运动属性的学科。正是量子物理学的出现，使人们对物质世界的认识从宏观跨进了微观，也使医学从器官组织进入了细胞分子与核粒子的时代。32 体质对能量信息数据的引进是全球医学前沿的空白，理论上讲明白就不像血型那么简单了，如果感兴趣，可以看后面一文“3D 细胞定位仪的临床应用与现状”，这里只讲应用中的数据采集和图形原理。

1. 数据采集的简便、快捷、高效与可信度

数据采集是很简单的事，简单到几根毛发、几滴尿液、血液、唾液，几个药片、几滴水就能获得，而实际操作中，我们会让检查者戴上貌似耳机的低频传送器，手里握住检查棒，或头上围着检查带，两腿捆上类似心电图检查的导线。检查者在没有任何感觉的情况下，短则 10 分钟，长则 40 分钟，就可以完成全身 12 个系统、7000 多数据、40 张 ~10 万张图片的全科体检过程。

为什么不更简单，像宇航员那样远距离体检呢？

为的是增加检查者对能量信号数据的心理信任度，心理认可也是治疗，

也有频率信号，也会对检查者的健康产生正能量。实践中体会到，检测不是问题，问题的关键是对检查数据的理解。

比如，已经习惯了严谨、可视化、有绝对值参照的专业医生，突然出现了能把身体看不见的功能信号数据化、相对化，理论上想不通；专业人员尤其是戴着专家帽子人的否认，很具有杀伤力，如果再加上社会媒体一知半解的宣传和丑化，不理解事小，如果被当成打假的对象，还没分娩就流产了，多可惜。

其实，每个有手机有看电视经历的都知道，信号的频率数据是很客观的，多少就是多少，你在哪个数字上就能收到哪个数字频率上的信号，没有准与不准的问题。能量信号的采集是透过脑神经细胞的传导和细胞的共振现象完成的，能成功的获取，得益于光子共振系统和具有代码解析功能、有超高灵敏度的微弱磁场能量测定装置，以及它们之间的无缝整合。

每个人得到的检测数据，至少经过了5个功能程序：①光波共振的发送和接收→②微磁场能量装置的筛选、放大、转换→③脑神经元的生物电子活动分析→④主机庞大系统记忆体的光谱数据库对比→⑤电脑荧幕的超速比对显现系统。虽然拿到报告是瞬间的事，虽然有各种型号的海外检测设备，但是都离不开这5个功能块的5套流程，以及由此构成的数据采集、比对分析、留档存贮等的全部过程。

我们国家早在1999年就有了自主研制的量子医疗检测仪，填补了能量检测的空白，而且在2004年被列入了“国家火距计划”，通过了国家卫生部的高科技成果转化。在全国各地和全军的边海防、在大医院的体检、特检科都有专科的医学课题观察和追踪服务。只是因为规模小、又不是市场行为，早期设备技术还不完善，加之数量有限，才使医院和社会上的大多数人不了解罢了。

完全不需要去认证它的科学性，只需要去体检和对比，就像大厦的自动门、感应化的洗手水龙头一样，不用很长时间，就会见怪不怪，其怪自败了。

2. 彩图量化诊断指标

能量信息采集有两代产品，第一代缩写QWS全名翻译为：量子共振检测系统，类似电脑最初的DOS版本，以数据为主，黑屏。第二代缩写3D－MRA全名翻译为：光波共振声纳断层扫描监测分析系统，类似电脑现在的窗口时代：以彩色图形为主要显现，以图示意，更直观。在32体质分类中，两代产品都可以用，甚至再出现第三代、第四代也都无碍，因为医学道理相同。我这里讲的是第二代——光波共振声纳断层扫描监测分析系统，简称 3D，因为只有 3D 才有直观彩图。

每个体检的扫描结果，都是以量子力学规则呈现不同颜色的标记，不同光谱色代表测定的熵值结果不同。色调由浅到深：白色（最低熵值）、黄色、橘红正三角、深红倒三角、棕色菱形到黑色正方形（最高熵值），标示在电脑模拟的器官组织图形上。如图示：

能量分析標示：

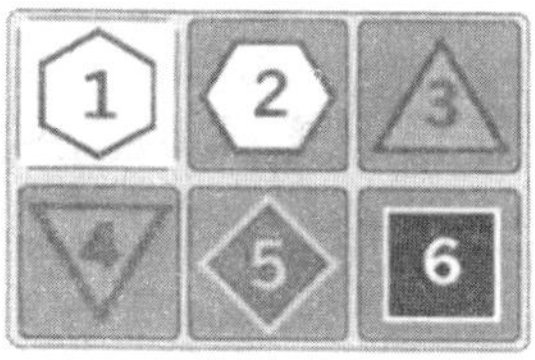

6 个图形反应 6 个细胞健康等级：

1 号　白色：饱满健康状态（+15 ~ +21）

2 号　黄色：标准健康状态（+10 ~ +15）

3 号　桔红正三角：尚好状态（+8 ~ +10）

4 号　深红倒三角：机能代偿状态（+1 ~ +7）

5 号　棕色菱形：中度受损或衰退状态（-1 ~ -10）

6 号　黑色正方形：受损严重、坏死危险状态（-11 ~ -21）

解读：

（1）改变的轻重程度用量化数 -22 ~ 0 表示，负值越小病情越重，健康的量化数值在 0 ~ +22 之间。3D 彩图以数分为 6 个等级，最好是 1 号白色，表示细胞分子的饱满健康，对应数值是 +15 ~ +21，依次类推；最差是 6 号黑色正方形，表示细胞分子受损严重，在病变状态，对应数值是 -11 ~ -21。从 1 号到 6 号，是一个数量级的递减过程，也是健康细胞从好到坏的新陈代谢过程。

（2）当检查出现 6 号黑色正方图形时，一般都提示细胞状态被不好信息包围，负能量高于正能量；1 个黑色正方形出现在 1 张图上，一般不具备什么意义，只有多个黑色正方形出现在至少 2 ~3 张图上、且定位器官不变时，才说明有问题，需要追踪分析和解决问题了。

（3）往往这种改变，比传统检查的器质性病变提早约 6 ~8 个月时间；也就是说，医院 CT、MRI 检查发现器官组织异常时，3D 显示的病变图形部位和结果等同；而 3D 显示有 6 号黑色正方形时，CT、MRI 检查不一定会发现异常，但是，常会伴有血常规、生化数值的改变。所以，3D 这类生物能量信息检测仪，能够早期发现疾病的隐患，被称为“疾病预防的利器”。

（4）出现 5 号棕色菱形时，为细胞健康报警状态。在检查目录提示上呈现红色，经能量疗法干预，消灭了 5 号棕色菱形后，检查目录提示恢复绿色。所以，一般体检我们只需要看检查目录的颜色，就知道各系统的健康状况，不需要每个检查图片都去分析。

（5）所有图形都是即时细胞分子状态的信号比较，不仅看改变还要看数量多少、部位能否固定，部位改变之间的关联性，以及与被检查者主诉的对应关系等等。彩色图形的表现虽然直观，但理解需要多因素分析，32 体质的运用就体现在这个时候。比如以下两个案例：

病例31：能量数据在 32 体质中的具体应用案例

案例 31a：刘先生　48 岁　B 型血　肺体质

病史摘录： 2011 年 6 月的一天，刘先生咳嗽不止有 1 个多星期，是那种没有痰的干咳。那段时间，因为工作关系，奔走于保健师之间，每人都有高招，而咳嗽终没停止。来 3D 检查时，3D 图形显示整个咽喉、呼吸系统全都是健康的黄色和正三角桔红色图形，与我们传统理解的感冒、呼吸道感染完全不同。也就是说，3D 的即时数据结论，是整个呼吸道一点问题都没有。随着扫描的继续，到肠道时却发现，整个横结肠布满了 5 号棕色报警图形。于是即刻给予正能量补充，10 多分钟后，在刘先生摘下耳机的时候，咳嗽止住了。在惊奇中，刘先生回忆起刚刚结束的江西出差，自认为“是吃了很多辣椒的缘故”。

案例 31b：刘女士　72 岁　B 型血　心体质

病史摘录： 一直感觉心脏不好，血压高，于 2011 年 12 月的一天，儿子带来说要去医院安支架了，想在住院前，来检查一下看看。40 张图片的全身基础扫描，4 张胆囊的图片，布满了 6 号黑色正方形，比较之下的心脏图形，变化却轻许多。于是告诉她们母子，体质的特性结合检查的图形，更像一个“胆心综合征”的表现，在胆囊不在心脏上，建议到医院做进一步检查。一个多月后，老人的儿子告诉我，医院检查是胆结石，遂做了胆囊摘除术，现在已经完全康复了，一直没再发作心绞痛，已经又忙于参加社区户外活动了。

类似的案例在目前 3D 检查的人群中，不胜枚举。如果我们只看图示，不联系体检者体质，从传统的惯例思路判断，咳嗽不止而呼吸道无改变，首先印象就是仪器不准，而其实却是病在“大肠”，尤其是即刻好转的疗效，更说明“肺与大肠相表里”的正确。

3D 检查的案例中，最有成就感的就是对心体质和胆体质患者的心脏病干预。不看图示，“胆心综合征”全凭临床医生的经验。尤其有了心脏搭桥术和心脏安支架的技术后，内科医生外科化的趋势愈演愈烈，病人希望得到医生的分析，而医生只有一句话，“你来选择手术，是做还是不做？”更有甚者把“心脏安支架”列为预防冠心病和心绞痛的唯一手段，推荐给病人。

总而言之，生物信息能量的检测数据、尤其是直观化的 3D 彩色图形，能把人体各系统脏器的变化给图形化、数字化、即时化，让人们看得见、摸得着、比较得出来。尤其与32体质结合后，对于早期诊断、查找病因、适应性治疗，以及中西医相互间的理解和协调，在现今的医学中，是多么的彰显威力和无以匹敌！就连我院80多岁仍坚持在临床一线、看病带教的神经内科老专家老教授，也禁不住对3D“既能查出病变部位，又能治病，感兴趣”；今天的文字，就是我为推荐3D类能量信息技术的努力之一。

第二节　八种体质与四个血型

大千世界，影响一个人体质属性的因素很多，如性别、年龄、出生地、家庭、文化、民族、教育等等，32种体质分类是众多因素中的一种，并不包含全部，但是，包含人类进化和人类遗传学最基本的元素。当我们分析和比较各个体质之间的特征时，要注意比较的前提和条件的对等，必须条件等同比较，才可能有意义。

也就说，比较体质血型的特征，不是你去和他人比，而是自己和自己比，是摒弃其他元素的自己和自己比，比如你是头体质B型血，而书中所说的体质特征与你完全不同，怎么办呢？别轻易否定，其实就是你，只不过有其他因素更多些，你感觉不到罢了；在所有同等条件不变的情况下，给自己换成其他体质再去比，这才是正确的比较方法。

为什么一定要认自己的体质属性和血型特点呢？不一定的，不是必须必的事，完全都在自己。多少人不知道自己属性也活到了八九十岁，知道了就不病不死了？没有的事。对自己体质和血型的认识是为了预防不时之需，可以作为自己一生的健康指南，也可以在看病时与医生讨论自己的属性特点，或把体质知识当成对自己个性化认识的补充，在健康的投资与消费时作为一个理性的参考，然后做一个聪明的决定。

在马上就要进入对八种体质与四种血型的具体讲解之前，我们讲两个幼儿园里的故事，一个是八个体质的中国孩子幼儿班[来自栾加芹的八卦班]，一个是4种血型的韩国幼儿班[来自血型漫画书]。孩子身上没有太多的后天因素，很多行为特征都来自身体固有的天性，而且能同到一个班里，就已经摒弃了在年龄、经济、居住地等条件上的差异，有助于我们对八种体质和四种血型的理解。

1. 八体质中国孩子幼儿班，一共有八个小朋友

老师按照不同生日分别给每个小朋友编了学号：

1 号小朋友是头体质男孩，叫天天，他最喜欢蓝色的衣服；
2 号小朋友是肺体质女孩，叫开心，她最喜欢红色的衣服；
3 号小朋友是胆体质男孩，叫阳阳，他最喜欢紫色的衣服；
4 号小朋友是心体质女孩，叫苗苗，最喜欢碧绿色的衣服；
5 号小朋友是肝体质男孩，叫木木，他最喜欢绿色的衣服；
6 号小朋友是肾体质女孩，叫小溪，她最喜欢白色的衣服；
7 号小朋友是胃体质男孩，叫山山，他最喜欢黄色的衣服；
8 号小朋友是脾体质男孩，叫坤坤，他最喜欢穿黑色的衣服。

老师准备带班上小朋友去出游，准备了八种服装，小朋友高兴地穿上自己喜欢的衣服出发了，队伍中，每个人的衣服都各不相同：

1 号天天，穿着有 99 颗龙眼图案的衣服；
2 号开心，穿着有 222 颗枸杞图案的衣服；
3 号阳阳，穿着有 33 个太阳图案的衣服；
4 号苗苗，穿着有 144 颗莲子图案的衣服；
5 号木木，穿着有 5 颗大榕树图案的衣服；
6 号小溪，穿着有 6 条鱼图案的衣服；
7 号小山，穿着有 17 颗土豆图案的衣服；
8 号坤坤，穿着有 8 个大馒头图案的衣服！

到了游乐场，老师让大家选择自己喜欢的活动，于是：

头体质天天，喜欢在天上飞，长大了想当飞行员；
肺体质开心，喜欢玩捉迷藏，一下子就看不见她了；
胆体质阳阳，最喜欢晒太阳；
心体质苗苗，最喜欢天上的雷声，轰隆隆；
肝体质木木，最喜欢爬树；
肾体质小溪，最喜欢游泳；
胃体质小山，最喜欢爬山、攀岩；
脾体质坤坤，最喜欢玩泥巴，用泥捏出一个个泥娃娃。

游乐场设施齐备，老师让每个小朋友都遂了愿，大家玩得很尽兴，以致忘记了吃晚饭，忽视了当天突然出现的雷雨闪电，直到闭园被家长接回去。到第二天送入园时，家长纷纷提出不满，反映了自己孩子回家后的表现：

头体质天天，回家说头痛，以为碰了脑袋，自己扣了个柚子皮，很快好了；
肺体质开心，咳嗽、不爱说话，以为受凉，给熬了点白米汤喝，又欢乐如初；
胆体质阳阳，嗓子痛、好像有炎症、低烧，闹觉，吃了烤薯片反倒安静睡了；
心体质苗苗，仍兴奋不已，蹦蹦跳跳，直到家长生气拍桌子后，才安静入睡；
肝体质木木，一反常态的老实，不说不闹，喝了点鸡汤，洗完澡，倒头就睡了；

肾体质小溪，老嚷嚷要喝水，又不停去小便，用热水好好洗了个脚，才睡；

胃体质小山，胃胀、头晕呕吐，家长以为感冒，不想一碗黄小米粥吃完，好了；

脾体质坤坤，回家倦怠懒动，有轻微扭伤磕碰出血，家长在大脚拇指盖的隐白穴贴上个养脾贴，入睡了；早晨起床又活蹦乱跳，一定来幼儿园再去玩。

2. 四血型韩国小朋友的幼儿班，因血型施教

分四个教室打碎瓷瓶

韩国幼儿老师将 3 ~5 岁的孩子按血型分组在 4 个教室，每个房间放一个大瓷瓶，并告诉孩子们，不可以打碎瓷瓶。然后进来一位测试者，故意将瓷瓶打破，发现不同血型孩子，反应不同而有趣。

A 型血教室：

测试者的手刚一碰到瓷器，常为琐事担心的 A 型小孩就一阵骚动，“干嘛碰它啊?”“不可以啊”“停下来吧”。当瓷瓶被打破后，就陷入恐慌中，其中有孩子飞奔去告诉老师：“老师，有人打破瓷瓶了。”

B 型血教室：

测试者把瓷器打破了，B 型小孩会很高兴，“打破了”“好棒啊”“大事不好了”，还有的吹口哨，让测试者倍感生气。如果老师进来教室问大家，“谁打破的?”孩子们则会表现的很大度，“他不是故意的了。”“是老鼠碰的，我没看到”

O 型血教室：

测试者把瓷器打破了，O 型小孩会摆出要教训他人的架势，“喂，你这个人，瓷瓶好好待在这，为什么去碰它，惹出这场乱子?”有的说，“笨啊，真是笨”。当老师进来问“谁做的?”O 型小孩会毫不犹豫直接告发。

AB 型血教室：

AB 型小孩原本就很淡定，屋里的测试者和瓷器很难吸引他们的注意力，于是测试者为引起孩子注意，大声说“啊，手滑了!”，随即“哐当”打破瓷瓶，AB 型小孩还是各玩各的，漠不关心，好像与他们毫无关系，但是告发精神很强，当老师进来教室，AB 型小孩会毫不犹豫地告发。

合在一个教室分辨血型

幼儿园里最爱与小朋友发生争执的是 **O 型**，总是惦记着其他孩子的东西，经常搞得鸡飞狗跳墙，这不又抢走了小朋友的玩具。**A 型**孩子被抢走了心爱的玩具，号啕大哭，其实即便不被抢，只要 A 型小孩一不开心，也会号啕大哭。**B 型**孩子很少与小朋友发生争执，看到 A 孩子被抢，会对 **O** 型说，“赶紧给他”；对于自己被抢、被呛，不屑一顾，说几句“好了，好了，我服了还不行吗”，“真无聊”之类的话，就兴趣转移了。**AB 型**小朋友与其他血型在一起，常常爱惹是生非，和人打嘴仗，动不动就说“你真是个蟑螂”

“寄生虫”“仓鼠”之类的评判，而遭到 O 型血小朋友的制止：“你给我住嘴!”。

上面两个发生在中外幼儿园里的故事，就是进入下面各体质血型分述的导语。旨在说明，32 种体质是先天遗传的本性的东西，而长期来的医学知识，不论中医西医都是以后天知识为主体。从疾病统计学角度分析，先天遗传与后天体质比，先天比后天影响要大。

也就是说，如果把一个人的健康设定为 100 分的话，先天因素占 70 分，后天只占 30 分。而下面的分述，却是用后天“只占 30 分”的理解去阐述先天“70 分”的原理，是不是显然有些“力不从心”、在“以偏概全”? 所以，别死抠文字，重在去体悟，要同等条件对比，才能确有所获。

☰ 头体质 定义 理解 属性 ABO 分型 基础保健

1. 头体质定义

以中国“春节年属相牛、兔、蛇、羊、鸡、猪”的干支纪年为准
“年”的天干有 1/5 字→→：乙、丁、己、辛、癸；(乙组)
“月”的天干有 1/5 字→→：乙、丁、己、辛、癸；(乙组)
“日”的天干有 1/5 字→→：乙、丁、己、辛、癸；(乙组)
年月日都在天干不及乙组的为头体质，与脾体质正相对。
阳历单数年(年末尾数为 1、3、5、7、9)→→：3 个弱脏

例，某人出生于：丁亥年　乙巳月　己巳日。这个生日中日干为“己”，月干为“乙”，年干为“丁”，也就是把第一个字“丁 乙 己”抽出来，都是代表不及在乙组，所以这人属于头体质，易经称为乾卦之人，或简称乾人。

2. 头体质的理解

(1) 从天人同构的角度理解：

头在《易经》和《黄帝内经》中对应于乾卦，在人体这个小宇宙中，属于保卫我们人体的蓝天。与自然界万物的形象与特性相比，《易经·说卦传》举出了数种类目：乾，健也；为天，为圆，为君，为父，为玉，为金，为寒，为冰，为良马，为老马，为瘠马，为驳马，为木果。总之，都是那些努力为天下万物，为子民，为家庭，像马一样劳心劳力，从早到晚忙不停的人。所以，头体质在八种体质中被排在 1 号，老大的位置。

头体质人的身体自然属性是能量集中在大脑，头体质的人经常会有头部的症状，但不一定生病，一旦生病则往往是大病，不容易好转，还容易复发，所以有病一定要从头入手，才做到根本，才能收到事半功倍的叠加效果。

◆ 好的方面：

如《医易通说》一文，“数学属于乾卦”，所以凡擅长数学、需要逻辑思维的学科，偏向头体质，比如三弹之父的钱学森教授头体质，易经数字化解析的栾加芹博士头体质，都是典型。头脑冷静，富有创造力之人，属于乾。乾为天，为首。

◆ 不好的方面：

头体质人容易出现的健康问题，常常在头上。比如，头脑感觉不清爽，总是难受、头痛，还有头晕、经常感觉耳朵闭气，容易晕车，其他体质晕车胃难受，想吐，头体质人是头部难受，渴望头朝下低着。而且头晕、眼睛发酸、鼻塞等症状一旦出现，不易摆脱好转，犹如附骨之蛆。

◆ 相关易理贴士：

头部与乾卦相对，乾为天，乾色蓝。南方→先天乾卦之地，西北→后天乾地。所以，与蓝色有关的植物动物，在南方和西北方出产的植物动物，得乾之气，有益于头体质人的健康改善。比如蓝色的蚕豆花；比如南方的桂圆、核桃、蚕豆、灵芝；比如西北的马肉，以及鲈鱼、海鱼、海蜇、牛骨髓、羊骨髓、猪骨髓等，益于头体质人以食代药，提升脑部功能。

（2）从现代医学角度去理解：

◆ 西医解剖结构：包括现代医学围绕头部所有相关部位，头部、颈椎1－2、脑神经、脑血管、颅骨、骨缝、大脑、脑脊液、耳窦、五官、尾骶椎

◆ 脑神经功能：包括智识、神志、情绪、语言、视物、计算、分辨、记忆

◆ 易感疾病：多为遗传疑难先天病患，入医院的神经或精神科，如，脑出血、失语、右侧偏瘫、脑炎、脑血管畸形、多动症、脑瘫、精神分裂症、脑痴呆、失忆

3. 头体质的五运属性：金

虽与肺体质同为金，区别：头属阳金、硬金，肺为阴金、软金。在五行的相互关系中，遵循金克木，金生水，火克金，土生金的运行规律。先天行为惯性为父、为君、为长兄。表现出：性格外向、勇于担当、自尊心强、愿指挥他人，而不愿意受他人指使。

如果我们把五运比喻成五个功能流程，相生是指令，相克就是反馈，有

来有往才成行；理解成家庭，相生为母，相克为父，都是健康的必有状态，身体唯有遵循这个规律，才能保证正常的新陈代谢功能。当身体出现问题时，一定在相克的关系中找不平衡，唯有摆平关系，解决问题才能一步到位。五脏一体，心、肝、脾、肺、肾和谐通达，生命之树才会长青。

请记住，32体质的关键在自愈力的整体平衡，所以，解决矛盾的焦点在五行相克的关系之中。比如，头体质和相克的肝系统之间出现不和，轻则高血压、重则脑中风；头体质与被克心系统关系失衡，轻则头痛头昏、重则丧失记忆、神昏失语等，出现脑部的神经血管性疾病。

4. 头体质的四个血型

头体质的ABOAB血型系列，是在定位头体质后的具体分级，可以理解为头体质的4个亚级，或定性后的4个量化等级、4个具体分类等等。因为血型不同，虽同为头体质，健康表现、疾病、饮食、情绪也各不相同。比如，头体质的O型血就与头体质的B型血、与头体质的A型血有别，O型更突出头为君、为父的特性，B型略弱，A型的行动力就更弱；同出现脑中风，O型与B型都不适宜用抗凝的药，O型绝对不用还要配合高压氧，B型视情况不用，而A型与AB型，抗凝药物是第一选择。分述如下：

◆ O型血　头体质：

（1）头体质特征最突出的类型→外向领袖型、自立、竞技性强、勇于负责

（2）最具伤害性的疾病→成人脑出血、失语、右侧偏瘫；孩子脑炎、脑血管畸形、多动症、脑瘫

（3）最无知的脏腑关系→脑电波、脑脊液律动与颈椎、骶尾骨之间的联系

（4）最大的用药禁忌→阿司匹林、华法林、肝素、红花、三棱、莪术、三七、银杏叶等，一切中西医有扩冠、活血、疏通微循环作用的药物。

（5）最不被认识的饮食规律→红肉有益提升血氧含量；面食减缓新陈代谢速率；牛奶长期喝会出现皮肤问题

（6）最适宜的体育锻炼项目→网球、羽毛球、登山、健身房跑步机

◆ A型血　头体质：

头与A型血的结合，会减弱“君主”的行动力，增加安定和忍耐力

（1）头体质特征的另一种类型→内向、理性思维强、执着

（2）最具伤害性的疾病→成人脑梗阻、脑动脉硬化、失语、右侧瘫；孩子脑炎、脑血管畸形、脑瘫、焦虑症、自闭症

（3）最无知的脏腑关系→脑电波、脑脊液律动与颈椎、骶尾骨之间的联系

（4）优先的用药选择→阿司匹林、华法林、肝素、红花、三棱、莪术、三七、银杏叶等，一切中西医有扩冠、活血、疏通微循环作用的药物。

（5）最不被认识的饮食规律→素食有益；生机蔬果提升新陈代谢速率；牛奶长期不宜；肉食增加肥胖和血凝的概率

（6）最适宜的体育锻炼项目→健步走、登山、旅游团

◆ B型血　头体质：

头与B型血的结合，犹如换代的“君主”，在责任感中，独往独行

（1）头体质特征仅次于O型→外向、独立性强、不为外界左右

（2）最具伤害性的疾病→成人脑出血、脑梗阻、失语、健忘、右侧偏瘫；孩子脑炎、脑血管畸形、多动症、脑瘫、口腔癌

（3）最无知的脏腑关系→脑电波、脑脊液律动与颈椎、骶尾骨之间的联系

（4）谨慎的用药选择→阿司匹林、华法林、肝素、红花、三棱、莪术、三七、银杏叶等，一切中西医有扩冠、活血、疏通微循环作用的药物。

（5）最不被认识的饮食规律→均衡偏荤食有益，不宜全素食；是四血型中唯一被鼓励吃牛奶有益者，适度奶制品有助B型头体质达到新陈代谢的均衡

（6）最适宜的体育锻炼项目→太极拳、球类、登山、旅游团

◆ AB型血　头体质：

头与AB型血的结合，与头体质A型血基本等同。

5. 头体质的基础保健

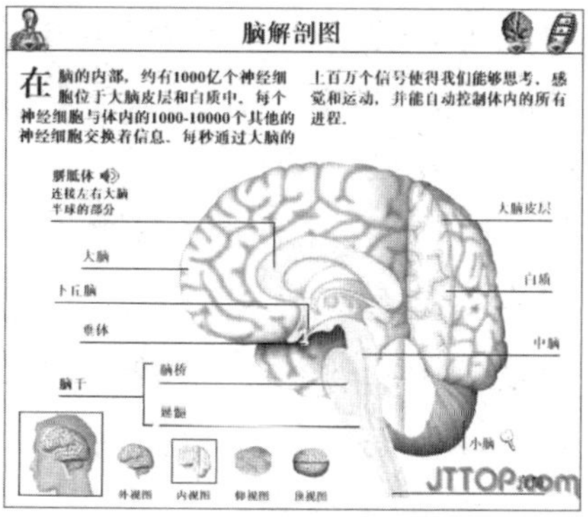

◆ 调节脑功能经络保健

（1）原穴→百会（头顶）；

（2）徒手颅脊能量平衡、美国AK技术→整脊

◆ 避免不适宜的饮食及行为的伤害：

（1）叶类蔬菜和各种花茶，不宜过量食用；

（2）不宜每天喝几大杯水的保健方法；

（3）不宜喝生姜红糖水祛寒，及桑叶、苍耳子、辛夷花、迷蒙花等中药；
（4）尽量少吃葱姜蒜等有散气作用蔬菜；
（5）不用冷水洗头，不要洗头后未干受寒或受风；
（6）不要头顶球或做伤及头部的运动。

☱ 肺体质　定义　理解　属性　ABO 分型　基础保健

1. 肺体质定义

以中国“春节年属相牛、兔、蛇、羊、鸡、猪”的干支纪年为准
“年”的天干有 1/5 字→→：乙、丁、己、辛、癸；（乙组）
“月”的天干有 1/5 字→→：乙、丁、己、辛、癸；（乙组）
“日”的天干有 1/5 字→→：甲、丙、戊、庚、壬；（甲组）
年月在天干不及乙组，日在天干太过甲组的为肺体质。
阳历单数年（年末尾数为 1、3、5、7、9）→→：3 个弱脏

例，某人出生于：丁亥年　乙巳月　甲巳日。这个生日中日干为“甲”，月干为“乙”，年干为“丁”，也就是把第一个字“丁 乙 甲”抽出来，年月代表不及在乙组，日代表太过在甲组的这人，属于肺体质，易经称为兑卦之人，或简称兑人。

2. 肺体质的理解

（1）从天人同构去理解：

肺在《易经》和《黄帝内经》中对应于兑卦，在人体这个小宇宙中，肺为娇脏，是对外开放的窗口，主气、司呼吸、通调水道、朝百脉、主治节、合皮毛，类似朝廷中的宰相，家庭中的二丫头。与自然界万物的形象与特性相比，《易经·说卦传》举出的数种类目：兑，说也；为泽，为少女，为巫，为口舌，为羊，为雾露。总括，是反应敏锐、伶牙俐齿、能言善辩、机智灵活，天性喜悦，像羊一样外表柔和，却爱仗义执言的诸多元素组合，表达了肺体质人的行为特征。

肺体质在八种体质中之所以被排在 2 号位置，结构上看居首之下，占据咽喉要道和颈椎部位，肺体质身体的自然属性气场能量主要集中在颈部，是印度能量七轮的“喉轮”所在之处，管理着颈前的咽喉、声带、气管、甲状腺，颈后的颈椎，颈旁的颈动脉。

◆ 好的方面：

有语言天赋，擅长表达，又天性乐观，喜欢接受新鲜事物，所以需要有

创意能表达清楚的事情，多倾向肺体质。比如过世的两个中外名人，一个是中央电视台新闻联播的播音员罗京，一个美国苹果的乔布斯，都是肺体质的典型人物。也就是说，凡思维活跃，不安于现状之人，属于肺体质的行为特性。肺为兑，兑是“说”和“悦”的去偏旁字，体现了加上偏旁的特征。肺体质的基础保健有特点，只要心情愉悦免疫力就会增强，如果再加上顺天顺地，肺体质会一生健康。

◆ 不好的方面：

也因口鼻而入，肺体质人对环境的不良空气污染、二手烟、沼气、煤气、寒凉的冷空气等，都异常敏感，经常会引发呼吸道和免疫力低下的症状。是八体质中，比较容易出现健康问题的体质，尤其是与宇宙沟通的门户，如口鼻、呼吸道、颈椎、皮肤、肠道、血液中的淋巴细胞。最困惑的是，肺体质出现的身体健康问题，都与心情上的不快乐有直接的密切联系。悲伤肺，而造成悲悲切切的更多因素是外在、人力难为的，像《红楼梦》中肺体质的林黛玉悲伤肺、死于肺，就是典型。

◆ 相关易理贴士：

肺为泽，与兑卦相对。兑色赤。东南，先天兑地；西方，后天兑地。所以，生长于沼泽或雾霭之中的植物动物、红色的植物、东南和西方所产的植物动物，都得一定的兑泽之气，有益于肺体质人的健康改善。比如红色的枸杞、西红柿、红枣、红辣椒、红苋菜、草莓、圣女果等；生长于沼泽或雾霭之中的植物动物：花生、芦苇根、台湾蓬雾、蛙类、螺旋藻、海蜇皮等；比如东南和西方的山竹、西藏人参果、百合、蘑菇、冬瓜、丝瓜，以及米酒、羊肉等，均宜于肺体质人以食代药，提升免疫机能。

（2）从现代医学去理解：

◆ 解剖结构：包括现代西医围绕颈部和呼吸免疫所有相关器官系统的部位，如：口鼻、咽喉、声带、气管、两肺、胸腔、胸腺、淋巴结、皮肤、结肠、自主神经、甲状腺及甲状旁腺、颈椎、颈动脉等。

◆ 肺功能：包括：发声功能、呼吸吞咽功能、水盐代谢功能、心肺血气循环功能、自主神经平衡功能、免疫系统功能。

◆ 易感疾病：多为常见多发性呼吸系统疾病，入医院呼吸内科，如，咳嗽、哮喘、肺炎、感冒发烧、老慢支、肺气肿、胸腔积液、肺不张、肺癌、肺心病、肺性水肿，以及不被认识的颈椎病、声哑、失音、更年期低烧、淋巴白血病、喉癌、便秘、腹水……

病例 32：肺体质与呼吸系统易感疾病案例

郭女士　女　52 岁　肺体质　京剧院演员　支气管哮喘

出生日期：1957 - 7 - 15　丁酉年 丁未月 戊子日（肺日）

入院日期：2010 - 9 - 6　庚寅年 甲申月 己未日（胃日）

病史摘录：发作性喘息、咳嗽、少痰 40 年　化验：血常规嗜酸球高，促甲状腺激素低，住院 4 天查 3 次血凝，无 1 次正常，未查血型；肺功能报告：通气阻塞重度，肺容量总量和残气均升高，肺弥散功能降低，气道阻力升高。

32 体质分析点评

每日的工作，使验证体质和疾病关系的案例信手可拿，2010 年的一天，有大夫来查数据，恰好那日在看呼吸科病历，随手拿了 12 个：4 个肺炎，2 个肺部感染，3 个喘息性支气管炎，3 个慢阻肺病急性加重，遂与生日进行核对，6 个肺体质，占 50%，其中就包括上述病例。这说明，即便是我们认为的多发常见病，也与先天遗传因素不无关系，不只是后天体质和气候的原因，过去我们缺少认识。

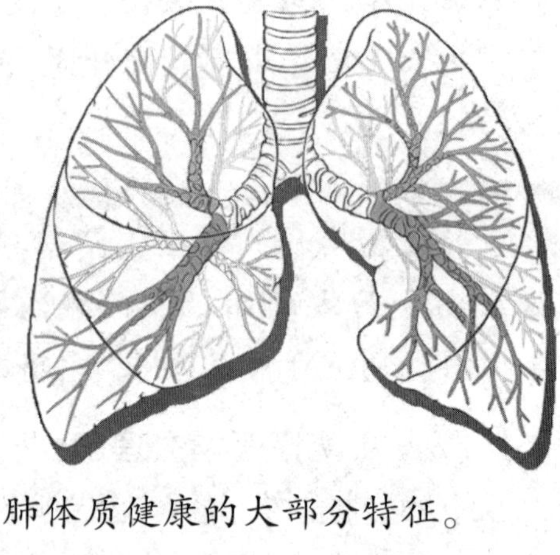

此例患者刚刚 52 岁，就有了 40 年的呼吸道病史，也就是说从 12 岁开始就有哮喘了，与肺体质的患病特征吻合。化验值提示促甲状腺激素低，肺功能明显异常，说明肺体质的颈部是能量汇聚之处，当长期损伤时，就会累及所有颈部器官，比如甲状旁腺。虽然没查血型，但估计不是 O 型、就是 B 型，否则不会发病时伴随血凝异常。京剧院演员嗓音条件好，也是肺体质特点，这个案例表现了肺体质健康的大部分特征。

3. 肺体质的五运属性：金

虽与头体质同为金，区别：肺属阴金、铂金，头为阳金、黄金。在五行的相互关系中，遵循金克木，金生水，火克金，土生金的运行规律。先天行为惯性为少女、为口舌。表现出：天性喜悦、反应敏锐、能言善辩、机智灵活、虽外表柔和，却爱仗义执言的行为特征。

如果我们把五运比喻成五个功能流程，相生是指令，相克就是反馈，有来有往才成行；理解成家庭，相生为母，相克为父，都是健康的必有状态，身体唯有遵循这个规律，才能保证正常的新陈代谢功能。当身体出现问题时，一定在相克的关系中找不平衡，唯有摆平关系，解决问题才能一步到位。五脏一体，心、肝、脾、肺、肾和谐通达，生命之树才会长青。

请记住，32 体质的关键在自愈力的整体平衡，所以，解决矛盾的焦点在五行相克的关系之中。比如，肺体质和相克的肝系统之间出现不和，轻则咳嗽、重则外伤骨折、感统失和；肺体质与被克心脏系统关系失衡，轻则舌尖溃疡、低烧，重则声带嘶哑、失音、高烧不退等，均是肺心同病的症状，第一篇“6 岁女童莫名高烧 40 度”就是一个非常典型的案例。

4. 肺体质的四个血型

肺体质的 ABOAB 血型系列，是在定位肺体质后的具体分级，可以理解为肺体质的 4 个亚级，或定性后的 4 个量化等级、4 个具体分类等等。因为血型不同，虽同为肺体质，健康表现、疾病、饮食、情绪也各不相同。

比如，肺体质的发音和语言功能突出，O 型血表现是仗义执言，B 型是随兴发挥，A 型必备好讲稿，AB 型则出言犀利；同出现颈和咽部疾患，O 型多见甲状腺、颈椎问题，A 型多见声带小结、喉癌，AB 型多见扁桃体和咽炎，B 型多发感冒、咳嗽，不一而足。O 型不宜活血，B 型不宜抗生素，A 型与 AB 型用大剂量维生素 C 和 B，各有侧重。分述如下：

◆ O 型血　肺体质：

（1）行为特点→外向、豪爽、仗义执言、口无遮拦的表现明显。

（2）最常见的疾病→除肺气虚导致的呼吸系统常见病外，不被认识的低血氧综合征、颈椎病、甲状腺疾病、失音、失语、失忆，以及偏头痛。

（3）最无知的康复要点→被动吸氧对肺自主呼吸能力的影响。

（4）最大的用药禁忌→阿司匹林、华法林、肝素、红花、三棱、莪术、三七、银杏叶等，一切中西医有扩冠、活血、疏通微循环作用的药物。

（5）最不被认识的饮食规律→红肉有益提升血氧含量；面食减缓新陈代谢速率；牛奶长期喝会出现皮肤问题。

（6）最适宜的心情放松→大笑、跳拉丁、踢踏舞、场外竞技游戏活动。

◆ A 型血　肺体质：

（1）行为特点→内向、文静柔和、反应敏感、语言能力强。

（2）最具伤害性的疾病→除肺气虚导致的呼吸系统常见病外，不被认识的声带结节、喉癌、甲状腺囊肿、失音、失语、失忆，以及梗阻性头痛。

（3）最无知的脏腑关系→肝气犯肺的咳嗽、肺气不宣的水肿、胸腔积液。

（4）优先的用药选择→在通宣理肺的基础上，选择疏通微循环作用的药物。

（5）最不被认识的饮食规律→新鲜素食有益；不吃反季节的蔬果；奶类制品多吃不宜；肉食增加肥胖和便秘。

（6）最适宜的精神解压→看喜剧小品、听幽默故事、瑜伽、太极。

◆ B 型血　肺体质：

（1）肺 B 体质的行为特点→活泼开朗、坦诚健谈、好奇心强过专注力。

（2）最具伤害性的疾病→感冒、呼吸道感染、咳嗽，比其他三血型容易患病，却不容易好转，还容易产生并发症和其他免疫系统疾病。

（3）最无知的并发症→皮肤过敏、多发性硬化症、神经性反应、健忘。

（4）谨慎的用药选择→疫苗注射、抗生素、化疗药物。

（5）不被认识的饮食规律→新鲜的均衡饮食，不适宜长时间的全素饮食；唯一适宜奶制品的血型。

（6）最适宜的精神解压→演出唱戏、登山笑疗、公园游艺。

◆ AB 型血　肺体质：

（1）肺 AB 体质的行为特点→内外双向气质，机敏独立、出言犀利。

（2）最具伤害性的疾病→咽喉扁桃腺的无菌性炎症、高神经张力、直肠癌。

（3）最无知的并发症→血液比较黏稠，氧自由基多，易出现肺栓塞。

（4）适宜药物原则→凡有稀薄血液、降低氧自由基作用的药都可用。

（5）不被认识的饮食规律→新鲜的偏素食谱，适宜羊肉、蛋类，少食多餐。

（6）最适宜的精神解压→看幽默小品、参加朋友聚会及联谊活动。

5. 肺体质的基础保健

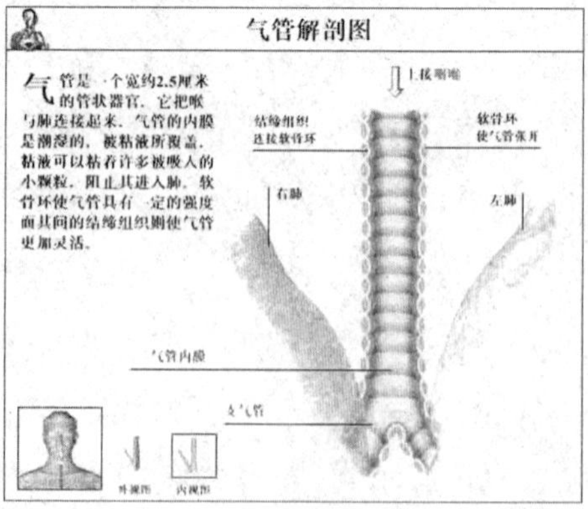

◆ 经络穴位：

（1）保健原穴→太渊（双侧）

（2）保健合穴→尺泽（右侧）

◆ 避免不适宜的饮食及行为的伤害：

（1）不适宜烤制品或干货→炒花生、葵花子、烤鸡、烤鸭、烤肉，少吃为宜，否则容易干扰调理，或出现难治性并发症。

（2）不宜多吃梨和苹果→吃过多或不分季节吃，容易导致气郁。

（3）注意保暖防寒，远离空气污染→减少肺及呼吸道疾病。

（4）让自己做开心的事→避免悲悲戚戚影视剧；不强迫自己做不高兴的事。

☲ 胆体质　定义　理解　属性　ABO 分型　基础保健

1. 胆体质定义

以中国“春节年属相牛、兔、蛇、羊、鸡、猪”的干支纪年为准

“年”的天干有 1/5 字→→：乙、丁、己、辛、癸；（乙组）

“月”的天干有 1/5 字→→：甲、丙、戊、庚、壬；（甲组）

“日”的天干有 1/5 字→→：乙、丁、己、辛、癸；（乙组）

年日在天干不及乙组，月在天干太过甲组的为胆体质

阳历单数年（年末尾数为 1、3、5、7、9）→→：3 个弱脏

例，某人出生于：丁亥年 戊申月 乙巳日。这个生日中日干为“乙”，月干为“戊”，年干为“丁”，也就是把第一个字“丁 戊 乙”抽出来，年日代表不及在乙组，月代表太过在甲组的这人，属于胆体质，易经称为离卦之人，或简称离人。

2. 胆体质的理解

（1）从天人同构去理解：

胆在《易经》中，对应于离卦，在人体这个小宇宙中，类似心中的红太阳，八种体质中被排在 3 号中间的位置。与自然界万物的形象与特性相比，《易经·说卦传》举出的数种类目：离，丽也；为火，为日，为电，为中女，为甲胄，为戈兵。总括为活跃、靓丽、热情、来得快去得快、能说能干、多才多艺，战时士兵穿的铠甲和兵器等，看上去“丽”，又给人带来温暖安全的多元素组合，是胆体质人的行为特征。

胆在《黄帝内经》中是“中正之官”，属于人体六腑之一，由于附在肝之短叶，呈中空囊状器官，一般理解胆的气场能量应该集中在胆囊，而易经将其归为五运中的“火”，与心同室，心为君火，胆为相火，表现的特征定位，也跟着少阳胆经，循行于头面五官和肢体两外侧，可见胆体质不是仅仅贮存和排泄胆汁那么简单，应理解成交通生命阴阳的枢纽，更靠近一些。

胆体质是最不被认识的体质，也是与传统理解反差最大的体质。从“天人合一”的角度去感悟胆体质，才能发现胆体质的本原特征，如果就胆病而治疗胆病，如胆石症、胆囊炎等，非但不能真正奏效，还可能带来更大的伤害，本书第一篇《53 岁胆体质摘胆术后突发大面积脑萎缩》，讲的就是这个风险。胆体质的脑神经和心功能改变，比我们想象要直接和重要得多。

◆ 好的方面：

脑筋灵活、直觉敏锐、注重外在、爱好广泛、有决断力，所以凡需要场面活动、或技巧强的事情，多倾向胆体质。我知道的比如演员、画家、牙医、手术科大夫，都以胆体质的容易出成绩。胆体质的基础保健，重在 11 点入睡，只要保护好身体小小的生发之火，小小的暖阳，借上太阳的能量，就会平安过冬，减少疾病风险。

◆ 不好的方面：

主要缺少认识，会把胆火不实，造成的虚火上炎假象，当成实火去用苦寒的药品食品，或清心泻火，或苦寒败火，或冰箱冷饮、或贪恋海鱼、螃蟹、贝类，致使小疾变大病，急性转成慢性，轻则总治疗总也不好，重则会出现一过性眼前黑蒙，四肢瘫痪、大小便失禁，却浑然不知是饮食之过。

◆ 相关易理贴士：

胆为火，与离卦相对。胆色紫。东方，先天离火之地；南方，后天离火之地。所以，色彩亮丽和紫色的植物动物，东方和南方出产的植物动物，得一定的离火之气。比如日常饮食中的：玉米、红薯、芋头、紫苏、大蒜头、洋葱头、韭菜、蕨菜、紫菜苔、紫包菜、紫甘蓝、心里美萝卜、酸菜、公鸡、野鸡、荔枝、葡萄、西梅、李子、樱桃、桑椹子、山楂、葵花籽、土茯苓、何首乌等，有益于胆体质人借太阳的能量，补充自己的生发之气。

（2）从现代医学去理解：

◆ 解剖结构：位于肝叶间，与肝相连的中空的囊状器官。周围有胃、十二指肠、胰头、胆总管都与消化的贮藏和排泄胆汁有关，从解剖上，真看不出和心脏有什么直接关系，也看不出与脑神经、面神经有什么关联。胆囊可以手术摘除，年青人摘胆，常可以在总胆管处代偿扩大，像长出一个新胆囊。所以西医们认为，胆囊有没有都无大碍。

◆ 胆囊功能：①贮藏和排泄胆汁；②主决断，指胆在精神意识思维活动中，具有判断事物、做决定的作用；③主生发，夜里 11 点到 1 点子时，胆经生发，从很小一点的生命之火开始汇聚阳气，是阴阳之交的枢纽。抢救时，如人体阳气耗尽，不能此时交接、胆经无能力生发了，生命就会因阴阳离决而结束。前面第一篇里《肾体质王国的覆灭》一文，就有对这个过程的真实记录。

◆ 易感疾病：胆排泄异常，出现的厌食、腹胀、腹泻症状；胆汁外溢的黄疸；气机上逆的口苦、吐苦水；胆结石、胆囊炎等。胆气虚弱者，稍遇不良刺激，即形成精神系统障碍，表现为胆怯易惊、惕惕不安、善恐、失眠、多梦等情志病变。……胆心综合征，把胆绞痛误诊为心绞痛，不在少数。

3. 胆体质的五运属性：火

虽与心体质同为火，区别：胆属少阳、小火，心为少阴、雷火。在五行的相互关系中，遵循火克金，火生土，水克火，木生火的运行规律。把五运翻译成脏腑运行的正常关系，即心脏约束肺，胆火助脾胃，肾水管心火，肝为血库，是心脏之母。

如果我们把五运比喻成五个功能流程，相生是指令，相克就是反馈，有来有往才成行；理解成家庭，相生为母，相克为父，都是健康的必有状态，身体唯有遵循这个规律，才能保证正常的新陈代谢功能。当身体出现问题时，一定在相克的关系中找不平衡，唯有摆平关系，解决问题才能一步到位。五脏一体，心、肝、脾、肺、肾和谐通达，生命之树才会长青。

请记住，32 体质的关键在自愈力的整体平衡，而整体平衡的关键，在矛盾关系的五行相克之中。比如，胆体质出现身体健康问题或者疾病，首先去找克自己的肾水，去协调与肾水之间的不平衡；胆是小火，肾是坎水，必须维系好水火既济的关系，才是万全之策。所以，胆体质的保健原则，永远都以壮大自己力量为第一选择，不是壮大到反侮肾水，而是成为肾水中的命门之火，身体才能阴平阳秘，心身灵整体健康。

4. 胆体质的四个血型

胆体质的 ABOAB 血型系列，是在定位胆体质后的具体分级，可以理解为胆体质的 4 个亚级，或定性后的 4 个量化等级、4 个具体分类等等。因为血型不同，虽同为胆体质，健康表现、疾病、饮食、情绪也各不相同。

比如，胆体质的火性炎上特征，O 型血会表现为一过性脑缺氧、突然黑蒙和昏倒，或者原因不明的帕金森震颤；B 型多发面瘫、不容易好；A 型和 AB 型，则多见美迷尔综合征，耳性眩晕表现，同时也容易伴发咽喉炎，不一而足。治疗时同样，O 型不宜活血，B 型不宜抗生素，A 型与 AB 型用大剂量维生素 C 和 B12，各有侧重。

◆ O 型血　胆体质：

（1）行为特点→心灵手巧、胆大心细，有决断、管理能力强为明显。

（2）最常见的疾病→胆石症、胆囊炎、高胃酸、腹泻，口苦、黄疸、消瘦、肢体怕冷、却喜冷饮、眼底出血、鼻出血。

（3）最不被认识的疾病表现→胆体质的心脏和脑神经系统疾病，详见以下案例 33，以及前面第一篇里《53 岁胆体质摘胆术后突发大面积脑萎缩》。

（4）最禁忌的治疗手段是活血 + 输液，最解决问题的办法是进高压氧舱→出现脑神经系统症状的第一措施是停掉所有活血药，如阿司匹林之类；第二停止输液，至少是停掉生理盐水，或减少输入量，同时进入高压氧舱，不是放弃抢救，而是改换方向。这里专指胆体质 O 型血出现脑神经系统症状时的处理，不包括其他体质和其他组合、发生的脑神经系统症状。

（5）最无知的饮食规律→红肉有益提升血氧含量；面食减缓新陈代谢速率；牛奶长期喝会出现皮肤问题；海产、水产品的食物对胆体质不宜。

（6）最适宜的心情放松→旅游、大笑、跳舞、技能比赛、表演活动。

病例 33：胆体质 O 型血治疗失误典型案例

我母亲　69 岁病故　胆体质　O 型血　莫名心绞痛

出生日期：1931 – 10 – 11　辛未年 戊戌月 乙亥日（胆日）

首次发病：1983 – 03 – 08　癸亥年 甲寅月 乙未日（胆日）

病故日期：2001 – 03 – 05　辛巳年 辛卯月 丁卯日（头日）

病史摘录：母亲在 52 岁，1983 年三八节那天，中饭后起身开门，突然昏倒在地，随后右侧瘫痪，被进家来的亲人抬送医院，当时检查血压增高。从那时开始“偏瘫后遗症，高血压，脑梗死”的帽子就戴上了，母亲是个心灵手巧、很能干、很要强的人，又是文化干事出身，学习能力很强，所以从那次发病以后，看了很多有关的资料，吃饭回避一切可能增高胆固醇的食物，所有蛋黄都不吃，就甭说红肉了，避之唯恐不及。按时定点吃药，每次医生开的药都一样不落、非常准时的吃完，吃完再去医院连复查带开药，从 83 年以后，吃药看病就成了生活的固定程式。

结果是，偏瘫很快恢复，体质却越来越差，检查发现血糖也高了，于是又戴上了“糖尿病”的帽子，吃上了降糖药，不久又打上了胰岛素。退休后有了时间，成了门诊医院的常客，只要有先进的办法，自费也要用。2000 年记得也是 3 月份，母亲住院检查发现下肢动脉有一处比较狭窄，医院说可以考虑安支架疏通，但要自费。父母亲都不听我的劝，执意而为。结果出院后没多长时间，又出现了 83 年那一幕，母亲去开冰箱门，突然昏倒，没任何原因，等推去 301 医院检查又什么都没发现，接着就又回家，一切继续。

母亲成了典型的三高症病人，接着严格按照医嘱，打胰岛素、吃丹参等活血化瘀、降血压、降血糖、降血脂的药，避食一切可能增高胆固醇、增高血糖的食物和饮料。

去世前的住院安排，是平常的不能再平常的原因了，就为了摸索一个新的降糖药使用，应该什么样的剂量更合适。很快内分泌科就做完了所有检查和确认，可以出院了，而我母亲感觉心绞痛，于是医生给转到了心内科，心内科先是在监护病房观察，心绞痛时看心电图等改变，都是夜里 11 时发作，而即时的心脏检查没有发现异常，随后又搬出监护室到普通病房。

到普通病房后，又是那个时间段出现了心绞痛，因为连续几次没发现心电改变，值班的年轻医生于是按操作规程打吗啡止痛，可能之前也这样小剂量的处理过，但这一次身体扛不过了，接下来左心衰、酸中毒、肾衰竭都出现了，母亲进入了抢救程序。

现场抢救时，我找来了一个认识的科主任，他一边参加抢救，一边给我看血氧数据，看得我无语：**什么措施都上了，血氧一点改善迹象都没有；气管插管时，涌出来的竟然都是水**。那个科主任跟我说，“你母亲的心绞痛确实太奇怪了，心脏所有检查什么都没发现。你看到的，我们尽力了，这是没有办法的事！”

母亲的去世太突然了，她构成了我心中永远的痛，每每想起都泪不自控，母亲的案例也是我一直在寻找的迷。那时我还没有体质和血型的知识，直到我掌握了生日和血型的分析思路，才彻底揭开了我妈妈整个病情变化和致死的真正原因，那是一个不折不扣的医学错误，是一个非常典型的胆体质 O 型血的患病表现。

32 体质分析点评

（1）胆体质和 O 型血的体质类型，有一个非常容易出现、又非常不被认识的问题，就是，发生脑神经系统的一过性血氧降低。胆主生发，火性炎上，小小暖阳的能量，都集中在大脑神经细胞上，而胆的生发之火，却因体质的原因，像火苗一样忽小忽大，偏偏脑神经系统是对氧分子非常依赖、非常敏感的组织。发生在细胞分子层面的变化，虽然微小，但数量巨多，瞬间的细胞缺氧会导致突然的神智丧失，一点不奇怪。并且，犹如火苗一般，来得快，去得也快。

O 型血，先天就血液稀薄，缺少血铁红素，而血红蛋白又是体内载氧气的主要工具，缺铁自然就更容易缺血红蛋白，更容易缺氧。远古的先祖靠猎食高蛋白动物为生，一是中和高胃酸，二是从红肉中补铁，以提升自身血液的含氧能力，细胞有氧器官组织才有活力。所以，O 型血才可以肆意吃高蛋白食物，而不必担心高胆固醇血症。

胆体质和 O 型血，两个容易出现脑缺氧的因素联合在了一起，会出现脑功能失调的短时黑蒙、一片空白、突然昏倒、肢体偏瘫、意识丧失、大小便失禁，在今天无知的生活饮食习惯中，这种情况发生并不少见。表现为来得快，去得也快，检查没任何发现。我母亲从 1983 年发病，到后来的再次昏倒，就表现了体质发病的特点，只是戴帽“脑梗死”后的持续治疗，给身体带来了更大的伤害，掩饰了固有的来得快、去得快的发病特点。

学习体质后，回顾我母亲生前的疾病才知道，母亲早就患有胆囊炎和胆石症，因为觉得只是个消化问题，从没有在意，却不知道正是这个小小胆囊的生发障碍，才招致出了那么让医生困惑的心绞痛，以及后来的过度处置。更不知道，1983 年第一次偏瘫，实际就是胆火太不稳定，脑神经细胞分子缺氧的一过性反应。**反倒是一直的规范化用药和治疗，持续损伤着细胞分子对氧利用的能力，导致最后抢救时，用尽一切措施，都不能挽回血氧含量的缺失。**

母亲 O 型血，却违背了 O 型血的饮食规律，一直控制着高动物蛋白饮食，使脑细胞分子长期在缺氧状态，体质才越来越差，母亲和医生们却反而认为是病情没得到有效控制，继续增大药量、更换品种。我可怜的妈妈，为了能让身体恢复健康，回避一切可能增加胆固醇的食物，日复一日十几年，这对于一个 O 型血来说，要付出多大的努力和坚持的毅力啊！在抢救的前一天，母亲忽然对我小弟说，“明天给我拿一只鸡来吧！”，然而，还是没吃到。

（2）海外有大量研究者的统计数据说，O 型血人是平均寿命较长的。我母亲的双亲都是 O 型血，都活到了 80 多岁；在台湾的 O 型血堂姐今年已经 96 岁了还在参加社会活动，还计划来大陆帮助儿子生意。而我母亲和她的姐姐，都是不到 20 岁就入伍参加了工作的文化人，都有非常好的医疗条件和孝顺的儿女，却偏偏都是三高症，什么也不能吃，都早早过世了，比她们自己的父母早走近 20 年，这叫什么家族遗传，这还不能告诉我们些什么嘛。

胆体质和 O 型血的疾病表现，尽管还不被大家认知，尽管以上文字分析，几次让我动容搁笔，但我还会坚持，为了对母亲的那份怀念和报答，也为了医学的进步，我要努力实现母亲生前的期待，用心和泪写出书来，献给更多的孝顺儿女，别再重蹈我母亲的覆辙。

◆ A 型血　胆体质：

（1）行为特点→内向热情、注重外貌、感觉力敏锐、喜好外出。

（2）最具伤害性的疾病→咽炎，美迷尔眩晕、心慌心跳、颈椎病。

（3）最无知的感觉与疾病→视物、五官感觉、惕惕不安与晚 11 时入睡正相关；消化系统薄弱，最容易患胆结石、黄疸病和硬化症。

（4）优先的用药选择→在大量维生素 C、B12 基础上，用疏通微循环的药物。

（5）最不被认识的饮食规律→紫色的新鲜素食有益；有炎症不吃苦寒消炎药，吃紫玉米和烤白薯；奶类制品多吃不宜；不吃或少吃海产品、螃蟹。

（6）最适宜的精神解压→看韩剧、培养各种书画爱好、听幽默故事。

◆ B 型血　胆体质：

（1）胆 B 体质的行为特点→有胆识、魄力，想到即刻行动，思虑欠周详。

（2）最具伤害性的疾病→颜面皮肤过敏；偏侧面瘫，恢复慢不容易好。

（3）最无知的并发症→健忘、失眠、神经性反应、泌尿系统炎症。

（4）谨慎的用药选择→抗生素、生理盐水输液、打疫苗。

（5）不被认识的饮食规律→不宜吃各种海产和水中鱼蟹等，适宜紫色的均衡食品；唯一适宜奶制品的血型。

（6）最适宜的精神解压→野外挑战极限训练、技能培训、管理 MBA 班。

◆ AB 型血　胆体质：

（1）胆 AB 体质的行为特点→内外双向混合气质，爱交朋友、理性交际。

（2）最常见的疾病→咽炎、扁桃腺炎；胆小忧虑、紧张、失眠、脊椎问题。

（3）最无知的并发症→血液黏稠导致的心脑血管疾病、精神焦虑症。

（4）适宜药物原则→大剂量维生素 C 和 B12、凡降低自由基的药物都可用。

（5）不被认识的饮食规律→不宜海产、不宜败火消炎、不宜绿茶、不宜碳酸饮料、不宜长期喝冰啤酒，及冰箱冷饮、冰激凌等，与 A 型共同。

（6）最适宜的精神解压→参加朋友聚会及联谊活动、太极、瑜伽等。

5. 胆体质的基础保健

◆ 经络穴位：

（1）保健原穴→丘墟（双侧，足外踝前下缘）

（2）平衡合穴→少海（右侧，肘弯曲内侧缘）

◆ 避免不适宜的饮食及行为的伤害：

（1）不适宜各种海产品→螃蟹、虾、海鱼、贝类等，出现症状用紫苏。

（2）不宜苦寒败火的食品药品→金银花、芦荟、绿茶、苦瓜、败火茶饮一类。

（3）不宜熬夜，必须按时睡眠→晚 11 点前入眠，早 6 点前后起床。

（4）不宜长期冰箱直接取食，不加热→冰啤酒、冰激凌、酸奶、牛奶、豆浆。

（5）不宜封闭在家，做宅男、宅女→多外出，聚会或结交朋友。

☳ 心体质 定义 理解 属性 ABO 分型 基础保健

1. 心体质定义

以中国“春节年属相牛、兔、蛇、羊、鸡、猪”的干支纪年为准
“年”的天干有 1/5 字→→：乙、丁、己、辛、癸；（乙组）
“月”的天干有 1/5 字→→：甲、丙、戊、庚、壬；（甲组）
“日”的天干有 1/5 字→→：甲、丙、戊、庚、壬；（甲组）
年在天干不及乙组，月日在天干太过甲组的为心体质
阳历单数年（年末尾数为 1、3、5、7、9）→→：3 个弱脏

例，某人出生于：丁亥年 戊申月 丙午日。这个生日中日干为“丙”，月干为“戊”，年干为“丁”，也就是把第一个字“丁 戊 丙”抽出来，年代表不及在乙组，月日代表太过在甲组的这人，属于心体质，易经称为震卦之人，或简称震人。

2. 心体质的理解

（1）从天人同构去理解：

心在《易经》中，对应于震卦，在人体这个小宇宙中，类似天上的震雷，雷鸣之后，万物为之震动，八种体质中被排在 4 号位置。与自然界万物的形象与特性相比，《易经・说卦传》举出的数种类目：震，动也；为雷，为龙，为玄黄，为大途，为长子，为……等，总之，是有相对固定的震感、有震撼力、对各种生机的振幅有影响能力的组合。心体质人的行为特征，为家庭中长男，外表强悍，性急易发脾气，小事也会大嗓门，但平复也快，喜欢热闹，富有朝气活力；心体质人尤其对《命运交响曲》的开场节奏情有独钟。

《黄帝内经》的《素问・灵兰秘典论》中曰“心者君主之官，神明出焉。”说得很明白也很肯定，人体心脏的功能不仅“主血脉”，还“主神明”，意思是说不仅管循环系统，还主持精神活动。把人的精神、情绪归属于心而不是大脑，心在生命活动中占主导和支配地位而不是脑，这个观点既是中医基础理论的重要内容，也是中医最遭现代人非议的地方。

从天人合一的角度去理解，心属震雷万物为之震动，心为五脏之“火”，火为生命之动力，“生命皆振动”。心脏和心系统是通过心跳的振动频率，成为身体与情志的主宰，君安人才有生命才有身心灵的整体健康。所以对心体质最正确的认识，不是局限在心脏上，而是全方位从身心一体、器官与功能不可分开的角度，来感悟心灵的特征和奥秘。

◆ 好的方面：

心地善良，悲天悯人，待人实诚，努力上进，性情急躁激进，行动轻率、容易生气，爱抱怨，说话声音较大。心体质人性格以“悲情”为主，喜欢看历史感厚重的电影，喜欢听《命运交响曲》类悲壮的乐曲，从中会感到身心舒适享受。心体质的特点是把优秀隐在不为人觉察的地方，却把易冲动的表现彰显在外。所以凡需要鼓动的场合、需要揭露历史真相、呼吁尊重人性类的事件和学科，多倾向心体质。

◆ 不好的方面：

一生心慌心跳的感觉都比其他体质的人明显，尤其当逢与心谐振的能量场，影响到了心肌的组织细胞，会遗有先天心脏病的各种改变，如室间隔缺损、瓣膜闭不全等。当先天因素不被认识，或被夸大，用现有医学办法去解决，不但不奏效，还可能带来更大伤害，尤其违反季节规律，去治疗心脏疾患，反而带来生命风险，比如冬至节气安心脏支架，要警惕开春到立夏前后，危及心脏，轻则心脏病复发，重则心脏停搏。

◆ 相关易理贴士：

心为震，与震卦相对。震为雷，震色碧。东北，先天震地；东方，后天震地。所以，色碧的植物动物，东北和东方出产的植物动物，应春雷而萌发的植物，都得一定的震之气，有益于心体质人。日常的饮食之中：高粱、菠菜、荷叶、绿豆芽、黄豆芽、蒜黄、韭黄、竹笋、血、猪蹄、鸡爪、芦荟、鸽子、鹿肉、鹿茸、麦冬、绿茶、莲心、桃、石榴、谷芽、凉粉等，宜于心体质人，补充自己心脏跳动的正能量。

（2）从现代医学去理解：

◆ 解剖结构：

对于心脏的形态结构，和心脏统领身体心肺小循环和全身血液大循环的作用，中西医都没有太多的争议。

◆ 心脏功能：

①心主血脉，其华在面，开窍于舌；

②心主神志，失眠、多梦、神志不宁、健忘、昏迷等，意味心神被扰；“神有余则笑不休，神不足则悲”

③心的当值时间是中午 11 点到 1 点，称为午时。与胆经夜里值班的子时相对应，所谓子午觉指的就是这两个时间段，对人体阴阳的转换非常有意义。如果心脏在当值的午时发生状况，心体质人比较不容易抢救成功。

◆ 常见疾病：

自然都是围绕心脏的疾病和神智情绪方面的疾病。这里专门谈一下，音响的震动、声音的节奏、传导的频率、看不见的振幅等等，对心脏健康的影响，对心脏正常震动的干预，心脏细胞比我们的认知具有更多的感知力，远比传统的知识直接和重要许多。

案例 34：心体质　震卦特性的理解案例

比如对《命运交响曲》的开场节奏，大多数心体质都有好感，并从中获取力量，不论他是不是音乐爱好者，懂不懂交响乐都一样。相反，如果处在节奏感强烈的环境下，心脏自身的跳动节律长期处在被干扰的状态下，就不是件好事情了，众所周知的摇滚乐歌手迈克尔·杰克逊以及其他，恐怕不止一个歌手是因为突发心脏停搏而去世的。

海外有调查统计发现，地震后的心脏骤停发病率，呈增高趋势，同仁堂年青的副总经理，在汶川地震后突发心脏骤停。沈飞总工程师连续看航展后，又在航母看飞机成功落舰，飞机的轰鸣声显然影响了心脏的频率，加之天地当时那个场效应和罗总的心脏发生了共振，所以才出现了心前不适和午时的心脏停搏，“广泛性心肌梗死”的诊断只是心脏受到重创后的改变。

摘来一则《家庭教育 07 年第 1 期》的案例，来共同理解心体质中，“震”这个字的含义，以及对心脏健康的影响。这个男孩的行为表现是心体质。

一个男孩爱发脾气，父亲给了他一大包钉子，并且告诉他，每当他生气的时候就用铁锤在后院的栅栏上钉一颗钉子。第一天，小男孩钉了 37 颗钉子。过了几个星期，由于学会了控制自己的愤怒，小男孩每天在栅栏上钉钉子的数目逐渐减少了。他发现控制自己的坏脾气比往栅栏上钉钉子容易得多了，最后，小男孩变得不爱发脾气了。

这是一个典型“以震止震”的案例，适当、合节律的振动，能给心系统带来感召力，比如命运交响曲、男孩生气时钉一颗钉子等，而过度了、持续时间段延长了，对心脏来说就不是好事了。写在这里，希望引起心体质人的重视。

3. 心体质的五运属性：火

在五运中，心归火，不归木，这与易经卦象的说服不同；虽与胆体质同为火，区别：心属真火、大火，胆为小火、虚火，胆与心、比与肝之间更密切。五脏之间的相互关系，遵循火克金，火生土，水克火，木生火的运行规律。脏腑正常的运行顺序，即心脏制约肺，胆火助脾胃，肾水克心火，肝为血库，是心脏之母。当“不过”与“不及”的力量一对一时，五脏各行其道、动静相济，身心在动态平衡的理想状态。反之，就会破坏平衡出现问题。

如果我们把五运比喻成五个功能流程，相生是指令，相克就是反馈，有来有往才成行；理解成家庭，相生为母，相克为父，都是健康的必有状态，身体唯有遵循这个规律，才能保证正常的新陈代谢功能。当平衡打乱时，一定在相克的关系中找不平衡，尽力去摆平关系，才能重建身体和谐。五脏一体，心、肝、脾、肺、肾和谐通达，生命之树才会长青。

请记住，32体质的关键在整体平衡，而整体平衡的关键，在矛盾关系的五行相克之中。比如，心体质出现身体健康问题或者疾病，首先去找克自己的肾水，去协调与肾水之间的不平衡。也就是说，心属火、肾属水，水火平衡一对一时，肾虽克心，但心脏健康无病。肾水多、心火少，或肾水不多、心火却在“不及”之位，都会出现心脏不适的症状，如果再同时出现头肺之金，比心火数量多的反扑现象，心脏被肺金和肾水同时夹击，就会出现状况。

有疑问的可以看前面第一篇《冠脉阻塞75%的心脏病患 即时心率提升 次日搬出CCU病房》一文，再进一步的可参考着图示自己动手计算。比如，刚刚以身殉职的沈飞罗阳总工程师，当天心脏情况的五行运势，就是被过多的3个金和3个水夹击，心脏本来就不堪重负，再加上连续飞机起降的轰鸣震动，午时11点－13点，在心当值的时间段里，罗总心脏的跳动永久地停下来了。

4. 心体质的四个血型

心体质的ABOAB血型系列，是在定位心体质后的具体分级，可以理解为心体质的4个亚级，或定性后的4个量化等级、4个具体分类等等。因为血型不同，虽同为心体质，健康表现、疾病、饮食、情绪也各不相同。

比如，心体质最常见的心脏病，O型血常见原因是贫血、气虚；B型血常见心悸和心律不齐；A型血是心血管疾病的主流群体，患病率占到35%，因为胆固醇的增高；AB型血基本与A型相似，偏重出现心梗的机会更多些，因为血凝高的缘故。用药的原则严格遵照血型的规律执行：O 型不宜活血，B 型不宜抗生素，A 型与 AB 型用大剂量维生素 C 和复合 B，各有侧重。

◆ O 型血　心体质：

（1）行为特点→外向急躁、脾气火爆、说干就干、个性独立，像家中长男。

（2）最常见的心脏病特点→血氧低导致，年青人以贫血为主，老年人因年高气虚所致；如果出现胸口憋闷、心悸、汗出、怕冷、口唇青紫，或同时有低血压，或有神志恍惚出现，都是危重表现，都需要采取紧急救治措施，尽快提升血中的氧气含量是首选。从中医体质辨证角度，多为心气虚、心阳虚和心阳虚脱类型。

（3）最伤害性的治疗→大量饮白开水、输入生理盐水和选择手术。

（4）最大的用药禁忌→阿司匹林、华法林、肝素、红花、三棱、莪术、三七、银杏叶等，一切中西医有扩冠、活血、疏通微循环作用的药物。

（5）最不被认识的饮食规律→红肉有益提升血氧含量；面食减缓新陈代谢速率；牛奶长期喝会出现皮肤问题。

（6）最适宜的心情放松→常听《命运交响曲》、旅游、长跑、跳绳、参观名人旧居和历史博物馆、蹦迪等。

◆ A 型血　心体质：

（1）行为特点→内向、平稳、忍耐力强、任性、认真、自我。

（2）最常见的心脏病特点→以血液的胆固醇高、氧自由基多、黏稠度大为主要原因，心血管类病人 35% 都是 A 型血，高胆固醇、冠心病、心绞痛。

（3）最伤害性的治疗→大量饮白开水、输入生理盐水。

（4）优先的用药选择→在人参生脉饮或其他补气药的基础上，抗凝活血，加大维生素 C 和维生素 B12 的辅助用药。

（5）最不被认识的饮食规律→胚芽类素食有益，比如祛心火的绿豆芽、促消食的谷芽和麦芽，以及蚕豆芽、黄豆芽、小青菜、豌豆苗、黑豆苗等；带有生物震频的透明物质，比如玉石（透明白玉煮水饮、佩戴）、菠菜、高粱米……集中一个时段以食带药，同时戒掉奶类制品，代以豆制品，会产生意想不到的疗效。

（6）最适宜的精神解压→听《命运交响曲》、旅游、健走、参观名人旧居和历史博物馆、在节奏感较强的音乐中做健身操等。

◆ B 型血 心体质：

（1）行为特点→富有朝气活力、行事往往先做再说，易不懂节制而透支。

（2）最常见的心脏病特点→易出汗、气短、心跳心慌、心律早搏、精神疲惫、活动后加剧，多见风湿性心肌炎、心瓣膜病、心包炎。

（3）最伤害性的治疗→大量饮白开水、输入生理盐水。

（4）谨慎的治疗选择→抗生素、心脏的搭桥、支架、瓣膜置换手术。

（5）不被认识的饮食规律→在 A 型血饮食基础上，增加有振频的动物蛋白，比如，猪蹄、鸡爪、鸽子、鹿肉、鹿茸，有益心脏恢复健康。

（6）最适宜的精神解压→听《命运交响曲》、慢跑、跳绳、参观名人旧居和历史博物馆、练气功、打拳、慢跑等。

◆ AB 型血 心体质：

（1）AB 体质的行为特点→为人好恶分明、理性、任性、认真，翻脸跟翻书一样快，对某事失去热情时，会采取断然措施，而不计后果。

（2）最常见的心脏病特点→以血液的黏稠度高为主要表现：盗汗、口干又不愿意喝水、发低烧、午后颜面潮红、心烦、心口痛、手脚心烦热、倦懒乏力、舌尖红。从中医体质辩证角度，多为气阴两虚类型和心阴虚类型。

（3）最伤害性的治疗→大量饮白开水、输入生理盐水。

（4）优先的用药选择→在人参生脉饮或其他补气药的基础上，抗凝活血，加大维生素 C 和维生素 B12 的辅助用药。

（5）最不被认识的饮食规律→在 A 型血饮食基础上，增加有振频的动物蛋白，比如，猪蹄、鸡爪、鸽子、鹿肉、鹿茸，有益心脏恢复健康。

（6）最适宜的精神解压→听《命运交响曲》、旅游、健走、参观名人旧居和历史博物馆、在节奏感较强的音乐中做健身操、瑜伽、太极等。

5. 心体质的基础保健

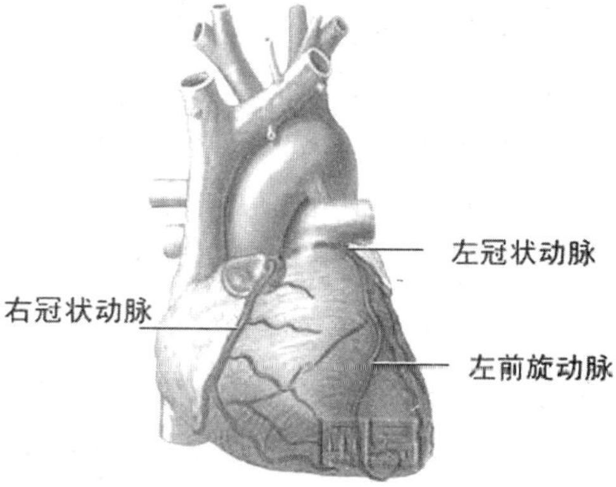

◆ 经络穴位：

（1）保健原穴→神门（双侧，腕关节内侧敏感点）

（2）保健合穴→少海（右侧，肘关节内侧敏感点）

◆ 避免不适宜的饮食及行为的伤害：

（1）凡有类于水的食品都不宜多吃

→大量喝水、喝酒、饮料、牛奶、豆浆等，不宜。

（2）气只可鼓、不宜散→多吃葱、姜、辣椒等散气的食品，不宜。

（3）不宜熬夜，必须按时睡眠→晚 11 点前入眠，早 6 点前后起床。

（4）不宜长时间待在节奏感强烈的地方→比如蹦迪场、摇滚歌厅、工地、机场，只要自己感觉心慌气短、汗出胸闷、心脏不适，应立即远离现场。

☴ 肝体质 定义 理解 属性 ABO 分型 基础保健

1. 肝体质定义

以中国“春节属相为鼠、虎、龙、马、猴、狗”的干支纪年为准
“年”的天干有 1/5 字→→：甲、丙、戊、庚、壬；（甲组）
“月”的天干有 1/5 字→→：乙、丁、己、辛、癸；（乙组）
“日”的天干有 1/5 字→→：乙、丁、己、辛、癸；（乙组）
年在天干“太过”甲组，月日在天干“不及”乙组的为肝体质
阳历双数年（年末尾数为 0、2、4、6、8）→→：2 个弱脏

例，某人出生于：戊子年 辛酉月 乙卯日。这个生日中日干为“乙”，月干为“辛”，年干为“戊”，也就是把第一个字“戊 辛 乙”抽出来，年代表太过在甲组，月日代表不及在乙组的这人，属于肝体质，易经称为巽卦之人，或简称巽人。

2. 肝体质的理解

（1）从天人同构去理解：

肝是人体的五脏之一，肝体质顾名思义，肝系统容易生病。肝体质在《易经》和《黄帝内经》中，对应于巽卦，在人体这个小宇宙中，类似天上的风，地上的木，肝性上扬。在八种体质中被排在 5 号位置。与自然界万物的形象与特性相比，《易经·说卦传》举出的数种类目：巽，入也；为风，为鸡，为长女，为绳直，为工，为白，为长，为高，为进退，为……。总之，是所有与风、与积极向上、与行动执行力、与前行有关的元素组合。

肝体质人的行为特征：风风火火、精力充沛，像朝廷之大将军，家中之长女：交际广、人缘好，喜从老大姐、老大哥角度照顾朋友、兄弟姐妹，热心为他人的事奔走斡旋、协调上上下下。对别人事情明理，对自己事情反而迷惑，不知方向；听不进逆耳忠言，只当耳旁风，照样我行我素；有洁癖习惯，爱洗东、洗西，很在意穿鞋和脚的舒适等，体现了“入”的特征。

肝在五行金木水火土中，属木，是唯一有生命元素的成长物质，人体细胞的新陈代谢归肝脏统管，也体现了“入”的特征。肝体质的肝，不是仅指肝脏，而是以肝脏为主的整套肝系统，有电脑知识的人会明白，系统软件是看不见的操作流程、体现在看得见的运作结果中。同样，身体的筋、怒、泪、爪、目，从头到脚的结缔组织、内分泌、脂代谢、药物解毒、感觉统合一致性等，都属于肝系统的项目内容。

◆ 好的方面：

肝体质行为的突出特征，是精力充沛、交友广泛、协调能力强，而且积极推进、向上，是职业经理人、办公室主任的最佳人选，尤其跟胃体质领导人的合作，简直是一对黄金拍档，当然这里摒弃了社会、文化、教育等其他因素，仅限于体质这一个点。身体健康如果把握了肝脏能上下协调的特性，如果从强化肝系统的功能入手，停止现代人对肝脏的曲解和伤害，至少能解决 60% 的身心灵整体健康问题。

◆ 不好的方面：

最好的地方常常也是最不好的所在，风风火火、精力充沛的结果就是过疲劳。肝体质人表现的慢性疲劳症，可以到“想自杀”的地步，而且很多见。保肝最重要的两点，恰恰是最被人忽视的，第一不熬夜和早睡眠，晚 11 点以前最好上床，夜里 1 点到 3 点进入深睡眠。过了这个时间段的所谓“补觉”，是补不回来的，因为错过了肝脏休整的最佳时间。

第二不喝酒，尤其不要养成酒精依赖的习惯。不管是什么酒，对肝脏都是我们认识不到的伤害，用酒送药、解决急症的情况除外，如果实在因为应酬，不能不喝时，一定备有解酒的东西在身边，酒后立即服用。在八种体质中，肝体质对酒精的不耐受比其他体质要严重的多，前面案例《45 岁肝体质男性 2 次心脏停搏都发生在饮酒之后》，有更多详细的阐述。

◆ 相关易理贴士：

肝为巽，与巽卦相对。巽为风、为木，巽色绿。西南，先天巽地；东南，后天巽地。所以，绿色的植物、东南和西南所出产的植物动物，都得一定的巽之气，有益于肝体质的人。日常饮食之中：荞麦、豌豆、枸杞叶、三七花、海带、莴苣、豌豆苗、黑豆芽、西兰花、青菜苔、蒜苔、芹菜、青萝卜、胡萝卜、空心菜、茼蒿、芦蒿、丝蒿、鸡、鹌鹑、鹅、青黄瓜、白茅根、葛根、甘蔗、大青枣、番石榴、阳桃等，宜于肝体质人，补充自己的肝能量。

（2）从现代医学去理解：

◆ 解剖结构：首先是肝脏，同时还包括眼睛、女性乳腺、男性睾丸、两肋、感统、血管壁、四肢端、指趾节，全身从头到脚的结缔组织、内分泌系统、药物解毒，以及与中医筋、怒、泪、爪、目，全归在肝系统。也就是说，这些部位出现问题，尽管含有其他脏器的因素，但第一问责的脏器是肝。

◆ 肝脏功能：

肝脏的功能从西医角度说，多了去了，边边角角的改变都有肝的参与，还是从中医来概括吧。①肝藏魂，魂是精神层面的东西，又是藏着、掖着的，肝在夜里1~3点当班，这个时间段我们都是睡着的，所以有关魂的事我们在醒着的时候，就暂且不去讨论了，只要知道睡不好觉，第二天工作很容易出现“魂不守舍”就行了，这里点到为止。

②肝主疏泄，“疏泄”可以理解为疏通，是肝的主导功能。疏通什么？在哪里疏通？中医强调在“足厥阴肝经”里疏泄“郁结的气机”，很绕口是吧。不论是肝工作的地方，还是工作的内容，都是看不见摸不着的，所以虽然很重要，却一再被人们鄙视、攻击和从不在意，尽管很多人的三高症、慢性病都存在这个问题。

32体质在此基础上再进一步，肝疏泄的不仅是气、还有血，看得见的血压升高，看不见的肝风内动，都是肝在尽职。高血压、脑中风虽然部位在血管、在头部，但与肝的疏泄功能有关，因为血管壁属于结缔组织，而结缔组织的事归这个肝将军直接负责。自然，所有作用于血管壁的降压药和作用于脂代谢的降脂药，矛头直指肝将军的疏泄功能。

③肝藏血，肝是血库。肝木与心火之间，是母子关系，血库里的血是直接给心脏的，儿子为君主之官从不受邪，所以作为母亲的肝脏，就自然要为儿子分担，如果不想得心脏病，就要养好肝血；同样肝最不耐酒，母亲被酒精所伤时，管神志的心脏会让人神识恍惚、甚至干脆停跳，这可不是儿戏。女人要养血也不是儿戏，肝血不足导致的妇科疾病，乳腺的增生、癌症都归肝管。

④肝开窍于目，眼睛和眼泪的事都归肝管。出现问题首先查一下先天体质，如果出生时就在肝不及的状态，视力大多数会有问题；如果眼睛一直没问题，突然出现问题，包括视力下降、早期青光眼、黄斑病变、近视、花眼、白内障等，先找找有没有吃什么伤害到肝了，像多吃多了草莓、枸杞子等，对肺体质有利、却对肝有害的食品，竟能伤害到眼睛的眼压和视力，是不是说明了眼睛和肝的关系，要比跟其他脏器亲密和特殊的多啊。眼泪同理，“肝在液为泪”，不全因为悲伤，迎风落泪是肝气弱的问题。

⑤肝主筋、其华在爪，身体感觉统合功能的一致性，归肝管。肝功能强就不容易扭伤，韧性好，近视眼容易摔跤不是看不清路，是肝的功能弱；肝功能强的人，平衡的控制能力就好；太强了也不好，会抽筋，癫痫的发作不论大小，都是肝的管理失职所致。

⑥肝在志为怒，讲的是怒气伤肝。很多人理解肝体质既然风风火火、是个大将军，就一定爱发脾气吧。其实正相反，肝是所有体质中脾气最好的一个，因为唯有平和，肝才能发挥最好的协调能力。如果一个肝体质的人最近总发火，脾气很大，恰恰是他的当家脏器在近期出现了问题，不要怨天尤人，注意肝脏的亚健康在报警了，赶快护肝，那时的思想教育工作是没用的。

◆ 常见疾病：

传统的疾病名称讲起来有点多，大家还是按照上面的功能来推吧。比如，肝疏泄失职可以患有心脑血管疾病：高血压，脑中风、脑溢血；所有眼科的疾病：近视，青光眼，弱视，白内障，视网膜病变等；所有肝胆的疾病：肝癌，肝炎，胆囊炎，胆结石，肝硬化等；大部分妇科的疾病：乳腺增生、乳腺癌、月经不调、痛经、子宫病变、月经量少等；所有胃肠系统的疾病：胃炎、肠炎、胃食道逆流、胃酸过高、胃肠肿瘤等；神经系统疾病：抽筋、癫痫、末梢神经炎等，不一而足。

而最常见的疾病，恰恰是最不被认知的慢性疲劳综合征，美国的疾病控制和预防中心统计，美国有多达 50 万人患慢性疲劳综合征。世界卫生组织称：全球约 35% 以上人口长期处于疲劳状态。我国据估计，城市发病率在 10% ~20%；慢性疲劳综合征被国外称为 21 世纪人类健康的大敌。为攻克慢性疲劳综合征国外还制定了主要诊断标准、症状标准和体征标准，在量子信息频率中还定义了专有的固定频率，并发现 B 型血的患病最高。是 32 种体质的临床数据告诉我们：慢性疲劳综合征以肝体质 B 型血的类型为多发和常见。

3. 肝体质的五运属性：木

在五运中，肝归木。五脏之间的相互关系，遵循木克土，木生火，金克木，水生木的运行规律。脏腑正常的运行顺序，即肝脏制约脾胃，肝木生养心火，头肺金克木，肾水为肝之母。当不过也不及力量一对一时，五脏各行其道、动静相济，身体处在动态平衡的理想状态。

如果我们把五运比喻成五个功能流程，相生是指令，相克就是反馈，有来有往才成行；理解成家庭，相生为母，相克为父，都是健康的必有状态，身体唯有遵循这个规律，才能保证正常的新陈代谢功能。当平衡打乱时，一定在相克的关系中找不平衡，尽力去摆平关系，才能重建身体和谐。五脏一体，心、肝、脾、肺、肾和谐通达，生命之树才会长青。

请记住，32 体质的关键在自愈力的整体平衡，而整体平衡的关键，在矛盾关系的五行相克之中。比如，肝体质出现身体健康问题或者疾病，首先去找克自己的肺金，去协调与克己脏器之间的不平衡。也就是说，肝属木、肺属金，木金平衡一对一时，肺虽克肝，但肝脏健康无病。肺金多、肝木少，或肺金不多、肝木却在“不及”之位，都会出现肝系统的症状，如果再同时出现脾胃之土，比肝木数量多的反扑现象，肝脏被肺和脾同时夹击，就会患肝病。

4. 肝体质的四个血型

肝体质的 ABOAB 血型系列，是在定位肝体质后的具体分级，可以理解为肝体质的 4 个亚级，或定性后的 4 个量化等级、4 个具体分类等等。因为血型不同，虽同为肝体质，健康表现、疾病、饮食、情绪也各不相同。

比如，肝体质最常见的慢性疲劳综合征：严重疲劳、头痛、睡眠不佳、思维混乱等，尤其是随后带来的威胁性疾病：恶性肿瘤、高血压糖尿病、溃疡病、肝炎，以及摆脱不掉的种种痛苦：肥胖症、过度消瘦、高血脂、失眠、月经不调、性功能障碍、肌肉酸痛、不孕不育、抑郁症、焦虑症、精神分裂症等，给人们的生活质量带来了严重的负面影响。

以此为例，肝体质的 O 型血和 B 型血，尤其是 B 型血患病的概率会比较高；A 型血患病的概率虽然不及 B 型血，但愈后比 B 型血差，发生伴随癌症的风险较高；AB 型血基本与 A 型血相似，但伴随症的危险多集中在抑郁症、焦虑症、精神分裂症等精神疾患。用药的原则严格遵照血型的规律执行：O 型不宜活血，B 型不宜抗生素，A 型与 AB 型用大剂量维生素 C 和复合 B。

◆ O 型血　肝体质：

（1）行为特点→外向逞强、火热心肠、精力充沛，四处奔波、管事斡旋。

（2）最常见的肝病表现→高血压、脑中风、脑出血、胃痛、泛酸、两胁胀满、胆囊炎，胆结石，甲亢或甲低、过疲劳、暴怒吐血。

（3）最具提示意义的资讯→阿司匹林的用药与眼底黄斑的发生率正相关。

（4）最大的用药禁忌→阿司匹林、华法林、肝素、红花、三棱、莪术、三七、银杏叶等，一切中西医有扩冠、活血、疏通微循环作用的药物。

（5）最不被认识的饮食规律→红肉有益提升血氧含量；面食减缓新陈代谢速率；牛奶长期喝会出现皮肤问题。

（6）最适宜的解压方式→植树、登山、郊游、参加绿色和平组织聚会等。

◆ A 型血　肝体质：

（1）行为特点→内向柔和、外表性烈，为家人终日忙碌、喜欢解决纠纷。

（2）最常见的肝病表现→胆固醇高、小腹疼痛，女性：月经不调、痛经，子宫肿瘤、乳腺增生、子宫阴道炎症；男性：阴囊湿疹，急性睾丸炎。

（3）最具提示意义的资讯→女性疾病、乳腺疾病多与养肝血密切相关。

（4）优先的用药选择→用乌鸡白凤丸、三七花养肝血，加大维生素 C 和维生素 B12 的辅助用药。

（5）最不被认识的饮食规律→绿色的植物有益，如豌豆、三七花、莴苣、西兰花、芹菜等……，枸杞叶有益，枸杞子慎服。集中一个时段以食带药，同时戒掉奶类制品，代以豆制品，安全有效。

（6）最适宜的精神解压→植树、旅游、健走、种菜、采摘、农村文化活动等。

◆ B 型血　肝体质：

（1）行为特点→外向好强、精力充沛，四处奔波、风风火火、喜爱做事。

（2）最常见的肝病表现→过疲劳、叹气、失眠、脑神经衰弱、多梦、健忘、四肢筋骨酸痛麻木、心中郁闷不乐、眩晕等。

（3）最具提示意义的资讯→肝体质最适宜吃鸡肉解决慢性疲劳的问题，而西方认为 B 型血不适宜吃鸡肉，如果你是东方人但试无妨。

（4）谨慎的治疗选择→抗生素、肝脏的置换手术、肝癌的化疗。

（5）不被认识的饮食规律→在 A 型血饮食基础上，增加动物蛋白，适宜牛奶、羊奶、乳酸菌、奶酪类等，有益于肠道消化和肝功能恢复。

（6）最适宜的精神解压→太极拳、森林公园练气功、植树郊游、组织活动等。

◆ AB 型血　肝体质：

（1）AB 体质的行为特点→交际广、社会人缘好、热心；心性不定、容易杞人忧天，对别人事情明理、自己的事情迷惑，不知方向。

（2）最常见的肝脏表现→以血液的黏稠度高的肝炎、慢性疲劳综合征为主要表现：两胁隐隐灼痛、头晕眼花、低烧、倦懒乏力、失眠、腹泻、盆腔炎症。从中医体质辩证角度，多为气阴两虚类型和肝阴虚类型。

（3）最具提示意义的资讯→AB 型血的过疲劳较容易伴发抑郁、焦虑等精神疾患，提示早期预防。

（4）优先的用药选择→用乌鸡白凤丸、三七花养肝血，加大维生素 C 和维生素 B12 的辅助用药。

（5）最不被认识的饮食规律→绿色的植物有益，如豌豆、三七花、莴苣、西兰花、芹菜等……，枸杞叶有益，枸杞子慎服。集中一个时段以食带药，同时戒掉奶类制品，代以豆制品，安全有效。

（6）最适宜的精神解压→和同学朋友游泳、洗浴、植树、农耕、大扫除等。

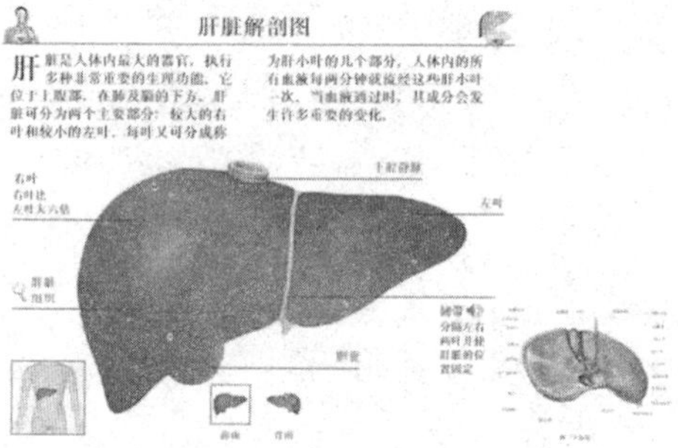

5. 肝体质的基础保健

◆ 经络穴位：

（1）保健原穴→太冲（双侧，足背大脚拇指和二脚拇指交界上敏感点）

（2）保健合穴→曲泉（右侧，膝关节内侧敏感点）

◆ 避免不适宜的饮食及行为的伤害：

（1）不宜熬夜，必须按时睡眠→晚 11 点前入眠，早 6 点前后起床。

（2）严禁饮酒，酒后立即解酒→身备解酒用品，酒后尽快解酒。

（3）凡红色润泽利于肺的食品不宜多吃→茯苓、枸杞子、草莓、浓米汤……

☵ 肾体质　定义　理解　属性　ABO 分型　基础保健

1. 肾体质定义

以中国“春节属相为鼠、虎、龙、马、猴、狗”的干支纪年为准，

“年”的天干有 1/5 字→→：甲、丙、戊、庚、壬；（甲组）

“月”的天干有 1/5 字→→：乙、丁、己、辛、癸；（乙组）

“日”的天干有 1/5 字→→：甲、丙、戊、庚、壬；（甲组）

年日在天干“太过”甲组，月在天干“不及”乙组的为肾体质。

阳历双数年（年末尾数为 0、2、4、6、8）→→：2 个弱脏

例，某人出生于：戊子年 辛酉月 庚戌日。这个生日中日干为“庚”，月干为“辛”，年干为“戊”，也就是把第一个字“戊 辛 庚”抽出来，年日代表太过在甲组，月代表不及在乙组的这人，属于肾体质，易经称为坎卦之人，或简称坎人。

2. 肾体质的理解

（1）从天人同构去理解：肾是人体的五脏之一，肾体质顾名思义，肾及生殖泌尿系统容易生病，肾是全身能量的集中区。肾体质在《易经》和《黄帝内经》中，对应于坎卦，在人体这个小宇宙中，为水，为月。在八种体质中被排在6号位置。与自然界万物的形象与特性相比，《易经·说卦传》举出的数种类目：坎，陷也；为水，为……。其于人也，为加忧，为心病，为耳痛，为血卦，其于舆也，为多眚，为通，为月，为盗；总之，是所有与水、与洼陷、与流动有关的元素组合。

肾体质人的行为特征：像流水一样忙忙碌碌，不能静下来，好像前面总有无数的事情等着做，并且很认真。有智慧、心细、感情敏锐、自信心强，自视较高，有异性缘，有孩子缘。耳根软、易受他人左右，易被骗，肾气强无所畏惧，肾气弱有生死恐惧，像家里中间的男孩。

肾在五行金木水火土中，属水，人体水盐代谢、生殖、泌尿系统、脊椎骨、盆腔、归肾统管。肾体质的肾，不是仅指肾脏，而是以肾脏为主的整套肾系统，有电脑知识的人会明白，系统软件是看不见的操作流程、体现在看得见的运作结果中。同样，身体的肾作为先天之本，生命之源，必然与人的生、长、病、老、死的生命过程密切相关，它主生长发育和生殖，开窍于耳及二阴，在体为骨，其华在发，都属于肾系统的项目内容。

◆ 好的方面：肾体质行为的突出特征，像流水一样忙碌，好像前面总有无数的事情等着做，且认真。肾主智，自信心和自视力较高，有异性缘，有孩子缘，适宜帮助后代和家人做有益健康的事，因有斡旋能力，善于和会交朋友，能讨价还价、会做事，故社会活动家偏向肾体质。把握了肾体质的特性，顺其自然天性，家和万事兴不难做到。

◆ 不好的方面：每日不息的忙碌与认真有余，定会过早消耗自身的元气；肾是水脏，不能缺水，不管什么原因的限制饮水，都会对肾脏造成伤害；肾管生殖先天之本地，故对所有抗生素反应异常，肾体质用抗生素应列为禁忌，否则，轻的会影响双耳听力和耳鸣，重则会表现尿素氮类指标增高，并与抗生素应用的时间相伴而行，最后导致肾衰竭而死亡。

不管哪类抗生素，从对肾的伤害而言，越更新换代的越甚，因为所有最新型号的抗生素都必须经过动物实验，而动物实验会带来很多现今不被认知的负面元素和生物振频。原本想举2个痛至心扉的案例，以说明抢救中的误区，因属于同行对32体质的无知，这里略去。总之，只要有心去实践中观察对比，自会找出其中规律，只有及时改进，才能避免更大的伤害，毕竟生命对每个人只有一次。

◆ 相关易理贴士：肾为水，与坎卦相对，坎色白。西方，先天肾水之地；北方，后天肾水之地。所以，生长在水中的植物动物、色白或腥味的植物动物、中国的西方和北方所生长的植物动物，都得一定的肾水能量。比如，日常饮食中的：大米、豇豆、赤豆、绿豆、豆浆、牛奶、茭白、大白菜、白萝卜、水芹菜、鸭、青蛙、贝类、海参、银鱼、带鱼、地瓜、梨、雪莲果、淮山药、白茯苓、冬虫夏草、燕窝等，宜于肾体质人，补充提升自己的肾能量。

（2）从现代医学去理解：

◆ 解剖结构：

肾脏，同时还包括脊椎、膀胱、男性前列腺、女性子宫及附件、阴道、输尿管、尿道、盆腔、肾上腺、牙齿、耳朵，全身骨头与骨髓、脊髓，组成肾系统。也就是说，这些部位出现问题，尽管含有其他脏器的因素，但第一问责的脏器是肾。

◆ 肾脏功能：

①主骨生髓，脊柱是体现肾的重要功能区。脑神经和精神系统改变，与脊柱和骶尾骨部位的能量密切关系，骶骨在英文、德文、古印度医学、古希腊、拉丁文化、玛雅文化中都把它当成身体所有骨头唯一的神圣之骨，很多无法解释的精神神经系统疑难病，都跟骶骨的健康有关。

中医把骶尾骨归在肾的领地，是身体督脉的发源地；美国脊骨神经创始人 Palmer 医生 1895 年时说："脊柱神经医生的宗旨是打通小我，连接本我和宇宙智慧的能量，让一切成为可能。"现在，把脊柱疗法作为一种改善身心灵的整体疗法，通过恢复脊柱信息能量的高速畅达，激发人体本能与大自然接轨，已经成为世界强骨壮肾的前沿趋势。

②牙齿，骨之余，口腔内满口牙的质地、缺失、左右上下之间、以及整个牙床与脊椎之间的关系，都是肾在管，是观察肾气强弱、有无患病的一个窗口。美国很多家长给小学生建立健康成长档案，两个都与肾有关，1 个是脊椎、再 1 个就是口腔，所以，口腔和脊椎被立为可以单独开诊的学科。

③肾开窍于耳，耳朵及听力的变化，与肾正相关，就像眼睛与肝脏之间。抗生素的副作用就是影响听力，耳鸣、耳聋，只治疗局部不寻根，不会有效果，即便有作用，肾气虚时会随之复发。

④肾的生殖泌尿功能，是主打功能。祖宗先人们说，人来到这个世界上

两种功能，维系生命和延续人类。因故，把脾胃定位“后天之本”，把肾视为“先天之本”。肾体质人的行为特征，是老天把先天能量集中在了肾，所以对于两性之间、对于生养培育后代之事，与其他体质比，有更多的精力、关注和生理驱动。繁衍生命与维系生命并行，都有庞大的学科领域，都是有很多学问和规律的事，全不如只说房事般简单。

⑤肾在志为恐，讲的是恐惧伤肾，肾伤必恐，自然有恃无恐也归肾，如果肾被伤到元气，根据伤及的程度和时间的长短，会有程度不同的、两种极端的精神病表现，轻些的或“无故恐惧、害怕死亡”，或“死有何惧、豁出拼命”；严重的或“忧郁症自杀”，或“躁狂攻击性精神病”，也依血型不同而表现各异，当然这里排除了社会、家庭、文化、教育、宗教、民族、性别等其他影响因素，是单从生理体质和体质对行为影响的角度来进行分析的，仅为参考。

◆ 常见疾病：

传统的疾病，凡与骨、脊椎、骨髓、脊髓、泌尿、生殖、口腔、耳朵、听力相关部位有关的疾病，都是肾体质的常见病，现在也有了专门的男科和女子医院，基本都是肾体质容易出现的问题。没认识到的是肾在这些疾病中的连带关系，比如耳朵听力与肾、与抗生素的联系；口腔疾病与脊椎、与肾的联系；大脑功能与脑脊液、与骶尾骨、与肾之间的联系。

肾体质最不被认识的疾病：精神障碍疾病，或自杀、或躁狂、或犯罪。以前对精神系统疾病，很多都在教育文化层次，认为精神压力是最大的原因，再问就是“原因不明”。对 32 体质的探究发现，先天体质因素是重大的影响根源，比如肾体质人禀天之水气，本身就容易水多火少，加之水性寒凉下陷，更容易伤阳气，“缺少阳光”在精神上的表现，就是精神病，忧郁型较多见。

病例 35：肾体质与忧郁症自杀的案例分析

张国荣　47 岁　肾体质　血型不知　忧郁症自杀

出生日期：1956－09－12　丙申年 丁酉月 壬午日（肾日）

死亡日期：2003－04－01　癸未年 乙卯月 甲辰日（肺日）

病史摘录：张国荣是大家都知道的巨星，也是让大家都震惊的迷，2003 年愚人节那天跳楼自杀。这种非常极端的举动，当然是很多因素造成的，否则不会在正值人生黄金时期就以这样的方式、突然结束自己的生命。从医生的角度分析，忧郁症太严重是自杀的主要原因之一，而忧郁症的患病原因，又都归为精神压力太大。

32 体质分析点评

台湾楼中亮医师首先从五运六气的角度进行了剖析，他认为先天因素占六，后天因素占四，如果他身旁友人有点五运六气的知识，帮他熬过那段时间，或许有机会治愈忧郁症。这是一个职业医生的精神，找出患病的原因和规律，救助更多的病人，让这类现象杜绝。台湾楼中亮医师主要从“地支”气象的影响角度来分析的，而天干地支就像天和地一样不可分，天地相比，天老大，地老二，天的影响比地球气象的影响还要大。人在其中就更加渺小，微乎其微了。

所以，为给楼医师以佐证，我又从32体质角度，按下面的算式进行了生日和死亡日的解析。从中可见，当时的五运能量场与张先生的忧郁症，以及张先生当日的极端行为，存在着必然的、规律性联系，天地人三种能量元素组合产生了一种还不被我们认知的行为驱使力，像人类面临地震一样，这种力超出了张先生主观意识的可控范围，当日跳楼是必然行为，除非早期干预。我把五运六气的解图分析附在下面，做一说明，纯属专业交流，如果你不是医生，可以忽略不看，直接进入“肾体质五运属性”一节。

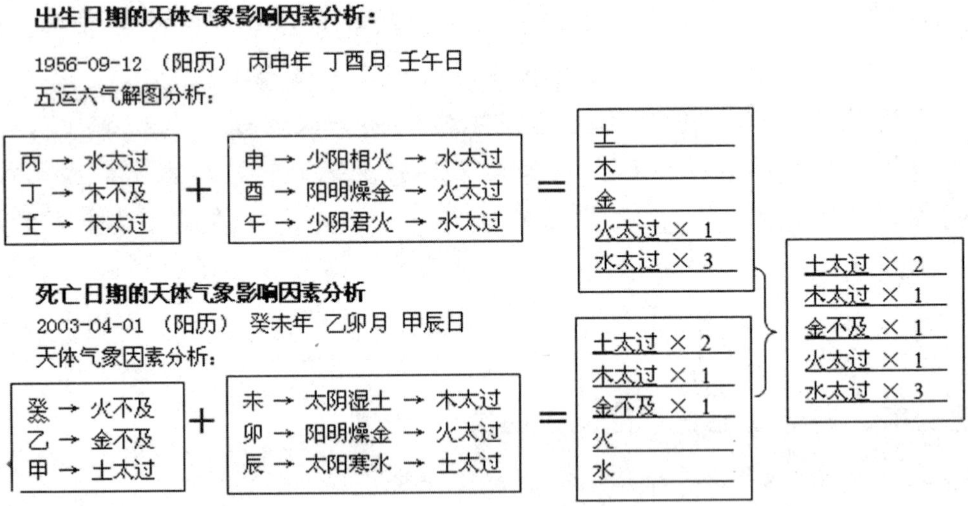

张先生出生时是肾体质，当年365天对身体能量场的影响都以宇宙的水星的频率为最强，出生当日为3个水太过，本来是1∶1的相克平衡，被过多的水给打破了，水多阳光就少，当年出生的人，第一弱脏都是心。

2003年从年初一开始就进入了火不及年，使其体内原本就缺少的阳光更少，表现在行为上的抑郁症会持续和加重；2003-3-3日开始，月干进入金不及，金是肾之母，又是头肺的属地，负责左脑半球的智识，即精神层面的理智判断。金不及而水仍多，水的流向就凭惯性走“陷”了；心胆负责右脑半球的聪慧，火被肾所克40 年有余，也就是说，自从 3 月 3 日那天起，张先生的整个脑神经精神系统都在低能量的笼罩时期，难以控制。

2003－4－1 那天，在长达近 1 个月金不及火不及的情况下，出现了 2 个土太过，即宇宙土星球的过强磁场频率，土是水的克星，眼睛看不见，但全身细胞分子核中的正负离子能与其发生共振，当然也包括两个大脑半球。正是所有时间因素的叠加，产生了一种不被主观意识支配的行为，——跳楼，如同比喻的“被土地公招回去了”，那一刻如果有想法的话，也一定是感到“只有跳楼才能入地，只有陷入土中才是唯一的释怀和解脱”。

3. 肾体质的五运属性：水

在五运中，肾归水。五脏之间的相互关系，遵循木克土，木生火，金克木，水生木的运行规律。脏腑正常的运行顺序，即肾脏制约心火，肾水生养肝木，脾胃土克肾水，头肺金为肾之母。当相克的力量 1 ∶ 1 时，五脏各行其道、动静相济，身体处在动态平衡的理想状态。

如果我们把五运比喻成五个功能流程，相生是指令，相克就是反馈，有来有往才成行；理解成家庭，相生为母，相克为父，都是健康的必有状态，身体唯有遵循这个规律，才能保证正常的新陈代谢功能。当平衡打乱时，一定在相克的关系中找不平衡，尽力去摆平关系，才能重建身体和谐。五脏一体，心、肝、脾、肺、肾和谐通达，生命之树才会长青。

请记住，32 体质的关键在自愈力的整体平衡，而整体平衡的关键，在矛盾关系的五行相克之中。比如，肾体质出现身体健康问题或者疾病，首先去找自己的克星脾土，去协调与克己脏器之间的不平衡。也就是说，肾属水、脾胃属土，土水平衡 1 ∶ 1 时，脾胃虽克肾，但肾脏健康无病。脾土多、肾水少，或脾土不多、肾水自在“不及”之位，都会出现肾系统的症状；如果再同时出现心火过旺，比肾水数量多的反侮现象，肾被脾和心同时夹击，就会患肾病。

4. 肾体质的四个血型

肾体质的 ABOAB 血型系列，是在定位肾体质后的具体分级，可以理解为肾体质的 4 个亚级，或定性后的 4 个量化等级、4 个具体分类等等。因为血型不同，虽同为肾体质，健康的表现、疾病、饮食、情绪也各不相同。

比如，肾体质最多发的慢性病有：骨关节疾病、泌尿系统感染的各类炎症、耳聋听力的病、口腔牙齿的问题、以及生育、两性生活、精神障碍等疾病。肾体质的 O 型血患骨关节疾病的概率就高，B 型血多为耳聋、牙齿问题；A 型和 AB 型得泌尿系统炎症的机会多，炎症中，肾小球肾炎 B 型和 AB 型多，肾盂肾炎、尿道炎、膀胱炎以 AB 和 A 型多。

肾体质的精神障碍性疾病，不同血型表现类型不同：AB 与 A 型焦虑、抑郁、精神分裂症多，B 型两性关系变态型较多，O 型躁狂伤人攻击型较多。违背了血型规律的表现，不是血型不准，而是一定掺有其他因素，要特别注意排除。用药的原则严格遵照血型的规律执行：O 型不宜活血，B 型不宜抗生素，A 型与 AB 型用大剂量维生素 C 和复合 B。

◆ O 型血　肾体质：

（1）行为特点→外向、意志强、聪明、细心、自视高，善于交往，有灵活性、不畏辛劳。易轻信他人，尤其是对异性，较不安定。

（2）较常见的肾病表现→骨折、骨关节炎；肾脏泌尿疾病，如肾结石、肾衰竭、前列腺肿大、尿毒症；耳鸣，耳聋；性功能弱，腰膝酸软、眼昏花等。

（3）最具提示意义的资讯→精神障碍性疾病，以躁狂伤人攻击型为多。

（4）最大的用药禁忌→阿司匹林、华法林、肾素、红花、三棱、莪术、三七、银杏叶等，一切中西医有扩冠、活血、疏通微循环作用的药物。

（5）最不被认识的饮食规律→猪肉及猪骨髓有益提升肾 O 人血氧含量；面食减缓新陈代谢速率；牛奶长期喝会出现皮肤问题。

（6）最适宜的解压方式→游泳、航海、冲浪、滑雪、练硬气功等。

◆ A 型血　肾体质：

（1）行为特点→内向、聪明、细心、感情敏锐、自信心强、自以为是。善体贴关心他人、家庭子女观念强、也容易因异性心不定，伤及子女。

（2）较常见的肾病表现→肾脏泌尿疾病，如肾盂肾炎、膀胱炎、结石、尿道炎、肾衰竭，前列腺炎；耳鸣，耳聋；性功能衰竭，腰膝酸软、眼昏花。

（3）最具提示意义的资讯→精神障碍，以焦虑、抑郁、精神分裂症为多。

（4）优先的用药选择→用六味地黄丸类加减，维生素 C、B12 的辅助。

（5）饮食规律→水中的、色白的植物都有补益功效：大米、豇豆、豆浆、茭白、大白菜、白萝卜、淮山药、白茯苓、冬虫夏草、燕窝等，为解决问题，可集中一个时段以食带药，观察对比，辅助疗效。

（6）最适宜的精神解压→游泳、划船、泡脚、水中救护训练、水中健身操。

◆ B型血　肾体质：

（1）行为特点→外向忙碌、智慧细心、自视甚高、周旋能力强、不畏辛劳；较易耳根软、受人左右；常换工作或搬迁住宅；异性缘和孩子缘甚佳。

（2）较常见的肾病表现→肾脏泌尿疾病，如肾炎，膀胱炎，结石，前列腺肿大；风湿关节炎、类风湿关节炎等免疫系统疾病；耳鸣，耳聋等。

（3）最具提示意义的资讯→肾体质B型血最适宜与异性和孩子相处，是帮助异性和儿童身心健康、尤其是骨关节、脊椎、足底健康的理想人选。

（4）谨慎的治疗选择→抗生素；关节置换手术；肾癌、前列腺癌、骨癌的化疗；单味大剂量用中药黄芪补气；肾衰用蛋白粉类补益等。

（5）饮食规律→在A型血饮食基础上，增加动物蛋白，适宜牛奶、羊奶、乳酸菌、奶酪类、鸭、青蛙、贝类、海参、银鱼、带鱼等有益。

（6）最适宜的精神解压→游泳、滑雪、冲浪、练太极、气功、与孩童游戏。

◆ AB型血　肾体质：

（1）AB体质的行为特点→内向封闭、交友多人缘好、善思考、心性不定、容易杞人忧天，明别人事理、自己的事反而迷惑，不知所向。

（2）常见肾脏疾病→肾炎、膀胱炎、前列腺炎、尿道炎、宫颈炎；失眠、偏头疼、头痛、脑神经衰弱、多梦、健忘、四肢筋骨酸痛麻木、常叹气、心中郁闷不乐、眩晕等，有自杀倾向。

（3）最具提示意义的资讯→AB型血肾体质较易出现身心紧张性增高的精神障碍疾病，以焦虑、抑郁、精神分裂症为多。

（4）优先的用药选择→用六味地黄丸类加减，维生素C和维生素B12辅助。

（5）饮食规律→在A型血饮食基础上，增加动物蛋白，适宜鸭、青蛙、贝类、海参、银鱼、带鱼等，乳酸菌、奶酪类适量有益。

（6）最适宜的精神解压→泡脚、做足底、与儿童在游艺场游戏、水中健身操、滑雪、花样游泳等。

5. 肾体质的基础保健

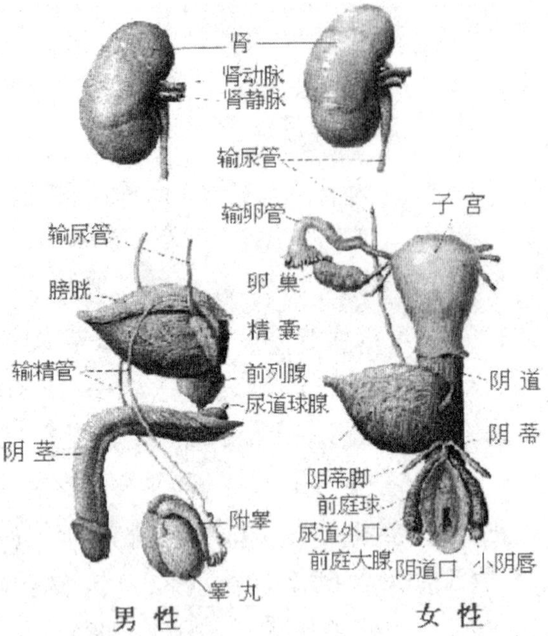

◆ 经络穴位：

(1) 保健原穴→太溪（双侧，足内踝平行后面敏感点）

(2) 保健合穴→阴谷（右侧，膝关节腘窝内侧敏感点）

◆ 避免不适宜的饮食及行为的伤害：

(1) 不宜用所有抗生素、抗生素→用后密切观察听力、无故恐惧善呻表现。

(2) 不宜经常食用烧烤、油炸的食品→吃虾有益，但不适宜煎、炸、烤。

(3) 凡黄色补胃气的食品、中药不宜多吃→黄芪、板栗、土豆、南瓜等。

(4) 不宜多吃糖等甜食，及多吃酸味的食品→吃后牙齿疼痛，饮水止痛。

(5) 不宜洗桑拿浴→不宜从事蒸馒头等、室内蒸气不断的工作。

☶ 胃体质　定义　理解　属性　ABO 分型　基础保健

1. 胃体质定义

以中国“春节属相为鼠、虎、龙、马、猴、狗”的干支纪年为准，
“年”的天干有 1/5 字→→：甲、丙、戊、庚、壬；（甲组）
“月”的天干有 1/5 字→→：甲、丙、戊、庚、壬；（甲组）
“日”的天干有 1/5 字→→：乙、丁、己、辛、癸；（乙组）
年月在天干“太过”甲组，日在天干“不及”乙组的为胃体质。
阳历双数年（年末尾数为 0、2、4、6、8）→→：2 个弱脏

例，某人出生于：戊子年 壬戌月 辛巳日。这个生日中日天干为“辛”，月天干为“壬”，年天干为“戊”，也就是把第一个字“戊 壬 辛”抽出来，年月代表太过在甲组，日代表不及在乙组的这人，属于胃体质，易经称为艮卦之人，或简称艮人。

2. 胃体质的理解

（1）从天人同构去理解：

胃体质顾名思义，胃是全身能量的集中区，易患胃部疾病。胃体质在《易经》和《黄帝内经》中，对应于艮卦，在人体这个小宇宙中，与脾同为土，胃为燥土，脾为湿土，在八种体质中被排在 7 号位置。与自然界万物的形象与特性相比，《易经·说卦传》举出的数种类目：艮，止也；为山，为径路……，为指，为狗，为少男。总之，是所有与静止、与规矩有关的元素组合。

胃体质人的行为特征：如山，阳刚在内性情外柔、为人不善言辞交际，令人误解为高傲，疑心重；如止，固执己见却意志薄，容易丧失机会；如径路，好规矩、爱讲很多道理，好闲静、喜阅读，能计算、喜不动产。有长上缘的福分，因孩子性，像家里中间的男孩。

胃在五行金木水火土中，属土。胃体质的胃，不仅指有形的胃，还包括无形的胃功能，是有形与无形统一的整套胃系统，有电脑知识的人会明白，系统软件是看不见的操作流程、体现在看得见的运作结果中。身体的胃作为后天之本，必然与人后天的饮食受纳密切相关，他既是大地的宠儿，有丰富的食物与保健的药材可食，又最容易被食物伤及，特别是秋分到立冬这一阶段，不容易主动恢复。

◆ 好的方面：胃体质行为的突出特征，像高山小路门框，就一个止字，突出了好理辨、爱动脑、看细节、重规矩、疑心重、自视高、能计算，虽眼高手低，顽固、不愿意改变现状，但因有长上缘的福分，被长辈和领导关爱及提携的机会，多倾向胃体质人。

◆ 不好的方面：也因为一个止字，听不进和不轻易相信他人改变现状的提议，一意孤行，导致机会丧失，在职场上如此，在健康上尤其在重大疾患上也如此固执己见，结果就很糟。

病例 36：胃体质的固执与癌症的病后分析

2010 年 10 月，我会诊了一个肺癌病人是胃体质，1 个月前跟我理辨，认为他采纳的治疗最好，听不进只言片语改进的建议，真像一个不在服务区的手机，什么信号都进不去，结果 1 个月后死亡，进展之神速，令人愕然。

无独有偶，就在我刚刚结束这一节的时候，香港来电话说，10 月份前后山东一肺癌去世了。这人 5 月份曾从山东来北京找我，周五安排住进医院呼吸科，周六联手同行详细了解了病情，写出会诊意见。原准备周一提供给科里讨论康复方案，没想周一早上就出院回山东自行解决去了，我的手机信号也被屏蔽，再无联系。又一个胃体质肺癌，不是因为病而是因为固执，迅速死亡。

胃体质另一个不好把控的方面是血糖值的改变常见，多见升高却不被认识，按糖尿病治疗原则不能吃甜食，有时反倒伤及体质，好在不与生死有关，有时间追踪观察。再一个要提示的：胃体质的胃痛，血型不同原因不同，胃药使用也大相径庭，不可一概而论。

◆ 相关易理贴士：胃与艮卦相对，为燥土，色黄，味甜。西北，先天胃土之地；东北后天胃土之地。所以，高山之上、沙土之中出产的植物动物、色黄或味甜的植物、西北和东北出产的植物动物，都得一定的胃土之气，有益于胃体质人。日常的饮食之中：小米、板栗、土豆、南瓜、老黄瓜、木瓜、苦瓜、包菜、牛肉、狗肉、猪肚、骆驼肉、黄鱼、饴糖、蜜枣、党参、黄芪、玉竹、佛手、柑橘、菠萝、杏子、甜瓜、枇杷等，有养胃、提升胃体质人健康的功效。

（2）从现代医学去理解：

◆ 解剖结构：胃体，同时还包括食道、喷门、幽门、胰腺、12 指肠和整个消化管道，以及头部口窍，如鼻道、鼻窦、鼻中隔等组成胃系统。胃的解剖结构表面是一个特别活跃的胃黏膜层，下面是厚厚的多层相对静止的层次，如山之石层一样。正是这种结构，不仅形成了坚实巨大的容积，还使食物和各种消化酶得以在容器中充分反应，化为人体的营养物质。食入的营养还只是食糜物质，要与氧结合在一起，才会化为能量。

◆ 胃功能：①胃主受纳，食物经口咀嚼搅拌后，在胃中消化，暂时贮存在胃中一段时间，积累到胃内压力增高时，幽门开放，食糜经 12 指肠进入小肠，胃空虚而肠充实。胃因受纳水谷而被称为“水谷之海，五脏六腑之源，五味入口，藏于胃以养五脏气”。

②胃主腐熟，食物经过胃的腐熟磨消，变成食糜，才有利于受纳、混合与移行。两个功能运作，都要在胃的阳气、或称为胃的动能作用下，才能完成。把胃的阳气、或动能称为胃气，胃气的性质就是和顺、通达、上接下行。胃管理的整个肠道也是统一的运作模式，区别只是停留时间的长短、食品加工的层次和吸收成分的质和量不同而已。也就是说，人体完成从进食到排出的整个流水线，都离不开物质与功能两个部分，即中医的“胃阴”“胃阳”两个方面，二者唯有相互帮衬，才可以胃壁濡润和胃动温运，胃内容物才能顺畅通降，交给脾脏。

③胃与头的关系非同寻常，头面孔窍之病划为胃的功能区，这是 32 体质概念的发现。易理中说，西北地界是先天胃的属地和后天头的属地，那里的动植物都得有当地的能量频率，比如西北道地的药材黄芪、党参、甘草、柴胡、当归，都与人体的胃和头有密切关系。涉及两者同病的，如头晕伴呕吐、鼻炎等，都可以从同一个“补中益气汤”的良方中得到痊愈。“补中益气汤”的方药 8 位中的 5 个来自西北胃的属地，其余 3 个：升麻，来自东北三省→胃的后天属地；白术，来自浙江→东方胆火的先天之地；陈皮，来自南方→后天胆火之地，都是补火以生土，增加和裨益胃气的。

◆ 常见疾病：传统的肠胃消化道疾病，如胃炎、肠炎、胃食道逆流、胃酸过多、胃溃疡、肠胃癌等；肠胃系统症状，如胃胀、胃痛、呕吐、腹痛、胃堵，总觉胃里有东西堵在那里，仿佛气不流通一样。

非胃脏本体的常见疾病：糖尿病、鼻炎、鼻中隔弯曲、咳嗽、腰痛、耳鸣、小便频数、遗精、前列腺炎、晕车呕吐、胃肠型感冒、瘾君子等等，凡与胃经有关的疾病，虽不如胃体上述症状那么容易判断，但用“补中益气汤”，可以使疾病豁然痊愈的，都归为胃体质的常见疾病。

3. 胃体质的五运属性：土

在五运中，胃归土。五脏之间的相互关系，遵循土克水，火生土，木克土，土生金的运行规律。脏腑正常的运行顺序，即胃土制约肾水，胃土生养肺金，肝木克脾胃，胆火为胃之母。当相克的力量 1 ∶ 1 时，五脏各行其道、动静相济，身体处在动态平衡的理想状态。

如果我们把五运比喻成五个功能流程，相生是指令，相克就是反馈，有来有往才成行；理解成家庭，相生为母，相克为父，都是健康的必有状态，身体唯有遵循这个规律，才能保证正常的新陈代谢功能。当平衡打乱时，一定在相克的关系中找不平衡，尽力去摆平关系，才能重建身体和谐。五脏一体，肝、脾、肺、肾和谐通达，生命之树才会长青。

请记住，32 体质的关键在自愈力的整体平衡，而整体平衡的关键，在矛盾关系的五行相克之中。比如，胃体质出现身体健康问题或者疾病，首先去找自己的克星肝木，去协调与克己脏器之间的不平衡。也就是说，肝属木、胃属土，土木平衡 1 ∶ 1 时，肝木虽克胃，但胃健康无病。肝木多、胃土少，或肝木不多、胃土自在“不及”之位，都会出现胃肠消化道的症状；如果再同时出现肾水太过，比胃土数量多的反侮现象，胃被肝和肾同时夹击，就会患胃病。

4. 胃体质的四个血型

胃体质的 ABOAB 血型系列，是在定位胃体质后的具体分级，可以理解为胃体质的 4 个亚级，或定性后的 4 个量化等级、4 个具体分类等等。因为血型不同，虽同为胃体质，健康的表现、疾病、饮食、情绪也各不相同。

比如，胃体质最多发的胃痛，O 型血多伴有高胃酸、胃及十二指肠溃疡、胃出血、胃食道逆流、肠激燥综合征；B 型血多伴有高血糖、糖尿病、泛酸、呕吐、迁延不愈的鼻炎；A 型和 AB 型的消化系统明显薄弱，低胃酸，患急性胃炎、萎缩性胃炎、胃癌、便秘、胃胀的机会多。违背了血型规律的表现，不是血型不准，而是一定掺有其他因素，要特别注意排除。

用药的原则严格遵照血型的规律执行：O 型不宜活血，B 型不宜抗生素、化疗药，但都适宜首选以黄芪为主的建中汤和以小米为主的饮食；A 型与 AB 型，以食代药，不要单纯地依赖保健药片；对胃体质来说，大自然有丰富的食物与保健的药材可食，尽可能广泛摄取自然食物，食谱越广泛越好；胃脘痛时，让胃空下来，温白开水 500ml 一次喝下，反复 2 次止痛，其他以食代药的原则所有血型都适用。

◆ O 型血　胃体质：

（1）行为特点→外向，性格内刚外柔、尊老爱小、爱讲种种道理，逞强、常大处着眼，却心细、胆小，精于计算积累，喜不动产。

（2）较常见的胃病表现→胃脘痛、泛酸、高胃酸、胃溃疡、十二指肠溃疡、胃出血、胃食道逆流、肠激燥综合征。

（3）最具提示意义的资讯→黄芪为主的建中汤和以小米为主的饮食有良效而安全。

（4）最大的用药禁忌→阿司匹林、华法林、红花、三棱、莪术、三七、银杏叶等，一切中西医有扩冠、活血、疏通微循环作用的药物。

（5）最不被认识的饮食规律→牛肉、猪肚、鸡内金有益提升胃气和中和胃酸；面食胃痛时少吃或者不吃；胃部疾患时更不要喝牛奶养胃。

（6）最适宜的解压方式→与单位同事登山、远眺、采摘栗子糖炒来食。

◆ A 型血　胃体质：

（1）行为特点→内向好静、喜查阅找凭据、心细敏锐、固执在外内心犹豫，置自己于高处，无路径时不走，习惯留守原处，不停说讲事理及盘算。

（2）较常见的胃病表现→消化系统明显薄弱，很容易出现胃脘痛、胃胀、胃堵、呃逆，便秘等，常见胃酸低、急性胃炎、萎缩性胃炎、胃癌，以及胆结石、黄疸病。

（3）最具提示意义的资讯→最好避免咖啡、巧克力、薄荷、红茶、甜的或者糖类食物；A 型爱吃程度四种血型中最高，爱吃指数达 85%。

（4）优先的用药选择→以食带药，每天喝几汤匙的生姜汁对防治胃病有效；胃痛时，温白水 500ml 一次喝下，反复 2 次可止痛。尽可能广泛摄取自然食物，食谱越广泛越好，不要单纯地依赖保健药片。

（5）不可不知的饮食规律→高山沙土中的色黄或味甜的植物、西北和东北的植物：小米、板栗、土豆、南瓜、包菜、鸡内金、黄鱼、饴糖、蜜枣、党参、黄芪、玉竹等有益，同时，晚饭大量进食蔬菜必不可少。

（6）最适宜的精神解压→熟人间的讨论会、数独、拉筋、寺庙疗养。

◆ B 型血　胃体质：

（1）行为特点→好恶分明、讲信用、喜交往，敬传统，爱讲重重道理，对某些事物入迷快，厌烦也快，易冷易热，因孩子个性、有长上缘。

（2）较常见的胃病表现→胃脘痛、胃堵、泛酸、呕吐，容易糖代谢异常、高血糖、糖尿病，容易迁延不愈的鼻炎、鼻塞不通头晕脑胀、肠梗阻。

（3）最具提示意义的资讯→胃体质甜食有益，B 型血胰岛代谢敏感，两个特性相合，血糖值升高的概率在 32 体质中最高。

（4）谨慎的治疗选择→胃炎不用抗生素；胃癌不用化疗；血糖高先用饮食后用降糖药，用降糖药要慎之又慎。

（5）饮食规律→在 A 型血饮食基础上，增加牛肉、狗肉、猪肚等有益。

（6）最适宜的精神解压→太极、气功、自驾车、吃板栗、烤白薯土豆、收藏祖宗字画……；最不适宜用吸烟方式排解精神压力，害在成瘾伤肺。

◆ AB 型血　胃体质：

（1）AB 体质的行为特点→内向，交友好恶分明、自信、不被理解仍执意而为、稍遇挫折就自责、压力大、严格循规蹈矩，追求完美不遗馀力。

（2）较常见的胃病表现→消化系统明显薄弱，很容易出现胃脘痛、胃胀、胃堵、呃逆等，常见胃酸低、急性胃炎、萎缩性胃炎、胃癌，尤其腹泻便秘交替出现的腹痛、肠炎、肠梗阻，以及胆结石、阑尾炎。

（3）最具提示意义的资讯→最好避免咖啡、巧克力、薄荷、红茶、白糖等类食物，尤其晚上睡觉前；容易出现身心紧张性焦虑、抑郁。

（4）优先的用药选择→以食带药，每天喝几汤匙的生姜汁对防治胃病有效；胃痛时，温白水500ml一次喝下，反复2次可止痛。尽可能广泛摄取自然食物，食谱越广泛越好，不要单纯地依赖保健药片。

（5）饮食规律→在A型血饮食基础上，增加牛肉、狗肉、猪肚等有益。

（6）最适宜的精神解压→钓鱼、数独、脑筋急转弯游艺、庙宇调息、拉筋等。

5. 胃体质的基础保健

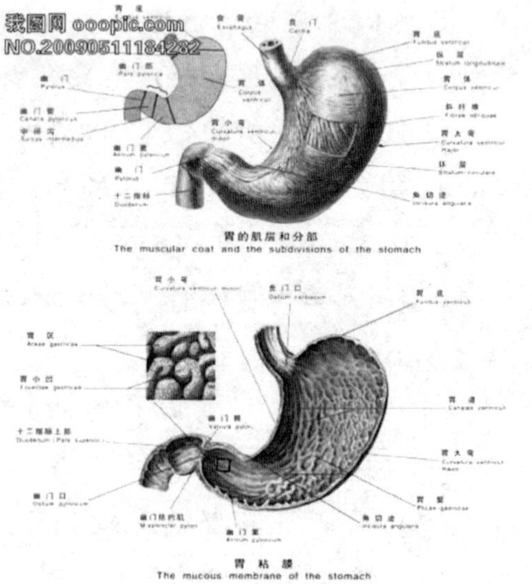

胃
The stomach

◆ 经络穴位：

（1）保健原穴→冲阳（双侧，人体足背最高处敏感点）

（2）保健常穴→足三里（双侧，膝关节下敏感点）

（3）保健合穴→阴陵泉（右内侧，屈膝胫骨粗隆后下方敏感点）

◆ 避免不适宜的饮食及行为的伤害：

（1）不要暴饮暴食，也不要过于饥饿→饥一顿饱一顿，最伤胃气。

（2）不宜经常食用寒凉食品→冰激凌、冰啤酒、凉粥、冷饭。

（3）凡白色走肾的过咸食物饮品不宜多吃→奶茶、浓鱼汤、生熟二地。

（4）板栗虽好，脾胃弱之儿童、便秘者不宜多吃。

脾体质　定义　理解　属性　ABO分型　基础保健

1. 脾体质定义

以中国“春节属相为鼠、虎、龙、马、猴、狗”的干支纪年为准，
“年”的天干有1/5字→→：甲、丙、戊、庚、壬；（甲组）
“月”的天干有1/5字→→：甲、丙、戊、庚、壬；（甲组）
“日”的天干有1/5字→→：甲、丙、戊、庚、壬；（甲组）
年月日在天干“太过”甲组的为脾体质，与头体质正相对。
阳历双数年（年末尾数为0、2、4、6、8）→→：2个弱脏

例，某人出生于：戊子年　庚申月　丙子日。这个生日中日天干为“丙”，月天干为“庚”，年天干为“戊”，所以这人属于脾体质，易经称为坤卦之人，简称坤人。

2. 脾体质的理解

(1) 从天人同构去理解：

脾体质顾名思义，脾脏是全身能量的集中区，易患脾系统的疾病。脾体质在《易经》中，对应于坤卦，在人体这个小宇宙中，乾坤相对天地相合，与胃同为土地，胃为燥土，脾为湿土，在八种体质中被排在 8 号位置。与自然界万物的形象与特性相比，《易经·说卦传》举出的数种类目：“坤，顺也；为地，为母，为布，为釜，为吝啬，为均，为牛，为大车，为文，为众，为柄，为黑土地。”也就是说，自然界和社会中所有带温顺特性的元素：土地、母亲、布、锅、吝啬、平均、牛、大车、文章、群众、柄、黑土地等等，都用坤卦表示，与脾体质的属性吻合。

脾在五行金木水火土中，属土。脾体质的脾，不仅指有形的脾，还包括无形的脾功能，是有形与无形统一的整套脾系统，有电脑知识的人会明白，系统软件是看不见的操作流程、体现在看得见的运作结果中。身体的脾脏可以切除，而人的后天之本却不可以没有，有人切脾后一切照旧，有人切脾后生命结束，就说明这个问题。详见第一篇《不同血型的脾体质都因不可控的出血死亡》中的案例 12。

◆ 好的方面：脾体质人的行为特征：如母，包容、亲切、柔顺；给儿女为家庭辛劳付出，积累财富重现实，天生机智、性好干净、整洁，有条不紊，具有母性的光辉。如大地，漫无目标，又脚踏实地，喜欢被身边诸多视听信号包围，联想丰富，思维活跃，喜欢张罗，是社会不可或缺的公益、热心肠，是工会主席、街道居委会主任、干休所等活动之家的理想人选。

注意这里指的是行为属性，自然不分性别、年龄和社会性，也就是说，不论你是男是女，不论你是退休还是刚刚 1～2 岁的幼童，也不论教育、文化、生活属地在哪，只要生日中查对出脾体质，都有这种类似母性的表现特征；当然，其中也包括血型，不同的只是程度上的差异，比如哪些突出，哪些不显现而已，四血型中，B 型血与脾体质联手，母性特征最突出。

◆ 不好的方面：也体现在母性上，固执、任性，喜爱管闲事、喜欢唠叨，诸事理解快、忘记也快；喜欢照顾他人，却令被照顾者不情愿。充分体现了“后天之本”的特性，虽然无时不在提醒身体出现的问题，却因为问题的细小琐碎、无大碍、好好坏坏、能扛就扛，反正都是报警、都是亚健康，所以从来都被身体忽视和遗忘，甚至手术切除也无所谓，但等问题爆发出来，常常为时已晚。

脾体质患病的适度不太好把握，对报警不当个儿事时，突发的严重让人措手不及，像睡觉打鼾不是大事儿，却是开车中突然发生脑出血昏迷和死亡的直接原因……；当成个事儿去预防，脾功能尽责守职积极起来，身体报警的事就会层出不断，血压忽高忽低、血糖忽上忽下、头痛感冒频发……，如果不知道是身体在正常调整，反而会草木皆兵，以为疾病越来越多，体质越来越差。也就是说，“后天之本”的意义，更像个验钞机，太灵敏时，稍有点折角污迹就报警，不灵敏时，假钞混过去了贻害无穷。

◆ 相关易理贴士：脾与坤卦相对，坤为湿土，色黑，味淡。北方，先天坤土之地；西南，后天坤土之地。所以，湿土地上的植物动物、黑色的或味淡的植物动物、西南和北方出产的植物动物，都得一定的坤土之气，有益于脾体质。日常的饮食之中，莲藕、莲子、荸荠、大米、小麦、大麦、扁豆、墨鱼、泥鳅、乌鱼、鲫鱼、乌鸡、三七、石斛、鸡胗、驴肉、阿胶……等，有养脾、以食代药，提升脾体质人健康的功效。

（2）从现代医学去理解：

◆ 解剖结构：脾脏本身，同时还包括各种血液细胞、口、唇、涎、肌肉、四肢，包括脾的两条经络“足太阴脾经”。

◆ 脾功能：①脾主运化食物和水液，凡有痰多、水肿、虚胖、流口水、腹胀、泄泻、湿痹、淋浊、白带等病出现，都问责脾功能。

②脾主升清，用西医的话说就是，脑神经系统的细胞供氧，归脾脏功能，是脾脏负责提升红细胞的质量，红细胞负责运送氧气给脑神经细胞，分工明确，职责单一。所以犯困、上眼皮抬不起来、头目眩晕，尤其是O型和B型血的脑中风，都与脾主升清功能的好坏，脱不了干系。

③脾统血，负责维持血液的正常循行，人体的各种出血，不论在哪个部位，牙龈、鼻子、皮肤、月经、咳血、呕血、便血等等，都与脾系统的功能密切相关，可以说是脾体质的招牌功能。前面第一篇《不同血型的脾体质都因不可控的出血死亡》，说的就是这个问题，如果脾体质人，有了出血的表现，要格外引起注意，选对处置的方向，千万不可老少不分、血型不知、好坏不明，上来就手术切脾，或责罚其他脏器，比如肝脏就常常代为受过。

④脾脏的其他功能：脾主四肢肌肉，看看1~2岁的小脾孩儿的四肢肌肉，再对比一下同龄的小肝孩儿四肢，那个瓷实滚圆的感觉，会让你联想到脚踩风火轮的小哪吒，所以，但凡肌肉出现酸痛、消瘦、肌萎缩、内脏下垂等现象，直接找脾；脾开窍于唇，唇干、唇裂、唇红、唇色暗的问题，均反

应脾系统有报警；思伤脾，所以，脾体质人会用不思虑的方式缓解压力，比如唱歌，比如一边开电视、一边听收音机，同时还在一边做事情，什么都在做，也什么都不上心，乐在其中。

◆ 常见疾病：传统消化道疾病偏湿气重的，如痰多、水肿、虚胖、流口水、腹胀、泄泻、湿痹、淋浊、白带等病等；血液系统疾病：如血小板减少、白血病、红细胞增多症、出血性疾病；肌肉系统疾病：重症肌无力、肌萎缩、四肢瘦削、迟缓性脑瘫……等。

不被认识的常见疾病：脑胶质瘤、皮下多发性脂肪瘤、脑出血等。

3. 脾体质的五运属性：土

在五运中，脾归土。五脏之间的相互关系，遵循土克水，火生土，木克土，土生金的运行规律。脏腑正常的运行顺序，即脾土制约肾水，脾土生养肺金，肝木克脾土，火为脾之母。当相克的力量1∶1时，五脏各行其道、动静相济，身体处在动态平衡的理想状态。

如果我们把五运比喻成五个功能流程，相生是指令，相克就是反馈，有来有往才成行；理解成家庭，相生为母，相克为父，都是健康的必有状态，身体唯有遵循这个规律，才能保证正常的新陈代谢功能。当平衡打乱时，一定在相克的关系中找不平衡，尽力去摆平关系，才能重建身体和谐。唯有五脏一体，肝、脾、肺、肾和谐通达，生命之树才会长青。

请记住，32体质的关键在五脏关系的整体平衡，而整体平衡的关键，在矛盾关系的五行相克之中。比如，脾体质出现身体健康问题或者疾病，首先去找自己的克星肝木，去协调与克己脏器之间的不平衡。也就是说，肝属木、脾属土，土木平衡1∶1时，肝木虽克脾，但脾健康无病。肝木多、脾土少，或肝木不多、脾土自在“不及”之位，都会出现脾系统的症状；如果再同时出现肾水太过、比脾土数量多的反侮现象，脾被肝和肾同时夹击，就会患病。

4. 脾体质的四个血型

脾体质的ABOAB血型系列，是在定位脾体质后的具体分级，可以理解为脾体质的4个亚级，或定性后的4个量化等级、4个具体分类等等。因为血型不同，虽同为脾体质，健康的表现、疾病、饮食、情绪也各不相同。

尤其是脾体质的脾统血功能，O型血发生脑中风，不论表现多么像脑梗阻、尤其仅仅是细胞渗血的早期，还不是很明显的时候，都要避免使用肝素类活血药，而是进高压氧舱，用加大氧气供给替代输液；而A型血则按照现在抢救规程执行，越早越好。违背了血型规律的表现，不是血型不准，而是一定掺有其他因素，要特别注意排除，抢救是分秒必争的事，迟疑不得。

◆ O 型血　脾体质：

（1）行为特点→外向，外表温和、内在任性，爱打抱不平、喜欢唠叨、诸事理解快、忘记也快，急性子，重现实，喜欢与年长者相处。

（2）较常见的脾病表现→痰多、水肿、虚胖、腹胀、泄泻等；血小板减少、白血病、红细胞增多症、出血性疾病；瞌睡、重症肌无力、肌萎缩、四肢瘦削、迟缓性脑瘫等，多种多样，不能一一列举。

（3）最具提示意义的资讯→容易出现脑神经系统疾病，并以细胞出血为主。

（4）最大的用药禁忌→阿司匹林、华法林、肝素、红花、三棱、莪术、三七、银杏叶等，一切中西医有扩冠、活血、疏通微循环作用的药物。

（5）最不被认识的饮食规律→日常的饮食之中，鸡胗、驴肉有益；面食时少吃或者不吃，会增加啤酒肚和减缓新陈代谢；少喝牛奶，警惕湿疹。

（6）最适宜的解压方式→参加大合唱、登山笑疗、组亲友团出游。

◆ A 型血　脾体质：

（1）行为特点→内向、古道热肠、喜欢照顾他人、较真絮叨、为家庭和子女辛劳付出并积攒、组织能力强、慢工出细活、有条不紊。

（2）较常见的脾病表现→消化系统明显薄弱，很容易出现痰多、水肿、虚胖、腹胀、泄泻等；妇科疾病：贫血、月经失调、痛经、更年期障碍、子宫病变、乳腺病变、不育症、子宫炎，子宫肿瘤等出血性疾病，多种多样不能一一列举。

（3）最具提示意义的资讯→最好避免咖啡、巧克力、奶制品、薄荷、红茶、甜的或者糖类食物；A 型爱吃程度四种血型中最高，爱吃指数达 85%。

（4）优先的用药选择→注意微量元素和各种消化酶的结合，尽可能广泛摄取自然食物，食谱越广泛越好，不要单纯地依赖保健药片。

（5）不可不知的饮食规律→湿土地上的植物、黑色的或味淡的植物、西南和北方出产的植物：莲藕、莲子、荸荠、大米、小麦、大麦、扁豆、三七、石斛、鸡胗、阿胶等，发面馒头适宜脾体质 A 型血。

（6）最适宜的精神解压→唱歌、亲友团演唱会、开家长会、公园练声等。

◆ B 型血　脾体质：

（1）行为特点→外表温和包容，内在任性、机智；爱管闲事、喜欢唠叨，喜欢照顾他人，理解快、忘记也快；做事不拖泥带水、爱积蓄，重现实，喜欢与年长者相处；享受中央带依赖。

（2）较常见的脾病表现→脾气虚，爱瞌睡，易唠叨、发脾气转瞬平息；痰多，血糖血压不稳定、脑梗、下肢肿、静脉曲张、虚胖、脑胶质瘤、皮下多发性脂肪瘤、肌萎缩、四肢瘦削、迟缓性脑瘫多种多样，不能一一列举。

（3）最具提示意义的资讯→B 型血加脾体质是 32 体质中脾体质特征最突出的结合，不论是行为特征还是易感疾病，都有各种表现。

（4）谨慎的治疗选择→疫苗、抗生素、化疗、降压降糖药物，要慎之又慎。

（5）饮食规律→在 A 型血饮食基础上，增加驴肉、墨鱼、泥鳅、乌鱼、鲫鱼等，有补益效果，发面馒头尤其适宜脾体质 B 型血。

（6）最适宜的精神解压→笑疗、亲友聚会、自驾车、维持各项秩序。

◆ AB 型血　脾体质：

（1）AB 体质的行为特点→内向为主，好恶分明、任性、爱理性给他人以关爱、机智、性好有条不紊、重现实，为家庭、儿女储蓄并辛劳付出。

（2）较常见的脾病表现→消化系统明显薄弱，很容易出现痰多、水肿、虚胖、腹胀、泄泻等；妇科疾病：月经失调、痛经、更年期障碍、子宫病变、乳腺病变、不育症、子宫炎，子宫肿瘤等，各种炎症和出血性疾病，男性儿童易出现疾病详见脾体质 B 型血脾病表现。

（3）最具提示意义的资讯→最好避免咖啡、巧克力、薄荷、红茶等糖类食物，尤其晚上睡觉前；容易出现身心紧张性增高的焦虑、抑郁和无菌性炎症。

（4）优先的用药选择→注意微量元素和各种消化酶的结合，尽可能广泛摄取自然食物，食谱越广泛越好，不要单纯地依赖保健药片。

（5）饮食规律→在 A 型血饮食基础上，增加驴肉、墨鱼、泥鳅、乌鱼、鲫鱼等，有补益效果，发面馒头适宜脾体质 AB 型血。

（6）最适宜的精神解压→亲友团演唱会、上公园晨练、维持制定管理秩序。

5. 脾体质的基础保健

◆ 经络穴位：

（1）保健原穴→太白（双侧，人体大脚趾骨根内侧敏感点）

（2）保健合穴→阴陵泉（右内侧，屈膝胫骨粗隆后下方敏感点）

◆ 避免不适宜的饮食及行为的伤害：

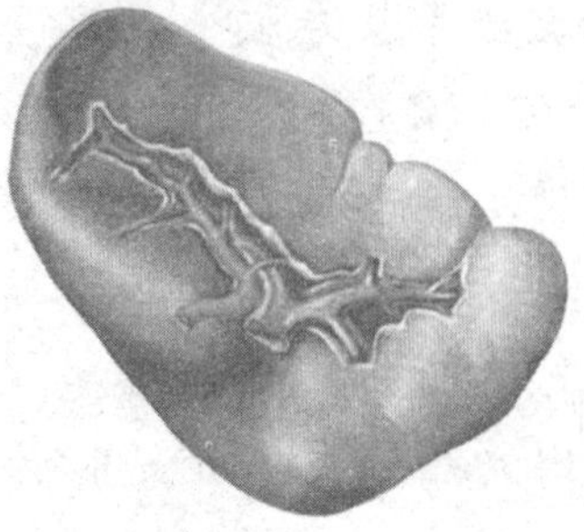
脾的脏面

（1）脾体质戒主食是最大伤害→不要只吃蔬果，不吃主食。

（2）不宜多食烤制和煎炸的食品→烤肉、炸花生米，伤坤土湿气。

（3）不宜多吃甜食、酸味、辛辣的食品→生姜、葱、醋、糖、茴香、花椒、香料等，违反了脾体质人“味淡有益”的特性，故不宜多用。

第三节　四种血型与八个体质

把血型知识纳入体质、疾病、治疗是我的贡献，不是理论推导，是来源于临床案例，又返回去指导用药，我对血型知识的理解，是从实践中来、归纳提升，又返回到实践中去的，一个完整的探寻过程。所以，读这一节不要脱离实践，脱离自己的体会，毕竟每个人都有自己明确的血型。

比如有个O型血的医生，她用一周的时间不吃面食，去体会肠道的反应及对思考的影响，立时感觉有良好改善，她又恢复原来饮食习惯再行对比，确认了自己对面食的不耐受。就2周时间，解决了自己困惑很长时间的亚健康问题。

人是一个整体，由“精气神”，海外称“身心灵”三个部分组成，既有区别又合为一体。“精”和“身”讲的是物质结构，看得见的有形部分；“气”和“心”代表的是功能行为，又看得见又看不见的运行规律；“神”和“灵”则是大自然各种元素组成的信号能量场对人的“精和气”“身和心”的影响，是完全看不见只能体悟的超微观的粒子震荡频率。

这样比较下来，血型是这3个层次中，对我们认识人体最接近的、物质结构层面的基础知识，如果对八个体质的概念生疏，对这一节应该会熟悉得多了，因为血型对我们的抽血化验值、对我们的疾病原因、以及对我们的临床用药结果，是直接看得到的。

血型知识如前面总论所说，理解起来就两个要点：人类进化的历史和血凝素的原理。无论医生还是非医人员，后面的事情需要自己从自身去体验和领悟了，像前面那个O型血的医生。

现在，全社会都在倡导健康饮食，而正确的饮食观对每个人都不同，对O

如果你是：	血型所含的抗原	你排斥的抗体
A 型血	A	B
B 型血	B	A
O 型血	没有抗原	A 型与 B 型
AB 型血	A 与 B	没有抗体

型血的肉食是维持健康的必须饮食，对 A 型血则是增加血液黏稠度的毒药。这一节分血型来说，带着你的血型和体质来体悟，会有针对性。

O 型血　血液特性　易感病　八体质　健康要点

1. 血液特性

血凝素是血液中必不可少的蛋白成分，有凝胶性，就像血细胞自带的黏着剂，由抗原与抗体的反应生成；当各种各样抗原与抗体的反应增多时，产生的血凝素就多。凡是从外界进入体内有化学结构式的物质，比如食物、细菌、微生物、抗生素、病毒等，都带有自身抗原的钥匙，都会遭到人体内保安的抗体识别，与原有锁相配的放行，不匹配的就要产生凝集反应。

O 型血的抗原→零：

血型抗原不但存在于血细胞上而且也存在于体细胞上和体液中，血型抗原物质的差异在于糖链末端的残基不同。O 型血就像个秃头，也是最早发现 O 型的科学家为了让我们记住、联想到“零”而起的名字，那就是的红细胞上既没有 A 抗原又没有 B 抗原，只有抗原的基础物质：海藻糖，所以把海藻糖作为 O 抗原，所以 O 型血可以输血给其他血型。

O 型血的抗体→有抗 A 和抗 B 两种抗体：

血型中的排它抗体是免疫系统最强势、最多数量的抗体，人类出生时就存在，属于先天遗传，与后天需要刺激才产生的抗体明显不同。血凝素的产生与抗体的护卫职能正相关，抗体的护卫职能与血细胞的数量多少正相关。O 型血的抗体是双枪作战，既抗 A 也抗 B，所以战斗力强，一般都能局限在事发当地解决问题。

O 型血的血凝素→血液中少，反应处多：

血凝素是血液中主要黏稠物质，既是人体必不可少的防护工具，也是外来物质的必备工具，正反两种作用决定于多种因素，而主要方看血型。O 型血的零抗原结构简单，不拖泥带水；抗体双枪反应快速，再多血凝素也不允许进入血循环，所以O型的血液中血凝素少，局地血凝素却多，比如人体最容易与外界抗原发生遭遇战的地方，皮肤、呼吸道、肠道。

O型血的血化验值特点：

指的是不用药时，就容易出现的改变，也就是说排除药物因素，抽血结果有下列项目改变2~3个时，即倾向为O血型。

①血常规：粒细胞百分比↑；红细胞数目↑；平均血红蛋白含量和浓度↓；平均红细胞体积和分布宽度↑。

②凝血七项：异常值比例↑，出现次数多，时间长。

③血气值：PCO_2↑；PO_2↓。

④生化与微量元素：葡萄糖↑；二氧化碳↑；铁↓；钙↓。

⑤血脂：甘油三酯↓；总胆固醇↓；高密度脂蛋白↑；低密度脂蛋白↓。

⑥甲状腺功能5项：容易出现异常值，尤其年青女性。

⑦3D细胞定位扫描：红细胞、血小板、血循环，无黑色病变和棕色报警图形。

2. 易感疾病

①血液稀流动快、铁↓、血红蛋白↓→易感疾病：细胞缺氧、贫血、高血压。

②凝血维生素K↓，血液凝固↓→易感疾病：出血、刀口愈合慢，血脂↓。

③胃酸含量较高→易感疾病：胃12指肠溃疡、泛酸、胃炎、肠道过敏性腹泻。

④缺矿物质钙、碘、锰→易感疾病：骨关节疾病、甲亢或甲低、疼痛。

⑤没有A抗原和B抗原，有抗A和抗B抗体→易感疾病：ABO溶血。

病例36：O型血易感病的典型案例

韩同学　女　12岁，胆体质　O型血　脑梗原因不明

病史摘录：爸爸带着看了一年多的病，因为诊断脑梗不明，吃了1年多的药，看了多家医院更改了多次用药，唯独阿司匹林不敢停。当时3D检查：40张基本图，12个系统，有16张细胞定位图报警，19张有黑色病变图形。40张图↑35张异常，健康预防分级4级，提示全身气血循环影响多脏器都有问题，12岁的女孩，多系统报警。尤其是她的当家脏器胆，检查胆囊纵剖面、胆囊、胆囊内壁、胆管内壁等均呈黑色病变图形，提示她的改变是以胆为核心的网络功能系统全线报警。

32 体质分析点评

这是病房一个诊断不明的典型病例，O 型血不该用阿司匹林，她作为常规药物用了一年，如果有效应该好转，至少不会像现在这样，在她父亲带来会诊时，一点改善的迹象都没有；不仅没有，而且把 O 型血的易感疾病突出的淋漓尽致。多系统衰竭几乎是临床抢救失败的代名词，而这个孩子已经是多系统报警了，我给这个孩子的诊断就是，低氧综合征。

3. 与八体质结合的行为特征和易感疾病

（1）头体质 O 型血：

◆ **行为特征：**突出头体质外向领袖型、强壮、自立、冷静、竞争性特点。

◆ **易感疾病：**脑出血、失语、偏瘫、脑炎、脑血管畸形、多动症、脑瘫。

（2）肺体质 O 型血：

◆ **行为特征：**外向、豪爽、仗义执言、口无遮拦的表现明显。

◆ **易感疾病：**肺气虚、气管炎、肺炎、咳血，低血氧综合征、颈椎病、甲状腺疾病、失音、失语、失忆，以及偏头痛。

（3）胆体质 O 型血：

◆ **行为特征：**心灵手巧、胆大心细，有决断、管理能力强为明显。

◆ **易感疾病：**胆石症、胆囊炎、口苦、眼底出血、心绞痛、晕厥、出鼻血。

（4）心体质 O 型血：

◆ **行为特征：**外向、急躁、脾气火爆、说干就干、个性独立，像家中长男。

◆ **易感疾病：**胸口憋闷、心悸、汗出、怕冷、口唇青紫，多见心气虚、心阳虚和心阳虚脱类型。

（5）肝体质 O 型血：

◆ **行为特征：**外向逞强、火热心肠、精力充沛，四处奔波、管事斡旋。

◆ **易感疾病：**高血压、脑中风、脑出血、慢性疲劳综合征、两胁胀满、胃痛、泛酸、胆结石，甲亢或甲低、暴怒吐血。

（6）肾体质 O 型血：

◆ **行为特征：**意志强、自视高、善于交往，有灵活性、不畏辛劳、易轻信他人，尤其是对异性，较不安定。

◆ **易感疾病：**骨折、骨关节炎；肾结石、肾衰竭、前列腺肿大、尿毒症；耳鸣、耳聋；性功能弱、精神障碍性疾病，以躁狂伤人攻击型为多。

(7) 胃体质O型血:

◆ **行为特征:** 性格内刚外柔、尊老爱小、爱讲种种道理,逞强、心细胆小,精于计算积累,喜不动产。

◆ **易感疾病:** 胃痛、泛酸、胃十二指肠溃疡、胃出血、胃食道逆流。

(8) 脾体质O型血:

◆ **行为特征:** 外表温和、内在任性,爱抱不平、喜唠叨、理解快、忘也快,急性子,重现实,喜欢与年长者相处。

◆ **易感疾病:** 痰多、水肿、虚胖、腹胀、泄泻;血小板减少、红细胞增多症、出血性疾病;瞌睡、肌无力、肌萎缩、四肢瘦削、迟缓性脑瘫、脑神经细胞渗血等。

4. O型血人健康要点

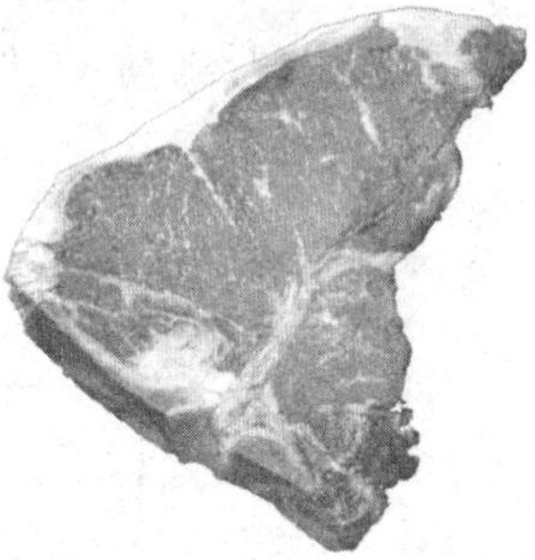

◆ **肉食有益,否则会因血氧减少,影响身体素质**

◆ **不耐牛奶类制品;减体重时,适宜先减少面食入量**

◆ **疾病风险:容易有凝血失调的出血性疾患;容易患关节炎、甲状腺激素减少、高胃酸导致的胃溃疡、肠道过敏症等**

◆ **适宜营养品:钙、碘、甘草、海带、维生素B、维生素K**

◆ **适宜激烈的身体活动,如:有氧运动、武术、跑步**

◆ **O血型人类似狩猎者,行为特点与其他血型相比更显强健、自我依赖、领导者**

A型血　血液特性　易感病　八体质　健康要点

1. 血液特性

血凝素是血液中必不可少的蛋白成分,有凝胶性,就像血细胞自带的黏着剂,由抗原与抗体的反应生成;当各种各样抗原与抗体的反应增多时,产生的血凝素就多。凡是从外界进入体内有化学结构式的物质,比如食物、细菌、微生物、抗生素、病毒等,都带有自身抗原的钥匙,都会遭到人体内保安的抗体识别,与原有锁相配的放行,不匹配的就要产生凝集反应。

A型血的抗原→A:

在O抗原基础上,加上另一糖类N－乙烯半乳糖氨,成为A抗原的糖链末端残基而形成。血型抗原不但存在于血细胞上而且也存在于体细胞上和体液中,最新研究发现,许多食物里的抗原都具有A抗原和B抗原的特性,它是形成饮食适宜与否的结构基础。

A 型血的抗体→抗 B 抗体：

血型中的排它抗体是免疫系统最强势、最多数量的抗体，人类出生时就存在，属于先天遗传，与后天需要刺激才产生的抗体明显不同。血凝素的产生与抗体的护卫职能正相关，抗体的护卫职能与血细胞的数量多少正相关。A 型血中存在抗 B 抗体，因此 A 型与 B 型血之间互不能容。

A 型血产生的血凝素→血液中多，反应处少：

血液中的红细胞带有 A 型抗原，血浆中含有 B 型抗体。一些自然的、新鲜的和纯净的植物性食物含有 A 抗原，可与 A 型血很好的结合；乳制品、高动物蛋白等带有 B 抗原的食物，易产生凝集素。因 A 型血代谢率慢、忍耐性高，所以血凝素在血液循环中容易积蓄，使血液黏稠，加重了肝胆解毒清血液垃圾的负担，自然也容易患病。

A 型血的血化验值特点：

指的是不用药时容易出现的改变，也就是说排除药物因素，抽血结果有下列项目改变 2 ~3 个时，即倾向为 A 血型。

①血脂：甘油三酯↑；总胆固醇↑；高密度脂蛋白↓；低密度脂蛋白↑。

②维生素：维生素 C↓；维生素 B12↓；复合维生素 B↓。

③微量元素：铁↓；锌↓；硒↓；铬↓。

④凝血七项：一般正常，无特殊提示。

⑤血常规：23 项数值一般正常，无特殊提示。

⑥甲状腺功能 5 项：一般正常，无特殊提示。

⑦3D 细胞定位扫描：红细胞、血小板、血循环，出现黑色病变和棕色报警图形。

2. 易感疾病

（1）血液黏稠度在各种血型中，最容易升高→患病风险：心脑血管梗阻、炎症。

（2）血小板黏附率明显高出正常对照组→患病风险：冠心病、动脉硬化。

（3）胃酸含量低，缺少维生素 B12→患病风险：胃癌、神经紧张、高血压。

（4）缺矿物质锌、硒、铬、铁→患病风险：糖尿病、癌症、贫血症。

（5）对肉食消化系统功能不强→患病风险：胆结石、黄疸病、高血脂、肥胖、便秘。

3. 与八体质结合的行为特征和易感疾病

（1）头体质 A 型血：

◆ **行为特征：**内向、理性思维强、执着，少些竞争、多些冷静和忍耐力。

◆ **易感疾病：**成人脑梗阻、脑动脉硬化、失语、右侧瘫；孩子脑炎、脑血管畸形、脑瘫、焦虑症、自闭症。

（2）肺体质 A 型血：

◆ **行为特征：**内向、文静柔和、反应敏感、语言能力强。

◆ **易感疾病：**肺气虚、气管炎、肺炎、咳血，低血氧综合征、颈椎病、甲状腺疾病、失音、失语、失忆，以及偏头痛。

（3）胆体质 A 型血：

◆ **行为特征：**内向热情、注重外貌、感觉力敏锐、喜好外出。

◆ **易感疾病：**胆结石、黄疸病，咽炎，美迷尔眩晕、心慌心跳、失眠。

（4）心体质 A 型血：

◆ **行为特征：**内向、平稳、忍耐力强、任性、认真、自我。

◆ **易感疾病：**心血管类病人 35% 都是 A 型血，高胆固醇、冠心病、心绞痛。

（5）肝体质 A 型血：

◆ **行为特征：**内向柔和、外表性烈，为家人终日忙碌、喜欢解决纠纷。

◆ **易感疾病：**胆固醇高、小腹疼痛，女性：月经不调、痛经，子宫肿瘤、乳腺增生、子宫阴道炎症；男性：阴囊湿疹，急性睾丸炎。

（6）肾体质 A 型血：

◆ **行为特征：**内向、聪明、细心、感情敏锐、自信心强、自以为是。善体贴关心他人、家庭子女观念强、也容易因异性心不定，伤及子女。

◆ **易感疾病：**肾盂肾炎、膀胱炎、结石、尿道炎、肾衰竭，前列腺炎；耳鸣，耳聋；性功能衰竭、焦虑、抑郁、精神分裂症。

（7）胃体质 A 型血：

◆ **行为特征：**内向好静、喜查阅找凭据、心细敏锐、固执在外内心犹豫，置自己于高处，无路径时不走，习惯留守原处，不停说讲事理及盘算。

◆ **易感疾病：**胃痛、急性胃炎、萎缩性胃炎、胃窦癌、胆结石、黄疸病。

（8）脾体质 A 型血：

◆ **行为特征：**内向、古道热肠、喜欢照顾他人、较真絮叨、为家庭和子女辛劳付出并积攒、组织能力强、慢工出细活、有条不紊。

◆ **易感疾病：**痰多、水肿、虚胖、腹胀、泄泻等，妇科疾病：贫血、月经失调、痛经、更年期障碍、子宫病变、乳腺病变、不育症、子宫炎，子宫肿瘤等出血性疾病，多种多样的，不能一一列举。

4. A 型血人健康要点

◆ **血液浓稠，对植物血凝素的毒害作用敏感；**

◆ **自身的免疫功能和抵抗力较弱，容易受多种疾病和病毒的侵袭；**

◆ 容易受病毒的侵扰，患癌症的概率相对较高

◆ 消化系统功能较弱，喜欢动物蛋白的 A 血型极易引发肥胖、糖尿和心血管类疾病。

◆ 耕耘者，行为特点与其他血型相比，为安定、善于合作、井然有序多些

B 型血　血液特性　易感病　八体质　健康要点

1. 血液特性

血凝素是血液中必不可少的蛋白成分，有凝胶性，就像血细胞自带的黏着剂，由抗原与抗体的反应生成；当各种各样抗原与抗体的反应增多时，产生的血凝素就多。凡是从外界进入体内有化学结构式的物质，比如食物、细菌、微生物、抗生素、病毒等，都带有自身抗原的钥匙，都会遭到人体内保安的抗体识别，与原有锁相配的放行，不匹配的就要产生凝集反应。

B 型血的抗原→B：

在 O 抗原基础上，加上另外一糖类 D－乙烯半乳糖氨，成为 B 抗原的糖链末端残基而形成。血型抗原不但存在于血细胞上而且也存在于体细胞上和体液中，最新研究发现，许多食物里的抗原都具有 A 抗原和 B 抗原的特性，它是形成饮食适宜与否的结构基础。

B 型血的抗体→抗 A 抗体：

血型中的排它抗体是免疫系统最强势、最多数量的抗体，人类出生时就存在，属于先天遗传，与后天需要刺激才产生的抗体明显不同。血凝素的产生与抗体的护卫职能正相关，抗体的护卫职能与血细胞的数量多少正相关。B 型血中存在抗 A 抗体，因此 A 型与 B 型血之间互不能容。

B 型血产生的血凝素→血液中少，反应处多：

血液中的红细胞带有 B 型抗原，血浆中含有 A 型凝集素。乳制品、高动物蛋白等带有 B 抗原的食物，可与 B 型血很好的结合；因其具有功能强大的消化系统和高效的新陈代谢，所以能很好地适应各类食物，对含有 A 抗原的植物性食物，虽有凝集素反应，但能很快排除，是现代人最喜欢的一种血型，即使 B 血型的人得了癌症、心脏病等严重的疾病，也是愈后比较乐观的一类人。同样，如果用了不适宜的药物，也是病情进展很快的一类人。

B 型血的血化验值特点：

倾向 O 血型，指的是不用药时容易出现的改变，也就是说排除药物因素，抽血结果有下列改变，参考临床分析。

①血常规：一般正常，无特殊提示，如有多为平均血红蛋白含量和浓度↓。

②凝血七项：一般正常，无特殊提示。

③血气值：PCO_2↑；PO_2↓，详细应参照肺功能呼吸曲线。

④生化与微量元素：葡萄糖↑；镁↓。

⑤血脂：一般正常，无特殊提示。

⑥甲状腺功能5项：如果出现异常值，参考生活习惯。

⑦3D细胞定位扫描：白细胞、淋巴球，较易出现黑色病变和棕色报警图形。

2. 易感疾病

（1）免疫系统非常活跃→患病风险：呼吸道疾病、流行性感冒病毒、皮肤过敏。

（2）排异反应亢奋→患病风险：器官移植排异率高。

（3）免疫反应亢奋→患病风险：风湿性关节炎、肾炎、狼疮、口腔癌、白血病。

（4）胰岛功能容易失调→患病风险：糖尿病。

（5）缺矿物质镁和卵磷脂→患病风险：容易疲倦、腿抽筋、神经系统失调。

3. 与八体质结合的行为特征和易感疾病

（1）头体质B型血：

◆ **行为特征**：犹如换代的君主，在责任感中，独往独行，不为外界左右。

◆ **易感疾病**：成人脑出血、脑梗阻、失语、健忘、右侧偏瘫；孩子脑炎、脑血管畸形、多动症、脑瘫、口腔癌。

（2）肺体质B型血：

◆ **行为特征**：活泼开朗、坦诚健谈、好奇心强过专注力。

◆ **易感疾病**：感冒、呼吸道感染、咳嗽，比其他三血型容易患病，却不容易好转，还容易产生并发症和其他免疫系统疾病。

（3）胆体质B型血：

◆ **行为特征**：有胆识、魄力，想到即刻行动，思虑欠周详。

◆ **易感疾病**：偏侧面瘫，恢复慢不容易好；颜面皮肤过敏；健忘、失眠、神经性反应、泌尿系统炎症。

（4）心体质B型血：

◆ **行为特征**：富有朝气活力、行事往往先做再说，较不懂节制而透支。

◆ **易感疾病**：多见风湿性心肌炎、心瓣膜病、心包炎；易出汗、气短、心跳心慌、心律早搏、精神疲惫、活动后加剧。

（5）肝体质B型血：

◆ **行为特征**：外向好强、精力充沛，四处奔波、风风火火、喜爱做事。

◆ **易感疾病：** 慢性疲劳、失眠、脑神经衰弱、多梦、健忘、四肢筋骨酸痛麻木、心中郁闷不乐、叹气、眩晕等。

（6）肾体质 B 型血：

◆ **行为特征：** 外向忙碌、智慧细心、自视甚高、周旋能力强、不畏辛劳；较易耳根软、受人左右；常换工作或搬迁住宅；异性缘和孩子缘甚佳。

◆ **易感疾病：** 肾小球肾炎，膀胱炎，肾输尿管结石，前列腺肿大；风湿、类风湿骨关节病，免疫系统疾病；耳鸣，耳聋等。

（7）胃体质 B 型血：

◆ **行为特征：** 好恶分明、讲信用、喜交往，敬传统，爱讲重重道理，对某些事物入迷快，厌烦也快，易冷易热，因孩子个性、有长上缘。

◆ **易感疾病：** 胃脘痛、胃堵、泛酸、呕吐，高血糖、糖尿病，容易迁延不愈的鼻炎、鼻塞不通头晕脑胀、肠梗阻。

（8）脾体质 B 型血：

◆ **行为特征：** 外表温和包容，内在任性、机智；爱管闲事、喜欢唠叨，喜欢照顾他人，理解快、忘记也快；做事不拖泥带水、爱积蓄，重现实，喜欢与年长者相处；享受中夹带依赖。

◆ **易感疾病：** 脾气虚，爱瞌睡，易唠叨、发脾气转瞬平息；痰多，血糖血压不稳定、脑梗、下肢肿、静脉曲张、虚胖、脑胶质瘤、皮下多发性脂肪瘤、肌萎缩、四肢瘦削、迟缓性脑瘫……多种多样，不能一一列举。

4. B 型人血健康要点

◆ **强健的免疫系统，快速保护人体免受病菌和病毒的侵袭，反应灵敏，易皮肤过敏和被蚊虫叮咬。**

◆ **均衡偏荤食有益，不适宜全素食。**

◆ **B 血型人类似游牧族，行为特点与其他血型相比，身体新陈代谢是均衡的、有弹性的、有创造力的。**

◆ **适宜的运动类型：有耐力的有氧运动。**

AB 型血　**血液特性　易感病　八体质　健康要点**

1. 血液特性

血凝素是血液中必不可少的蛋白成分，有凝胶性，就像血细胞自带的黏着剂，由抗原与抗体的反应生成；当各种各样抗原与抗体的反应增多时，产生的血凝素就多。凡是从外界进入体内有化学结构式的物质，比如食物、细菌、微生物、抗生素、病毒等，都带有自身抗原的钥匙，都会遭到人体内保安的抗体识别，与原有锁相配的放行，不匹配的就要产生凝集反应。

AB 型血的抗原→A 抗原和 B 抗原：

以 O 抗原为基础，外加两种糖类，N－乙烯半乳糖氨和 D－乙烯半乳糖氨，成为 AB 抗原的糖链末端残基，就是 AB 型抗原。血型抗原不但存在于血细胞上而且也存在于体细胞上和体液中，最新研究发现，许多食物里的抗原都具有 A 抗原和 B 抗原的特性，它是形成饮食适宜与否的结构基础。

AB 型血的抗体→零：

AB 型血不带血型抗体，这是 AB 型血与 ABO 三血型的区别所在。因此 AB 型血能接受任何人输血，而不能输血给其他血型。

AB 型血产生的血凝素→混杂而不稳定：

AB 血型的血液红细胞膜上，既有 A 抗原又有 B 抗原，而其血浆中既无抗 A 抗体也无抗 B 抗体。等于说体内最最强势、最多数量的血型排它抗体是零，而后天需要刺激才产生的抗体在体内占主导地位，所以血凝素的产生没有规律，免疫系统、消化道功能都比较弱，血液中的血凝素多而不容易祛除，AB 型血患炎症、癌症、精神抑郁的概率都比 ABO 三血型要高，尽管 AB 型占总人口的比率不到 5%。

AB 型血的血化验值特点：

倾向 A 血型，指的是不用药时容易出现的改变，也就是说排除药物因素，抽血结果有下列改变，高度倾向 AB 型血。

①血脂：甘油三酯↑。

②维生素：维生素 C↓；维生素 B12↓；复合维生素 B↓。

③微量元素：硒↓。

④凝血七项：一般正常，无特殊提示。

⑤血常规：23 项数值一般正常，无特殊提示。

⑥C 反应蛋白：容易增高↑。

⑦3D 细胞定位扫描：红细胞、血小板、血循环易出现黑色病变和棕色报警图形。

2. 易感疾病

（1）免疫宽泛，极易受到多种疾病和病毒的侵袭→患病风险：容易出现炎症。

（2）对不同食物的凝集反应增加→患病风险：高血凝、肠道癌症。

（3）胃酸低，胃中消化酶少→患病风险：消化不良、高胆固醇、心血管类疾病。

（4）血液比较浓，对血液凝固很有利→患病风险：三酸甘油酯高、脑血栓。

（5）缺维生素 C 和矿物质硒→患病风险：精神分裂症、癌症、焦虑、抑郁。

（6）对动物性食物代谢较差，容易形成脂肪堆积→患病风险：肥胖。

3. 与八体质结合的行为特征和易感疾病

（1）头体质 AB 型血：

◆ **行为特征：**内向、理性思维强、执着，冷静，不善与人沟通。

◆ **易感疾病：**成人脑梗阻、脑动脉硬化、失语、右侧瘫；孩子脑炎、脑血管畸形、脑瘫、焦虑症、自闭症。

（2）肺体质 AB 型血：

◆ **行为特征：**内外双向气质，机敏独立、出言犀利。

◆ **易感疾病：**咽喉扁桃腺炎症、气管炎、肺炎、肺栓塞、高神经张力、直肠癌。

（3）胆体质 AB 型血：

◆ **行为特征：**内外双向混合气质，爱交朋友、理性交际。

◆ **易感疾病：**胆道炎症、咽喉炎、胆小忧虑、紧张、失眠、脊椎问题。

（4）心体质 AB 型血：

◆ **行为特征：**为人好恶分明、理性、任性、认真，翻脸跟翻书一样快，对某事失去热情时，会采取断然措施，而不计后果。

◆ **易感疾病：**心血管病、冠心病、心绞痛、以血液的黏稠度高为主要表现，中医多为心气虚、气阴两虚类型和心阴虚类型。

（5）肝体质 AB 型血：

◆ **行为特征：**交际广、社会人缘好、热心；心性不定、容易杞人忧天，对别人事情明理、自己的事情迷惑，不知方向。

◆ **易感疾病：**肝炎、小腹疼痛、两胁隐隐灼痛，女性：月经不调、痛经，子宫肿瘤、乳腺增生、盆腔炎；男性：阴囊湿疹，急性睾丸炎，以及慢性疲劳综合征伴发抑郁、焦虑等。

（6）肾体质 AB 型血：

◆ **行为特征：**内向封闭、交友多人缘好、善思考、心性不定、容易杞人忧天，明别人事理、自己的事反而迷惑，不知所向。

◆ **易感疾病：**肾炎、膀胱炎、前列腺炎、尿道炎、宫颈炎、失眠、偏头疼、头痛、脑神经衰弱、多梦、健忘、四肢筋骨酸痛麻木、常叹气、心中郁闷不乐、眩晕等，有自杀倾向。

（7）胃体质 AB 型血：

◆ **行为特征：**内向，交友好恶分明、自信、不被理解仍执意而为、稍遇挫折就自责、压力大、严格循规蹈矩，追求完美不遗余力。

◆ **易感疾病**：胃酸低、急性胃炎、萎缩性胃炎、胃癌，便秘、肠梗阻，以及胆结石、阑尾炎，及身心紧张性焦虑、抑郁。

（8）脾体质 AB 型血：

◆ **行为特征**：内向为主，好恶分明、任性、爱理性给他人以关爱、机智、性好有条不紊、重现实，为家庭、儿女储蓄并辛劳付出。

◆ **易感疾病**：包括脾 A 和脾 B 两种易感疾病，肠胃系统更倾向 A 型，比 A 型多见的是肠道癌症、胰腺炎、胰腺癌；各种炎症与出血性疾病并存的是脾 AB 表现特征，治疗要气血药并行。

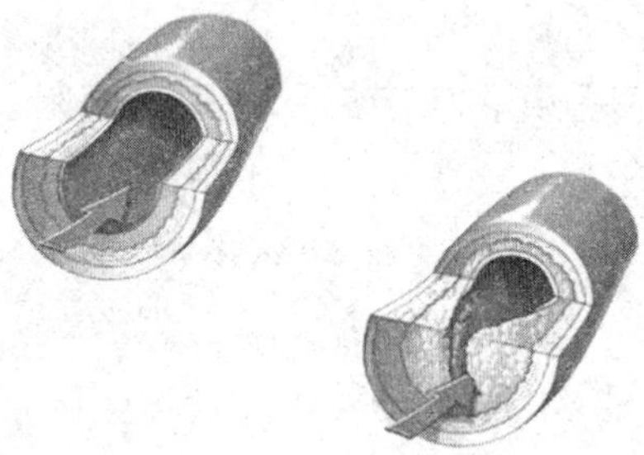

4. AB 型血健康要点

◆ **A 与 B 的现代融合占全球总人口 2% ~5%；与 A 血型更相似，行为特点神秘、富有魅力。**

◆ **免疫系统宽泛，微生物易入侵，癌症心血管疾病发病率较高。**

◆ **消化系统功能不强，缺消化酶，胃酸含量较低，消化吸收较慢。**

◆ **血液黏稠对血液凝固有利，但增大了血管阻塞的风险。**

第四篇　32 体质应用中的问与答

32 种体质的概念，因为涉及每个人的生日和血型，所以引起了很多人的关注、热情与好奇。确实，32 种体质不是束之高阁的理论研讨，也不是去赚取眼球搞什么市场营销，不需要任何人去评论它的错与对，去证明和验证什么，只是拿着去对照，去体悟，看看能不能帮到自己，帮到自己的亲人和家庭；对医生来说，看能不能帮到更多的病人，仅此，足矣。

书中我举了很多案例，最让我痛彻心扉的是我至亲父母的案例，母亲 2001 年走的时候，我还没有一丁点生日血型的常识，以致满腹疑问却束手无策；老父亲 90 岁患淋巴癌时，我用 32 体质的知识帮到了父亲，才有了后来的十几万字回忆录的完成，有了老父四世同堂的儿孙乐趣。2011 年走的时候，虽带给老爸很多帮助，但终因势单力薄，无知者众，还是没能争取到瓜熟自然蒂落的终局。

每天坐在电脑旁写字，都好像父母仍在我身边指指点点，“别讲那么多道理，告诉大家怎么用”，这句话成就了我写这一篇的源动力。以下我将用问与答的形式，来进一步说明 32 体质的具体应用。

第一节　有关生日的提问

问： 怎么从生日里查到自己是什么体质?

答：人的八类先天体质，是从每个人的出生日期中计算出来的，详细算法见前面《天干地支：出生日期运算的计算器》一文，需要注意的是：

本书的后面备有《八体质查询表》，表中的日期是以公元年为纪的，也就是我们说的阳历，记住：不是阴历；如果你只记得阴历，就要转换一下，才能用这个表。这个表的日期只有从 1936 年 ~2015 年的公历日期，如果是 1936 年以前的，可以去网上下载一部周易万年历，阴阳历都可以用，只是，网上万年历有很多，要跟周易万年历核对一下，否则是有误差的，必须以周易万年历为准。

当然最简单的方法还是上网站查，《中国康复城》是体质，栾博士网站是卦象，熟悉了就知道二者的对应关系了。

问：与易经卦象人有什么异同？

答：定性上是一致的，都是从每个人的出生日期中计算出来的，都是一个查询表查出来的，不同的只是名称不同，可以把它当成简繁字体的转换，比如肝体质就是巽卦、巽人的简体字，不一而足。如果你希望了解更多，可以在网上查有关巽卦、巽人的资讯，毕竟肝体质的资料几乎是空白。

定量上是不同的，卦象人只是告诉了属性，32 体质中融进了弱脏的概念，加进了血型的知识。比如定性为肝体质后，还要进一步分析五脏中哪个脏器最弱，最容易得病，也就是说，即使都是肝体质，也只有公元年末尾数是“0”那年出生的人，才是第一弱脏在“肝”，其他年份出生的都不是，以此类推。

第二，体质定性后，还要进一步看血型，血型是从血液质量的角度把八种体质细化为 4 个亚型，2 个小组。比如，还以肝体质为例，分 4 个亚型，O 型血的肝容易患高血压、B 型血的肝容易患慢性疲劳综合征、A 型血的肝容易胆固醇高、AB 型血的肝容易患肝炎、乳腺炎。分两个小组，0 和 B 型血是一组，患病容易偏重气虚阳虚，A 和 AB 型血是一组，患病容易偏重血凝血瘀，虽然都是肝体质，分型分组不同，用药也好、以食代药也好，也完全不同。

服务侧重上是有差别的，卦象人的服务对象以年轻人居多，包括年轻的医生、年轻的文化界、宗教界、养生保健领域、以及海内外华人界的知识层面的人士；32 体质的服务对象以中老年人居多，尤其是关注养生、有慢性三高症、有遗传病史、疾病反复治疗无效、有强烈健康需求的群体。所以，卦象人的服务，侧重在网上学习互动，32 体质的服务侧重用能量 3D 进行全科预防体检，在解决具体健康问题时，认识自己的体质特征。

问：与中医九种体质有什么不同？

答：论述体质的角度是不一样的，中医九种体质是分析后天影响的，32 体质是研究先天因素的，前者讨论的是人体疾病的事，后者探索的是人体生命的事，即：探索生命从出生那一刻开始，带着父母遗传的血型，形成的身体特质。32 体质含有中医九种体质的内容，比如，肝体质的 0 和 B 型血，体质偏重气虚和阳虚型，A 和 AB 型血体质偏重血虚和血瘀型；先天含有后天，而后天不含有先天，就是此意。比较之下，从生日中查，比按图索骥从九种体质中查，还要简单和容易些。

出处不同：九种体质出自中医老专家做了全国数万例的流行病学调查，是国家认可全国推广、冲着解决患病个性化问题去的，应该更成熟更普遍些；32 种体质则出自东西方多学科的最新成果整合，是郭明大夫从临床病案中探究发现的规律，目前还在争取被国家医疗机构认可的努力之中，目标在于解析生命在出生那一刻的体质特征，不是冲着疾病，而是冲着生命科学和健康本源去的，比较九种体质，更具创新性，更国际化、也更稚嫩些吧。

服务落脚点也不同：如果你想让中医看病，9 种体质辨识后，就可以得到有效的"辨体调理"，使身体恢复到平和体质，疾病痊愈。而 32 种体质不是为看病用的，是为了让每个人了解自己的生命属性和遗传特征，从宇宙时空变化的角度，去感悟天地、感悟生命，感悟大自然与自体生命之间、无时不在运动的规律，从中分析疾病的根源，寻求解决的办法。如果找出自己属于 32 体质中的哪一种，理解与否都照着去做，应该能达到"借天力激发潜能，调平衡自愈百病"，全无患病之忧的目的。

问：与星座是什么关系？

答：说到生日，年青人会马上联想到"星座"。我对星座很陌生，大概其了解到，**星座是以公历年阳历生日为准**，算阳历不算阴历。共有 12 个星座，一个月一个，不是从月初开始，而是从每月的 20 日左右开始，到下个月的 20 日左右结束。每个人的星座是什么，看的是生日一个固定的时间段，比如天秤座，时间段是 9 月 23 日到 10 月 22 日。

这与 32 体质的卦象生日完全不同，易经算生日，以农历年生日为准，算阴历不算阳历，后面的生日查询表只是为了方便公历年查询用转换过来的。**易经的生日，60 年一个甲子轮回，没有一天重样，单双日都不是一个体质，**所以，星座与易经的生辰八字相比，精准性差 n 倍之多。

《黄帝内经》说：人生存在地上，地悬浮在大气中；日、月和木、火、土、金、水五大星球影响着大地，智慧的祖先创建了阴阳五行学说，写在天干地支八个字里，使后人有规律可循。没有探究过星座，猜想应该同样含有星球运行规律对生命的影响因素，只是这些星座应该是围绕地球运转的，所以相对影响因素比较固定。而老祖宗的生辰八字里既有地球围绕太阳运转，又有地球自转的信息记录，所以年年月月日日时时都不同。

总之，不管是星座还是八卦，讲的都是天体与生命的关系，探究的都是时空元素在出生霎那间对人的影响，都应该有相对的合理性。易经中有五运六气，不管地球人如何认识，五行相生相克，生生不息地运行了亿万年，后人从其间的变化规律中，可以找到最适合自己的生命法则，星座中没有。

问： 生日不准、记不住，怎么办？

答： 出生日期要求准确，不论阴历、阳历，哪个准确算哪个。接下来的问题就产生了，出生日期不准的、时间久远的、父母亲压根就没记住的、为了某个日子改期的、为了办身份证阴历改阳历的、以民国纪年的、别说时辰了有准确日期已经不错了等等，等等……，出生日期记忆混乱的情况真是多不胜举，尤其在我泱泱中华大地，这种现象太普遍了。

怎么办呢？实在混乱的，就记住哪个算哪个吧。首先电脑自有一套运作程序，会不断分离出关联信息，靠近并找出相对准确日期；其次是身份证默认信息；再其次是参考“属相”定准农历的年份，比如属虎还是属兔等；还是找不出的，就绕过，去寻找第 2 的血型因素和第 3 的生物能量信息检测。毕竟找准确生日的目的，是为了找出自己的体质类型，多一条分析和解决健康问题的思路，没有精准日期，知道血型和生物能量，至少有了 60% 的身体数据，也能帮助到自己。

光知道出生日期，不知道时辰的是绝大部分，这个问题最好解决了，因为，虽然说的是生辰八字，其实作为体质运算，生辰八字有六个字就已超过大半了，而且更常用，所以，没有时辰不是问题。时辰只是用在突发病情时，作为出经络调理方案选穴指导用的，一般用不到，不用着急。

问： 如何保护好我的当家脏器？

答： 查出自己体质后，大量的疑问都集中在这个问题上。八个体质，是以八个脏器来命名的，所以通常我们把八脏器称为体质的当家脏器。前面说了脏器体质的概念是软件系统版本，既包含本脏又不全是本脏，既有功能又有结构，还有心理、行为、血型、五运、六气、经络、穴位……，当家脏器不同，所有一连串的改变都不同，所以，**对当家脏器的理解要上升到整体的层面、系统的角度，而不是局限在 8 个单一的解剖脏器上**，这是其一。

其二，**对当家脏器的保护，一定要了解天时**，天干里年干的记录持续 360 天，月干的记录 30 天左右，日干 1 天，所以首先知道自己出生年干的先天因素，这是主要关注的因素。比如，2012 龙年，天干是壬，壬是肝太过，如果你的当家脏器是脾，肝克脾，今年就要特别注意保护好自己的当家脏器了。

病例 37：O 型血胃体质在龙年的案例分析

王女士　O 型血　胃体质　乳腺结节性质不确定

病史摘录：龙年初，院里组织常规体检，发现乳腺增生并有多个结节，性质不确定，内心忧虑紧张，做手术还是不做，多方征询意见。我建议舒肝和脾，并用桑葚子贴太冲穴……，1 周时间，家里人就有良好反馈，2 个多月后医院复查，乳腺结节缩小减少，已在似是而非的改变中了，自己就已经没有了顾虑，哪还有手术之说。

32 体质分析点评

这是一个胃当家的 O 型血，在肝太过的龙年，发生了肝管辖区域的问题，问责当然是肝，肝管得太宽了，肝的原穴在太冲，让它收收肝气，同时多注意协调肝和脾胃的关系，搞好团结，自然肝气收敛，乳腺结节就缩小减少了。胃体质 O 型血，前面讲了具体排解压力的办法，有条件照着去做，不论有没有肝太过的欺负，胃自己都有能力摆平，而不会生病。

其三，**不在自己当家脏器最弱的季节，去做伤害的事情**。对当家脏器的保护，要了解地气，即季节和节气的知识，如果六气太多记不住的话，把关键的日子记住还是容易的，比如，心体质属火，夏天最累，夏至的时候就要补补，吃点生脉饮（红参、麦冬、五味子），冬天是肾水当家的日子，心脏最弱，不禁折腾，如果要安支架别选在冬天，非做不可，就把生脉饮吃上，加强保护。因为伤到当家脏器，就等于伤到身体的顶梁柱，后果比较不乐观。前面案例《几碗葵花籽水救活肺水肿的垂危老人》，就是顺大自然规律，成功保护了当家脏器的典型。

其四，**不要刻意去保护自己的当家脏器，就是对当家脏器最好的保护**。这句话有点绕，但很关键，也属于核心理念。32 体质突出的是巨系统概念，作为系统是要协调作战的，把领导过分突出了，就失去了群众，体质也是如此，每一个人都有八个脏器，头、肺、胆、心、肝、肾、胃、脾，每个脏器都有相应的管理属地和各自的职能，如果刻意去保护当家脏器，好心不一定有好的结果。

病例 38：A 型血脾体质　补脾后腹泻分析

刘女士　A 型血　脾体质　吃山药补脾，引发五更泻月余

病史摘录：2010 年春分前后，每天早上解稀便有很长一段时间，虽无大碍，吃了很多止泻的药，就是好不了，那天问我有没有好办法解决。表现很突出，晨起稀便是典型的“五更泻”。知道她是脾体质，又是电视养生讲座的常客。

于是我问：“吃山药了吧？”

回答：“是，电视说山药有健脾补肾的作用，你给我的体质饮食又适宜吃，所以就买来每天吃点，补补我的脾。”

2010 年的春分前后，湿气偏重，两湿相加，体内不往外排才怪。

于是我说，“没的说，把山药停掉吧，从现在开始。”

答：“我买了很多，等我把剩下的吃完”。

我说，“那随你，反正这次腹泻是吃多山药的过”。

最后的结果是，从她停止吃山药那天开始，持续了将近一个多月的腹泻止住了。

32 体质分析点评

这是一个脾脏当家吃山药补脾，结果吃了一个月就拉了一个月，停止吃山药腹泻也止住了。说明刻意去保护当家脏器的好心，未必带来好的结果。脾体质适宜吃山药不假，养生专家都这么说，脾胃最安全的保健方法是吃山药，甚至有写了山药的 48 种吃法，让大家在“吃”的时候，不知不觉就调理脾胃了，有错吗，没错。但是长期坚持吃，就值得商榷了。

所有大自然的生物、植物，单独拿出来说事，是没有好和坏之分的，包括 32 体质的饮食，好和坏在于是不是和天地人当时的特定情况相合，没那么多知识时，关键还是要以自己身体的表现为准；凡吃后身体没变化的、吃完感觉舒服的就吃对了，反之就吃错了，吃错了就立即停掉，才是对当家脏器最大的保护。如果因为是常识、专家讲的、人家吃都挺好、花钱买了很多怪可惜的等原因，还要继续的话，那就继续拉肚子吧，权当排毒了。

其五，**要有点脏腑关系学的常识，才能帮到当家脏器**。整体医学探究的不是疾病，而是五脏六腑之间的关系学，怎么能和谐相处，怎么能身心平衡，怎么能顺天地而动，弄清楚了，搞明白了，就能帮到自己的当家脏器，因为当家脏器的首要职责就是维系身体大家族的和谐，每个人的当家脏器都比大脑要聪明，要关心和倾听身体的反应，及时做出有效的调整，这是最主要的。

32 体质的当家脏器概念来源于身体结构外的另一套系统，一套不为传统生理认知的操作系统，也是西医临床一步步在探索中的“自律神经系统”“内分泌免疫系统”，总之，就是不为主观意识控制的那部分运动关联系统，比如，呼吸、心律、血压、意识等，我们智慧的祖先早就提炼出来了，就是被现代人最不待见的五运六气学说，**五运六气是指导我们维系身体平衡、和谐共建身心灵家园的不二法门**。这话题扯起来就远了，暂且略过。

总之，对当家脏器的最好保护要做到以上 5 个方面，而不是传统“吃什么东西好”的概念，谨记！这才是 32 体质的核心理念。

第二节　有关血型的疑问

问： 双亲和子女间血型遗传关系是怎样的呢？

答： 孩子的血型一半来自父亲，一半来自母亲，血型基因在人群中总共有 3 个成员，分别为 IA、IB 和 i。每人只有其中 2 个，在构成的六种基因中 IAIA、IAIB、IBIB、ii、IAi、IBi，当 IA、IB 和 i 组合时，IA、IB 是显性，i 为隐性。所以只有四种表现型，即 ii 为 O 型血、IAIA 和 IAi 为 A 型血、IBIB 和 IBi 组成 B 型血、IAIB 为 AB 型。

我们看到，A 型血和 B 型血都有两个基因组合，一个是纯的，一个是混杂的。所以，在 A 型血和 B 型血、每个人都只有 2 个基因，一个显性，一个隐性的情况下，都可能含有作为隐性出现的 i 基因。这就是为什么双亲是 A 型血和 B 型血，而孩子会出现 O 型血的原理。也是为什么即使是亲生父母给子女输血，也要做血型检查和交叉试验的原因。具体双亲和子女间血型遗传的关系看图示：

双亲血型	子女可能出现的血型	子女不可能出现的血型
A×A	A、O	B、AB
A×B	A、B	O
A×O	A、O	B、AB
A×AB	A、B	O
B×B	B、O	A、AB
B×O	B、O	A、AB
B×AB	A、B、AB	O
AB×O	A、B	AB、O
AB×AB	A、B、AB	O
O×O	O	A、B、AB

最准确的结果，还是去验血明确一下。或者献血，或者查询你病历中的血型记录。AB 型血在有些人一生中，可以有比较大的改变，以最后验血的血型为主。

问： ABOAB 哪种血型最好？包括 Rh 因子吗？

答： 血型是父母遗传，没有挑选。没有最好，只有相对的好。

ABOAB 四种血型是人类进化中的生命形式，是人类适应不断变化的环境、地理条件、“适者生存”的产物。每一种血型都包含着老祖先饮食习惯和行为惯性的遗传信息，不仅仅是父母、祖父母这一辈的遗传，O 型血追溯到公元前 4 万年，A 型在公元前 2.5 万～1.5 万年之间，B 型出现在公元前 1 万～1.5 万年，最现代的 AB 型血也有 1000 年左右的演变。

血型的特性，别说我等之辈、就是追溯到祖宗牌坊那十几辈，都不可能改变，这就是血型遗传特征的稳定性。说血型可变只是发生在某个 AB 血型的人，或有 AB 型祖父母人的血型，如果牵扯到献血和治病用药，最好再抽血验证一下，有个确认再执行，因为所有输血反应都与显性的血型类别有关，与隐性的血型基因无关。

Rh 因子的概念来源于 1940 年，兰德斯坦纳 70 多岁时的又一项研究发现，以后了解多了还会出现更多血型相关因子，比如分泌型与非分泌型、MN 血型系统，包括 Rh 阳性/阴性等，这些都是在 ABO 血型系列下的次要亚型，与我们现在讨论的血型知识没有什么关系。Rh 阳性/阴性只对血型配型和孕妇怀宝宝很重要，但对占 85% 的 Rh 阳性孕妇完全没有必要。

再回到血型讨论什么是“相对的好”？相对至少有两个限定，一是指目标，比什么，是针对哪一个方面的好还是不好，比如从人类进化角度比，进化后的血型一般都比进化前的好，A 型好 > O 型，B 型好 > A 型，AB 型好 > 所有血型，因为适应了复杂社会和环境生存条件的变革；而如果从血型的稳定性来比呢，O 型最好，A 型次之，B 型差 > A 型，AB 型最差，完全反过来了，因为稳定性能让复杂的疾病表现简单化，能让我们更容易找到解决疾病健康问题的根本所在和有效的处置办法。

其二是指适度性，也就是量化、数字化的概念，这点不容易理解，即所有血型最好的方面也恰恰是最不好的地方。比如，O 型血液稀薄可以不用顾虑胆固醇升高，却增大了缺氧、出血的患病风险；A 型血容易胆固醇增高，患癌症、血管硬化症的比率也较高，但是如果坚持全素食、以食代药、或一个时间段的以水代食，较高患病率反而会取得较高的疗效；B 型血免疫系统活跃可以不用担心细菌病毒侵犯，但过活跃产生的排异性，反而造成更大的伤害；AB 型血没有抗原，没那么多排异激烈反应，但对细菌的宽容性会使血液增高黏稠，造成血液的淤塞和血管的梗阻，反而使体内的无菌性炎症，此起彼伏。

所以，最后的归纳：血型没有挑选的余地，只有接受。ABOAB 四种血型没有哪个血型是最好，只有相对的好，包括对健康的帮助和带来的疾病伤害。至于 Rh 因子，包括将来还会出现的更多血型相关因子的问题，与我们今天讨论的 32 体质内容没有直接关联，尽可忽略不记。

问： 我是 O 型，我不喜欢吃肉也没病？

答： 不止是你，恐怕很多 O 型血都不吃肉，确实也很健康、没有病，但是，不等于说 O 型血吃肉健康的规矩不成立，因为这是个经过千万年人类进化史遗传下来，对 O 型血人的身心健康、具有普适性指导意义的铁的规律。凡是成为铁的规律的事情，必定是谁碰谁出血，谁顺谁受益。

说 O 型血吃肉有益，一是针对当前普适性的健康教育去的，因为，当前的健康大讲堂宣讲的养生防病注意事项，都是来源于临床的病历循证，A 型血胆固醇高，患心血管病比其他血型高出 25%，A 型血吃肉都增加到血管上了，自然不吃肉有利减少患病的风险，专家说的一点都没错。但是把它作为普适法则用到所有血型的身上，就错了。

凡能成为医学专家的，接受的都是上个世纪的医学教育，是简单的可视化教育，跟这个世纪的复杂系统医学相比，显得很原始。人是活的，怎么可以完全以死后的解剖作教具，解剖没有看见的就否认它的科学性，比如经络、穴位、生物电流和生物频率场等，人死了这些表现都不存在了，那么多非物质的运行规律都是未知数，怎么可以只把可视化作为不变的信律，死守着一个过时的医学教育。这个世纪的健康教育，将要发生从“普适”到“个性”的转变，血型规律将成为健康个性化服务的主要内容之一。

其二，说 O 型血吃肉有益，并不是满足 O 型血的食欲，因为临床上看到了太多不遵循 O 型血饮食规律的案例，有的误入了癌症的恐惧，有的已出现了脑细胞渗血，有的身体全系统报警都全然不知，不是因为疾病，而是因为不知道常识性的规律。只需要改变饮食习惯、停止继续服药阿司匹林，复杂的问题就迎刃而解了，癌症的恐慌也瞬间全无。作为一个内科医生仅仅知道点规律，就解决了这么多棘手的难题，这是一件多有成就感的事情。

当然，对于任何人，影响健康的因素都是多方面的，血型因素只是其中之一，不吃肉还有很多是“不杀生”的宗教信仰问题，心存善念、心无杂念，也能带来心境的平和，心境的平和也会带来身体的健康。所以，如果你觉得现在的饮食很健康很适应，确实没有必要去按照 O 型血的知识改变自己，但是如果你健康出了问题，建议你还是按照血型指引的规律，先去安排两个星期的饮食，看看能不能改善你遇到的健康问题，两个星期后不行，再去按你心怡的办法处理，毕竟以食代药会简单安全许多。

问：坚持 1 周 A 型素食，竟像吃草一样无味？

答：这是一个可怜的 A 型血提出的问题，每次出去讲健康课，都得到两种截然不同的反响：O 型血因为可以吃肉，欢呼鹊起；A 型血因为必须吃素，唉声叹气，甚至有A型人表示，如果不能吃肉，生活将了无情趣，言外之意“生不如死”，多可怕！就为了一个吃肉。后来查到资料才了解到，A型人的爱吃指数是4个血型中最高的，居然占到85%，很多美食家是A型血，于是顿悟，难怪反响这样激烈，是因为农耕祖先的生活安定？不得而知。

我自然不希望大家了解了血型知识后，会是这样一个结局。我本人是A型血，美国对血型做出巨大贡献的父子两代医生戴德蒙教授们，也都是A型，都有过对A型血饮食的困惑，尤其是说，“A型血人注意了：通往健康的道路，是由豆腐铺成的。”听后简直觉得太过分了。

特别在50年代的美国和现今的中国，面临如此丰富的饮食，汉堡、热狗、肯德基、冰激凌、培根、红烧肉、肘子却不能吃，真的很残酷。但最坏的地方也是最好之处，也只有这种近似残酷的饮食革命，才是A血型人预防重大疾病、预防疑难杂症的唯一出路。

既然我和戴教授父子都是经过饮食革命的过来人，自然理解A型血人的感受，和饮食革命带来的健康成果。然而我们都是以医生为职业的，所以，看到更多的还是很多硬着头皮坚持肉食的恶果，因此觉得，有必要把A型血与饮食的关系，单独做一强调，以警示我的A型血的族亲们。

案例39：A型血“喝口凉水都长肉”的分析

提出“坚持1周A型素食，竟像吃草一样无味”的这人，是个主任医生，夫妻同行都是我的朋友。男方A型血肝体质，女方O型血脾体质，是我开玩笑说“吃不到一个锅里”，却是“相爱如初、相敬如宾”的美满一对儿。家里膳食是男方主理，自然美食不断，我给他们夫妻俩人都开了食谱，以说明为什么他们吃不到一个锅里。他们按照食谱去尝试了1周，那天正碰到男医生出诊，看到我真诚地说，“你的食谱真的让我感到从未有过的舒服，就吃它肚子没长肉。但是，也真的无味，没法坚持，跟吃草一样。”我听后很开心，很有成就感，要知道这是个闻名全院“自称喝口水都长肉”富态的大肚男啊！60多年了，他终于找到长肉的原因了。

案例40：A型血癌症病患的营养补给分析

我另一个同行朋友就没这么幸运了，他的父亲胃体质A型血，患了胃癌，住医院手术后，我也给他开了食谱，希望能从血型饮食上帮到他。这是一个孝顺的儿子，在父亲的癌手术康复期间，作为一个医生，给父亲紧着补营养，给好的吃都来不及，哪可能按照A型血的食谱去配餐啊，意料之中的事，结果术后不到半年，老人走了。虽然一定还有其他的原因，但对A型血来说，在那个关键的时刻，如果不断然采取戒掉肉食，无异于为虎添翼、火上浇油，后果可想而知。“O型血的健康肉食对A型血就是毒药”，这句话用在疾病的关键时刻，一点都不过分。

32体质分析点评

我不是营养医生，对膳食营养之事了解不多，吃不吃肉真也不是我32体质干预的重点，我关注的是不同血型的患病原因和疾病表现，更希望能找到最好的办法去解决它，比如O型血的出血、A型血的癌症和动脉硬化，都是临床上很难解决的问题。

而不管是理论探究还是大量实践，结果都发现，最难解决的问题，竟然在最被忽视的日常饮食习惯里，且集中在吃肉与不吃肉的焦点上。这样一来，吃不吃肉就上升为血型饮食最要强调的纪律了。如果你不想被疾病缠身，或重蹈上一辈突发恶病的覆辙，血型饮食的纪律恐怕是一定要遵守的，还是那句话，“谁碰谁出血，谁顺谁受益”，可千万别当儿戏。

但是，坚持照规律去做，是要讲究方法的。做个现代人、尤其是在饮食文化如此历史悠久的中国，坚持吃一辈子的蔬菜和豆腐，除非上山辟谷，现实条件下是很难做到的，甚至会闹得左邻右舍不安宁。

比如，我有个A型血表妹为了素食，参加个家庭聚餐也要自己带着锅，她健康了，她O型血的老妈却拒绝她再回家吃饭了。我也曾经为了某件事尝试3个月吃斋，那段时间感觉身心很舒服，但聚餐时却明显觉得很让同饭桌的人扫兴，大家吃起饭来都小心翼翼，全然失去了进餐交流的精神文化意义。

所以，我一定要把吃素食“要善于安排”、善于2个字的技巧告诉大家，怎样做，才能既有利于健康饮食的持续，又不至于失去饭桌上的饮食文化意义。

首先，吃素食是有阶段性和有轻重缓急之分的，也就是说，如果得了病，健康出了问题，或是制订了阶段性目标，比如要减肥、要降糖、要配合治疗，这个时候，体质血型饮食是一定要上，而且要一起上，以食代药，站出来配合。后天之本在饮食身上，不在药物身上，唯有顺着规律去做，智慧的老祖宗才可能帮到你。反之，依赖错了对象，健康就不可能达到目的。

其二，既没有健康之忧，也没有健康问题的；或者虽然有点亚健康不足以担惊受怕的；或者就是临终了，为了某个念想的；都不必死守血型饮食纪律，太过拘泥，毕竟人的健康还有很多心理情绪的影响因素，也可以产生巨大的反作用力。

其三，最不好把握的是什么都不想耽误，又要健康解决问题，又要美食文化含义的人，我其实就是这种人。我采取的办法，只要自己吃饭尽可能素食，把每周的肉食用餐次数减少，跟他人用餐从不强调自己（这方面和A型血的超忍耐力有关，常常为了别人忽视了自己的利益），当然也是放纵一下自己。

这样坚守下来，我摸到了规律，只要吃肉食，肠道的排便规律就会被破坏，必须要有相应的跟进方法。我采取的办法是，吃了美食后，一定要找吧回来，或者增服脂肪分解酶，或者间段做肠道清洗，这样做健康和美食两不耽误，而且能持续，效果也不错。在一次台湾排毒营的肠道健康检测中，我的数据完全正常，所以才敢拿出来与大家分享。

总之，A型血人坚持素食是铁的纪律，坚持的办法多种多样，目的应该是身心健康，不被A型易患的疾病缠身才是最好。如果有更多A型人士，挖掘出更多适合自己饮食规律的好办法，到时别忘记通知我，期待着。

问： 血型用药禁忌有什么根据吗？

答： 能找到这一问题来看的，显然都是动过心思的人了，如果也是一个临床医生就再好不过了。血型用药禁忌的说法，没有规范条文下发，至少目前，还纯属是我个人的提议，但个人的提议不是没有根据，希望能耐下心来，想想有没有道理。

根据是什么呢？首先是4万份临床住院病案，在医生们书写的医疗活动记录里，我把有血型记录的全部抽了出来，凡有疑问的，就去进行医嘱用药与病情变化，与血化验数值的前后对比，年龄从1岁孩子到94岁的老人不等，共积累了资料完整的百余份，应该具有循证大样本的意义了吧。

其二，就是理解血型的两个理论重点，人类血型进化的发展史和血凝素的产生原理，再有就是学习海内外同行们的临床实践，和他们反馈给我的经验信息。我举出的案例中，像《A型血癌症与“上山吃中国和尚的饭”》，就来自毕业于哈佛医学院，现任美国亚利桑那大学的临床教授安德列·威尔（Andrew Weil, M. D.）博士，应该也算得上是这一课题的跨国合作吧。

其三，最重要的是我们要采取果断的措施，立即改变我们对血型的无知和忽视，临床治来治去都没有效果的用药，坚持它的所谓规范和处置，只能给病人带来更大的伤害，争论其他都毫无意义，临床实践第一。

血型用药禁忌，是我在众多完全无知和众多认识误区里，找出的最具警醒的问题，也就是说伤害最大，最需要立即纠正的问题。对这些问题，我也有个认识过程，最初接触理论时，关于O型血不宜用活血药，还只是跟大家商量，随着以后接触的问题案例越来越多，我的态度也越来越坚决，到写书时，在O型血不用活血药的问题上，我已经是“没有商量了”。

B型血不宜用抗生素、疫苗、化疗，虽没有O型血病例多，但伤害严重，尤其是直接从血管进入，尤其是对孩子注射后引起的严重神经反应，出现走路或爬行的行为异常，要尽早想到血型问题，加以关注和解决，否则是影响全家一辈子的事。海外医生的经验还发现了B型血安装假体、假肢的排异率是四血型中最高的，现在这种手术很普遍，术前检查下血型，采取点防范措施，不仅医生会主动得多，病人也少受些伤害。

A型与AB型血，现在还没有发现太大的伤害性禁忌，当然这里只是从血型角度来说的。我希望有人看过这本书后，会塌下心来跟我讨论和采纳以上的建议，能够予以规范化最好，规范成像“检查滥用抗生素一样”，检查血型用药的禁忌，那就更是期望不得了。

问： 医院医生能按照血型规律用药吗？

答： 这真的是很遗憾的问题，现在国内的医院医生还没有用到血型规律，但是相信很快会有的，因为国外已经有不少医生在自觉的运用，指导临床实践了，比较之下，好像指导饮食更普遍些；国外现在攻克基因靶向治疗，干细胞、生长因子治疗，其实都已经遇到了瓶颈，而血型规律给予的提示，将成为全球医生们，新的努力方向。

写这个问题的目的，就是提示大家自己首先要具有血型知识，知道自己的血型的特点，平时注意遵守自己的血型纪律，看病时跟医生讨论自己的体质特征，如果这个医生有时间和耐心的话。反之，或医生不接受，可直接告诉医生：“我对这个药过敏，不能用”，发挥你的知情选择权，相信没有哪个医生会硬性要求你去接受的，当然接下来你要有相应的解决办法，这时候的饮食安排就至关重要了。如果你没有后续措施，就还是按照医生的办法解决，因为你已经去看医生了。

问： 血型和体质饮食发生冲突时怎么办？

答： 能提出这个问题的，一般都是仔细看了自己体质内容的人，书中有两个角度可以查到自己的身体素质，一是从《八种体质与四个血型》中，另一个是从《四种血型与八个体质》中，这是一个多角度对比的好方法。体质和血型来自东西方两个不同的方向，在32体质中发生了融合，所以冲撞之事在所难免，因为看问题的角度不同，一个从功能，一个从结构，通俗说，一个从“气”，一个从“血”，东西方都有严肃的命题和成功的案例。

案例 41：B 型血肝体质能不能吃鸡的分析？

比如，B 型血肝体质最容易发生的“过疲劳综合征”。易理和中医都会选择鸡，作为最佳补气的食物。栾博士实践中，有一个患慢性疲劳综合征的病人，“一只两斤多的鸡，一般食用三天后，腹泻即消失；连续食用三只鸡后，其力气和气色开始好转；十几只鸡食用后，恢复到先前风风火火精神十足的状态。后来总计，竟食用了 20 只鸡。”

美国戴德蒙教授血型知识却告诉我们，B 型血最难做出的改变就是放弃吃鸡肉，因为鸡肉组织中含有能凝集 B 型血抗原的物质。有个波兰犹太教的长老，73 岁时瘫痪在床，长年的糖尿病靠着胰岛素勉强控制着血糖，虽然 B 型血，却一直在遵守着正统犹太教徒的饮食规则，乳制品和肉类绝对不能同餐使用，所以每日 2 次鸡肉和鸡油，必不可少，日复一日。戴德蒙教授立即停止了鸡肉以火鸡代替，同时开了维生素和植物药，应该是在所有方法的共同作用下，八个星期后，发生了不可思议的变化，并维持到现在，中风好了，能走路了，糖尿病也得到了全面的控制，展现了他那个年纪少有的活力。

32 体质分析点评

这就是冲撞所在，B 型血肝体质东方说吃鸡好，西方说不好，到底听谁的？怎么办呢？建议：

（1）不妨都去试试，但要分头，不要集中在一个时间段。前提是你希望解决什么问题，如果什么问题都没有，就是好奇想弄清楚，那就没有必要了。因为谁都不会没有任何问题去连续吃一种食品的，而如果不是连续把食品当药来吃，一般身体自己就会处理，尤其是 B 型血，有很强的排异能力，不可能吃几次鸡就吃出严重的疾病问题。

（2）如果你出现了疲劳综合征，而不好选择时，我建议还是以东方的理论为主，即先去吃鸡，再加点肝体质的食品，因为老祖宗功能上的能量调理，会比较快的解决问题和看到效果。**尽可能在短时间段改善症状，是 32 体质的食疗法则，如果一个问题反反复复不能解决，会让病人丧失信心，自己没有了信念，他人的任何帮助都是有限的。**

那要是引起血凝素怎么办呢？西方的血型纪律又要遵守？这就是我下面要强调的问题，如何利用书中提供的知识。正确的态度应是可信可不信，遵守不是死搬教条，而是灵活运用。比如，知道自己 B 型血肝体质，知道自己不适宜的食材，但在日常饮食中，还是该吃啥吃啥，越广泛越好，花样越多越好，但是，如果出现了健康问题，别忘记回头看看，是不是不该吃的东西吃多了，排除了饮食的问题，再去求医问药不迟。

案例 42：B 型血肝体质吃草莓后的反应分析

齐女士，B 型血　肝体质　胃癌术后放疗后

病史摘录：这是我院的一个退休医生，病后一直按照老祖宗的方法自我调理。一天她见到我说，因突然眼睛视力模糊，去眼科做检查说是“早期青光眼”，问我原因和解决办法。我问她，你想想近两天吃了什么伤肝的食品了吗？当然这个“肝”是 32 体质中的肝，她忽然顿悟说，“可能是吃草莓吧，近来草莓上市，我连续两天每天都买 2 斤草莓吃，想着新鲜草莓不是增加维生素 C 吗？”红色浆水食品，宜于肺却伤于肝，大量突然连续吃，加上身体排异反应，自然在眼睛上表现出来。结果我什么也没说，也没做，她的“早期青光眼”很快就好了，直到现在两年过去了，再未听她提起过。

32 体质分析点评

草莓引起青光眼，不用 32 体质分析，怎么都联系不到一起。但是一对照分析，不用治就自然好了。这个典型案例要说明的就是，32 体质的重点不是让你固定在某个食物上，好的就多吃，不好的就一点不碰，像 B 型血吃鸡不好，就一点都不吃，肝体质吃红色浆果不好就一点都不吃，再强调一遍：不是的！不是吃什么好，吃什么不好的概念。

而是像这个大夫一样，当你健康出现问题时，首先对照自己体质该吃不该吃的饮食，有没有多吃、有没有吃的时间太长了、或有没有变质等问题，首先从饮食上找原因，只有先把饮食的因素排除了，才考虑后面看病吃药的问题。而这时候，体质和血型饮食的知识就显得很重要了，你有了这个知识，关键时刻就帮助了你，没有这个知识，自然就增加了担忧和风险。

这本书的重点是讲道理，懂了，就能举一反三。知道中医的诊病流程吗？是“理→法→方→药”四个环节，本书的重点在“理和法”的层面，大家别把注意力集中到某个食品的分歧上，因为某个食品对身体的伤害，一定是在大量、连续、本身免疫力弱等多种元素作用下，才起作用。我们讲以食代药时，也同样要有多些元素配合，不是简单“吃什么补什么”的概念。

案例 43：又 1 例 O 型血胃体质癌症去世的分析

书稿刚刚写到此段，山东的朋友发来一短信：“姓张的 20 岁男孩淋巴癌，昨晚（12

月9日）一点钟死亡了”，又是一条让我无言以对的胃体质O型血的癌症死亡案例。8个月前去山东时曾做过会诊，治疗和体质完全背道而驰；我很难说通孩子采纳我的整体建议，也可能只是改变了个别食物，把体质知识当附属品，吃没吃尚且不知，即便吃了，哪能对抗住伤害性治疗的疾风暴雨啊！如果再把饮食调好的身体，理解为治疗有效果，作为接受继续治疗的本钱，误解事小，伤害岂不更大。要知道真正影响健康的大头，60%都在于先天因素，顺其规律尚且力度不够，反之，那还不是轻而易举。

32 体质分析点评

所以在结束回答这个问题时，再强调一点：就是对32体质知识在理解基础上的心理承受力。真正乐意和信任这个新知识理念的，吃什么就知道怎么吃，当然可以受益；如果心里充满怀疑、不确定的，不要勉强自己，就是吃最适宜体质的东西，不知道吃的目的和方法，也不可能有益，甚至可能有害。

饮食吃什么，怎么吃，在32体质的饮食系列里，不是儿戏，其实是个很严肃、很有学问的主题，也是这个世纪，东西方的临诊医生都回避不了的饮食营养学问题。

第三节　有关生物能量数据的质疑

问： 生日和血型是生物能量仪测出来的吗？

答： 目前还不是，是检查者自己必须要提供的。不论是第一代量子共振检测仪，还是第二代3D细胞定位扫描仪，都要事先输入32体质的生日血型数据，台湾何逸仙教授正在努力写入后台程序里去。

总之，生日和血型不是生物能量仪测出来的，现在不是，以后可能是，目前不要寄希望让仪器去测你的生日和血型。

问： 怎么看检测数值的准还是不准？

答： 这个质疑很有学问，如果简单回答呢？就一句话：用传统解剖的理念来看，数值就不准；用32体质的理念来看，数值就超准，不仅精准，还能为我们揭示人体与生命中，许多现在还不被普遍认知的规律，启迪人类在更高的层面探究“天人合一”“天人同构”中的、很多尚未发现的问题。可惜的是，现在哪有那么多医生能站在人天观的角度看疾病和健康问题啊?!

所以，生物能量仪的应用局限，当前的质疑之声远多于信赖和美誉，几乎都被正统医学划到了另类、不成熟、需要继续完善的境地，尽管它的早期诊断率远远高于传统 CT、MRI 的 n 倍还多，尽管它不但能超早发现疾病苗头，还能进行立时有效的干预，尽管它现在可以代替所有的全科体检，尽管它给了我内科医生一个从未有过的成就感，尽管……，总之，好处太多，处境太悲！

年初，美国一个曾参加研发生物能量仪的老工程师找到我，交谈兴奋之余，建议我在美国耶鲁大学医学院立个生命医学研发课题，从中找出对某些癌症早期筛查诊断的绝对值，固化一些像血生化检验值那样稳定的计量数据，经过医学专家们的认可后，就可以通过美国耶鲁大学医学院的声誉，在全球得到确认，冲击医学诺贝尔奖杯。

多么梦寐以求的诱人前景啊，想来想去我还是拒绝了，当时的感觉，就像一个刚刚松了裹脚绑带的妇女，为了出嫁，硬要把好不容易解放过的大脚，重新塞到三寸金莲中去一样，那是怎么可能的事情啊，别人我管不了，但我绝不！也许是 3D 细胞能量仪把我给惯坏了，我再也没办法再走回传统的、线性的、简单的、结构化的、过时的、绝对值的、以疾病为中心的……医疗老路上去了，不管你是耶鲁还是哈佛，都感觉是遥远、20 世纪的事了。

还是回到当下，要不怎么说现在的高科技就是棒呢，有句老话“是驴子是马拉出来遛遛”，指的就是我现在用的这台 3D，不管哪路神仙，信和不信都不重要，数据图形是客观显现的，又对人体没有任何伤害，10 分钟全身 12 个系统 40 张图片扫描，拿来用就是，信的就能帮到自己，多一个朋友还多一条路呢，何况还能跟 CT、MRI 有一拼；不信的也别较劲，就当 3D 是假的根本就不准，到时别说社会了，市场规律都会自然把它淘汰，轮不着我们制气。

举几个典型的案例，到底是所谓精准呢还是完全不准？仁者见仁、智者见智吧，也免得我有“护犊子”之嫌。

案例 44：不同情况的能量数据检测，褒贬不一

案例 44a：郑先生　男　76 岁　O 型血　肺体质　退休老人

病史摘录：2011－8－26 国广老干部活动中心体检，3D 检查图形：2 个报警图形在肺部，其余正常，告知预防等级 2 级，现在身体不错，心脑血管都没异常发现。老人立刻提出质疑，

“你这个检查不准，我有结肠癌，它没检查出来。”

“您什么时间得的肠癌啊？”我问。

“30 年前，我手术切除了，这是事实。”

“老人家，不是检查不准，是您不准，30 年前手术切除的肠癌，身体都忘记了，您还记得。”

我接着说，“您现在没有肠癌，也没有心血管病，30 年前的事忘掉吧！”

32 体质分析点评

肺 O 体质，76 岁老人，国际广播电台退休，30 年前肠道癌症手术，报警图在右肺气管，其他血液细胞、循环系统都在正常状态。

案例 44b：霍先生　男　38 岁　B 型血　肾体质　某公司董事长

病史摘录：2012－1－12 考查 3D 仪器体检，3D 检查图形：仅 2 个报警图形在血液的淋巴细胞上，其余正常，告知预防等级 2 级，现在身体不错，有点常规感冒的病毒反应，无需在意，可以调理改善。于是旁边人立刻提出调理一下看看，改善后霍先生说，

“你的分析和对感冒的调理，还是挺准的，感觉鼻子比刚才通气好些。但是，仪器不准。我胆囊切除了，图形中还有胆囊，也没说有问题”

“什么时间做的胆囊切除？”我问

“20 多岁做的，我一直没有胆囊，这仪器不准。”

32 体质分析点评

肾 B 体质，38 岁中青年，20 多岁胆囊切除，容易感冒过敏，检查时淋巴细胞和鼻窦部有报警图，胆囊和其他脏器图形都显示正常状态，疾病预防等级 2 级。调理前后图形对比增强 18%～30%，主诉改善。

案例 44c：陈女士　20 岁　B 型血　胃体质　某总医院高烧待查病人

病史摘录：2011－9－3（周六）家人带来高烧会诊，在医院住院做了 CT、MRI、痰培养，总之，所有能检查的项目都做了，仍然没查到发烧的原因，下周一安排了骨髓穿刺，家人很着急带来我处想看看 3D。自己感觉除了发烧 39 度、身体有点倦怠外，没有什么不舒服，也不怎么咳嗽。问病史了解到，发烧之前一个月，在农村老家办的婚礼。

常规 3D 检查发现：7 张棕色报警图形，3 张黑色病变图形，右肺气管支气管处布满了报警图示，血液的淋巴球、粒细胞也提示有感染存在。于是予以能量干预，不太容易，费时较长，大约 1 小时左右，终于调过来了，女孩脸色露出红润，随后又有按摩师疏通了一下阳明胃经，出门口的时候自己高兴地说，“感觉不那么累了。”家人满意地带着病人，返回医院了。

第 2 天家人打电话来感谢说“昨晚回医院就不发烧了，今天医院测体温也正常了。”

我说，“那就出院吧，骨穿不用做了，告诉医生是肺部感染。”

家人为难的说，“医生会不高兴的，我们自己出来看病已经违反规定了。”

后面不用说了，周一仍然按原计划做了骨穿，1.6 万元的检查结果一切正常。

32 体质分析点评

胃 B 体质，20 岁年青人，婚后高烧 1 月未退，医院 CT、MRI、血象、痰培养检查均未找到原因，3D 检查右肺和支气管全部被黑色病变图形包绕，是个明显的右呼吸系统感染，疾病预防等级 3 级，能量调理前后改善率在22% ~ 60%，医院烧退后给予骨髓穿刺，结果完全正常。

案例 44d：常女士　50 岁　体质血型不知　公职人员

病史摘录：2011 年 8 月体验 3D，自诉两肩关节酸痛，看看有什么问题，10 分钟全身体检结束后，3D 显示：两肩关节完全正常，但两侧乳腺明显异常，尤其右侧乳头处是黑色病变图形，病人第一反应是，“仪器不准吧，我现在就很痛，怎么会肩关节正常呢?”

“您的乳腺以前有过什么病吗?”我问。

回答说，“没什么啊，就是右侧乳头老流脓，也不痛什么的。”

“都流脓了，还觉得没什么，先给你把乳腺病变图调过来吧。”

当我把两侧乳腺的病变图全部升级为正常图形时，病人站起来说：

“也许你说的有道理，现在我的两个肩膀好像不痛了，怎么连点酸痛都没有，真是乳腺问题吗?”说完还不停地活动两肩，寻找之前肩痛的感觉。

32 体质分析点评

肩痛而肩关节正常，3D 检查图形提示乳腺病变，调理好乳腺处改变，肩关节疼痛好转。　**案例……**

不再举了，这两年体会 32 体质做过检测的人员，仪器数据库有 2000 人左右，说准的说不准的、说有效说无效的、相信的怀疑的，五花八门什么人都有。统计下来，正面受益的所占比率，远比负面怀疑的要高，是 9.9 与 0.1 之比，也就是说，相信的如果精确到 1980 人时，质疑的才能凑齐 20 人。

虽然数字小但能量很大，常表现为情绪激烈，站在一个打假的高度审视着这台 3D 检测仪，想也是好心，都被科技骗子忽悠怕了。所以，我更愿意由专业医护人员来学习能量信息医学的知识，掌握和推广这项技术，而不是非专业的其他人员，其中也包括非医疗背景的工程技术人员。

问：健康分级和预防分级一样吗？

答：看32体质的3D报告时，很多人都会问这个问题，这里正式答复大家，健康分级和预防分级是一样的，从标准到内容完全一致，只是叫法不同而已，健康分级就是预防分级。

32体质不是疾病分类，作为核心元素的能量检测自然也不是传统意义的瞧病，而是属于“上工治未病”“退休老医生做预防”的全科预防体检范畴。健康分级是我们在预防疾病的工作实践中，受社会群体健康需求的启发，用3D数字和图形，把传统的三级疾病预防细化出5级而形成的，是试用中的标准，有待实践中继续完善。

具体标准如下：

Ⅰ级：是健康和亚健康人群：3D基本40张图形检查，无1张红色报警图形

Ⅱ级：有症状的潜伏期（相当病因预防期）：

3D有红色报警图形≥1张，10张↓的范围

Ⅲ级：是疾病预防期：3D有红色报警图≥10张，或有黑色病变图形≥1～3张

Ⅳ级：是大病或合并症预防期（相当重病或突发疾患的预防）：

3D有红色报警图≥20张，或有黑色图形≥3张

Ⅴ级：指的是特怪病或私密特需预防期：

3D图形等同或不等同于Ⅳ级，不易改变，本人/及亲属有特殊需求

级别越高越要注意自己健康问题，Ⅳ级在严重程度来讲最高了，Ⅴ级指的是特殊私密需求，病情改变可以是Ⅳ级也可以是Ⅰ级。

当一个团体的体检，以Ⅲ级和Ⅳ级居多时。说明这个团体的疾病预防存在很多问题，有很多人在疾病的无知和防病状态，存在着大病和突发患病的风险，需要及早防范和采取措施。

问：能量治疗的效果能保持吗？

答：能量治疗属于功能性的细胞层面的调理，不是原来理解的损伤组织的修复调理，而且是多系统的作用，产生的是连带身体内的网络反应，是对每个人自愈力的激发作用，所以，如果一旦调好改善，没有相同的外因，比如药物、饮食等，一般是不再会回复到原位的，如果又出现报警，是又一次产生的问题。这是我们在众多调理案例中，包括我们工作人员在对自己的长期调理中，摸索出来的不成熟的体验。

案例 45：能量数据调理愈后的分析案例

孙先生　75 岁　肾体质　血型 B　前列腺肥大

病史摘录： 2011 年 10 月被家人带来检查 3D，自诉身体没什么不适，都是年纪大的一些问题，吃药控制也挺好；而 3D 检查却发现，8 张棕色报警图，9 张黑色病变图形，都集中在泌尿系统，尤其是男性后视膀胱、前列腺、尿道，于是给予能量治疗，都取得明显的效果，消灭了黑图，升级了棕图，健康等级由 4 级升为 3 级。于是嘱咐老人，不该吃的药停掉，多饮些白水、豆浆、牛奶，把喝茶的习惯给替代掉。

20 多天后家人又带来检查，除了后视膀胱那张图形回复到初次的改变，其他都跟调理后的一样。老人很高兴的跟我们讲述调理后的反应。

"那天仪器治疗后，感觉这几年都没有过的舒服，当晚起夜的次数减少到 1 次，之前怎么也得 4 ~ 5 次吧；后 2 ~ 3 天差点，反正没第一天好，最近次数又增多了，所以今天来，希望再给调调。"

"你都停了哪些药啊？"我问。

"都停了，那天回去感觉很舒服，所以药都停了。"

"治小便的药也停了吗？"

"那个不敢停，就 2 小片，吃习惯了。"

"带着吗？我给你测测。"于是，老人家把随身带的治小便的白药片给了我。

放到机器药盘上检测，产生的图形跟初诊后视膀胱检测的一模一样，甚至 3 个黑色方块所在的位置都没动。于是我叫来在场的所有工作人员、病人和家人，都来看两次的图形数字对比，并对大家说："这就是我让老人家停药的原因，第一次调好了，老人把药吃上，所以又复发回原样；不是仪器的疗效不稳定，如果是能量调理疗效不巩固，为什么其他图形不变，只有膀胱这一张图跟初次检查一模一样呢？"

这次是所有在场人员给老人讲图，再次调理的结果可想而知，至今了，老人家没有再找人来联系过我。即便联系，除非他再吃同样的药片，否则一定是新的问题。

32 体质分析点评

肾体质 B 型血，检查的结果与改变吻合，调理后效果稳定，不稳定复发的表现，与用的药片有关。如果大家能看到老人家两次的彩图对比，不用更多的文字就可以说明问题。

到现今为止的 3D 数据库备有千余检测案例可以随时拿来对比，只要你做过一次，你的数据就自动备在库里；你每一次检查都是即时的变化，系统调理改善后，一般是不容易回到原位的，如果回到原位一定有相应的影响因素。

能量信息的检测和治疗，不是传统理解的结构改变、器官损伤性质的修复，而是自组织细胞层面的信号频率修复，说通俗些应该是功能代偿性质的修复，或对自体免疫力的提升，身体自己有了能力，自可摆平器官病变，让损伤部位恢复正常，这是个动态的过程。所以，不是检查一次就可以永久性的“戴帽”，什么“我的健康是4级”“我没有糖尿病”“我已经是癌症早期了”，诸如此类，属于疾病方面好转和复发的固化性结论，这些结论都误解了所有数字化诊疗仪想要说明的问题。

也就是说，能量信息的检测和治疗都反应了即时身体的动态表现，有疾病的组织结构表现，也有饮食、用药的局部细胞反应，更主要的是身体各脏器即时的运作能力，能力强的即便有问题也能够解决，能力弱的就出现报警，等能力增强时警报就解除；长期报警解决不了，就变成黑色病变图形，只有聚集的黑图越来越多，持续的时间越来越长，才会出现器质性的器官改变。

究其实，就是我们常说的“正气存内，邪不可干”被数量化处理后，展现的彩色图像和数据。是即时的多元素改变，没有任何人工的因素，像电视接收信号反应在屏上，你可以任选各个频道，节目都不同，但都是在同一个时段的播出。谁也不会因为看了某个电视剧，剧情与自己预想的大结局有出入，就去责怪电视机的品牌和厂家有问题吧，能量信息的检测和治疗结果就是这个道理。

高科技在能量信息能调理产生疗效的事情，目前还不为大家所理解，所以我们现在不作为服务推广，需要有个过程。我常常被检查者质疑：“医生，你是在修电脑呢，还是在给我治病?”我也常常解释说：“如果你带着耳机呢，就是在给你治病，如果你不戴耳机，我把电脑反过来呢，就是在修电脑。”至于疗效能保持多久，决定在于每个人自己的自平衡能力和自修复能力，还有不可忽视的一面，就是看后天人为的伤害和干扰能不能减到最小。

问：医保能报销吗？

答：不能。以后能不能，不知道。

这一问题是很多热心人提出来的，“这么好的东西，比CT、MRI便宜，没有任何伤害，检查同时还可以治疗，为什么不争取进入医保啊，这样不是可以造福更多的人吗?”。还有同行建议“只有想办法进入医保，才能有较大的发展和全面的铺开”。确实，我跟大家一样期待，但我只是个退休返聘的医生，那些法规管理上的事情，真是力所不及，目前能保住自己不被打假、视为另类，已属万幸了，哪敢有那么多非分之想！

生物信息能量的医学和技术，属于医学创新高科技前沿领域，应该划为特需服务范围。而医保则是基础的医疗保障项目，有一套的审批流程和手续不说，还需要大批能够解读和分析检查报告的专业人员。没有经过系统培训，难免不会念歪了经。而一旦正经歪念，后续对疾病的认识和采取的措施，都将大相径庭。医疗处置又是何等严肃认真的事，哪能有半点虚假和瞎猜。

另一方面，纳入医保也要顺势而为。当前和今后的一段时间内，我国处在健康转型的重要时期，作为发展中国家，我们虽然始终面临着追赶跨越，但在相当一段时间里，政府恐怕只能使用较少的卫生资源维护世界最庞大人群的医疗卫生服务。要解决的问题很多，比如新的技术、更多的资源，制度的安排等，当然，更需要的是全社会的共识与智慧，包括我等草民之辈的智慧。

生物能量的数字化技术，是与 32 体质密不可分，对生命和疾病具有多维性认识的一项医学创新领域的革命，属于交叉边缘新兴的学科和技术范畴，能否纳入医保，既不是目的，也不是发展的意义，倒是其着重解决的认识问题的思路，和其创造的临床诊疗价值，比是否纳入医保更有意义。

所以，目前我们将 3D 全科预防体检，与 32 体质个性化培训结合来做。既然是纳入教育体验互动，从个性化需求做起，当然是谁有需求谁买单了，这样发展虽然慢些，总比短期内盲目铺开，风险小很多。在还没取得有关部门的首肯和支持下，目前所为，也属于“不得已而为之”的权益之举。

问： 为什么三甲医院没有引进？

答： 这个问题可以和上一个问题的解答，一起来看。首先，我想说明，到了这个世纪的今天，由于高新科技在诊疗技术领域的飞速进展和医疗市场化这个怪胎的存在，可以说，医院、尤其是三甲综合医院有没有引进的问题，已经不是评价一台仪器是否有价值是否科学的标准了，不止北京、全球都是如此。

比如，英国有一本《别让医生杀了你》的书说，“多年来，医疗技术的发展使医生可以使用的设备越来越多。然而，这些仪器却在病人和医生之间竖起了一道无形的屏障。医生们往往完全依赖仪器，所做的诊断全凭仪器检查的结果，而不是根据鲜活真实的客观事实。这样的诊断当然很难引导正确有效的治疗。几年前在美国进行的一项调查发现，如果医生在诊断时更多地依靠他们的大脑而不是仪器的话，那么每 10 名死亡的患者中，就有一名至今仍有可能活着。”

而这正是我们所担心的，3D 这类数字化的高新仪器，就像突然升级的手机电脑，以前发现不了的资讯忽然都能以彩色画面呈现给你，是个活生生的生命实体。而医生的知识和理念都来自院校期间的死亡躯体，以及病理和动物实验室，生和死之间的改变如天地般不同，有点常识就知道，所以医院在理念没有转变之前，是不宜引进这类设备的。

强行引进，会形成新的医疗依赖。帮不上忙还好，要是帮了倒忙，那真是苦不堪言。比如，数字化检测仪能在超早期发现细胞功能上异常，而医生都会按照器官有损伤去理解，把功能改变短时间的表现，当成固化的疾病去治疗和预防，且不说后续治疗的伤害，单就心理压力而言，就会造成多少家庭的社会和经济负担。

比如，明明是喝点咖啡造成的身体细胞排异，却可能戴上“糖尿病”的帽子；明明是药物引起的前列腺改变，却可能当成“前列腺癌”手术切除；明明是心脏某个局部一时的供血改变，却为预防“冠心病”安支架和搭桥；明明是肝气不舒的经前期反应，却可能登上预防乳腺癌的手术台；明明先天就是那个结构，才能维系自体的平衡，却……，总之多了去了，越是有较好医疗条件的个人和家庭，越是重灾区，这类例子不胜枚举。

信号彩图是不会说话的，全凭医生去分析判断，而一个世纪的医疗科技发展，已经使医生的大脑变得笨拙了，再加上只有管状视野的专科知识，在活生生的身心灵整体面前，各个都如盲人摸象一般；现在，还有多少大夫能不靠检查做诊断，就说现在大医院 CT 设备的利用吧，国外检查率 0.1%，而我国的检查率是 67%，做个 CT 就像做个血常规化验一样随便。

试想，在这种情况下引进 3D 数字化仪器，检查率不到百分之百才怪。错误的理念加上百分之百的依赖，如果这种状况不改变，不加强医生的生命医学整体化培训，操作人员不坚持持证上岗，我反正是不敢引进医院的。但是，我无力阻止医疗市场人员和无知管理者的合作，因为它毕竟是个有广泛社会需求的先进东西。

我对前辈潘德孚大夫所云很有同感，摘录之下作为“为什么三甲医院没有引进?”这一问题的结束语：

1. 医学进步的标志是治疗效果，与科技进步无关。

2. 现代医学中缺乏的是生命与健康的研究。

3. 医学是要命不要钱的，市场是要钱不要命的，市场医学则是个怪物。

4. 医学的目的是维护健康；医学按市场运作则是在制造病人。

也许话说得有点尖刻，但目前就是这个状态。在这个状态下，大医院没有引进 3D 数字化仪器，也许对大家都是件好事，而不是坏事。如果三甲医院引进，必须是经过系统化培训在先。

第五篇　32 体质创新思路的历史沿革

32 种体质既来自临床实践，也来自我行医多年的理论探究；既不是空穴来风，也不是赶时尚的胡乱组合。所以，单独列出一个篇章，把整个理论探究的过程，用曾经的文章、论文、讲演稿，以年度的顺序摘选如下，缕缕思路，增强印象和理解。

第一节　20 世纪 80 年代 1984 ~ 1985 ——呐喊

一个年青西医生的觉悟：医学的方向是中医

导语：此文发表在 1985 年 3 月的《未来与发展》杂志上，那时我是海军总医院的进修医生，我的专科是心血管内科，但我选择了中医科，并以西医生的身份为中医科争取到建立中医病房，而不是单独只有门诊没病房。这篇“医学的方向是中医”的稿件，就出自那个时期，也就是说在 80 年代的中期，我已经开始有意识地去探索新技术革命对医学的影响了。

全文：当前人类正面临一场新的技术革命的冲击，随着科学技术将要产生的重大突破，与之密切相关的医学科学也将要由此带来突破性的质的发展，中医学在这一发展中具有“天时”“地利”的优势。这不仅是由于它的过去，积累着亿万人数千年与疾病作斗争的宝贵经验和今天医疗中的保障作用，而是因为它将来的发展能够指导和推动医学各学科的深入研究，能将整个学科领域的现代化统一在中医现代化的进程中。

一、医学史的源流和发展趋势

有人以方法论为特征，将整个医学史分为三个发展阶段，启蒙医学、近代医学和现代医学。启蒙医学在中国，源于春秋、秦汉的科学发达之际，在西方源于古罗马、希腊时的科学极盛时期。但是，以希波克拉底为代表的古希腊医学和以盖伦为代表的古罗马医学很早就成了历史的陈迹，而中医学却在千百年的医疗实践中不断自我完善，建立了一整套诊断、治疗、用药的理论，形成了一个完整的医学体系。所以，启蒙医学主要是以中医理论为特征的。由于历史条件的限制，自然科学与哲学还没有分开，对人体的认识也是直观朦胧的，方法论属朴素唯物论和自发辩证法。

近代医学是启蒙医学的发展，它始于十五世纪下半叶，也就是延至今日的西医。西医产生的科学背景是自然科学从哲学中独立出来，本身出现了各学科的分化。科研手段的进步使实验代替了直觉，医学研究也由此深入到一个新的层次，对人类结构的认识由细胞进入到亚细胞，甚至量子水平；不仅揭示了机体和疾病的某些重要机理，而且推动了这个阶段的基础医学和临床医学的进一步发展。西医的思辨方法主要是分析——归纳法，即以底层为基础，分析归纳高层次的变化，由细节局部推导整体变化，属形而上学和机械唯物论。

现代医学是近二十年的事，有别于启蒙医学和近代医学。其科学背景是以微电子学为主要标志的新技术革命，电子计算机的发展和普遍应用深入到医学领域，给医学带来了计算机化和自动化。与之相适应的现代科学方法论是辨证综合分析法，属辩证唯物主义范畴。

二、中医为现代医学提供方法论

当代科学方法论总的精神就是：以宏观整体为着眼点，强调整体性、相关性与动态性，在不拆散整体的情况下，利用分析手段的现代化得出更接近于分析对象本质及其运动规律的结论。控制论、系统论、信息论，是现代科学方法论上的重要进展。“三论”等横断方法在医学上的应用，是现代医学方法论上的一个重要标志。

国内外不少当代科学家以这种崭新的思维方式对医学科学的进一步发展进行了预测。钱学森说：“医学的方向是中医，不是西医，西医也要走到中医的道路上来。”日本医学博士桑木崇秀在展望21世纪时说：“中医的阴阳或平衡等基本理论将更受到重视，诸如寒热虚实等将成为现代医学的重要组成部分……（中医将）成为一门经过国际共同努力并受到公认的完整医学。”英国物理学博士李约瑟说：“中国传统思想符合可能会在科学发展面临决定性阶段的时刻，发挥大于人们所承认的作用。”著名比利时物理学家普利高津也说：“中国传统的学术思想是着重于研究整体性和自发性的，研究协调与协同，现代科学的发展……更符合中国的哲学思想。”所谓“中国哲学思想”“中国传统学术思想”，在哲学与科学尚未分开的时代，都集中融于中医理论之中，也就是说中医学的方法论蕴藏着现代科学方法论的雏形。

中医理论中的动态观，强调阴阳无限可分，“成败倚伏生乎动，动而不已，则变作矣”的观点就和现代医学最前沿认识密切相关。1983年荣获诺贝尔医学奖的美国遗传学家巴巴拉·麦克林托克，她的主要成就是推翻了“基因是固定的”传统观念，证明基因是能迅速发生惊人变化，从而鼓励科学家要从运动的角度去思考。国内亦有人尝试用这一观点研究生物学说中的酶，同样受益不浅。与此相比，近代医学方法论上的特点却是孤立自然界的事物和过程，简单由因推果，即一个原因必定产生一个相应的结果，忽视因果之间的相互性和反馈性，说到整体即认为是部分之间的加合，这种思维上的局限已被近年许多国内外西医专家所认识，并感到需要“概括性思维”和“超出试验具体项目和细节的抽象”，从最新涌现的稳态学说、免疫学说、受体学说中，可以看到医学思维回到整体、动态上的新趋向。

爱因斯坦说：“如果一个自然科学理论，没有认识论作为依据是站不住脚的。”中医理论与认识论的整体观就融成了一个难于分割的整体，致使它组成了世界上最早一个“多层次立体系统结构”，乃至今日最新科学也很难取而代之。就像说“离了哲学就把握不住中医本身”一样，探讨中医学的现代化首先应该研究中医学为创立新的人类学生命科学提供的方法论。

三、中医从整体上提供现代化医学蓝图

现代医学的进展与现代科学技术的成果紧密相连，近二十年边缘学科层出不穷；探讨上已精确到分子、量子水平；医学发明和应用周期已从过去需要几十年缩短到几个星期，广、深、快是现代医学的发展特点。就是在这种形势下，中医理论的科学内涵和独到见解不仅没有被否定淘汰，而且被越来越多的人感到“大有深入讨论之必要”，而列入现代医学的重大研究课题。

比如免疫学说，是近年临床发展很快、亦很广泛的一门学科，它研究机体的防御功能、自稳功能和免疫检测功能，是从微观定量方面研究疾病的，属于现代分子理论水平上的研究，其与中医《内经》等经典中所包含的丰富免疫学思想十分吻合。中医注重体质、精神和致病因素的观点对免疫状态的形成和类型，提供了不可多得的宝贵借鉴，在指导治疗上更有独到之处。尤其是随着生物工程的开发和利用，中医宝库提供的取之不尽的生物药资源和中医药物学理论，将在生物医学工程上显示其先进的科学价值和临床应用上的广阔前景。

医学科学另一个新领域是微循环研究，它置于最先进科学手段的管辖之下。修氏理论在实验中证实：中药山莨菪碱可以抑制粒细胞和血小板的聚集；针刺听宫、耳门等穴位可以引起病人鼓膜及耳周围微血管的血流改变；血管活性物质是微血管自律运动的促进剂等。上海 1981 年报道了 487 例甲皱微循环的动态观察，都从理论和实践上证实微循环学说与中医气血理论的密切联系。观察中并注意到一个很有意义的现象：西医“冷休克”属于严重的微循环障碍，中医辨证是“阳欲脱，气将绝”着眼于治气而不重在治血，治疗结果却改善了微循环。“气”与血管活性物质是什么关系？“气为血之帅”“气行血行”的独特理论，是否为微循环研究的进一步深入提出了一个新课题呢？笔者认为起码是启示意义的。

近年涌现出很多医学的边缘学科，其内容在中医学体系本身都可以找见胚胎和萌芽。像“医学地理学”研究地理环境对人体等影响，中医有“人与天地相应”理论，为其提供探索科目；“医学气象学”借用现代化手段研究各种气象因素对人类疾病的影响，中医古典很早就论述过春夏秋冬的变化对人体及脏腑活动的不同作用，“生物钟学说”通过许多实验证实中医“朝则人气始生，日中人气长，夕则人气衰，夜半人气入脏。”的理论与“顺天之时”的治则是有客观基础的；人的呼吸、循环、精神活动、对药物的敏感性，以及死亡时间等，都存在着四季昼夜的周期性变化；“医学心理学”被认为是生命科学的尖端，中医对“内伤七情”不仅很早就做过详细而深刻的著述，而且提供了千百年医疗实践的经验，以及根据当时的社会因素对疾病作用的分析。

综上所述，现代医学不论是最新领域还是边缘学科，不论是最新发现还是最新成果，几乎都可以用来验证中医理论的巨大科学价值，都在某种程度上科学的重复和深化着中医整体观里的各个内容。中医学理论中有许多在西医看来不科学的东西，却在现代医学中的许多重大课题中被提出探索，而且不是一个学科能够单独完成，需要多学科综合研究，即西医强调的“科学的群体协作意识”，中医本身就是一个综合研究体系，给医学研究带来很强的跨界学科特点。有人认为现代医学模式正由传统医学过渡到社会心理生物医学模式上去，如视此为标准，那么中医学丰富科学内涵的意义就在于：为新的人类生命科学提供了一幅从总体上正确反映人的生命运动本质的蓝图，这个蓝图的前景能将众多庞杂的现代医学各学科、各领域有机地融为一个整体。

四、中医的飞跃在于现代化

现代化是发展中医学的必由之路，中医学必需与当代科学技术紧密的结合起来。现代医学的认识论和方法论虽然与启蒙医学相类似，但本质上不同，中医学的朴素唯物论和自发辩证法，只有深入学习马克思列宁主义哲学的基础上才能提高到辩证唯物主义水平。有人认为：从科学上全面彻底的解析中医体系尚非可能的情况下，用哲学来予以估量显得更重要。现代哲学、现代科学方法论与医学科学相结合，有助于扬长避短认清中医学与其他有关学科的关系，从而为探索中医现代化提供新理论观念的依据。盲目用现代名词套中医理论，或满足于西医术语解释的做法，都是行不通的，中医的精华正是集中在它本身所固有的内在规律中。

目前科学技术的应用“正在向微细、快速、精确、高效和轻便的方向发展”，“医学主要凭经验和个人技巧的时代是一去不复返了”（黄家驷）。那么中医要直接迈入现代化，除了系统整理和学习前人经验以外，还需迅速提高与现代化水平相适应的认识能力和实践能力。具体表现在基础理论的研究和新技术的采用两个方面。打破“闭关自守”，吸取国内外医学各门科学领域里的新理论和新研究成果，来挖掘、验证、丰富和发展中医的基础理论。同时，直接采用现代自然科学各先进方法和技术手段，如日本在望诊中配合察色的光电比色法和电子计算机，问诊的声频图，问诊的电子计算机，切脉时的电子传感器，以及检查各种脏器的先进仪器等等，不光使诊治标准客观化，更重要的是能够利于智力开发，从而把精力和主攻的方向更多的集中在中医理论知识的探索上。

展望中医的现代化，它将不是中西医的加合，不是国外西医研究成果的重复，而是比现有医学更高更深的高度综合化的人体生命科学。医学各学科的现代化统一到中医现代化的轨道上来，是当前新技术革命给医学现代化发展带来的一场观念上的革命，有益于发挥我国医学的优势，在国际现代化医学的竞争中站到世界的前列。

呐喊：中医的发展需要通才

导语：此文是一篇参加医院组织业务大讨论时的发言稿，那时我的身份很独特，既是部队上来的进修医生，在参加北京医科大学的西医科班培训，又在以西医内科医生的身份参加中医科的值班轮转。两边的业务学习和实践，让我深感一个医生多些知识的重要。因此写出了上述呐喊，后来此文被刚成立不久的《医学与哲学》杂志社选中，发给我一个去江西南昌参加学术会议的邀请，那是1985年6月的事。

我也是在那个时候，开始接触医学统计学和计算器，被选为班上的统计课代表；也是那个时候开始使用电脑，那时的电子计算机还是DOS版本的黑白显示屏，还没有彩色窗口和办公软件，当我学的还是简单的编程时，就已经使我有点乐不思蜀的感觉了，下面的文字可见一斑。

全文：“通才”（multi－specialist）是新技术革命带给人才结构的一个新特点。它要求具有多种专业知识和技术的人、少而精的多面手。通才已被作为能在多领域内发挥第一流才干的人员的代名词，而成为世界各培养中心的目标。古朴中医的现代化发展，无论从中医丰富的内容上还是从中医发展的技术结构上看，都需要能在多学科领域发挥才干的通世之才，发现与培养这种通才，直接关系到中医事业的挖掘与开拓，是一项与中医现代化密切相关的、带有战略意义的决策。

1. **正本清源还中医的本来面目需要通才**　中医学历尽人类文明之沧桑，据数千年发展史，可谓源远而流长。中医学本身是个开放性体系，其特色是以整体运动观认识生命及其与宇宙关系的。且不论人是何等复杂的机体，单就宇宙万物、自然界变化对人体的影响而言，就涉及和渗透着众多学科的丰富知识，并随着历史的发展不断更换着课题。作为古医籍的经典《内经》，在其内容上，就不仅包括有医理、古代哲学、还有天文、历法、气象、农业、军事、象数……，如同一部百科全书。我们研究中医，不能局限于医理、人体，还要研究与之相关的其他众多学科的内容和发展。《内经》要求医者“上穷天纪，下及地理，远取诸物，近取诸身”，达到这种学术造诣该是何等博大精深！可见中医对人才知识结构的要求，既包含医理的点和线，又交叉着相关学科的经和纬，是一种网络型的知识结构。然而长期来，以“医文哲”三位一体来理解中医的知识结构，就未免单一化了。

古代名医凡有造就者，对自己知识结构的设计远远超乎“医文哲”的范畴。张仲景“勤求古训、博采众方”；张景岳通晓天文、历法、数术、律吕；孙思邈在《千金要方．大医习业》中，给医家开列的书目和“次须熟读”之书，除众多医学、本草、方书外，尚有阴阳禄命、诸家相法，灼龟五兆、五经、三史、七曜天文等等。许多著名医家几乎都撰有数种、乃至数十种学科的著作。他们的知识结构比我们所了解的要广博得多。如果我们只是注重医学方面而忽略其他学科的影响，在评价其学术思想和探索其学术价值时，难免失之偏颇。相反，只有具备同样的知识结构，或至少有所了解，才可能在还中医本来面目时，做到探赜索微而不失于粗浅。

2. 从结构上看，**中医发展要有横向贯通之才**　中医学的源远流长、森罗万象，决定其发展的诸多层次和侧面，既需要对古文献系统综合整理，又需要用传统的中医方法全面系统地研究中医的理论和临床经验；需要用现代哲学和现代科学技术深入研究和探索新的边缘学科领域，又需要探索中西医汇同结合的联系。而且，随着中医学本身发展的深入、研究工作的专业分科、专题选择，也会越来越精细。固然这些都是发展的必备方面和必然趋势，然而，遗憾的是，这些专业化很强的研究却带来了新的问题——诸多发现和科研成果的零散性和局限性。克服这种缺陷的唯一办法，就是靠通才来加强整体化趋势。只有把诸多层次和侧面系统综合为一个有机的整体，才会为中医学的发展提供一个合理的基础。

培养和发现能够打破各学科领域界限进行横向研究的通才，较之专门人才的培养要困难的多。通才，要求能从诸多分支学科及不同层次、不同侧面的科研成果走出来，并能通过精选、咀嚼、消化各门学科知识，从宏观角度把握中医学的整体研究，获得全面正确的理解，驾驭发展的趋势。狭窄领域的研究、封闭式的系统学习，容易造成墨守陈规，这对中医来说尤其要注意避免的。因为中医的发展结构是个封闭性的不开放结构。中医向现代化发展必须要在智力结构上强调跨出传统的局限性，起码在中医事业的核心人物身上，应要求具有一种观念上的突破和足以改变一门学科结构的精深浩博的气质。

与西医比较，中医更重视医家个人的学术理论与时间造诣，表现在对中医古籍、理论的理解与个人的思维特色不能分离，艺术技巧与医者个人的手脑心溶成一体，客观上束缚了中医的授受和传递，造成了中医发展的凝固性和封闭性。中医历来都是以一种方式在进行延续：一方面“读古书以明医理”，另一方面，通过跟师学徒和大量案例去体会前人经验之真谛。先师一旦早逝，跟师即随之中断，待后辈“得心应手”之时，已近乎垂暮之年。古代医学发展史已经予以证明：医学理论仅仅靠思维和自身逻辑发展，其发展速度是相当缓慢的，在今天近代科学的飞速发展面前，这种纯理论的发展前景也是近乎暗淡的。中医理论的精华、出色的学术流派、伟大的智慧启迪和这种不开放的发展结构矛盾地连为一体。必须要培养跨学科研究的通才，唯有学科交叉才能给这种封闭结构带来一种外力，引起中医发展上的加速循环。这正应了伽利略的论断：“改变物体的速度才需要外力，而维持物体的速度，并不需要外力”。

3. **通才的构成素质不仅取决于知识，更取决于智慧和观念**　中医发展需要通才，通才需要具备坚实而广博的知识基础，需要具有多种专业知识和技术，能进行跨学科的研究。如果按照“穷天人之际”和“穷古今之变”的知识面来设计通才的话，这种通才确实是微乎其微的。在今天的知识爆炸时代，即便是一个专业范围很窄的专门家，要想了解本学科的研究进展，每天至少也要阅上千余字的文献，中医学发展又必须要多出快出人才，那么通才是否只能是理想中的空谈之物呢？非也！就像一个系统的特性，不仅决定于因子，更决定于结构一样，通才的构成素质不仅取决于知识，更取决于智慧和观念。

在庞杂而必须具备的知识面前，**智慧的第一个含义是学习的能力**。既有方法，会把握学科内部及其相互间的联系，根据目标有所取舍和侧重，对掌握的各学科知识条理清楚，相互关联，是一个整体的理解，而不是杂芜堆积。能够做到通而不杂，由博返约。同时乐于进行不同学科知识的思考比较，还能不断吸收新的信息，调整自己的知识结构。

在具备众多学科知识的基础上，**智慧的第二个含义便是创造力**，也是想象力。表现在能把先前两个看来好像不相干的观念串联在一起，组成一个崭新的观念，造成发展史上的重大转折。像法拉第把电观念与磁观念串联在一起，发现了感生电流；像分子生物学家把分子水平研究的 AMP/GMP 引入到中医的阴阳理论中，为阴阳理论实质的探索拓展新境地一样。跨学科研究的目的，就在于把握各学科之间的内在联系，纵横游刃，为创新提供前提，恰恰是这种创造性构成各学科发展的灵魂。

智慧的第三个含义是哲学素质。曾有人把当代某个大学究和古代哲学老子作了比较。前者懂线性代数、概率论和电子力学，谙熟世界史、莎士比亚和中国古典，但他只是静止地占有这些庞杂的知识，没有迸发智慧的火花。而生活在两千多年前的老子，尽管知识总体上远不如这位大学究，但在智慧上却卓然独立于千古。无怪《现代物理学与东方神秘主义》一书发出感叹："难道现代科学及其所有复杂仪器只是重新发现了几千年便为东方圣贤所知道的古代智慧吗?"以上表明，哲学智慧不像知识那样随着时间的推移而老化。具有哲学素质的人才，在知识的探索上满足的不是掌握多少知识，而总是力图从个别结果中得出普遍的结论，在学术的研究工作中，表现出一种"判天地之美，析万物之理"的博大气度，这种素质构成的通才，不是知识的奴隶和重复的记录工具，而是驾驭科学知识的主人。

同是碳原子，由于结构不同，可以成粉末也可以成金刚石，这就是为什么在强调通才的知识面时，尤其要强调素质的原因。当然仅有上述素质还不够，还必须具有让人接受自己设想的能力，即具备一种素养综合条件。包括查找古籍文献资料，既能广采博收又能执简驭繁；在分析综合方面，既能分析实验结果又能设计实验，以及文字和口头的表达能力等等，这些属于通才的基本技能。

4. 与通才个体相比较，在现有人才和社会条件下，**唾手可得的是人才群体组成的通才**，即根据中医发展的要求，把不同专业、邻近学科的不同类型人才组成一个群体系统，各在其中领其衡、在其位、司其职、尽其才，构成一种新的集体力。当然在群体的构成上还有许多科学合理的具体要求，像学科专业人才的合理匹配，智力能级结构的相辅相成，思维类型的并协互补等等，忽视哪一方面都不会造成整体的最佳结构，而造成整体最佳结构的首要条件，我以为，应强调兴趣和事业心的强弱。"只有那些对发现抱有真正兴趣和热情的人才会成功"（贝佛里奇）。热爱中医事业的人，即使学的是最新科学和哲学，也是用来分析古朴中医的；从事的是现代科学，寻找的却是与中医学有联系的东西，希望从中发现促进中医现代化最适合的方法和工具，其立足点始终很明确。相反，缺少这种热爱和兴趣，就是走在中医这条道上，也会心猿意马、见异思迁的，更别说发觉新意了。那些中医院校毕业去报考西医研究生的人不正说明了这一点吗!

群才结构优化，尽管可以呈现个体所没有的宏观整体效能，但是，群才毕竟不是通才。那种认为由于发展的现代特点使科技人才个体成为精通各个专业的通才愈来愈困难的结论，是不全面的。随着科学整体化趋势的增强，世界各国正在展开科学技术的竞争和人的智力的竞争。而隐藏在最后的实质，是人的素质的全面竞争，通才正是这场竞争的理想之才。如果我们放弃对通才素质的发现和培养，一味去热衷培养专才和组织群体人才结构的话，我们就会犯一个绝大的错误。

正确理解通才的含义，为通才的培养创造一切有利的条件，通才的涌现就绝非可望而不可及。让我们为中医的发展发现和培养更多的通才吧！千百万通才成长之日，就是中医的腾飞之时，这已经不需要几代人努力，而是指日可待的了。

第二节　世纪之交1999－2005——挑战

开始探索：互联网与高新科技催生生命医学

导语：到了20世纪末，随着北京学术风气的日益活跃，很多国际性的学术会议开始多起来了。记得这是我参加第一个“世界自然疗法大会”的发言，会场很多人，我的发言跟新技术有关，大概也太学术化了，会场效果不是很好，但却博得协和博士生导师的夸赞。如果不是专业人员，这一文章可以略过不看。

此文收在这，有我的私心，一是为了把写过的文稿集中起来，不再东翻西找；二是为了把那时的上网数据留下来。到1999年写这篇稿件时，我已经开始上互联网了，而且已经创办了我的《中国康复城》网站，进行世界互联了。下面只是重点摘录：

文录：一、现代科学技术飞速发展和知识爆炸催生了生命科学

满载着科学硕果的20世纪即将过去，一个以生命科学为中心的新世纪正在到来。值此世纪更迭之际，回顾过去，展望未来，抓住机遇，迎接挑战，努力发展生命科学，全面促进人民健康，对经济和社会的发展无疑具有十分重要的意义。

1998年7月在日内瓦召开的大会上，公布Internet发展的最新数据：截止到98年7月，网上已有注册域名300万，主机4500万，240个国家组建了IP网络，拥有1.5亿用户。全球有150万个Web站点，3.5亿个网页，业务量的年增长率是100%～1000%。预计到2000年12月，全球将有3～10亿的上网用户。我国截止1999年1月，上网用户为210万，比98年1月的60万增加2.5倍，虽相对于12亿中国人，甚至6千万城市家庭而言，仍属凤毛麟角，但增长速度却是令人瞠目的。美国的比尔·盖茨讲到美国时说，美国家庭用户拨号上网，四年增加了5000万户，收音机达到这个数字用了38年，电视机则用了13年。专家们预测信息高速公路将在全球内更迅速准确地传播各类科学知识，网络高新科技对生命科学知识增长的贡献率，将由21世纪初的5%～20%上升到90%以上。

生命科学新时代的到来，是以高新科技和网络技术为核心的，不仅意味着给医学及医疗卫生保健事业、环境科学、环保事业等带来一系列全新变革，而且也会对整个科学及经济和社会的发展产生极大的推动作用。

二、生命科学当前研究的重点课题

生命科学经过长期的发展积累，正处于带有整体性重大突破的前夜，其总体趋势是微观与宏观结合、部分与整体结合、结构与功能结合，从不同层次研究生命现象、生命活动的规律及其与环境的关系。其前沿领域主要为分子生物学（包括分子遗传学）、细胞生物学、发育生物学、神经生物学和生态学，最重要的应用领域是医药和农业。

生命科学当前研究的重点课题主要有：

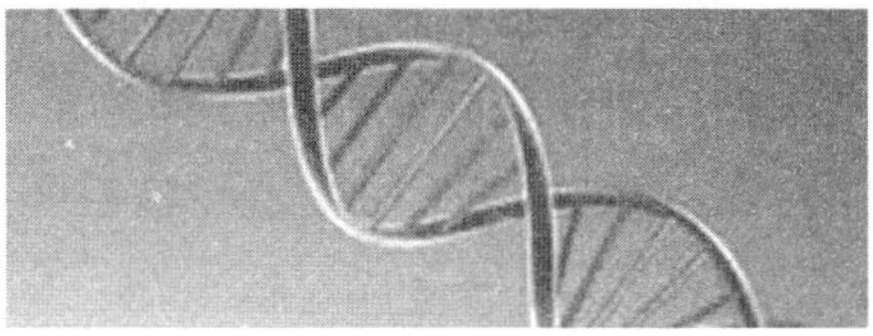

◎关于生命的最基本物质生物大分子核酸和蛋白质结构与功能关系的研究，特别是蛋白质三维立体结构与功能关系以及分子模拟和分子设计研究，以研制新的药物；

◎关于基因结构与功能表达及调控研究，重要疾病相关基因（如癌基因与抑癌基因等基因）和重要生命活动功能基因（如记忆与行为等基因）将是研究的重点，以期从基因水平阐明疾病的发病机制和重要生命活动的本质；

◎关于大分子体系如染色体、基因组、生物膜等和复杂系统如神经系统、免疫系统、内分泌系统及其协调关系的研究；

◎关于脑功能或神经系统功能的多学科综合研究，以期在分子、细胞、网络及行为水平阐明脑活动的本质以及精神和神经疾病的发病机理；

◎关于细胞结构和各种功能的研究以期从生物的基本结构和功能单位—细胞水平解释生命现象和疾病现象；

◎关于生殖与发育即个体发生及演变的分子机制、相关基因及其表达产物时空作用程序和遗传调控研究，为人类控制和优化生育创造条件；

◎关于生命起源与演化以及人工合成生命的研究；

◎关于重大疾病发病机制及防治技术的研究；

◎关于优质、高产、抗逆作物的研究；

◎关于有机体与环境关系、生物多样性保护及利用的研究；

◎关于生物信息尤其是生物大分子和基因组信息的分析研究以及分子模拟和药物设计的研究；

◎关于传统药物作用机制及新药开发理论的研究。

三、高新科技在生命科学中的创造和应用

由基因工程、酶工程、细胞工程和发酵工程集合而成的生物技术及其延伸技术所产生的产品，包括蛋白质、酶、单克隆抗体、药物、生物材料、检测器等等，将使医疗保健的水平提高一个或几个等级，使诊断、治疗、保健、预防、康复的面貌焕然一新。基因工程疫苗将在传染病和一系列严重的或恶性的疾病的防治中发挥重要作用，第二代基因工程—蛋白质工程的曙光已经显露，人类基因组计划和蛋白质组计划正在孕育着重大突破和发明，它们都将成为人类健康的保护神和投向病魔的利刃。

生物医学工程则是从工程角度研究人体结构与功能的关系，为防病治病及开发人体功能辅助装置、系统服务。这一技术致力于研究生物传感器，利用生物体磁、电、声、光等性质收集、提取、浓缩、贮存和使用信息，用于无创伤性的诊断、治疗、监护和保健。在未来可预计的时间里，有可能获得集成度高、运行速度快、能耗低等性能良好的生物芯片和生物计算机，有可能获得具有自组织和自修复能力及与生物体同质的人工器官。这些工程技术的成果将在很大程度上提高创伤医学、康复医学和临床疑难杂症的诊治水平，提高人们的生活质量。

四、我国医学科技和医药信息学工作面临的挑战

1. 健康的概念和基本健康目标

早在1948年世界卫生组织《组织法》中开宗明义地将健康定义为“不仅为疾病或羸弱之消除，而且系体格、精神与社会之完全健康状态”，可以解释为无病无弱，身心健全，环境和谐。1979年世界卫生组织又提出“人人享有卫生保健”的战略目标，并以初级卫生保健作为实现这一战略目标的重要保障措施。世界卫生组织的健康概念和健康目标，越来越成为各国政府和人民包括我国政府和人民的共识，显示出无限的生命力；与此同时，WHO的报告中还提出：“实现2000年人人享有卫生保健中，信息乃是优先发展的重点之一”，“在信息交往的世界中，竞争是激烈的。世界卫生组织确保把卫生信息工作作为重点项目得以传播”，并强调“健康教育乃公共信息与公共卫生战略的其他内容相结合，是解决卫生难题的有活力的公共卫生措施极其重要的手段。”

2. 医学科技与医药信息学面临的挑战

由于我国国家大，人口多，基础薄弱，条件较差，而人民对卫生的要求却越来越高，一些老的疾病还未完全消除，新的严重疾病又在不断出现，使我们面临着严峻的挑战，主要表现在：①防病治病任务依然十分繁重，在一些急、慢性传染病尚未得到完全控制、国际上又出现新的传染病的情况下，多种慢性非传染性疾病如心、脑血管疾病、恶性肿瘤等，已日益成为严重威胁人民健康的因素；②伴随工业化、城市化进程所发生的环境污染、职业性危害和营养失衡性疾病以及性病、艾滋病、意外伤害等呈上升趋势；③人口增长和老龄化、疾病谱的变化、先进医疗技术和药品更新换代等因素导致卫生费用不断上升；④一些制约卫生事业发展的因素依然存在。

我国大城市中许多医疗水平高设备较好的大医院缺乏先进的信息化管理，边远地区又缺乏高水平的医疗条件和医学教育，在网络建设和计算机普及方面还有很大的距离。大力发展医学计算机应用，已是形势逼人势在必行。

五、INTERNET促进了医学界、科学界和全社会的通力合作

①容量大内容多；②时效性强速度快：在网上你可以查找三天内发生的最新医学动态，最新研究报告，甚或是即时的课题设想；③交互方式随意；④方便好用：任何一个拥有一台个人电脑并于Internet相连的人，会用鼠标拨号上网，选择好网址就可以与世界相联，操作简便、实用强。

六、充分发挥网络与高新科技的优势，造福人类健康

由卫生部直接领导的金卫医疗网络（http：//www. cghn. com）工程和我的《中国康复城》（http：//www. rehabcity. net. cn），就是我国卫生系统高速信息公路的领头羊。

在网上精品信息的百花园里，医疗站点提供的信息和服务犹如一枝枝奇芭绽开，呈现着蓬勃的生命力。像《中国康复城》（http：//www. rehabcity. net. cn）首次在网上提出免费建立和放置病历（健康档案馆），使网上的医疗活动更方便更规范，是我国第一家网上电子病案的实践者。其他栏目，如免费给医生存放个人主页（医师主页苑），医患的即时交流（医患交流台），网上求医指导（网上求医服务），老年机构与信息的汇集（老年康寿园），健康自助卡的测试查询，医疗改革专栏等等，都因为非常贴近个人、家庭和社会，而深受欢迎和好评。《中国康复城》还针对医生上网检索国外医药信息的需求，推出了必不可少的工具软件《全医药学大词典》中英互译版和即将推出的机器翻译版，成为我国目前在医药信息学领域取得较大成功的高新科技产品。（1999，全国第一届世界自然疗法大会发言，北京）

失败的竞聘：昨日领先一步，今天步步领先

导语：2001 年的 2 月，在那个春寒料峭、乍暖还寒的日子里，我已经在 INTERNET 我的《中国康复城》平台上，开展了 5 年的康复咨询服务了，自认为条件已经成熟，可以回中心促进这项事业的深入和发展了，于是向当时的院党委提出参加“竞聘上岗”，按照程序走流程。离开前，我曾是康复中心医学情报研究所的负责人，所以按照要求参加了 10 分钟的“竞聘演讲”。以下是我的讲稿，演讲结束反响热烈，那个场景真是给我一种久违了的热情和激动，把讲稿附在下面，也是对现场鼓掌人的感恩之举。竞聘的结果“事与愿违”，也许从那时开始，我就被医院的行政管理部门划为“另类”了。

全文：大家好！今天重新来这个讲台，已时隔五年之久。

在新世纪到来的第一个春天，在国家颁发首届最高科学技术大奖的三天后，我能有机会参加信息部主任的竞聘，确实感到了一股春风拂面的温暖。

时代正在传递一个强烈的信号：尊重知识，尊重人才。大到国家的经济腾飞，小到百姓的居家健康，其持续增长都越来越倚重于知识的创新和对创新成果的应用。“创新”构成了当今时代的民族之魂，也是我此次竞聘的出发点。

先通报一下我的基本情况，看简介。

从中我想强调几点：

（1）有关的专业背景、技术手段和实施机制决定了**我应聘的原则和主旨**。我有广博的医学知识又无学科界限，有近 20 年的临床经验，又通过网络积累了大量的临床病历。最近十年，不论是搞情报研究、还是做计算机和网络的应用开发，不论是组建公司还是

创办高新技术企业的市场行为，也不论是研发光盘还是提供网络服务，始终都定位在医药卫生和康复这个专业领域的。也就是说，提高人民的健康水准和生活质量，是我做信息工作的出发点和归宿。而用当今最前沿的信息网络技术为手段，提供一个最好的服务平台，是我不变的选择。在运作方式上，则是靠灵活多变的机制来保证目标的贯彻实施。

（2）我对履职岗位的理解和认识：在北京数字卫生工作的项目开发中，我有机会与北京市卫生局信息办对京郊18个区县的全部医疗机构进行了信息化工作的调研考察，中心及博爱医院的信息化指数与之对比，还是挺低的。信息上了网，并不等于信息化，国家确定了信息化的六个要素：信息资源、信息网络、信息技术应用、信息技术和产业、信息化人才、信息化政策法规和标准，共同构成了信息化的指标体系。从国家公有制的角度看，中心的信息部应该首先担负有提高中心信息化总指数的任务，同时担当培养一支高质量信息化人才队伍的责任。

（3）我怎样履职？初步设想分三步来走，第一步实现在一年的时间内，首先信息部自己内部的工作实现网络化，原工作内容目标不变，只是换种做法，搬到网上进行。原网络技术人员应以自己的技术力量为主（包括与外面的合作项目），实施在这一转轨过程中的技术培训和技术保障。用现在的行话就叫用IT业打造自己的员工。第二年第二步，实现能利用数码化和网络化来组织康复专业的项目和服务市场的开发，也就是能将自己的知识和技能在市场上转换为财富。同时与现代化管理制度，与适合科技企业发展的管理机制接轨。第三年第三步，实现在创规模化的服务和产值中，能打造一支高素质的康复信息化人才队伍，有很强的技术创新意识和市场开拓能力，具有以自己翻两番来促进中心翻一番的胆量和才能。正好三年我任职期满。

我的理念：为康复提供更大的发展，为病人带来更多的实惠，为大家创造更多的机会。

我的原则：科技为本，信誉第一，服务至上。

我的精神：人无我有，人有我新，人新我进；昨天我们领先一步，今日依然步步领先。

世纪之交：医生如何迎接21世纪的挑战？

导语：到了2002年末，高新科技带给生命科学的冲击和变革之风，愈演愈烈，以下的文章投给《中国康复》杂志，被作为2003年1月期刊的头篇专家首文登载，由此叩响了我当年在高新科技与生命科学2个主题上与国际学术界间的广泛交流，为后来学习生物能量信息科技做出了铺垫。

这也是一篇颇具反应的文章，由四个主题组成，1. 迎接生命科学新时代的到来，2. 高新科技在生命科学中的创造和应用，3. Internet促进了医学界、科学界和全社会的通力合作，4. 充分发挥网络与高新科技的优势造福人类健康。如果不是业内人士可以忽略不看。

全文：1. **迎接生命科学新时代的到来**

“如果说20世纪后半叶是信息时代，那么21世纪上半叶生命科学将成为主宰。”国家科技部在对世界科技发展动向进行长期跟踪研究之后，“确立”了生命科学在未来科学发展中的“霸主”地位。

现代科学技术飞速发展和知识爆炸引起科学学科体系和知识体系大动荡、大分化、大整合，出现各门科学整体化、整个科学数学化、科学技术一体化以及科学中心转移的大趋势。我们可以清楚地看出，导致人类社会和经济发生革命性变化的技术创新，越来越多地来自基础科学的重要突破。科学家对生命的探索则导致了生命遗传物质DNA的发现和分子生物学的诞生，使人们有可能从本质上了解生命的起源和奥秘，进而催生了具有蓬勃生命力的生物技术工程和产业。进入新世纪以来，蛋白质组学、生物信息学和干细胞工程研究等成为生命科学的热点领域。2001年人类基因组图谱的公布奠定了生命科学史上一个新的里程碑。由于解决诸如环境、资源、人口、卫生等严重问题的迫切需要，各国政府和科学界普遍重视众多大科学计划和巨额投资支持，使各学科人才迅速集中和本学科人才迅速增加，理论和技术上的连连突破，生物技术产业群的迅速崛起及其广泛应用，人类基因组计划的迅速进展，知识和技术的大量积累，其突飞猛进的势头超过其他学科，并逐渐走向前台，进入主角，成为学科领域广、分支学科多的科学新中心。

生物医学作为生命科学的重要组成部分是生命科学乃至其他许多学科的重要交汇中心和用武之地，加上其负有防治疾病、维护健康、调节生育等特殊使命，与人类的生存、繁衍、发展、昌盛息息相关，因而也逐渐发展成为日益重要的大学科。

生命科学新时代的一个显著特征就是对当今世界上如火如荼的高新科技革命的依赖。高新技术不但使人类知识创新总量迅速增加，而且使人类获取知识和应用知识的能力大大提高。电子计算机的问世、个人电脑的出现、互联网的崛起和信息高速公路的兴建等，都使人类处理和传播信息的能力大大增强。21世纪既是一个以生命科学为中心的世纪，也是一个以网络为命脉的时代。目前，Internat是网络命脉的核心及最主要的代表。

最新发展数据统计：中国截止到2002年10月，上网用户为5800万，比1998年1月的60万增加97倍，增长速度令人瞠目。美国家庭用户拨号上网4年增加5000万户，收音机达到这个数字用了38年，电视机则用了13年。中国用户拨号上网4年是美国的1.15倍。专家们预测网络高新科技因其在全球内更迅速准确地传播各类科学知识，而对生命科学知识增长的贡献率，将由20世纪初的5%～20%上升到21世纪初的90%以上。科技部提供的预测则显示2005年生命科学产业的世界市场规模将达到2500亿美元。

生命科学新时代的到来，是以高新科技和网络技术为核心的。人类对物质本质和生命奥秘的探索构成了科学进步的支柱，21世纪基础科学结构与20世纪相比必然呈现新的态势。如果说20世纪物质科学的发展起了带头和主导作用，那么21世纪科学的结构重心则逐渐向生命科学转移。

2. **高新科技在生命科学中的创造和应用**

今天已经掀起的高新科技浪潮正在冲击医学这座科学堡垒，最鲜明的特点是大量新技术、新材料和新方法被引入医学研究和医疗保健之中，如全新的医学成像技术、遗传工程技术、微电子技术、人工器官、生物工程器官、计算机技术、纳米技术、生物芯片技术、生物传感技术、分子设计与模拟技术、转基因技术和生物体克隆技术等，对传统的临床医疗、保健和预防思维方式和工作方式提出了强烈的挑战，医学界呼唤更新和嬗变。高新科技为医学的未来发展注入了新的内容和活力，不仅增添了“技术”和“工程”色彩，而且提供了全新的机遇。

现代医学走过的每一步都始终和时代高新科技的发展息息相关，21 世纪生命科学发展的重要动力是信息与网络技术。首先是计算机等一切高科技成果在医学中得到运用，尤其是实现集电话、电视、计算机、语音数据图像为一体的跨地区、双向、实时、数字化通信系统以后，为医学计算机的应用再一次注入强大的推动力。前美国总统克林顿提出的新高速公路计划曾列出的 8 个样板应用领域中与医学相关的领域有 3 个，医疗卫生列为首位。布满全球的计算机信息网络使跨越国界的生命科学研究在创新、开发、教育、研究、传播、生产、投资、管理、市场、技术方面，组成一个不可阻挡的世界潮流，各国各研究成果之间的相互依存越来越明显。网络跨越了地域和时空的局限，极大地促进了高新技术在生命科学研究开发应用中的迅猛发展。可以肯定地说，一个依然没有进入网络的研究项目，就不能说是站到了生命科学研究的学术前沿。

再则，生命科学是关于人类健康的科学，同 Internet 网络一样，如果仅仅关于学术研究是不会引起如此广泛关注的。信息与网络技术已经深深植根于人类社会的所有方面，人类更是踏入了一个新的生存和发展旅程。医界信息产品和医疗保健服务的数字化、网络化、智能化，定将像阳光、空气和水分一样，成为人们须臾不可缺少的东西。

3. **Internet 促进了医学界、科学界和全社会的通力合作**

每一项高科技的引入都会带来社会、伦理、心理、法律等问题，甚至人类自身存在也须重新思考。比如从影像技术到克隆技术，从安乐死到器官移植，从变性手术到基因疗法，几乎每一项运用在生命科学中的高新技术都在不同程度地改变着人们原有的观念和认识。人类同时认识到自己的健康单靠医生和药物是不能得到保证的，必须努力创造良好的自然、社会和家庭环境，采纳科学的饮食结构，保持乐观的精神状态，进行适当的运动和锻炼，努力适应一切内外部环境，通过初级卫生保健及社区、家庭、全科医生的护驾，实现人人享有卫生保健的目标。没有整个社会的共同参与和通力合作，人类健康长寿的战略目标是无法实现的。

Internet 网络平台为医学界、科学界和全社会通力合作搭起一个大舞台，成为 21 世纪传播和获取信息的主要载体。体现有 4 大优势：

（1）容量大内容多　互联网组建了世界上最巨大的一个信息资源库，它不仅联结了世界各地各行业各部门数百万台服务器，还挂接了无数综合和专业数据库系统，像 Medlars、Dialog 等，Internet 为这些医学和其他学科信息资源的共享及交流提供了极大的便利。特别是使用了图形界面的浏览器以后，它能将全世界相关医学数据库的资料，如病理学切片、X 光照片及其他图形资料数秒钟呈现在屏前，还能提供声音、动画、电影等多媒体信息。

（2）时效性强速度快　从网上可以查找出一天、乃至即时发生的最新医学动态、最新研究报告和课题设想。可以登录相关学科的新闻组及专题讨论组，动态地掌握相关领域的最新动向，与国内外保持接触。

（3）交互方式随意　网上可以实现跨时空、地域的切磋和交流，医患之间、同行之间及相关专题之间完全摆脱了因身体、经费、技术条件、办手续等诸多因素的限制。

（4）操作方便简单　任何一个拥有与 Internet 相连电脑的人都可与世界相联，不用系统地掌握全套计算机知识，也一样运用自如。

4. 充分发挥网络与高新科技的优势造福人类健康

保障和促进人类的健康是医务工作的神圣职责，在高新科技和网络技术迅猛发展的今天，与整个科学界和整个社会共同关注健康问题需要携起手来共同努力，要达到目标就要充分利用 Internet。医学界的前卫与信息产业的实业家在我国已经开始了许多有益的尝试。根据国务院关于国民经济信息化建设的统一部署，《中国康复城》（http://www.rehabcity.net.cn）工程已经成为我国卫生系统高速信息公路的领头羊。健康工程的网络建设得到了国务院、全国人大、国家计委、国家科委、信息产业部等各级领导的关怀支持，运用和集成了国际上最先进的计算机、通信、医疗技术与设备。

网上构筑平台不仅快捷适时，而且完全达到了下述功能：①完成远程医疗、会诊、监护、随访、个人健康咨询指导等，寻医不必走千里，实现不论在什么地方都能享受高水平、甚至最高水平医疗的愿望。②实现远程医疗教育、人员培训、技术指导。③方便地召开全国和地区性的电视会议，节省时间和费用，提高工作效率。④足不出户跟踪国际上最先进的医疗卫生技术动态，快捷方便地查阅和使用人类已有的医学科学技术知识。⑤把各种医学文字、影像、病历等资料数字化，永远保存在计算机里，便于检索、传输。⑥快速在网上实现医疗费用主管机构、医院和个人之间的核算，促进医疗保险事业的发展。⑦集医疗信息、医疗器械市场商情、网上医院、网上专家、法律咨询、健康园地、网上教学等栏目为一体，为国内外医疗卫生科研教育机构及渴求健康的用户服务，使医疗卫生资源全社会共享，达到简化医疗，通达民众之目的。

21 世纪是生命科学的世纪，医学是主战场。信息网络技术与医学相结合，体现了时代的最强音，站在了时代的最前列，全国人民共享世界医疗卫生资源的理想将在我们这一代人的奋斗中实现。让我们携起手来共同迎接新世纪高新科技带给生命科学的挑战吧！

非主流思索：我国康复医学发展的新思路

导语：2003年因非典之故，医院很多专业上的常规安排都被打乱，我也在9月份争取到了重回医院的机会。在同仁老专家的举荐下，以新一届脊髓损伤康复专业委员会秘书长的身份，参加组织了第42届在北京召开的国际脊髓损伤学术研讨会。在与国内外各个优秀同仁的学识交流和碰撞中，我写了此文，以表述我对我国康复医学发展的另一类思路和看法。文章登载在《中国康复》杂志上，那是2005年6月的事。

也就是说，从我探究生命医学与高新技术开始，就在思考现代康复到底带给医学什么？康复不应只是后期医疗的补充，不应只是局限在残疾人的肢体康复范畴，而应是一个全程整体的功能康复，跟身心灵、自愈力提升、自我平衡修复、数字化评估、生命质量等，更贴近。应该比现在的康复医学，更人文、更有效、更安全、高科技元素更多。下面的文章学术味很浓，不是康复医生可以忽略不看。

全文：

现代康复医学在理念上是以提高机体生存质量从而提高生活质量、健康社会行为为宗旨；在方法上以物理治疗为主，以临床治疗学为本，以工程技术、社会、心理、教育等多种措施为辅；在治疗方向上着重于人体功能（包括认知和感觉）的测定、评估、训练、重建、补偿、调整和适应，通过最大限度的恢复功能来改善个人的健康水平与生活状况；在疗效的评估和认证方面有一整套现代化设备和成系列的评估量表，尤其是国际上通用的功能评定标准（ICF），这一数据系统制定后，世界各国在康复及其结果的评定上更具有了标准的语言和框架。本文从学科建设和发展的角度尝试从康复医学理念、方法上，治疗以及疗效的评定和认证上，融入系统生物学发展的大趋势，进行重新思考，希望能给现代康复医学发展带来科学与哲学的双重意义。

1. 基因组研究的重心由结构向功能转移

自去年10月份《自然》杂志“Finishing the human genome”一文发表后，人类基因组计划基本完成，生命科学开始进入功能基因组时代。但基因研究并没有真正解开生命和疾病的奥秘，就像人的大脑会思维，却无从找到和思维有关的基因一样。人类全部基因组序列测序的完成是极其伟大的，但也仅仅是细胞生物学、生理学、生物化学和医学信息学更大发展开始的标志。目前所处的“后基因组学”时期，实际上就是功能基因组时期，理论上说是将基因组研究的重心由结构向功能转移的时期。要研究生命现象，阐明生命活动规律，仅仅了解基因的结构是不够的。所有“组学研究”都不再是仅关心个别基因或蛋白质，而是研究所有基因、蛋白质之间的相互关系，试图从这些成分的相互

物学向综合性系统生物学转型的实例，转型不仅使大量有价值的研究内容得到重新整合和再认识，加速了成果的临床转化和应用，而且拓展了学科的发展空间，使那些具有敏锐洞察力的学者们受益菲薄。那种倾毕生精力研究“一个疾病/一种基因/一个病菌/一种治疗”的线性思维模式不再是学术的主流，系统生物学是在高度分析基础上的高度整合。

康复医学的发展与大学科的发展趋势等同，一方面呈现出了学科界限越来越模糊，基因功能研究越来越深入；技术方法精细、专业化，越来越趋向于分工合作及技术服务；重大发现越来越依赖于多学科（思路、技术、方法上）的交叉；人群研究越来越融入功能验证；抗体技术、疫苗、免疫调节、靶向治疗、干细胞的生物治疗越来越有前景等；另一方面传统医学、结合医学、补充与替代医学、“转化医学”等以整体治疗为主导的医学和疗法，也都在寻找系统生物学下新的诠释和发展机遇，世界卫生组织（WHO）由此制定了“2002－2005 年传统医学战略”，并进行了详细的分类和阐述。整合，无论从基础研究、临床治疗、康复效果、预防保健，还是社会行为方面，都将成为时代大潮和主导。

康复医学是一门跨学科的应用科学，强调团队工作和多种康复专业技术人员组成的工作组，学科内和多学科的团队概念始终是康复医学的核心策略和一大特色，比如骨科康复学，集合了手术、功能训练、假肢和矫形器辅助 3 大基本干预手段，在“骨关节十年”的活动计划中，骨科康复学需要开发新的功能评估工具、康复治疗技术方法和辅助用品用具；深化骨疾病的临床生物力学和老年骨科康复的研究、还要把骨科康复的功能锻炼和护理引入社区家庭，这些都不是一个骨科大夫或一个传统骨科学可以承担的。康复医学本身无论是理念、临床，还是教学、科研都依赖于多学科的整合，而且首先是一种基于现代生物学临床基础的整合。

我国康复医学在多学科整合方面比较具优势和可操作性。其一，康复是当前涉及面最广的学科领域，WHO 总干事布伦特博士（Dr. G. H. Brundtland）说过：21 世纪人类卫生问题最大的挑战将是改善生存质量，健康将成为人们享受生活最重要的前提。生存质量是评估康复治疗结局的重要指标，不论是何种致残性疾患，也不论是多大程度的损害和障碍，都会对生存质量造成影响，康复医学被认为是一门能够有效地提高患者生存质量的学科。其二，康复学在多学科的团队运作方面有经验，已有世人瞩目的成果，诸如刘海若中西医（康复医学）的合作、桑兰康复流程的中外合作，尤其最近“皮球女孩钱红艳站起来”所体现的医学、工程学与社会交通管理部门的成功合作。临床“卒中单元”模式，也被公认为干预脑卒中危险因素、大幅度降低发病率和致残率的最有效的技术策略。其三，康复学对数字化手段的依赖，对高通量技术的引用，已率先将物理、化学、材料、数学、计算机等学科的先进理论、技术、仪器和研究方法大量引入，可以比较容易地与系统生物学及各组学研究成果实现互补和接轨。由此可见，系统生物学的发展极大地促进了现代生物医学大整合的趋势，使康复医学跨学科团队运作的优势得以充分的体现；而康复医学热衷于加入系统生物学研究，是希望借助于系统生物学新的技术平台和科学思维来加速我国康复医学的多学科建设跨上一个新的高度。

3．康复医学在大科学的整合中创新腾飞

需要看到的是，现代康复医学虽然已被我国政府视为融预防、医疗、保健于一体的、值得支持的学科，但毕竟是一个引进的新兴学科，国外的康复理念、科技和管理技术仍占居主导地位；成熟的理论和专科教材，以及评定测试的方法和数据，包括 ICF 都还是舶来品，许多技术检测和功能评定设备以及人才知识结构等软硬件条件都亟待更新；整体上也存在着创新能力不足、协调乏力、研究与康复脱节、法制环境欠佳等问题。解决这些问题的当务之急，应紧紧抓住当前的大好时机，尝试以系统生物学的科学发展观为指导，搭建生命科学与医学、临床学与康复学两座桥梁。以整体、全面、定量、多学科和综合性的特征为纲，既有医学内部、生物学内部的学科交叉，还有与数学、物理、信息科学、工程科学、纳米科学，以及社会、伦理、保险、法律相关领域的整合，纲举目张；康复医学的核心内涵将在大科学的整合中被赋予新的含意。以下提出几点不成熟的想法：

（1）加强对人体功能的研究　从运动医学、生物力学范畴，扩展至器官、组织、系统，重点研究人体与生俱来的康复自愈能力和自我调节能力（如恒温机制、血压自动调节机制），还有自组能力（如自我学习、自我修复和纠错能力），以及当内外环境长期或剧烈扰动后，七情六欲的调控能力等。

（2）搭建开放性的整合平台　遵循能容乃大，容后乃强的发展方针，坚持持续引进全球全社会的优质康复资源为目标，以我国传统医疗资源为根基，像欧美顺势医学（Homeopath），美式脊椎矫正（Chiropractic）等西方的非主流医学都已登陆我国，而且这种趋势只增不减。西方的传统医学虽然与我国的中医中药学没有渊源，但在理念上、方法上，甚至疗效的独到性和受欢迎的程度上都有可吸纳之处，只要我们整合正确，方法得当，一定会为我国康复医学的持续发展注入新的内容和活力。

（3）强调对高新科技的依赖和强化生物信息学建设务必同时纳入日程　①很多关于人体健康和生存质量的观察量表，以及 ICF 的数据指标需要结合临床实践对其可行性、信度、效度、反应性作出统计评价，使之迅速成为学术界普遍认同的科学观察凭据。②流行病学调查和循证医学的应用，将逐渐取代实验室及动物实验研究，成为综合整体研究的主要技术路线和方法。③随着系统生物医学建立公共生物数据库联盟，康复医学也将同时建立以英特网网络为基础的生物信息学支持系统，促进全球的协作与沟通。

（4）注重与人文科学相融合　著名内科学教材（cecil 内科学）认为：医学是包涵个体化、人文化和职业化的一门科学。我国的康复医学将植根于中国传统医学的深厚积淀，从人与自然和社会环境的协调关系中研究生命、健康和疾病，重视人文因素尤其是情志因素的影响，全面考虑预防、预测和个体化医疗；康复医学还将涉及微创医学、移植医学、危重医学，以及姑息治疗和临终关怀；还要担负起社会责任，关注伦理，加强自律，坚决贯彻“知情同意”和“知情选择”的原则，在保护个人的权益和隐私方面康复医学尤其应该成为表率。

（5）加速康复专业人才资源的挖掘　按照全球职业医师最高五星级（Care Provider，Decision Maker，Health Education，Community Leader，Service Manager）的标准进行教育和

提高专业素质；美国的五星级并非指业务资质，主要是当代医生必须有的责任管理能力。

总而言之，我国康复医学的发展是现代科技整体突破的大课题，是有影响的学科创新壮举，必须要取得政府领导的支持和参与，实现官产学一体化。政府领导的作用不是任意干预和包办代替，而是按照科技发展的自身规律来领导和管理科技，提供尽可能良好的条件，保证科学民主，贯彻百家争鸣，上下齐心，同心合力，抓住机遇，创造出一个全新的、自立于世界医学之林的中国现代康复医学体系。

第三节　新世纪之初2006－2009——孕育

美式整脊，为大陆脊椎康复染就一溪新绿

导语：到了2005年，我与海外同仁的交流就开始纳入实质内容了。我有幸结识了较多来中国大陆的美国华裔医生，向他们学习，看他们操作，一同讨论病历，一同追踪着病人的近期和远期疗效。从他们身上，我了解了美国、欧洲，以及世界各地的医学，都与我国一样存在着两种不同的思路，现代的西医学和传统的整体医学。

进入新世纪以来，随着高新科技数字化技术的飞速发展，促进的是传统整合医学的崛起和现代西医学界的反思，像太极的两个黑白鱼，而且是以东方医学为主导的整合医学在上升和拓展阶段。

以下文章写于2005年，登载于2006年，据说是《中国组织工程研究与临床康复》取得论文影响因子较高的文献，可惜了。5年过去了，美式整脊从那时的初步了解到现在，又有了很大的跨越和提高，尤其跟我国中医经络手法的结合，确实更奇效更安全。如果不习惯看这类学术性文章，建议直接看下面一节防脊柱、脊椎病患于未然。

全文：

Chiropractic 引进中国后的习惯译名叫美式脊椎矫正学；中国台湾、香港的译名是脊椎手疗法；WHO 的中译版本：脊椎指压治疗法；民间称呼：整脊疗法或按脊疗法；音译：凯诺脊椎。本文为区别中医正骨按摩取“美式脊椎矫正”名，简称“脊椎矫正”。Chiropractic 一词来自两个希腊文 Chairo 和 Practikos，字面含义是手的实践。起源于1895年，目前除了美国，还遍及世界许多国家，是被 WHO 认可的广为流行的一种自然疗法。

与中国中医相同的是：注重人体的整体研究，强调各器官、组织的相互关系，寻求一种维护、修复自然生理与物理平衡的方法；在整体平衡基础上，认识人体内部奥秘，达到恢复健康的目的。与中国中医不同的是：脊椎矫正学的诊断和规范的矫正手法，严格建立在以脊椎解剖学、生物力学、X 射线影像学的基础之上；因此被视为传统自然疗法

与现代医学科学相结合的独立学科。

美式脊椎矫正 20 世纪末进入中国，先是与中医骨科联合办学；近 4 年，在归国学子董安立博士的努力下，中国有约 8000 名脊椎病患，上至 90 岁的老人，小到 5 个月的婴儿，相继接受了治疗；有约 200 名医生接受了培训。不难看出，美式脊椎矫正学在理念、方法上，尤其在疗效的独到性和受欢迎的程度上，为中国脊椎康复打开了一扇门，吹进一股春风，染就一溪新绿。

1. **脊椎健康与生活质量密切相关**

21 世纪人类卫生问题最大的挑战是改善生活质量，健康成为人们享受生活最重要的前提，而康复医学能够有效提高患者生活质量。作为西方现代医学组成部分的美式脊椎矫正，首次指出了脊椎形态对健康的重要性，并把脊椎健康提到与生活质量攸关的高度来认真研究对待，期望通过提高机体生活质量降低脊椎病的发病和致残率；“脊椎健康决定生活质量”的理念顺应了人们对脊椎健康的需求，也顺应了中国康复医学发展的趋势，为中国的脊椎康复增添了新的内容。

脊椎，被称为人体第二生命线，其健康远未引起足够重视。据世界卫生组织资料显示，每年被脊椎病纠缠的美国人约有 540 万，医疗费及经济的损失高达 160 亿美元；在英国，年平均每 1000 名男性劳动者中，因此病要失去 627 个劳动日，每 1000 名女性劳动者中，要失去 347 个劳动日。美国脊椎矫正协会统计：美国 30 岁以上人口，脊椎骨退化比例占 1/3 以上；70 岁以上老人都有退化现象，在 18 万卧床或坐轮椅的患者中更为严重。国外普遍认为脊椎问题会让人的寿命缩短 1/3，是各国实际年龄平均难以越过 80 岁的主要原因之一。中国也有些可参考数据：①北京按摩医院调查统计，中国 50 岁以上的人群中 97% 有脊椎疾病，近年来呈现年轻化趋势，40 岁年龄段的人群中，40% 以上的人脊椎有各种疾病。②中国儿童发展中心统计，中国儿童脊柱侧弯症的发病率高达 20%。③凯诺脊椎健康中心对北京某小区的 5 所小学 1500 名小学生进行了脊椎状况普查，结果显示，脊椎不健康的孩子高达 68.8%，其中 10% 的拍片检查，最轻脊椎侧弯在 5°~6°。④北京中医药大学统计，80% 出现头痛、背痛、腰痛和手脚麻木的成年人源于儿童时期的脊椎异常。

康复医学的重点对象截瘫，就是因脊髓损伤造成的。国际公认应从脊髓损伤即刻就开始采取康复措施，但在如何避免脊髓伤害、保护好脊椎方面，还缺少强有力的干预手段；尤其是面向个人在日常生活、起居习惯、职业特点、预防保健等方面，都缺少系统防范的基础知识和确有疗效的治疗方法，以至于很多做脊椎手术的医生自身都有脊椎问题。近些年，全球老年人比率增高，慢性病及意外因素增多，如车祸、搬运受伤、长时间伏案作业、计算机上网等，都导致脊椎问题增多；轻则饱受疼痛之苦，重则手术治疗，甚至终身瘫痪。

美式脊椎矫正进入中国，首先是填补了个人预防脊椎病的空白，提高了对脊椎健康的关注和重视程度。其特别和反复的强调：建立一种脊椎健康、一生守护的意识，远比脊椎出现问题再去治疗，更显得至关重要。其主张把脊椎纳入常规保健内容，尽可能使脊椎保持理想状态，倡导良好科学的护椎习惯，既延缓脊椎退化过程，还可以减少突发的伤害。也就是说，只有关心脊椎健康的人越多，受脊椎疼痛折磨的人才会越少。

2. 从脊椎、脊柱→脏器、系统→到整体综合康复

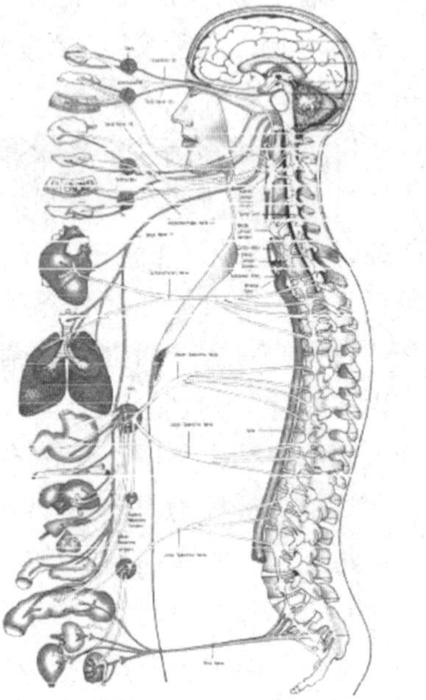

脊椎矫正学理论体系形成，源于一种古朴的器官结构与功能相互影响的观念。主要目标是，针对人体脊椎功能异常和与神经系统的关系，找出并恢复位移异常的脊椎，去除对神经系统的影响，使身体回到健康自然的状态。这与康复医学在方法上以理学疗法为主；治疗方向着重于人体功能（包括认知和感觉）的调整和适应，通过最大限度的功能恢复改善健康水平与生活状况的治疗总则相一致。在脊椎相关部分的诊断、调整、治疗以及疗效的评估和认证方面，美式脊椎矫正还增添了很多可借鉴的思路。

（1）人体健康平衡观 人体健康是体内各部分之间动态变化的相对平衡，是人体对内、外环境适应的复杂过程。人在出生时就具有对周围环境做出反应的能力，它被早期的医疗先驱者作为人体具有自我调整能力的证明。脊椎肌肉骨骼系统是整个身体的重要组成部分，脊椎矫正从纠正单个椎体位移着手，调整人体脊柱连带的整体肌肉骨骼系统，改善功能障碍的同时，调整连带的神经系统、免疫系统、抗病能力、维系生理平衡，使身体恢复一种相对的稳定，从而使局部器官的功能障碍、组织损伤，及其综合征状得到整体的康复。

（2）人体健康整体观 D. D. Palmer（脊椎矫正学创始人）认为，无论外部环境如何变化，人体始终保持在一种稳定的状态或在找寻平衡，由此形成“影响人体健康的天生能力”，这是脊椎矫正概念的基本思想。具体就是，脊柱矫正把诊断与治疗神经肌肉骨骼系统的功能障碍作为重点，同时兼顾可能带来的其他系统的连带伤害；或是以其他系统的连带伤害为主，寻找和解决发生在脊椎结构上的改变，而不是“一种疾病对应一种病因和一种治疗方法”。脊椎在人体有两个中心位置：一是运动中轴，一切运动都以脊柱为基础；一是控制中心，除脑神经及其控制的相应部分外，其余部分的一切运动、感觉、器官功能以及器官之间的平衡都在脊神经控制下；任何不正常的位移，都会形成相应的消极作用。在脊椎矫正学传统哲学思想综合整体观的指导下，接受脊椎矫正治疗后的患者不单是位移椎体复位，还会获得椎体位移引起的疾病痊愈，或症状缓解的良好疗效，甚或是立竿见影的效果。

（3）对脊椎力学结构的再认识 脊椎是人体的中轴，组成的 26 块骨头中，每一块骨头又有 6 个关节，向 6 个不同的方向旋转，形成两亿种不同转动方向的排列组合。环椎、枢椎有 168 种非正常组合方式，骨盆的三块骨头，有 2158 种非正常组合方式，其中任何一种非正常组合都有可能造成身体的不适。在椎体间的主要连接部——椎间盘，少有神经分布，所以人们对脊椎位移的感觉比较迟钝。脊椎没有位移并且处于静止、直立状态时，椎间盘承受的压力是均匀的；椎体发生位移时，椎间盘内部的张力就会分布不均，影响了椎间盘的营养供应，加速了椎间盘的退化。当这种不平衡的力学分布和退化达到一定的程度时，人体会因一个很小的动作，如咳嗽、弯腰等引起椎间盘纤维层破坏，导致髓核突出引起一系列神经压迫症状。

（4）探索现代医学中被忽视的领域 脊柱作为支撑整个身体的支柱，不是简单的一条直线，而是侧面呈 S 状弯曲。整条脊椎始于颈椎的环枢椎，止于骨盆；环枢椎和骶髂关节为两个关键部位，过去，环枢椎被认为是棘手禁区，骶髂关节被认为是人体骨骼中最稳固的关节。除明显异常外，医生很少注意到它们对整个脊柱结构异常的影响。脊椎矫正学认为这两个关键部位的任何移位，都会引起整条脊椎代偿、适应性的上下两端力学变化。如果只注意单个有症状的脊椎，而看不到两端的主导作用，即“拧毛巾”效应的话，就不会从根本上解决脊椎的问题。脊柱上面是头颅，中间支撑着躯干，牵制着四肢的活动，加之地球引力的影响，脊椎在这种重负下不发生错位是非常不容易的，发生错位后不影响邻近椎体的上下平行位置发生连带改变，更是不容易。所以脊椎矫正学认为，百分之百的人都有脊椎疾患，只是表现程度不同而已。

综上所述，脊椎矫正学从人体健康的平衡观、整体观出发，对脊椎、脊柱的力学结构进一步重新认识，尤其重视被忽视的领域研究。对脊椎、脊柱常见病、多发病形成了独到的理论体系和诊疗办法，已经被越来越多的临床实践所证实。可以看到，脊椎矫正学对脊椎、脊柱疾患从整体到局部、从局部到整体；从结构到功能、从功能到结构的反复认知和研讨，贯穿整个诊疗过程。与传统中医对疾病的认知有异曲同工之妙，不同的是，美式整脊基于解剖学、生理学、病理学、生物力学等现代科学的分析，较容易为现代人们所理解和接受。

3. 开创中国脊椎康复事业的新天地

在今天的美国，总统签署了允许脊椎矫正对全美军队成员永久开放的法令；特种兵、体操运动员和重体力工作者，以及所有车祸受害人，都规定要接受脊椎矫正治疗；在腰椎非常容易受伤的时候，比如从事体力劳动的工人在搬运重物时、遭遇突发车祸时，立法要求必须佩戴腰围，否则一旦累及腰椎受损，保险公司不予理赔。脊椎矫正在美国有较高的地位，联邦法律允许矫正医师在全美 50 个州行医；并被列入医疗健康、医疗援助和医疗保险法案中；博士学位由美国教育部授予，脊椎矫正学院被认定为专业的医疗教学机构。除美国外，越来越多的国家开始给脊椎矫正医师发放执照和立法。脊椎矫正因其主要治疗特点针对性强，无创伤无痛苦，疗效显著，安全系数高，在当前崇尚绿色疗法、纯自然疗法的人群中享有很高信誉。从北美到世界各地，尤其是在加拿大、德国、英国等一些发达国家，不少运动员、赛车手，以及普通百姓，都形成了意外发生后去进行脊椎矫正的习惯。美国各大主要医疗保险机构及保险险种将其列入保险，较著名的有：全美老年及无工作能力者保险（Medi－care）、医疗补助计划（Medicate）、蓝盾蓝十字

（Blue Shift Bluecross）等。

由此可见，脊椎矫正学在美国是一个被法律认可的成熟治疗学科。随着医疗全球化的趋势，在欧洲、澳大利亚、韩国、日本、新加坡，及香港、台湾等地区都已落地生根并制定了相应的法律。我国人口多，又是当今世界经济发展最快的国家，其康复医学又在大发展时期，需要拓展新的空间、酝酿新的嬗变。康复医学与美式脊椎矫正学的整合，可以为我国的脊椎康复领域增添新的服务项目，扩大新的服务群体，提高脊椎相关疾病的康复效果，增强全民对脊椎疾病的防范意识，是一项利国利民之举。

同时也应看到，凡是引进创新的项目都伴有缺陷和不成熟，盲目热情和无端怀疑都不利于学科的健康发展。虽然，美式脊椎矫正的普及与推广方兴未艾，但其远期疗效还待进一步跟踪，其诸多新思路也有待于同仁们思考、借鉴、检验和指正。我们希望，通过大家共同努力，能使这朵墙外之花在祖国的土地上生根、发芽、开花、结果，康复我们自己的脊椎病人。

未能如愿的课题立项：

顺势医学与中药纳米量级的探究

导语：学习欧洲顺势医学也是2005年前后的事情，我有幸读到了国内唯一介绍顺势疗法的书籍，翻看首页面，就看到卫生部崔月犁老部长与作者合影的照片和题词：顺势疗法，21世纪人类征服疾病的武器。书中所有的理念和内容都和我的治疗思路非常契合，因此联系到作者，加拿大籍华籍陈树祯博士，知道此疗法和顺势药丸虽被门诊一线医生看好，但进入不了正规医疗保健服务。

为此，我们讨论一起合作，希望能在国家自然科学基金中立项，走正规研究探讨流程，结果也是“事与愿违”。今天把立题申请摘录如下，目的是告诉大家，我们按正常渠道努力过，没有成功是多方面的因素使然，但按照顺势医学的方法进行中成药纳米量级的加工，是非常有前途、有益于国民健康的伟大事业。

全文：

1. 全球化医疗趋势——不把握知识之间的整合，我们就无法理解生命

随着现代高新科技的飞速发展，现代主流医学的发展方向在生命系统的复杂性面前受到严峻挑战。不把握知识之间的整合，我们就无法理解生命，学科体系的整体化趋势促进了对复杂系统研究的重视。

当前，高新科技对现代主流医学冲击的一个鲜明特点，是大量新技术、新材料和新方法被引入研究和医疗保健中，一方面，为医学的发展注入了新的内容和活力；另一方面，也带来了两大弊端：

（1）对现代化设备和检测手段的过分依赖，这种依赖致使医疗经费昂贵，并且愈演愈烈，这对任何一个国家，任何一个民族都是一个沉重的负担；

（2）带来了药物公害多、副作用多，医源性疾病增多，致使人们不敢轻易求医看病，有些人则倾向在“回归大自然、选择绿色医药、绿色疗法”中寻求最佳治疗方案。

2. 我国中医药的开发挖掘现状—复方的作用机理和纳米化研究

进入新世纪后，传统医学得到了前所未有的迅猛发展。中医是整体医学，中医药经过几千年的实践与发展，成为世界非主流医学中最为绚丽的瑰宝。世界医学在新的优势整合中正孕育着新的重大突破，我国中医中药被赋予了更宽的含义、更广的使命和更高的期望值。中药复方是我国中医治疗用药的最主要形式，传统的经方、古方遵循了“七情和合”的配伍理论和“君臣佐使”的组方原则，成为临床上中医药防治疾病的主要手段。但长期来，因其应用剂量大、剂型落后，服用不便，稳定性差，药效温和疗程长等原因，严重影响了广泛的应用和发展。很多新研发的组方被加进了西药，已不再遵循原有的配伍理论；还有很多的研究是对组方中的单味药的挖掘；中药传统复方的作用机理成为当今生物医学领域里长期不能解决的科学难题，近半个世纪，我国为之投入了巨大的人力和财力，至今未能取得突破。

近两年中药的纳米化研究渐成为研究者关注的领域，国内徐辉碧采用真空或隋性气氛下的高能球磨机，以及超音速气流粉碎，在 -30℃ ~50℃制出了 50 ~80nm 的雄黄（对肿瘤有明显疗效）。徐辉碧采用的是粉碎破壁技术，代表了国内目前获取纳米化中药唯一方法。事实是现代的粉碎技术达到数十纳米的比率还比较低，能够达到纳米级的一般为矿物性粉末为多；对于纤维类植物来说，以剪切为主的超细粉碎在操作时温度的上升会导致粘度的增加，粉碎到纳米级是一件很困难的事情。从现在一些厂家的报道来看，除非采取一些特殊的手段，否则大都在 500nm 以上，而公认的纳米效应的尺寸量级都是在 100nm 以下，即使是粉碎勉强达到纳米级，但晶体的生长最终仍然会让研究者失望。因此需要在纳米化技术上有新的突破。

3. 北京是东西方传统医学碰撞的中心

在医疗全球化的今天，北京作为国际化的大都市，自然成为了东西方传统医学碰撞的中心，世界卫生组织（WHO）的《2002 -2005 年传统医学战略》，把全球传统医学疗法概括为两大类，药物疗法和非药物疗法；传统医学属于纯自然疗法，带有鲜明的地域特色，甚至植入了当地的文化和人们的信仰。其中的欧美顺势疗法（homeopathic），从清朝康熙时代被西方教会引入京城后，1992 年再次由加拿大华籍医生陈树祯博士引进北京。在欧美，传统顺势疗法从 1790 年哈尼曼（Hahnemann）测试鸡纳金到今天，已累计了 2000 多种药物，历经 200 多年临床应用，无一被淘汰。其核心技术就是采用天然物质经多次有系统的稀释、反复振荡制成，赋形后制备成极微小剂量的单味药，调理多种症状群，在无任何毒副反应的情况下、温和快速地根治疾病。

顺势疗法药物以低稀释度的药物为例，在1ml的6C（6次百进度稀释）稀释液中，其原药物成分只有0.00000000001ml（小数点后10个零），再将这1ml的药液分滴在数千颗3~4毫米的颗粒丸上，平均到每一颗药丸里的原药成分比一般大城市自来水中的重金属成分还要低不知多少倍，业内研究人员保守的推测，其原药物成分至少在公认的纳米效应尺寸量级的100nm以下。另一方面，国外近两年的顺势产品药物加快了研究步伐，从单味药（如量子银，广谱抗菌）扩大到复方药18味（如顺势营养液），从单稀释倍数到多稀释倍数混合。如果本课题成功采用了顺势药物的核心技术，研发制备，那么获取我国中医的名方名药纳米化技术将不再成为难题，研究有望很快产生新的突破。

4. 慢病患者对东西方传统医药学的需求

从1992年至今，尤其是非典以后，陈树祯博士引进的理念和本课题项目组成员的临床实践证实，在脑疾病、癌症、糖尿病并发症、肝坏死、老年支气管哮喘、矽肺、尿毒症、高血压以及慢性退行性疾病，亚健康状态的情绪焦虑、紧张、烦躁、抑郁等，都出现了不少明显好转的病例，像北京肿瘤医院、博爱医院、301、304医院等临床科室都经常有病人听口碑相传，提出过这方面治病的需求；国内目前已有20余顺势产品被引进我国，作为高端保健品在社会上传用，但国外顺势产品价格昂贵，平均30ml/支、30天的用量要上千元，与制备成本相差巨大。究其疗效和作用机理，缺少国内专业部门的科学验证，缺少安全性和有效性的权威数据。

5. 中药方纳米化的社会、医疗保障及城市环保需求

（1）中药方经纳米剂型制备成本低，可大大减轻国家医疗财政的支出和人民的负担。

1996年法国政府曾做过顺势疗法药物与现代西药的疗效和经济效益的调查比较，报告显示：在13万例病案中，接受稀释药患者的请病假率比接受西药患者少许多。由此得出稀释药对国民生产总值有直接的效益。我国研究者发现一些中药纳米化后，能降低其毒副作用提高药效和生物利用度大约仅需1/10~1/5左右的纳米中药，就可以与原汤药相应剂量的药效相当。

（2）有益环保。世界各国从19世纪末期至今，在大力开发资源同时，生产化学产品造成了地球的污染，其中有很大部分是合成西药的化学污染。欧洲科学家发现，每年有数以亿计的人类服用药物随排泄物进入河流与海洋，而且数量愈来愈多。

（3）实验显示，应用在农作物上可预防病菌、病毒感染，减低虫害和增加产量；用在畜牧业上，可保持动物的健康。在大力改善抗生素污染环境、禽流感疫情传播和提高优质生产等方面，有不可估量的发展前途。

总而言之，本项目吸取欧美顺势药品的有系统稀释、反复振荡技术，加工我国的名方名药，以经典复方“还少丹”为例，研究其纳米量级的药效和分析，用计算机检测观察和统计学处理后，将会得出极有参考价值的结论。对中药纳米化一直采用的持续粉碎破壁技术是一个有意义的突破，可以为当代医学、生命科学的研究开创一条高效低耗的研究新路；可以对传统方剂在现代高新科技上的认识带来新的理论诠释，为慢性病、疑难杂病等治疗带来突破性进展；可以由此推动中医药现代化研发工作的创新；可以最大限度地保护和利用我国现有的中医药资源、减少合成药的副作用和降低用药成本；可以为首都的经济化建设带来不可估量的效益和影响。

科学识水与

民以食为天，食以水为先

导语：2005 年后，开始接触到日本饮水知识，《水有记忆》的研究发现让我翻阅了国内外很多有关水的文章文献。尤其美国巴德曼医生的临床经验，给了我很多启迪，让我触摸到水在“生物信号频率”方面的作用，是从未被认识的另一面。于是，我开始学习体验，并把学到的知识整理出来，在社区健康大课堂普及给社区居民。把讲课稿摘录出来，供大家增加些饮水新常识。

全文：生命的答案，水知道

关于水，老百姓多是日用而不知。日本的江本胜博士等人多年研究水的秘密，进行了大量的实验后发现：水是能够识别文字、图片、声音、意念等不同信息的载体。这个研究结论，令人耳目一新，并有大量水结晶的图片证实：

（1）冰在融化之前都会呈现出中文“水”字的形状；

（2）水“聆听”平安夜的曲目后，会形成美丽的结晶；

（3）甘菊浸出液的结晶，与甘菊花的形状极为相似；

（4）水听到“爱和感谢”的话语之后，得到的是相似的美丽结晶，不论你说的是日文、英文，还是德文；

（5）水在听到“讨厌”　“杀死你”之后产生的结晶，丑陋、歪曲、破碎、散乱，不论你用的是日文、英文，还是德文说的这些话，结果都一样。

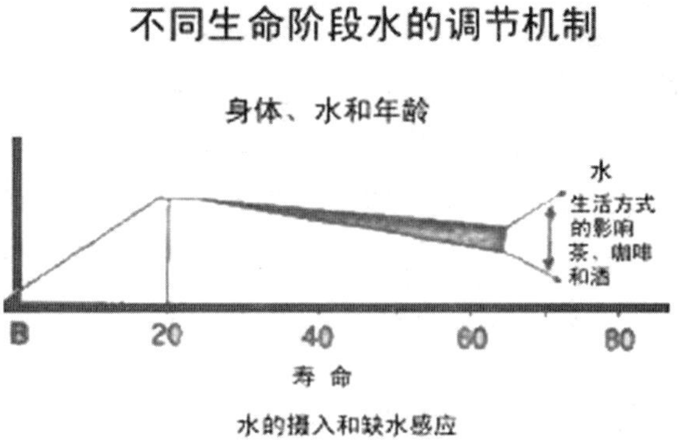

图1：不同的人生阶段，人体内的水 调节机制分为三个时期：
一、胎儿在母亲子宫的阶段（如图1左B所示）；
二、成长阶段：即身高和体重达到成熟的阶段（大约在18到25岁之间）
三、从成长到死亡的阶段。

以上是这世纪对水功能认识上的突破，已经开始有人，用“老子上善治水”的思想，通过诵读《道德经》的方式，将古圣的强大智慧能量反馈给自己的身体和身体周围，期待释放出强大能量，产生有益健康的正向结果。据说德国有 1/3 的家庭，用拼音注读中国普通话来诵读《道德经》，由此获取健康能量。

国内还没有这个水知识，都还停留在水认识的物质层面。这就是我下面讲课的重点。

水在预防保健中的作用

现代科技的迅速发展和生活节奏的加快，给人们的健康带来了许多新的危胁，诸如糖尿病、高血脂、高血压病等等。在一个资源与环境大量消耗破坏的现代工业社会或后工业社会，公众越来越关注饮食安全与健康问题同时，饮水问题也自然受到了空前的关注。联合国为此确定2005年~2015年为“生命之水”国际行动10年，中国政府遂决定2005年3月22日第十三届世界水日的主题为“保障饮水安全，维护生命健康”。在人们集中地关注和讨论我们应该怎样健康地去吃的话题以后，开始越来越重视我们应该怎样健康地去喝水这个问题了！

1. 水与生命的物质关系：

（1）水是生命之源，人类一天都离不开水：人体由25%的溶质和75%的水构成，大脑组织85%是水；没有任何一种物质能像水一样参与人体的能量代谢、物质代谢、信息代谢，全方位参与人体生命活动。人可三天不吃，但不可一日无水，水与人体的健康息息相关，而现实却是80%的人体内水不足却不被觉察。

（2）脱水的过程=生病衰老的过程：

随着年龄的增长，水占体重比例逐渐下降，也就必然导致水的生理功能，即媒介和载体功能降低，好像水中的船，使用年限增加了，船内所载的废物多了，运载能力就越来越低了一样，人体内的废物不能有效地排除，人就容易衰老和得病。老年人普遍不爱喝水，除了没有喝水的习惯、怕尿频、茶汤代水等原因外，最糟糕的是渴感的敏感度减弱，口腔明显发干却不感到渴，因而得了慢性脱水症、或因此百病丛生却浑然不知。在本来各种脏器及其代谢功能都衰退时，如果长期不爱喝水，喝水量不足，将更加速脏器及其功能的衰退。

（3）水是营养素之首、百药之王、健康之本。

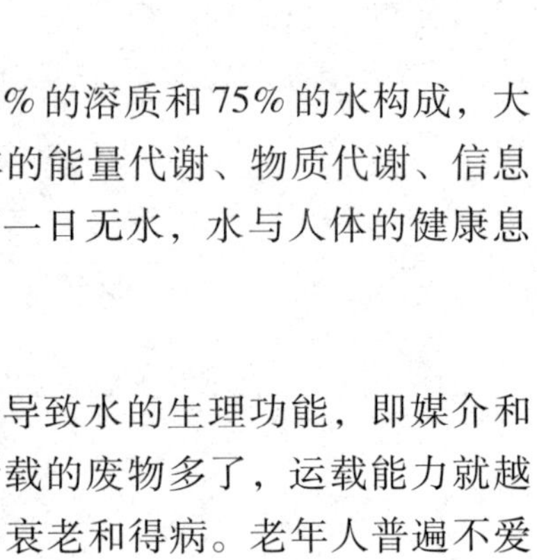

古人：“药补不如食补，食补不如水补”。李时珍的《本草纲目》把“水篇”列为全书之首，并列举了很多不同的水具有不同的保健和治疗作用的例子。我们对水的营养学、生理学研究倒退于国外，从旁边的膳食宝塔可以看出：美国把水列为营养素之首，在美国2002年新修订的膳食宝塔，也称食物金字塔中，把水列入膳食的重要组成部。我国的平衡膳食宝塔，第一层为谷类，显然只注意了30%的“民以食为天”，忽视了占70%的“食以水为先”的常理。没有任何一种物质能像水一样参与人体的能量代谢、物质代谢、信息代谢，全方位参与人体生命活动。

（4）健康水是最廉价、最有效、最安全的保健品

人类衰老的发生机理有几十种说法和学说。如大肠中毒、体细胞突变、基因控制、自由基及端粒酶学说等等。在研究人体衰老时发现了一个重要的生理现象，就是人体衰老过程就是人体脱水过程。例如刚出生的婴儿身体含水量一般是 80%，中青年 70%，到了中老年一般为 60%，甚至 50% 左右。再比如，人过 40 岁皮肤开始不再有年轻时的细腻光滑，颜面干燥引起皱纹增多，尤其热水浴后，肢端皮肤搔痒都是机体衰老皮肤细胞脱水的一个显见症象。世界上长寿村的人长寿的原因之一是那里的水质好，活性高。

2. 饮水的数量与质量：

（1）人体每日的需水数量和质量

正常人体的水总是处于动态平衡，美国科学家在 1980 年测定，一个平均体重 65 公斤的中年人通过尿液、粪便中水、肺与皮肤蒸发水等途径，每日排出水总量为 2569 毫升。

“口干”不是脱水的唯一信号　口渴才喝水是普遍的看法，不知道饮水蕴涵着很深的科学，水也有营养作用和保健功能。“口干”已是身体极度脱水发出的最后信号。在发出“口干”前，脱水已经存在，并危及到了身体的健康。例如：腰疼痛、颈椎疼痛、消化道溃疡、血压升高、哮喘和过敏等都可能是脱水的表现。老年人由于口渴的敏感性减弱，怕尿频，普遍不爱喝水，不是个好习惯，而且比较容易出现水中毒。

饮料、茶、咖啡、粥等都不能代替饮水　20 世纪 40－50 年代以前算补水，当时美国做了一系列实验证实，显性出汗时喝什么都行，跟喝水没有什么区别，80 年代以后，这个观点逐渐被新的观念取代。饮料中含有咖啡因，需要水排出，又利尿，不补水反而脱水。浓汤有很多能量、蛋白质，矿物质，盐等，这些进入身体代谢都需要水分，所以很难起到补水的作用。茶饮料不能替代水，喝饮料是解馋，喝水是补水，喝浓茶也容易造成脱水，包括喝咖啡，往往越喝越渴。

（2）饮水的种类与质量

WHO 提出的优质健康饮水六条标准

1. 水中不含细菌、杂质、有机物、重金属等；
2. 水中含有适当比例的矿物质及微量元素，且呈离子态存在，适合人体吸收；
3. pH 值呈弱碱性；
4. 小分子团水，渗透力强，溶解性好；
5. 负电位，能清除人体内多余的“自由基”；
6. 含有适量的氧（5mg/L 左右）。

不同生命生理需求不同，水的功效不同：

no1. 安全水：没有污染的水→无毒、无害、无异味；主要作用→生命维持；

no2. 健康水：没有退化的水→具有生命活力的水；主要作用→生命质量；

no3. 医疗水：符合人体营养生理需要的水，含有益矿物质、pH 弱碱；主要作用→生命异常。

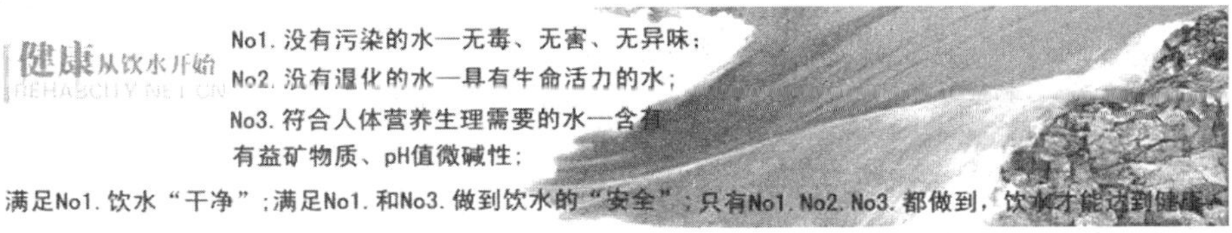

两届：在国际讲坛上的感言与发愿

首届导语：2008 年 4 月，在香港参加了国际自然疗法学院的博士班毕业典礼，那是一次在亚洲举行的首届全球自然医学界的鼎盛学术会议，一次前所未有的全亚洲最大型的自然医学健康博览会，完全由海外华人界承办，共有来自全球 25 个国家超过 1000 位专业医护人员和各个医学专业前沿的科研人员，在这次专为全球医护及保健人士而设立的会议上，我被选为大陆唯一的北京学员代表，发表了毕业感言，后来登在香港的报纸上，引起海内外同仁的关注。我自己也感觉，从那天开始，自己的行医之路已经完全跨出了国门，越走越宽阔了。

全文：

我很庆幸，

能有运气参加国际自然疗法学院举办的“自然疗法医师认证课程”，并经过了系统全面的网络教学；

我很感激，

吴振民院长及其团队搭建的这个华人自然疗法学习和交流的平台，在这里我结识了华人界最有智慧最有品行的业内精英与前辈；

我很高兴，

行医多年终于找到自己临床学问的归宿和全身心投注的事业，那就是人体整合、医学整合、服务整合；

我很振奋，

在香港的“国际自然疗法学院”正汇集着一股强大的人脉，运用高新科技的手段传播、推广、服务于最有益于人类的自然疗法事业；

我坚定地相信，

尽管“自然医学”“自然疗法”在业界推广的阻力还很大，尽管前进的道路上还会有很多难以预测的风险，但只要努力，大家携手共同去做，21 世纪的医学必定是自然疗法唱主角的世纪。

二届导语：到了2010年，学院的第四届毕业典礼和WONMP ASIA第二届国际自然疗法医学会议移到北京举行，那时我已经开始当教员了，有了自己遍及海内外的自然疗法学生，我的课程就是讲授“易经八字与能量医学在诊断上的知识技能整合”。所以，在北京举行的毕业盛典上，我被委派做了大会执行主席，以下是我的导师感言。

全　文：

上一届我以学生身份呈递的毕业感言，
这一届我以讲师身份书写教师导言；
两届的光阴，
百尺竿头！
昭示的——
岂止是一个中西医大夫专业的进步，
彰显的——
却绝对是当代医学发展的沧桑正道
和全球健康服务的趋势主流。
因为，
唯有替天行道才可能得到上天的光顾，
唯有顺天而行才有如此畅达的通途。
这“天”就是当今社会和人群
对身心灵整体健康的需求和渴盼，
也是一个医者，
诚惶诚恐不敢有丝毫懈怠的天然使命。
上一届我自己独步而来，
这一届我已可携手两岸三地同仁。
我相信，
会有更多医学新秀加入行进队列，
为了生命的严肃，
为了人类的福祉，
前赴后继，孜孜以求！

2010－8－28

再探：康复医学发展的现状与未来

导语：本文应康复前辈乔志恒老师所邀，2008 年共同完成，2009 年 1 月刊载在《中国康复理论与实践》期刊。前辈的努力是我不敢怠慢的理由，虽然我国的现代康复医学起步仅仅 20 多年，但临床康复是离不开积累和传承的，不是有顶“博士”“导师”的帽子就可以居功自傲，而排斥有实践经验积累的老医生，尤其当一个学科需要创新发展的时候。我把所有的前辈都视为宝贝，是点燃我临床创新思维的火种。

据了解，在美国知识阶层，老年人被视为拥有经验和智慧的重要社会成员，是知识和传统的守护者。被誉为美国最伟大医生之一的罗伯特·福尔佛德写了一本书《福尔佛德医生的生活感悟》，写书时已经是 91 岁高龄了，不仅仍在从事医疗工作，还成功地治愈了让年纪是他三分之一的医生们束手无策的“绝症”。当然，做内科医生的比手术医生更有年龄的优势。本题学术性很强，如果不是医生可以忽略不看。

全文纲要：第一部分：康复医学发展现状

一、康复医学，方兴未艾

当今康复医学（Rehabilitation Medicine），在世界各国向着多级化趋势发展。

美国康复医学处在现代康复医学的领先地位，北美、澳洲紧随美国之后。

欧洲朝着一体化方向发展，在“欧洲医学会联盟”（UEMS），专设康复医学部，有 25 个国家专业学会参加该组织，《康复医学杂志》（Journal Of Rehabilitation Medicine），是欧洲具有代表性的康复医学期刊。在学术上，提倡康复医学与临床紧密结合，因而被称为“临床康复”（Clinic Rehabilitation），正成为欧洲康复医学发展主流。

亚洲康复医学发展，富含东方医学色彩。我国中西结合有很大潜力和发展空间，日本上田敏教授说：在 21 世纪里，西方传统康复医学面临东方康复医学的挑战。

二、康复医学理念延续与扩展

1. WHO 将医学划分为：保健医学、预防医学、临床医学、康复医学。

2. 现代康复医学研究伤残病后造成的机体功能障碍，通过康复评估、康复训练、康复治疗，达到改善或重建身、心、社会功能为目的，是其根本理念。

3. 美国康复医专学 Rusk 教授认为：“康复治疗是临床治疗的后续，如不进行康复治疗，就意味着临床治疗工作并没有结束”。

4. 英国康复医学专家 D wade 教授，以脑中风为例提出康复治疗、功能训练的新概念，认为：

◎应该以患者为中心，满足其功能康复上的需求，而不是以某些理论和假设为中心，脱离实际需要；

◎功能训练应与患者日常生活、工作或作业活动相联系，且忌千篇一律，着眼于减轻临床病损和缺陷，忽略功能性活动训练；

◎应当鼓励患者，进行力所能及的功能性活动，而不限于每日用5%白天时间，在治疗师指导下进行练习；患者最好经常处在一个技能学习的环境中；

◎只有多学科参与，在患者亲属配合下，才能真正满足每个患者的功能康复的具体需求。

三、功能康复理论与技术的当代进展

1. 中枢神经系统功能康复研究进展

2. 周围神经损伤康复研究进展

3. 康复治疗技术研究进展

4. 康复功能评估的进展

（1）近几年康复功能的运动生理、运动功能、步态分析、生活质量、神经心理、神经肌肉电诊断、运动控制分析的生物力学评估等研究，均有较多进展。

（2）康复评估不仅是有关康复数据收集、整理，更为重要是通过数据来确定康复过程，患者能否从康复干预中获益以及获益的程度。但在很大程度上，还不能反映功能后果（Outcome）的改善。

（3）不同患者或不同疾病，功能恢复过程不尽相同，因而，在施行康复治疗或训练过程中，采用功能后果评估方法能较好反映康复效果。

（4）由于影响康复功能后果因素很多，因此不宜使用单因素分析方法，评估康复管理效果。必须建立较大康复数据系统，才有可能进行多因素、多层次分析。

四、康复医学价值观

1. 医疗价值观

（1）目前人类死因主要是心肌梗死、脑血管意外、癌症和创伤。除外急性死亡，大部分患者可以存活下来。如何提高存活质量？有赖于康复医学。近代医学研究表明，积极的康复治疗可以明显延长患者寿命，降低36.8%死亡率。

（2）在脑血管意外存活患者中，积极的康复治疗可使90%患者重新获得行走和生活自理能力，30%患者恢复工作。反之，上述两方面恢复者仅为6%和5%。

（3）在癌症患者中，40%可治愈，60%可存活15年。存活者无疑给家庭和社会造成沉重负担。比如在手术、放化疗之后的慢性疼痛、身体衰竭、放化疗反应等，心理、整形、作业和物理治疗，都是要上的康复措施。

（4）在创伤方面，以截瘫为例。1950年前截瘫后只能存活2.9年，50年后延长到5.9年。采取积极康复治疗后的1976年，已有53%截瘫患者重返工作和学习岗位；1980年达到83%。是康复医学使许多严重残疾者重获为社会做贡献机会。

2. 经济价值观 略

五、康复医学与临床之联系

（1）与临床内、外、妇、儿、预防保健各科均极为密切。近几年，不仅在偏瘫、截瘫、脑瘫、四肢瘫等康复临床与护理方面取得进展，而且对很多常見病、慢性病、亚健康、精神心理康复等也取得可喜进步。

（2）与临床治疗的正确整合＝综合有效应用的讲究。就整体而言，临床有药物治疗、手术治疗、康复治疗，当进行综合治疗时，多种方法如何优选、择取、有效应用，是首先考虑的问题。另外，还有治疗的时机、方法、训练疗程等具体问题，这些都有待更多关注和提高。

（3）康复单元工作模式。美国杰佛逊（Jefferson）大学医疗集团，为适应美国公立保险体系包干医疗需要，提出康复单元工作模式，如：门诊康复治疗单元、住院康复治疗单元、神经康复治疗单元、骨科康复治疗单元、普通内科康复治疗单元等，每个单元都有独立的PT、OT、ST、PS、RE等，工作使用面积在500平米。这些康复治疗单元，在大医院中统一由康复医学科领导管理。

实践证明，康复治疗单元模式，既适合大型医院加强康复与临床联系，方便患者就诊医疗；又适合在中小医院、乃至社区开展康复治疗。国内心脑血管病康复单元、骨科疾病康复单元、专科疾病康复单元等都在兴起之中，在一定程度上促进了康复医学的发展。

第二部分：康复医学之未来

一、服务对象之扩展

康复医学服务对象，从历史发展阶段看，有三个不同时期：

（1）康复医学发展初期：二次世界大战后→19世纪80年代

服务对象主要是：战伤、车祸、地震、矿难等突发意外事件，导致的残疾、后天功能障碍、及环境放射污染等造成的先天性缺陷。

（2）康复医学发展近期：19世纪90年代→20世纪初

服务对象扩展为：慢性病、生活方式病、中老年病、心理精神障碍疾患等健康弱势群体。

（3）康复医学发展远期：20世纪的后现代医学阶段

服务对象将扩展到：城市社区、亚健康群体、残疾预防、优生优育，以及所有对生活、对生命质量、对人格尊严有需求的群体。

二、康复服务社会化

（1）目前医院所面临的挑战是如何打破医院的围墙，使医院从医疗型向保健医疗型扩展，从点向面辐射，向社区延伸，从而为老百姓提供更加全面基础的医疗保健服务。

（2）社区康复医疗对象，除了残疾者，更多的还是心血管疾病、脑血管疾病、高血压、糖尿病、慢阻肺、癌症等患者，以及其他老年病患者等。社区医疗的人文关怀，将把社区康复、保健、医疗、预防融为一体，担负起家庭康复医疗、康复护理、生活指导，健康教育等，社区康复医疗发展的趋势。

（3）“残疾者人人享有康复”目标必须依靠社区康复医疗机构，其中包括农村及基层医疗单位。大医院对社区康复医疗机构有指导、帮助、培训、提高责任和义务。

三、康复服务人性化

（1）实施个性化全程康复追踪服务和管理。

（2）康复医学涉及危重医学、临床治疗、临终关怀，在保护个人权益和隐私方面，康复医学应该成为表率。

（3）以人与自然、社会与环境和谐统一、协调发展为主线，特别是对“情志”心理因素，应全面考虑预防、预测和个体化的康复一站式服务。

四、康复预防优先化

（1）21 世纪医学任务，将从“防病治病”为主，逐步转向“增进健康、提高生命质量”之发展，重点分为两级：社区医学服务与医学研究中心服务。

（2）未来康复医学，康复预防将占主导地位，人们不只是进行被动的康复评估与康复医疗，而是把部分康复医疗资源用于康复预防。未来康复预防体系，将运用医学最新成果，研究人体形态结构与功能调控之间的关系，研究开发人体与生俱来的“天然自愈力”和“潜在功能”，开发人体功能的辅助装置和系统服务装置，从而调动人体的主动康复行为。

（3）未来康复医学，将与健康医学紧密结合“人人享有健康”和“残疾者人人享有康复医疗”，将成为发展的崇高目标。

五、中西医药学融合

（1）西方医药学：以解剖和生理学为基础，实证论和还原分析为主要认识手段。人类基因图谱诞生后，人类仍不能百分之百医治好自身全部疾病，西方医药学遇到难以逾越的障碍。临床医生面临一系列难题：如抗生素所致的二重感染、耐药菌株不断增加、化学合成药物毒副作用、化学治疗不能解除病痛；肝穿、放化疗、激光、伽马刀、移植术等，有效同时带来新的伤害；工业化造成的环境污染；生活方式导致的心脑血管病、癌症、糖尿病；老百姓抱怨看病难、看病贵；欧美西方大国，也不堪医疗费用重负等；所有这些，预示着西方医药学“盛极而衰”的时代已经到来。

（2）我国传统医学：源远流长，自成体系。中医学把握的不仅是器官实体，还包括人体的整体功能状态与功能结构的关系。从本质上说，中医学是“助人抗病”，调动和激发人体“天然自愈力”和“潜在功能”，是真正意义上的帮助人体恢复和提高自身免疫和调节能力，实现祛病健身之目的。

（3）中西医药学之融合：人类医学进步正处在一个历史与未来的转折关头，一方面，西方医药学对人体组织形态结构体系研究，从基因图谱完成就已达到顶峰，同时，对人体功能结构体系研究明显滞后。中医药学恰可与西医药学形成互补。未来医学之发展，寄希望于中西医药学之融合和两者的取长补短，对未来康复医学，将发挥促进作用。

六、高新科技之应用

(1) 期盼：人类希望应用最新前沿技术对"疑难杂证"、对生活方式疾病、对中老年病、对影响人生活质量之骨关节病、精神心理疾病，以及亚健康状态防治等等，能提供更多实用之康复手段和解决办法。

(2) 挑战：引进和采用更多新技术，对传统康复医学思维和工作方式是个挑战。比如采用生物反馈技术、全新数字摄影技术、生物芯片技术、生物传感技术、微电子脉冲技术，以及分子设计和模拟技术等，会促进生物能量信息技术的成熟，构建中西医融合的高架桥和快速通道。谁先期掌握了这些新技术，谁就站在了现代康复医学的前沿。

(3) 运用：90 年代后期，生物能量信息技术还仅限于诊断，现在已迅速介入临床医疗之整合运用，提供从诊到治、到辅助、到预测的全程帮助。对各种原因导致的身心功能障碍，都能通过激发自身潜能，提高生存质量，为患者带来推动。

(4) 贡献：医疗科技在20 世纪曾帮助日本和加拿大康复医学快速走到了全球康复医学的前沿。今天，伴随传统医学与生命科学技术的突破，和日新月异的医学整合实践，人类更将获得集成度高、运行速度快、成本低、方式方法多样的康复智能系统。在未来可预计的年代，谁把握住这个趋势和机遇，谁就能在提高康复评估和康复医疗效果方面，走到世界康复的前沿，为人类做出新贡献。

结束语：人们可以预见，康复医学将从人体功能康复需求，逐步由现代康复医学上升到未来康复医学之美好境界。未来康复医学，不仅深入到文化、艺术、美学领域，还会与美术、书法、音乐、歌舞、武术、美食、药膳、健康旅游、环境模拟等融为一体。康复手段将更人性化、高科技化，有更多互动参与的机会，让我们共同努力开创康复医学的新未来。

干休所健康课：全球老年养生保健新趋势

——预防为先　平和为贵　提升品质　颐养天年

导语：2008 年 11 月 6 日上午，在花园路的干休所礼堂，我应邀第一次为自己的父老乡亲们讲健康课。也许是认真做了准备，也许是刚刚从海外学成归来，很多健康新理念都是大众媒体很少听到的，所以，讲课的反响不错，有很多好的调理案例反馈回来，以致 4 年以后他们中很多人见我面仍然会提起。我收留此稿是为了方便那些让我敬重的前辈和他们孝顺的子女，以备不时之需。如果前面的文章太学问化，这篇就通俗口语的多了。

全文：尊敬的父辈前辈及朋友同仁们：早上好！

今天能有机会坐在这里讨论交流健康养生的话题很荣幸。大家可能在我之前，从电

视上、报纸上、广播里听到过很多专家讲健康了，所以在座的很多人都已经有了不少健康知识了，我首先是本着学习的态度来的。第二我想强调一下，我今天讲的大部分都是新知识，与媒体铺天盖地的健康常识有许多不一样的说法和做法，其来源就在于我的视点不同，知识背景不同。下面我就给大家打开一个无国界的天窗，让我们以一个更宽阔的视野一起来看看，**在这个地球村中，全球的中老年人都是怎样养生保健颐养天年**的。

全球都公认日本是个老人长寿的国度，过去很多人到神社都去拜“长生不老”，长生是很长一段历史时期人们的最高期盼，而近20年到神社拜的内容起变化了，拜什么了呢？“暴毙”“猝死”。也就是说最高期盼由原来的“长寿”变成了，把生的过程延长，把死的过程缩短。既然人总有一死，那就让健康生存的时间长一些，死亡的时间缩短为瞬间的无疾而终，不要有痛苦得活熬着。台湾5 年前曾有过一个中老年人的调查，希望活多长，很多被调查的选择，是健康活着六、七十岁就够了，如果活到八、九十岁伴有瘫痪、痴呆、咳喘、洗肾、换心等病症，自己活着难受不能享受人生，家人也平添很多负担，以致有些上年纪的老人选择了自杀。由此可以看到，健康的活着是当今全球人类追逐的目标，寿命延长和生命质量提高相比较，后者更重要。

20 世纪末，世界卫生组织有个前任总干事叫布伦特博士（Dr. G. H. Brundtland）曾经预言：21 世纪人类卫生问题最大的挑战将是改善生存质量，健康将成为人们享受生活最重要的前提，现在看来这话没错。我是做康复医学的医生，康复医学就是重视包括身体、心理、职业、教育、社会生活等方面的全面康复，我们把提高生存质量（quality of life，QOL，亦称生活质量）作为医生的目标与原则，国际医学界也都把康复医师称为“提高生存质量的医师”（physicians adding quality of life），而生命质量的最高定义是健康的活着，不要有病。

人老了怎么可能没病呢？我想告诉大家的就是：人老了完全可以没病，年纪大了不一定就衰老，不要把身体的不适都归罪于衰老。我给大家讲一个马克希曼博士的故事，马克希曼博士是美国白宫委员会和公共卫生部部长信赖的健康顾问，哈佛医学院附属医院的内科主任。在美国许多电视和广播节目上都有关于他的专访和介绍，也是妇女保健和大众健康节目的明星人物，其西医内科的权威性不可置疑。他根据当今最先进的医学研究，以中医的“养生保健”理论为基础，治疗和观察了大量的病人，揭示了导致现代大多数疾病的五大元凶（消化不良、代谢失调、炎症、排毒机能受损和氧化应激），提出了一种新兴的医学模式，即现代医学应该定位在健康预防方面，而不是疾病治疗方面。并通过制订一项全新的预防衰老、摆脱疾病的6 周计划（无需借助手术或药物），促进了更多的人获得了健康和更长寿的生活。我说“年纪大了不一定就衰老”就是他的观点。

在我们医学界很多医生都有个误区，觉得如果你上了年纪，就应该健康不佳，这是任何人都没办法改变的事实——除非接受药物治疗，而这么做往往会使情况恶化。国外有个不是那么好笑的笑话。一位90岁的老人去看医生，说自己的膝盖疼，医生反问：“还想怎么样？你已经90岁啦。”老人说：“是呀，不过我另一个膝盖也是90岁，却一点儿也不痛。”在美国一些文化体系里，是很重视老年人的，把老年人视为拥有经验和智慧的重要社会成员，是知识和传统的守护者，以致有许多八九十岁或更高龄的老人还不能接受自己会生病的事实。比如102岁名高尔夫球手的汤姆·斯皮尔，他每周比赛3次，成绩比他自己的年龄只少15杆，他赢得了在加拿大卡尔加里举办的“45岁及以上人士锦标赛”冠军，比最年轻的参赛选手大了差不多半个世纪。

我的中医老师邓铁涛教授（广州中医药大学）90高龄时写书、讲座、上台做八段锦领操，根本看不出他多大，治疗SARS平均7天退烧出院，绝非年轻大夫可比。我老父亲88岁开始写回忆录，89岁近10万字脱稿出版。我们康复中心博爱医院八九十岁的老人骨折、股骨头置换后康复出院的近几年是越来越多，我想在座的还会有很多这样的例子。美国医生甚至认为60岁左右退休不是件好事，应该考虑将现在的人生顺序反过来：20多岁时休息，享受生活，组织家庭；40岁时再去工作，直至终生。正是在这个建议下，我与海外同仁也商量了一个国内临床医生海外读博的设想，招生的年龄范围计划从40岁到90岁。

在过去几十年中，医生已经给年长者开了太多的药，老人们到了七八十岁的时候，很可能都在同时吃十几种不同的药物，没有谁对医生和大医院开的药发生质疑，哪怕自己身体完全没有改善，很多老人都把健康长寿的希望寄托在一个好的医疗条件上。其实呢，如果把一个人的健康设定为100分的话，除去遗传15分，环境17分，自己控制68分，医生控制只占8分。而这8分还是从动物实验和实验室得出的结论，并不一定适应每个人。比如我给大家讲的这个美国医学教授，他就把“医生什么都知道”列为第一大谎言。

作为老大夫我知道，医学领域很复杂，而且始终处于不断变化之中，每天都会有新的数据被采集，新的信息要整理，新的研究成果公布出来，大多数医生在临床一线很难跟上这种更新的速度，可以说，没有哪个医生能够了解医学领域的所有变化。有人说“全天下的西医都是一个师傅的徒弟”，讲的就是当代医疗的特征。因为，以解剖为基础的医学，都是先将人体割裂为许多子部分，每一个子部分都有相应的专科医生负责，越是大医院专科越细，诊治判断的可能范围也就越窄。

好比你胸口痛，挂号室会让你看心脏病专家，心脏病专家只专注于需要了解的本科领域，医生们都是在熟悉的知识领域，做诊断开熟悉的药，才会感觉有保障，所以，在心内科就很可能被诊断心绞痛。而同一个胸口痛，在消化内科可能被诊断为胃痛，看骨科可能是肋骨软骨炎，看神经科会被怀疑神经萎缩，到精神科，也许会被告之根本不是你的胸口在痛，而是存在于你头脑中的感觉。这是美国医生择取的真实举例，毫不夸张。

现代西医缺少一种整体理论，专科化导致医生只对特定领域感兴趣，而对完整的人体系统漠不关心。当心脏病专家为你检查心脏时，他只负责修理需要修理的地方。如果心脏问题与身体其他部分有关，就要别的科来会诊。当代医学就是建立在这种专科模式的基础上，这个模式面向的是急性疾病而非慢性疾病。对于紧急情况的处理，比如紧急的阑尾手术，或是被车撞了、胆囊剧痛、枪伤、外伤等，确实没有比美国更棒的国家了。

但是对于希望保持健康的人来说，传统的西医是不管用的。这个医疗体系没有告诉医生如何帮助病人保健，对一些原因不明的疾病，医生常会开出一些西药，效力和毒性同样强大。比如治疗风湿性关节炎的药，会同时产生诸如抑郁、阳痿、精力减退、咳嗽、胃溃疡及胃出血等副作用，甚至比关节炎本身更容易导致病人的行动不便。比如咳嗽厉害就诊，是因为半年来一直在吃的降血压的西药等等。诸如此类的后果，大多数人、当然也包括医生本人，都不会想到，自己接受的治疗所带来的危害，竟会和疾病本身一样大。

许多医生治疗的是症状而不是病因，他们不会细想、有时也没时间细想病人的不同个案。如果是高血压，就会开降压药，不会去找血压升高的原因寻因开药的。因为升高的原因很多，涉及饮食中缺乏必需的营养、过度焦虑、胰岛素抵抗、肾脏有问题、饮水不足、正在服用一种会使血压升高的药物，吃盐多了等等。只能简单地通过表象作诊断，血压增高降压原则上挑不出错，至于疾病是否得到根治，药物是否有副作用，多数医生很难再关心了。

美国医生是全球西医的领头羊，都习惯于见病开药，医生太乐意开药了，西医院校的药学课时占有非常大的比率。比如抗生素，这种药因为滥用，效力越来越小。还有些病况，很可能是由前面医生开过的另一种药引起的，常常是旧病未好又添新病。比如，吃了降血脂的药转氨酶上去了，注射了抗生素，尿素氮上去并影响了排尿等等，我们常常遇到因吃了不适宜的药，被误诊误治的人，解决的办法也很简单，停药就好。

我也是西医院校毕业出来的，讲这么多药物弊端，是因为我们很多老人，尤其是有着很好医疗条件的老人，太依赖医院开出的药物了，饭可以不吃，药每天必须按时服用。我们很多做儿女的也是用这种方式尽自己的孝心，我有个做老板的朋友，爸爸得了白血病，他跟我说，他托关系送到一个大医院血液科，为了防止肺部感染，他自费 1 个月花了 30 万元打一种进口的抗生素，30 天后死于菌群失调，可怜他孝心买了父亲一条命。

实际上，无论药物的效果如何，任何化学物质只要进入血液，都会被我们智能的身体看成一种有毒物质，并设法尽快中和排泄。这项工作由肝、肾、免疫系统协同其他重要器官来完成。绝大多数药物都能从身体里被顺利地中和并排泄，产生的有害效果，常见于“副作用”。然而，不管有无副作用，试想一下，本已承载了细菌毒素等垃圾的身体，却又要承受抵抗垃圾的又一方压力，压力是不是更大?!

很多慢性病人服药多年后，身体某个器官就会被破坏，医源性疾病一直是已知死亡的主要原因，世界卫生组织 1975 年就曾报告过，在医院死去每四个人就有 1 个人是因服药而死。

不靠药靠什么？现在全球的保健趋势，全球前沿的高明大夫，都在全力呼吁一个声音：自愈力。

西方的“医圣”希波克拉底说：人体内的自然治疗力量是我们痊愈的最佳禀赋。人体与生俱来就有维持健康与治愈疾病的本能，即使到了老年，身体仍具有巨大的能量。中医里也有一句话“有病不治，常得中医”，就是说与其让庸医诊治，不如等待身体自愈反而更符合医理。

预防胜于治疗，这是维持健康的最高原则。医师最主要的职责就包括告诉人们如何能不生病，如何尊重自然的痊愈力量。提出“扶正”才是“祛邪”的根本，“自愈”才能真正“康复”，这个理念给我们很多习惯靠药物来控制病情的现代人带来了很多警示和选择，也给以整体治疗为主导的医学和疗法带来了新的诠释和发展机遇。世界卫生组织（WHO）制定了“2002－2005年传统医学战略”，促使东西方传统医学在系统生物学的大旗下团结起来，正携手形成21世纪康复医学发展的时代大潮和主导。

从人本体的自然特性出发，颠覆了许多人的保健常识，比如说：牛奶可以补钙就受到很多质疑。一天晚上，我们举办了一个讲座，提到我们很少建议人们饮用牛奶。讲座结束后，一个听众站出来问道：“如果我们不喝牛奶，那该怎么补钙呢？”我们现在把牛奶和补钙紧紧连在了一起，实在有些过了，有调查说日本人很少喝奶，骨质疏松发病率没那么高，相反荷兰瑞典这些产奶大国，骨质疏松发病率比日本高得多。

其实补钙的方法很多，而牛奶不是其中最好的方法。美国联邦商业委员会曾要求美国农业部召集一批科学家组成智囊团来评估奶业的宣传广告。广告称牛奶能够提高运动能力、塑造体格、预防骨质疏松症，而智囊团发现这些说法没有任何依据，倒是找到了牛奶与心脏病、前列腺炎和癌症有关的证据。科学家还指出，全世界有超过75%的人因饮用牛奶而受到乳糖不耐症的折磨，尤其是那些特定种族群体，包括美国黑人、亚洲人、拉丁美洲人和美洲土著——他们都是牛奶广告特别针对的用户群。

事实上，牛奶有引起骨折发生概率升高的可能，而不是预防骨质疏松症（相关内容请见1997年《美国公共卫生杂志》第87卷的992～997页及1994年《美国流行病学杂志》第139卷的493～505页）。对很多人来说，牛奶还是过敏、窦类问题、湿疹、耳部感染的诱因，而且是易感性肠道综合征及消化问题的潜在根源。

据说，全世界有75%的人不喝牛奶，除了婴儿时吃过母乳，他们是通过什么途径摄入钙的呢？大多数非洲女性摄入极少量的钙（每天大约为300～500毫克），但是她们很少会得骨质疏松症。因为她们不喝酒，不喝可乐，接触不到可卡因，也没有吃过量的盐和动物蛋白质——所有这些都会让钙从你的骨骼里跑出来，被卫生间里的水流哗哗冲走。

因此，如果你正在摄入大量的盐、糖、酒精和可乐，却很少吃绿叶蔬菜、鱼骨、芝麻、坚果和富含钙质的豆类，那么你确实需要补充更多的钙。人体的大部分钙质应该来自我们的饮食，因为能被身体更好地吸收利用。美国智囊团调查的结论：最简单的补钙方法就是多吃绿叶蔬菜、沙丁鱼、芝麻等食物，避免可乐类碳酸饮料。

顺便提一句，牛奶除去本身，还常含混杂其他想象不到的元素，比如在牛奶中所发现的激素、抗生素和杀虫剂；比如，美国食品药品监督管理局的调查结果：超过 86% 的乳制品样本中含有抗生素；比如用于提高牛奶产量的牛生长素与乳腺癌的发生概率；比如牛奶中的脂肪，储有源自牛食用饲料及饮用水中的毒素，食用牛肉或牛奶是将这些毒素送入人体的最快捷的方法；有机牛奶要优于非有机牛奶，也仅仅是因为其减少了抗生素、激素和杀虫剂可能带来的危险，却并未解决牛奶本身引发的其他问题。诸如此类说法，都是海外伴随喝牛奶补钙同时的另类调查结果。

不管怎么说，还来源你自己的实践和感受，但有一点，如果你的血型是 A 型或者 O 型，最好不要喝奶，或少喝奶，包括酸奶等奶制品，尤其养成每日必吃的习惯者，坏处绝对大于益处，实在想吃可以选择自制豆奶。

在认识和唤醒自愈力的过程中，我深深感到了中医文化的智慧，中医，这个几近衰老而又睿智的老人，正在高新科技飞速发展的今天，重新回到我们身边，像指点迷津的高人一样，让你突然发现自己身体的潜能，帮你启动它，为你的身心健康注入无限生机。只要你愿意，只要找对启动的方法，并持之以恒，自愈力这个潜能，就能为你恪守保卫身体的职责，让你顺应自然颐养天年，健健康康。

我这里介绍几个被忽视的简便易操作的方法，不需要依赖先进的医疗设备或昂贵的药物，也不需要花费什么钱，就可以在短时间体会到自身的痊愈调整的力量，达到健康养生的目的，大家可以体会一下。

比如，我们常说养生，就是养阳气，人活一口气。出生的时候我们看到的小婴孩是四指握着大拇指出来的，阳气充足，老人谢世的时候手张开叫“撒手人寰”，阳气散了生命也终结了。气机的重要意义不言而喻，人体的阳气即督脉在哪呢？在我们整条脊椎的部位。西方的传统医学发现整脊疗法，不仅可以减轻疼痛，还可以延年益寿，凡是活过 80 岁的人脊椎都没什么问题，脊椎有问题的一般都不能长寿。

现实中也确实如此，举个大家都知道的例子，电影演员 ××70 多岁了，1 年前腰痛被诊断为“椎管狭窄”“椎间盘突出症”，大门不出二门不迈。后来看到社区邻居们做脊椎操自己也试着做，很快自己就能根据自身情况编了一套脊椎保健操。现在也没做手术，却什么事都没有了，而且人也变得年轻和精神十足。可能有很多人看到了她录节目的电视，也有不少人问我是不是在我这康复的，我郑重声明不是我的方法，但是我倡导的理念。××唤醒了她自身的修复本能，脊椎供血改善了，阳气就充足了，不是因为她是演员，而是因为她解决了脊椎的问题，人自然就年轻了。

所以我建议大家去试试，在你每天的锻炼和活动中，有意识地加上脊椎的活动。整条脊椎中颈椎是关键，颈 1、2 是关键的关键。不要很复杂，就是左右摆头，24 下，配合呼吸。能兼顾到的可以用舌去抵下颚，吸气时提肛，兼顾不到不用刻意追求。然后体会有什么感觉，并注意不断总结调整，就会有不一样的改变。

我知道的案例，1 个卧床很久的老太太，做了 1 个来月可以从卧床到下地；有一个大夫平时就常活动脊椎配上这个动作的第一天，竟然大汗淋漓。我有个学友腰痛让我给找个医生做整脊，我让她回去先做做这个动作，一周后她高兴地告诉我，颈椎能转动了，作用和网络调控中通过计算机仿真，建立起从分子到细胞、器官、进而到生物体水平的坚实知识结构，来理解生物系统的整体性质。这种科学研究重心的转移推动了生命科学的发展，应运催生了一门新的整合型大科学——系统生物学；同时也为康复医学这个以“功能障碍”为主要研究目标的学科，带来了新的发展机遇和新的拓展空间。

医学作为生命科学的一个重要分支，自从进入功能基因组时代以来，系统生物学就成了医学的一个极其重要的基础。任何人类疾病都是遗传因素和环境因素相互作用的结果，医学需要了解遗传、表观遗传的因素以及环境因素在生理和病理过程中的作用，并对其总体信息进行表征。目前对单基因疾病的研究已经拥有了较为成熟的技术路线，而难点、热点是多因素、多基因导致的常见病、复杂性病，发生率通常占人口的 2% ~ 10%，死亡率和致残率都很高。多基因疾病涉及的基因通常达 3 ~ 20 个，医学面临一个复杂疾病系统的挑战。

康复医学虽然定位于现代医学体系中的临床医学范畴，但不是以了解遗传、基因改变以及在生理病理过程中的作用为基础，而是帮助因各种原因导致身心功能障碍者充分发挥自身潜能。康复医学着眼于功能的测定、评估、训练、重建、补偿、调整和适应；通过恢复运动、语言、心理、认知以及个人自立所需的其他功能，提高患者生存质量；临床手段以多种非临床性的“功能治疗”为重，如物理、作业、语言、心理治疗及矫形器和假肢装配等，尤其强调伤病患者的主动性、积极性。康复医学范围涉及神经科、骨科、儿科、老年病、心肺、风湿、精神康复、疼痛康复、癌症康复等诸多方面。

康复医学在人体功能学上与传统的临床学科保持不同，弥补了临床学科传统治疗方法的不足。了解人体健康和病理状态，需要对人体的系统结构和动力学进行深入的研究；对重要人类疾病的控制和预防，需要发展新的、系统的模式，如果说系统生物学的研究是以微观与宏观相结合，结构与功能相结合为其特点，那么目前临床研究中许多困扰的问题是这两种关系的脱节。传统临床研究呼唤系统生物学相关“组学”技术能给它提供新的工具和动力，而这种企盼恰恰可以由康复医学代为承担，也就是说在目前的“后基因组学”时期，从人体功能性角度来寻找和探索人体组织器官结构间的关系，以“功能治疗”为重解决常见多发病的多因素、多基因的复杂性疾病症状，通过提高机体的生存质量来降低高死亡率和高致残率，将融入今后临床研究的主流，为医学的发展带来革命性的变化。

2. 系统生物学推动我国康复医学的多学科建设

系统生物学是一门整合型大科学，特性：“整体大于个体之和”；基本特征：有假设驱动的、定量化的研究，有因组学技术平台应用而具有的高通量特征，既涵盖了纳米科学到生态系统的不同尺度，同时又具有跨学科的显著标志。系统生物学是典型的多学科交叉研究，需要生命科学、信息科学和计算机科学等的共同参与，方法学上也完全不同于传统的实验研究。我国已有少数专业学科开始在临床基础研究中自主转型，比如陈竺院士的血液肿瘤—白血病研究；黎磊石院士对糖尿病肾病患者“蛋白质组图像”变化的研究；韩济生院士对电针研究重点由“身”向“心”的倾斜等，都是从相对单一实验生腰椎也舒服多了。

现在已近深秋，中老年人的骨关节病又到了好发的季节，人体的督脉是阳气之都，受不得一点寒凉。与其穿暖和、用电褥子，都不及活动脊椎来的实在。每天早上醒来不要马上起床，在床上把转头的动作，做上24遍，并配上呼吸，你会感到沿脊椎这个督脉整天都是热热的，想想如果把身体比作房子，脊椎就是房梁，它会给全身骨骼关节带来多积极的影响啊。

其实在我们日常生活中，随时留意也可以使脊椎得到最大的保护，中老年小腹肥胖者干活弯腰时，注意缩肚子哈腰去做，几间屋子擦地下来，腰会很舒服。脊椎暖和阳气旺盛，人不仅仅是年轻，还精力充沛，这是发掘并促进人体与生俱来痊愈力的最好的方法。

第二个方法我推荐“训练呼吸”。每天至少拿出10分钟静心去做深呼吸，呼气时排出最后一口气，吸气时吸满全身每一个细胞。做脊椎活动时，配合呼吸功效非同一般。中医说“肺为相傅之官”也就是皇帝君主的师傅，谁是皇帝呢？心脏！现代医学研究：呼吸对心脏的影响，怎么强调都不过分。心脏突发情况等待紧急抢救时，大口深呼吸或使劲咳嗽可以为你争取到宝贵的时间。平时训练腹式呼吸，可以增加心脏的自主心率，也就是提高心肌的调控能力，做得很到位你会出汗像参加了一场有氧运动一样。天气冷了，一般不主张早练了，把时间花在屋内做这些活动，会给你带来意想不到的锻炼效果，坚持一段时间，比如1个月，有的血压会降下来，心情会平静和愉悦，期间不要怕出汗，很多负面情绪的垃圾会随着出汗排除掉。

第三，我力劝大家喝白水，最好是温的白水，少量多次。喝茶、喝汤、咖啡和软饮料都不能代替喝白水，喝到小便不黄没味最好，不要嫌弃跑厕所的麻烦，因为这个麻烦总比肾脏负担过重要好多了，当然睡觉前可以减少。早晨正确的“饮水方法”是健康的保证，让喝水来促进便意。要喝常温的生水，不要喝连花都养不活的多次开的混沌水。美国有个巴赫曼博士是青霉素发明大师的学生，他专门用饮白水治疗了很多疑难杂症，在美国的许多著名医生都亲自体验了疗效，并为他作证和推广。我也与同道一起治疗了2名哮喘病人，得到我们呼吸专科医师的认可，我自己及家人也得益于此疗法有1年的时间。

第四个大药是每个人的经络穴位，保持经常的按摩刺激或温灸等，能解决很多意想不到的难题。后溪穴保肾，太渊穴调息，神门穴养心，百会穴护头，养胃用冲阳。找穴位对平常人保健有点难度，可以用足疗、踩石子类的方法帮助。

第五是多了解些中药的药食同源知识，不同体质不同养生方案，关键时人的本能可以治大病。这属于教育医学范畴，这里不多说了。

总之，是要告诉大家。历史在前进，社会、科技与物质、知识都在迅速的发展，医学更在其中。最好的养生保健方法已经从离不开医药的方向转移了，转到自我解决80%的健康问题，只把20%的医疗问题交由医生和医院。这80%就是每个人体内原有的自愈能力，被激发和调动起来。

怎样知道哪一种方法最适宜调动你的自愈力呢？很简单，记住这一点：质量在于细节，多留心自己生活中原本就存在的细节吧，还没有发现的并不一定是没有，长寿健康也偏向有心之人。不要以为只有运动、按摩、泡脚或者吃名贵补营养品才是养生保健，其实任何让人身心感觉舒适的东西都有保健功效，想想把它们找出来，作为日常保健的方法坚持做下去，一个月你就会看到身体一日日好起来。只要注意珍视了生活中最容易被自己忽视的细节，我敢肯定，最适宜你的最好的养生祛病大法就一定会在你身上出现。最后，我祝大家身体健康，活到天年！

阳春三月下滕州：

倡导女性健康的绿色理念

导语：2009 年 3 月 8 日，山东滕州市的妇联举办三八节庆祝活动，在滕州市的大礼堂我被邀请讲了一堂健康课。给女同胞们讲课，又是在这种大场面下，真有点“大姑娘上轿头一回”的感觉。也许当时有很多市妇联的领导在场，也许当时大礼堂的场能量太强，也许……总之，讲课下台后的反响至今都让我难忘。我被人群簇拥着，会场的保安手拉手给我开道，组织会场的人问我“出场价是多少？”人群中有女同胞高喊“我的子宫肌瘤有什么好办法吗？”……我简直觉得，自己被他们当成春晚的小沈阳了。

其实，我讲了什么吗？不过是适应了医学教育正在发生的从“普适”到“个性”的转变，让大家注意每个人的自我身体健康而已，那天讲课也是只有免费午餐的纯公益之举。

全文：亲爱的姐妹同胞们：祝咱们大家节日快乐！

阳春三月从北京来山东，与姐妹们共度节日，是我此行的目的。在我们的世界里，迄今为止还没有一个众人公认的、法定的“男士”节，但人类已经度过了第 99 个妇女节。

近百年的传承至今，妇女节的意义也已超出了“妇女争取和平、平等、发展”的内涵。在这新世纪的妇女节里，是博大的母爱为这一节日注入了亲情的血液，是贤淑的妻子为这一节日添加了温馨的情怀，是美丽的姐妹丰富了这一节日的斑斓色彩。“半边天”的称谓在今天，更能形象地表达女同胞对于我们这个时代的意义，向“半边天”致敬最能反映我们这个时代对于女性的情怀。无论从何种角度上说，母亲、妻子、姐妹的美丽与健康都与家庭社会的和谐，休戚与共，此行讲“倡导女性健康的绿色理念”，是受滕州男同胞所邀，代表另一半男同胞表达对“半边天”最为贴近的祝愿。

今天，以女士为主，男士为辅，从中国文化和医学生理的角度来试着探寻男女之间的差异，如何顺乎大自然的规律。社会由男女共同组成，社会和谐与家庭和谐紧密相关。中国文化一直非常强调“一阴一阳之谓道”，这其中就涵盖了男女和谐才可能家庭和谐、社会和谐，家和才能万事兴的道理。

一、从“女七男八”看男女生理的差异

人与人不同，更何况男与女。我结婚后好一阵子不适应，总觉得我爱人好像来自另一个星球。这个感觉被《黄帝内经》的“上古天真论”证实了，它提到过一个很重要的定律，叫做“女七男八”。意思就是女子的生命节律跟七有关，而男子的生命节律跟八有关。也就是说，女子每隔七年，生理上会发生一次很明显的改变；而男子是每隔八年会出现一次生理上的变化。在这些节律点上，男女都要注意养生以应对身体上所发生的变化。

“女七男八”的男女生理差异，不仅可以帮助我们更好地了解自己和另一半，还能帮助我们抚育优质的下一代。据说，孩子继承的是母亲的智力，父亲的意志力。如果父亲缺少人生历练，很少受过挫折、精神脆弱者，也会导致其精子所孕育出的孩子欠缺意志力；孩子继承的是母亲的智力，母亲要是聪明，孩子的智商相对较高。总之，孩子健康成长与父母体质影响密不可分。

二、男女生理差异不同导致男女性情不同，健康也各有各的道

比如：乾道成男，四个字叫自强不息；坤道成女，四个字叫厚德载物。从生殖上看，男子产精子极多，一定要勇往直前才有机会与卵子结合；女子一个月才排一个卵，而且还有长达十个月的怀孕期。所以女人像卵子一样，平静、厚重、踏实、等待。生理特征决定男子的道是动，像四季更替轮回那样生生不息。女子的道是顺，像大地承载和包容万物。据有位哲人说，看一个社会的文明程度，不是建了多少高楼大厦，发明了多少超现代的物质，而是看培养出的男人和女人。男人是否自强不息，女人是否温柔宽厚，才是看一个家庭或社会是否文明和谐的标志。明白了其中的道理，才知道该如何去做一个男人或一个女人。

男主外，女主内 做男人不要怕苦怕累，男人挣钱交给女人保管很正常，甭顾虑别人说“妻管严”，这也是一条符合自然规律的道，男人可以理直气壮，女人则要有个度，允许男人有自己的小金库，工资都要了，也违背包容和谐的道。

男人说事，女人谈情 男人爱说事，女人爱讲情。也就是说男人聚在一起时，大多谈一些很具体的事情；女人聚在一起，八九不离十是在讲情感，老公孩子家常里短，这是女人的一个疏泄渠道。女人若能经常在一起交流沟通，能使情志得以平稳；男人如果把事情压在心里，会形成郁闷，对身体产生伤害。

男人深谋远虑，女人专注眼前 男人经常会想得很远，想得特高，总琢磨着如何成功，如何挣大钱什么的。女人多是为孩子而存在，一定要顾眼前。夫妻中，做老公的就总爱想我要挣几个亿，发大财；做老婆的想法就是，你出去挣100块能给我80块养孩子就行。所以，常常老公觉得老婆没追求，而老婆则认为老公不招边际。家庭的和谐，需要靠做丈夫体贴老婆，理解女人眼里往往就是孩子和老公；需要做老婆的以温柔和包容牵着丈夫，不管老公是忙忙碌碌，还是想入非非。老公能不能实现挣几个亿不重要，高兴就好，唯此才能有家庭的和谐，才能有事业的兴旺。

还有很多男女由生理层面产生的诸多在想法、性情和行为上的不同，想来很有意思，值得慢慢地体味和领悟。遵照男女不同养生之道去营建家庭，必定幸福和睦，违背规律肯定不和谐，还会横生诸多矛盾枝节，产生出一人影响全家人身心健康的结果。我们医生可以帮助大家的，是从生命科学的角度来解析男女生理上的不同导致的差别，通过相互间的理解，提升家庭的健康和谐正能量。

三、女性患病与预防养生的重点

一般来说，女性病主要跟任脉有关，其次是带脉，带脉和任脉是女性得病的两个根源。如子宫肌瘤、月经病为任脉主血故障，赤白带下是带脉约束力下降。女性病大多表现在月经和乳房上，月经病的主要表现：月经提前、月经拖后、经血淋漓不断，经血色泽发黑，月经少而色淡，经色紫成块并伴有疼痛，痛经等等；还有更年期提前，子宫肌瘤等。这里不一一细说治疗，只谈女性养生注意事项：

女性养生应该重视起来，提到日程上来。

（1）首先解决好情志问题：因为情志是最能改变女性身体状态的，如果能很好地解决这个问题，很多女性病都可以做到有效的预防；

（2）解决好饮食问题：很多女性月经疾病与饮食密切相关，经血过少者要远离红枣；食用鸽子导致痛经；尽量少吃动物的心脏，以免被不明疾病缠身，导致闭经；崩漏时试试多吃些莲藕；疲劳者经血过多吃归脾丸；慢性盆腔炎用主食疗法加补中益气丸；别让腿脚部受寒，痛经就会渐行渐远，不一而足。

（3）经期养护好自己的身体，要少沾冷饮和避免冷水洗浴。

（4）调理好神明之府－补神：所谓的神补就是调神，要“调理神明”，使五脏的神变得更好，具体调理如下：

第一，做女人要性格开朗，心要粗一点，尽可能不生气或者少生气。比如，大大咧咧的女人是不易得乳腺疾病的，反而心细如麦芒、爱抑郁、压抑自己感情不去宣泄的女人最容易患病。

第二，培养爱好，加强修养。女人要有点事做，如果丧失了自我追求，就会使自己很容易在本很细微的事情上想不开，从而影响情志，造成伤害。也就是说女人得有自己的心灵寄托，即便做了专职太太也一定要有人生追求，培养一些爱好，好的爱好会提升人的品位，这是神补的一个重要方面。

第三，女人要有自己的人生圈子。我们一般都生活在一个团队或团体之中，要善于跟别人交流，有追求、有目标。切不可一回到家，就跟外界断绝一切联系，尤其很多女性一结婚就断绝了一切朋友关系，每天就是围着老公转，但老公不可能整天围着老婆转，导致这样的女性十分孤独寂寞，唠叨、吵闹渐多，家庭生活不和谐不说，自己还容易得病。

第四，守好女性之道，厚德载物。女性不能只承载丈夫的金钱和利益，同时也要承载他的辛劳和苦难。据说有教育家认为：“教育了一个男人，只是一个人；而教育了一个女人，却是教育了一个民族。”把女性受教育的意义提升到了“关系一个国家长期生存”的高度。所以，女性之道不仅有哺育后代，还有教育孩子的任务，可见健康补神的重要。

四、男女都适宜的健康秘笈：提升正气，一招治百病

讲了男女的不同，下面讲点男女的共同，那就是这世纪的健康观，养生防病到底该从何处入手？

老祖宗《黄帝内经》有一句名言：“正气内存，邪不可干；病之所凑，其气必虚”。意思就是说，如果你的身体有正向的气场，生命力旺盛，你的抵抗力就强，那么疾病就不会找上你；如果你得了病，那一定是因为你的身体虚弱了，只要提升自己的正气，通过“扶正”能“驱邪”，病就会好。

正气也是人体的防御机制、自我修复、自我疗愈的机制，西医角度看是免疫系统正常、抗病能力就强，中医角度看是人体五脏六腑的功能和谐，内涵一样说法不同而已。像一个国家的综合国力，身体气血是国家的经济势力，免疫系统是国家的国防实力，精神和心理是国家的科技、文化、教育，国家的综合实力强大了，任何方面、任何地方出了问题，国家都能提供强大的支持，很快给予解决，快速走上正轨。身体正气强大，任何身体疾病都会不治而愈。

每个想获得健康的人，不论男女，都要掌握这一招：人有正气，无所不能；没有正气，一事无成。最后，祝姐妹们身心健康！并通过你们，提升每个家庭的健康文化和更加和谐的生活质量！

东西方不同版本的“心主神明”

——西方最前沿的解密　证实了东方最古老的命题

导语：2009年5月26日那天，我的中学母校、原来的北京师大女附中，现在的师范大学附属实验中学举办“心理节”。机缘巧合，我被邀请去讲全球有关心理学领域的进展。在大礼堂讲台上，面对台下的老师同学，我做了如下开场白：

老师同学们好！

今天回校很感慨，我是1969年离开母校走入社会的，整整40年。多少有点“少小离家老大回，乡音未改鬓毛衰”的感觉。今天不是讲课，对于母校我没有资格，有的只是责任，只是回报，是一份我向母校呈交的40年工作汇报。我很庆幸能有这个机会，一来是托福于大家对健康的渴盼，二来是圆我与母校这份割舍不断的情缘。

40年前我离校南下广州，在医院从护理员，也就是现在医院护工的岗位上开始，入团入党。次年从护训班入军医大学，开始了我做医生的行程。2008年，我读完了海外国际自然疗法学院课程，在毕业典礼戴帽那天，我代表大陆唯一学员作了一个毕业感言，当人还没回来时，美国新墨西哥州国际自然医学大学又委托台湾东西方整合医学院给我寄来了他们的新教材《生物能量信息医学》推荐我研读，半年后通过网络考取并获得东西方整合自愈疗法研究的医学博士称号。双医学博士称号的获得，为我职场生涯画了一个句号，同时却打开了另一扇更为艰辛和充满挑战的大门。

为什么说更为艰辛和充满挑战呢？因为“能量信息医学”探索的是看不见的那部分存在对生命本原的意义，海外叫“身心灵”、中医叫“精气神”，气与神均不可见，而只有重视气、心、神，才更接近生命的意义。我们老祖宗早在几千年就已经悟出世界上绝大部分都是不可见的，可见的物质仅占极小的部分。天体物理学家也在近代证明，宇宙的96%为黑物质和黑能量，老子言“玄而又玄，众妙之门”，都是指气场、氛围、能量场、电磁波等，感受到却想不明白的那类变化。这些就是当今医学研究的前沿和趋势，与我们这一个多世纪来的还原论、可视化医学大相径庭。不理解、不习惯者众多，我常常被质疑：你说的靠谱吗？科学吗？可见我所面对的是怎样一项既靠智慧，又要有勇气的开拓。

今天参加这个关乎“心灵”的活动，我跟大家做个交流，医学科技最新前沿的很多成果牵扯到人类对自我身心认识的一场革命，牵扯到对身体核心机密的重新解读，与我们长久积累的知识、习惯，其中也包括现在教育宣传中的一些耳熟能详的固有观念，有很多冲撞和颠覆性的改变。当今追求能量、气、灵、精神，追求顺应自然身心合一，重拾《黄帝内经》中治疗未得之病的预防观念，在西方已经成为一种趋势。作为炎黄的子孙，谁愿意东方的宝贝真的跑去海外扎根、开花、结果呢?！所以，我很希望在这新一轮的挑战面前，能得到母校的理解和支持，我今天的汇报都是研究和体验所得，愿大家与我一起探秘了解新知，学习掌握新知。采取互动的方式，大家帮我实践做医生的终极目标：无病、至简、奇效！我帮大家在健康中收获快乐、神奇，提升心灵和生命的意义！好，下面进入正题：

全文：一、心脏不是一个简单的泵器官

老祖宗的《素问·灵兰秘典论》曰："心者君主之官，神明出焉。"说得很明白也很肯定，人体心脏的功能不仅"主血脉"，还"主神明"。意思就是说不仅管循环系统，还主持精神活动。把人的精神、意识、思维活动归属于心而不是归属于大脑，心在生命活动中占主导和支配地位而不是大脑中枢。

这个命题既是中医基础理论的重要内容，也是中医最遭现代人非议的地方，困惑了学术界一个多世纪。我西学中时的恩师邓铁涛教授08 年还发表了文章谈"心主神明"论的科学性，从字里行间可以见到恩师坚持千年经典的艰难。我是邓铁涛30 年前的学生，又是一个西医，何德何能去面对那么多的同行反对者。可偏偏我是因这一命题得到海外东西方整合医学中心校长的青睐，获得免试入学资格的。今天我为母校呈交这份答卷，重点就是看西方医学怎么认识到这一步的，也许更有利于当今许多人的惯性思维和关注吧。

1. 西方人对心脏认识的言论

◎圣经《箴言》中说：

要保护我们的心胜过一切，因为一生的效果是由心发出的。

◎Childre 博士(美国心脏数理研究院的创始人)：

由于情感比智力思维的速度快，所以改变知觉、克服情绪问题、产生新的知觉感受，需要更强大的力量，而这种更强大的力量来源于心脏。

2. 西方人对心脏与大脑认识的比较

美国佛罗里达州的道恩·科尔伯特博士，有着20 多年的医学研究和临床经验，他除了看病一直在美国各大教区的教堂宣讲新理念，为成千上万人带去了健康。他讲稿中说，心脏拥有一个几乎比大脑强5000 倍的磁场，和一个强40～60 倍的电场，由此构成一个与大脑紧密交互的系统，我们的大脑不仅能很快理解来自心脏的信息，而且还会遵从心的指令。所以心脏在体内与其他重要器官不同，不仅仅是个血压泵，更是激素分泌腺体和感觉器官，是信息解码和处理的中心。心脏内含有大约4 万个神经元，每一次跳动，都会把神经的、激素的、压力的，以及生物磁场方面的综合信息传递给大脑，同时也传遍整个机体，在决定情绪及感受方面，起到了主要的作用。

3. 西方人"拽引效应"的故事

17 世纪，有一位钟表匠叫克里斯蒂安．惠更斯，他发明了摆钟。一天晚上，当他躺在床上欣赏自己收集来的琳琅满目的钟表时，发现所有的钟摆摆动竟然是一致的。他并没有故意让它们这样摆，所以他就起床把所有的钟摆重新调整了一番，不让它们一起摆动。然而，没过多大会儿，所有的钟摆又恢复了一致，朝着共同的方向摆动起来。钟表匠一直没弄明白究竟是怎么回事。多年以后，人们才发现节奏最强最大的那只钟摆能把所有附近的钟摆频率带成与它相同、与它同步，这种现象后来被称为拽引效应。我认为所谓"拽引效应"类似牛顿的"万有引力"，而"万有引力"这种东西，就曾被英国的

一位著名数学家和物理学家，汤普生勋爵　（William Thomson，1824－1907）公开解释为“只是苹果运动和天体运动之间的相似性”而已。

4. 美国最新心理研究的成果是中医“心主神明”的海外版

其实美国佛罗里达州的道恩．科尔伯特博士所说的，来源 2001 年秋美国心脏数理研究院（The Institute of HeartMath，简称 IHM）向全世界宣告的“一项震撼世界的伟大成果”。此项研究汇聚了美国顶尖的心理学家、医学家、教育学家、神经心理学家、物理学家和社会学家，经过 16 年的潜心研究、技术使用和测试而得到的最新成果。用美国人（威廉·詹姆斯）的话说“这一最伟大的发现是，人类只要改变心态，就能使生活发生质量变革”，在我们看，其实就是中医“身心合一”“心主神明”这一命题的海外版。

不同的是美国人没有把这项发现停滞在理论的阐述和争议上，而是转化为可以体验和解决问题的专业应用，并首先用来化解人类的危难。在美国 9. 11 事件、“卡特里娜”飓风和伊拉克战争中，成功地实施了干预，后又被引入到德国、英国、日本、台湾等地，医疗上被用来治疗和预防忧郁症、癌症、高血压、糖尿病等身心疾病。去年 5. 12 四川大地震后，我国开始在心理救援中推广，成为一个高科技亮点，得到了广泛的行业认同。

5. 发生在脑死亡抢救与换心手术后的神奇

◎脑死亡复活的刘海若，被英国医生宣判为脑死亡后，脑外凌峰大夫联手中医，在促进她苏醒及康复治疗的关键时刻，“心主神明”理论的指导与用药彰显出独特优势。

◎心脏移植后年青的哈尔滨老人杨某，一改以往睡前不洗脚的习惯，衣服叠得整整齐齐，对老伴儿反常的好，看电视很容易被感动掉泪，事后了解到供心者是个二三十岁的年轻人。

◎换金属心脏变得冷漠的英国男子彼得．霍顿，在他 68 岁那年得了致命的心脏病只剩 2 周可活，为了挽救性命等待合适的捐赠，英牛津市约翰．拉德克里夫医院把一颗金属心脏植入了左心室，这个钛金属设备是个泵器官，用来帮助患者心脏输出更多血液，彼得是世界上第一个接受人造心脏移植的实验者，并成功的延长了 7 年的生命，成为世界上靠“金属心脏”存活时间最长的人。彼得的感受很有说明意义，他明显感到，自装了这个机器心脏后，自己变得越来越冷漠，失去了爱的能力，无法向自己的儿孙及亲人们表达关爱的情绪，对金钱也无所谓，甚至多张信用卡严重透支时，也丝毫不像以前那样有担忧的情绪。他说，“事实上，当我装上这颗金属心脏后不久，我就意识到我对事物的感觉变得和以前很不一样，我的价值观和以前再也不相同了”。

◎美国一 58 岁老者移植了一名 33 岁自杀者的心脏，被移植者不可救药地爱上了移植者 28 岁遗孀并与之结婚，12 年后老者 69 岁时竟像捐赠者一样，以同一个自杀方式结束了自己的生命。

总之太多，不再列举了。东西方医学正是在这大量的实例面前，而不是在还原论的解剖理论中达成共识的。东西方尽管语言表述不一样，理解方式不一样，研究分析方法不同，但核心观点是一致的：“心主神明”“心神合一”“爱由心生”确实是颠扑不破的真理。

心脏不是简单的泵器官，它在生命活动中占主导和支配地位，深刻地影响着我们的感知世界和回应外界的方式；在心脑互动的双向交流中，在智力与情感的协调过程中，心脏的作用尤为重要，它是联系身体各脏器、头脑、情感和精神等信息交流网络的重要入口，它不仅有个“心内大脑”可以独立于头部大脑，发挥学习、记忆、感知的功能，还可以通过心跳的节律改变脑电波，影响大脑的功能。

由此可见，中医理论强调的心主神明，是西方人体解密发现的一支奇葩。人类要想在21世纪生存，必须回首2500年前，从东方文化的千年经典中去寻找智慧，别无他路。

二、积极、平和、充满爱的心态与身体健康正相关

我们所处的时代，一方面数不清的科技成果给人们提供了闻所未闻的便利，使生活变得更加轻松，另一方面是工作带来的前所未有的压力和竞争，这两个方面导致的结果使人们的生理心理状况日趋失衡。由压力而导致的疾病，被1992年联合国的一份报告统称为“全球流行的世纪疾病”。就好像中医说的，凡病皆由心生，心乱身体脏器功能必乱，反应的不仅仅是忧郁症、自闭症等精神障碍疾病，像目前流行的器官疾患：心脑血管病、糖尿病、癌症、高血压、肥胖、皮肤病等等，无一不与心脏有关。

佛家曰：万念由心而生，一念是佛，一念也可是魔；道家观点：清心寡欲乃健康之源。在这方面，中医与道家、佛家、儒家，乃至美国搞心脏数理研究的科学家们观点是完全一致的。心主神明的主导情绪与奥运开幕式展现的中华古文明的经典特征是一样的，让我们记住，那就是包容与柔和。通俗地说，就是只要人心向善，心地平和，爱由心生，就会天地相合、人际融洽、五脏和谐，百病不生。

西方现代科技从记录和测试心脏和大脑的微电流中发现，当创造条件让微电流向有益心脏节律方向改变时，心脏的微观律动就会由乱变为有序，头脑也会变得冷静和清晰。能产生这种有益微电流的情感，恰恰是爱、同情、宽容、平静、放松、感恩、感激、关心、美好的遐想等所有积极的、阳光的情感，这些统统被称为正面情感，在这积极正面的情绪下，哪怕简单到只是说声谢谢，或只有5分钟的关怀和同情感，都能增强免疫系统的功能，提升血液免疫系统球蛋白IgA的含量；能升高大脑内被称为“快乐激素”或者“年轻激素”的内啡肽含量，让人感到欢愉和满足，还可帮助排遣压力和不快；这时脑电波呈现被称为美女的α波，心电图的HRV曲线呈正弦波状，所有这些关键指标，都会让身体发生实质性的良性变化，即五脏和谐，百病不生。

相反的负面情绪，如焦虑、紧张、烦躁、分神、冲动、生气、怨恨、担忧、郁闷、极端等导致的心烦意乱，会使身体产生激素水平的变化，被称为“压力激素”的皮质醇会过量分泌，并导致严重后果，如血糖升高、骨质钙流失、脂肪积聚、脑细胞受损，危及免疫系统功能，降低皮肤修复的再生能力等。哈佛医学院研究了1623例心脏病发作的幸存者，凡在情感冲突表现愤怒的人心脏病的突发概率是持冷静态度人的2倍多，猝死率是6倍；在癌症和心血管死亡率预测中，情感压力比抽烟更具影响力，死亡率竟高出

40%。能够调整自己的情绪状态与人际关系的，即使生病也有比较好的转归，追踪 5716 名中年人发现，15 年后仍然存活而且没有慢性病者，几乎是相反者的 50 多倍。海外治疗癌症痊愈者已经越来越多了，减少复发率的标准，就看情绪问题是否找到和解决了，情绪问题解决的才算癌症真正治愈，否则只能算作近期好转。

由此可见，一个人不能只关心身体而忽略心灵，人来到这个世界上，如果仅仅是为了挣钱、吃饭、生儿育女，仅仅只有自己，没有心灵的追求，没有对人际亲友的关爱和付出，自己的日子也是过不好的。当心神与身体失衡时，人就会百病缠身，付出极高的代价，真到那时神仙也救不了了。然而，怎样能让自己保持正面积极的情绪呢？怎样管理自己的压力呢？随着高新科技的迅猛发展，越来越多引人瞩目的成果把人们的希望推到了科学研究的前沿，下面就给大家推介在心理救援中大显身手、被我们胡主席和温家宝总理肯定的这个高科技心理减压技术和心理调节系统（生理相干与自主平衡系统，简称 SPCS，俗称快乐芯）。

三、“快乐”帮助我们掌握身心健康主动权

1. 快乐被智能化的技术新成果

1991 年，美国加州成立了一家心脏数理研究所（The Institute of Heart Math 简称 IHM），为的是要帮助人们在思想与心脏间寻找一种平衡，结果却掀起了生物学界与心理学界一场伟大的跨世纪变革。结论就是我上面说到心脏在体内的作用。虽然这里也有物质基础的新发现，如“心内大脑”与心钠素的发现，但真正起作用的却是看不见的“生物细胞共振”的原理。美国科研人员把快乐细化成信号，发明了一款产品，落地本土有很多功能和型号，我们就统称为“快乐芯”吧。

理论基础：基于心率变异度 HRV 的改变。这是我们做 24 小时心电图都有的数据，但医院心电图师会告诉你这个数值可变系数太大了，没有任何有意义。因为牵涉到混沌理论和蝴蝶效应我这里不再讲了，大家感兴趣可以从网上找书来读。IHM 确由大量数据中发现，HRV 信号中蕴含着有关心血管调节的大量信息，受体内诸多因素的影响，健康人的心率既使在静息状态下也非恒定，而是有涨落的。就好比人坐汽车，汽车在公路上走，人在汽车内走。汽车在公路上的速度变化与人在汽车内走动时速度的变化是两回事。自主神经对心脏的支配就像开汽车，快慢由自主神经决定，交感神经是油门，副交感神经是刹车，传统西医学没看到的是心脏自身也有一个决定心率快慢的机制，就相当于人在车内行走，心脏的自身运动变化是由心脏内部各组织细胞相互关系决定的，这就是所谓心内大脑的阐述。

心率变异性 HRV 表现的是心脏自身内部适应环境变化的能力，是窦性心律之间的变化，却与窦性心律无关，同样一个 HRV，实际上可以是 100 次/分的心率，也可以是 60 次/分的心率。也就是说，在行驶汽车上走动的小人，越活跃 HRV 的数值越大，越小心脏功能越差，如果收缩到一个点，近于恒定，病人就处于高危状态。正常人会随着年龄 HRV 数值呈缓慢递减。从 HRV 又发现心脏内在的神经系统，能独立于大脑和其他神经系统，还能通过律动改变脑电波，改变大脑功能的路径和机制。当心跳节律整齐稳定时，能增进大脑功能，使智力思维更加清晰、决策水平和创造力得到提升。同时心律整齐所传递的信息能激发正面情感，比如“爱”“感恩”“平静”，与精神生理的和谐稳定密切相关。HRV 是心电可以采集到的数据，结合生物反馈技术，在电脑屏幕就可直观地看到自己心率的变化，实现心理状况的数字检测。

2. 生物反馈技术的知识

快乐芯是 2 项前沿成果结合，一是我大费篇幅讲的 HRV 协调技术，另一个是生物反馈技术，都是新技术，所以想让大家多些了解。

生物反馈技术是医学、电子学、计算机技术、生物控制论与近代心理学、精神生理学相互渗透而形成的一种新型的行为医学治疗技术。它可以借助于现代的电子仪器，放大到我们通常观察不到的身体内部的生理过程，如心跳、血压，内脏反映、皮肤电反应和脑电波变化等等内部生理机能信息，通过视觉（灯光颜色）与听觉（声音）的形式显示出来。使用者看着这些放大的信号，通过有意识的意念训练，改变自己体内的生理变化，再反馈到现代电子仪器的描记中，从而消除病理过程、恢复身心健康。

就是数据化了的心理暗示疗法，从我国和印度古代的气功术发展而来。到康复中心可以看到这种国外引进的设备，被用来做脑瘫和伤残孩子的康复训练，价格昂贵，但确实有效。可以经过一段时间的训练，改善机能达到防治身心疾病的目的，由于此疗法训练目的明确、直观有效、指标精确，因而求治者无任何痛苦和副作用，备受欢迎。

3. 快乐芯可以提高身体健康水平，提升心理素质

快乐芯将两个技术结合起来，通过可视化、无创测量，将抽象的心理状态用视觉与听觉的形式显示出来，然后用大众化的游戏引导个人的情绪调节，实现一种可视化和可量化的情绪改善。经过一段时间的调整训练，可产生身心俱佳的改善，下面给大家汇报一下我的使用体会。

我是去年与两岸三地同行去灾区，了解了这项技术的，对用心电图的心率变异值来检测和缓解心理情绪的压力，海外已广泛用于治疗忧郁症和心理救援，很不理解。我就建议他们拿设备一起在大陆作慈善，资金的原因没成行，但这项技术引起我很大的关注，在网上搜到国内现在这个产品后，我就上门购得一款，开始体验。

当大夫后养成的习惯，所有产品都自己亲自体验，这次也不例外。我当时的身体状况是血压不稳定，情绪压力值很高，总是一睁眼就像电脑开机一样，有一种莫名的责任感，什么事都非得办不行，对家里人常表现急躁没有耐心；作为吃素才健康的 A 型血，我又很难调整自己的饮食结构，少吃甜食少吃肉；作为每天必须有集中心智的运动才能排解压力的 A 型血，像太极拳、瑜伽、游泳这类运动，我哪有保证的时间。所以我很清楚自己面临的疾病风险：高血压、脑中风、心肌梗死、歇斯底里、糖尿病等。

从“心者君主之官”的道理上我觉得，如果这个产品真能从“心功能”角度解决，应该能见到效果，对预防自己的疾病风险有帮助。于是我订了个计划，每天早上起床第一件事就是开机训练自己，跟着呼吸助手作呼吸，时间设定为 10 分钟，雷打不动坚持了 35 天，积累出了一个动态趋势的良性曲线。

做训练的时候，就觉得大脑一片空白，做完后身上都是汗，像在户外参加了一场球赛，首先是血压异常稳定。每天虽然还是那些事，但心境平和多了，以往看不惯的事，竟也能自己对自己说，人家已经尽力了，我着什么急呀。明显感觉虽性格没变，但情绪比以前宽泛很多，训练期间头脑中常常会浮现几十年前的场景，甚至想起中学住校上晚自习休息时，靠单杠数天上的星星，治自己近视眼的场景，有时还会不由自主哼唱出久违多年的歌曲和音律，特别像曾经干预的一个脑痴呆病人好转后告诉我的治疗反应。

我清楚这是训练带来的身体机能调整的信号反应，从数据上，我看到我 HRV 数值一个月前在 60 岁的范围，一个月后已经升到 40 岁的范围，说明心脏变年轻了 20 岁。也就是说，我可以不用担心突发心脏猝死、心梗、脑梗，对于过度思虑会带来的脑神经损害我也可以防范了。只要每天拿出时间做深呼吸训练，心脏功能也会得到增强，再玩菩提树游戏时只要呼吸到位，短时间开花轻而易举的事。从专业的角度我可以负责任地说，这项发明确实很伟大，至少有下列好处：

（1）对轻度心理障碍和高压力人群有明显的缓解作用

过大的压力会导致出现：注意力不集中、记忆力下降、工作时频繁出错，一段时间内情绪不好，还有一些人对自己的现状不满等。这些症状持续时间短、程度轻，尚未达到心理障碍，或只是轻度心理障碍，但如果得不到及时地调整干预，就可能发展为严重问题，如抑郁症、焦虑症等。还有些职场女性，肩挑家庭和工作两副担子，普遍感到压力大，如果及时使用快乐芯调整，不需要用药，也不需要采取什么其他措施，每天去玩 2 次快乐芯游戏，用不了 1 周就可以明显缓解压力大带来的不适，减少工作烦恼。我的同事有一天在做“菩提树”游戏，开始烦躁怎么都不行，经努力成功后，第二天见我就说，“你说“看开花了”管 4 ~5 个小时心情，我这都睡醒一觉了，想起来还高兴呢。”

（2）对与心理压力密切相关的躯体疾病有治疗作用

像高血压，冠心病，糖尿病，哮喘，偏头痛等，都是界乎于躯体和心理疾病之间的重叠区，也称之为心身疾病，普通门诊求医的病人中，有相当一部分病人是查无脏器改变的“功能性”躯体障碍病人。他们往往辗转于各科门诊，反复进行了各种检查，尝试了各种治疗方法，但是，效果不佳。用快乐芯训练，坚持每天 1 ~2 次一般 21 天可以看到疗效。国内有报道说，以高血压为例，某院用此法辅助治疗 264 例，6 个月治疗有效率达 80% 以上。对多种与社会心理应激有关的身心疾病，都有较好的疗效。

（3）明显提升身心的健康指数和快乐指数

据统计：玩游戏或呼吸训练，看到使用者 HRV 出现连续 5 分钟的正弦波后，免疫球蛋白水平可增加 140%，由此提高了免疫力；经 4 周训练可以降低压力激素 23%，疲劳感、失眠、消化不良、身体疼痛均会好转，并减少情绪症状，比如愤怒、苦恼、焦虑、担忧、沮丧及心神不宁等。

（4）对改善青少年注意力，提高学习专注度和学习效率有帮助

注意力是智力的五个基本因素之一，是记忆力、观察力、想象力、思维力的准备状态。据统计，学生使用前后，可明显提高考试成绩最高达 75%，跟其他平均水平相比，

是一般学生 1 ~2 年内才能实现的成绩。在美国有 35 个州 500 多个学校、25000 名学生在使用该技术。

4. 学校如何使用，有哪些操作技巧？

我想这是大家都关心的问题，北京的中学普遍没有引入高科技心理服务，所以没有成型经验可以借鉴，但是北京小学实验了此项技术，不知能否给大家一些启迪。

……

我愿母校不辱使命，能向 90 年校庆庆典那样，与传统对话，与未来对接，在高科技服务心理干预成果方面，为我国的现代化教育做出后来者的贡献！

总而言之，心灵意念的根本转变不是一件容易的事。体悟生命的真正意义，其内涵包括重新创造自我，尝试从未做过的事情，重新认识自我与世界的关系，扩展创造自我未来的能量，尽在其中。

为了达到这个目标，需要每天保持平静清澈的心情，以微笑与宽容来面对一切。微笑会开启智慧的火花，宽容会疏解人际关系的紧张。

事业的真正成功者都拥有神奇的智慧罗盘，能轻松自在地工作，能神清气爽，澄澈清明地把握未来。只有心灵澄澈的智者，会知道永恒不变的法则以及不朽的存在，真正的成功来自于心灵的平静，保持心灵的平静，犹如行云流水，日月穿梭，潮来潮往，不生不灭。

心是人类最大的战场，谁能征服了心，谁就掌握了健康的主动权。

祝母校全体师生都能身心健康永远！

2009 年：写给恩师邓铁涛教授的信函

导语：自打给中学母校讲完课，就惦记着我中医药大学的恩师邓铁涛教授。2009 年正是网上疯传要取消中医的时候，虽然是“螳螂当车”之举，但架不住这些国宝都已到了暮年，不想让他们有丝毫的挂记，老前辈一定要鼓励，要让他们对中医的薪火相传，感到欣喜和慰藉。

全文：尊敬的邓铁涛教授：您好！

30 多年前我参加了咱们学校的第六期西学中高级研修班，那时我 20 多岁，是那个主任级西学中班上最年轻的学员。在听您讲大课时，我坐在后排。我永远忘不了您当时在讲到中医发展时，把眼光和手势都投向了课堂最后一排，对我们说，“中西医结合的希望在你们后排那几个年轻人的身上。”

不知为什么，那一刻竟在我心里突然涌起一种使命感，这种使命感默默埋藏在心底，伴我风风雨雨、跌跌撞撞，在充满未知、充满阻力的行医路上走了 33 年。直到 2008 年，我才从海外学得了两个国际自然医学博士（加拿大、美国），成为我国唯一具有国际医师执业资质、得到了全球开展东西方医学整合的权威认可。同时也加入了国际自然疗法学会专家委员（INMA）和世界自然疗法医师专业协会委员（WONMP）的专家队列。

这迟到的头衔对我一个退休大夫来说，已没有什么意义，但却不得不承认，它为实现我心底里的那份使命，创造了一个难得的机缘，打开了一个在全球范围内，能进行东西方医学对话的广阔天地。一年多来，我如鱼得水般在全球众多医学研究成果的海洋中遨游，收获巨丰。我深深感到，21 世纪的医学正在走向无国界无学科界限的重新整合，这次整合的方针将是以东方中医学为体，西方现代医学为用。与上个世纪我国的中西医结合，“以西医学为体中医学为用”的方法，有着颠覆性的本质上的不同，东西方医学都将在这次整合中获得前所未有的巨大发展和进步。

上周，我在北京一所中学的“心理节”上，受邀讲了一课，把讲稿与这封信都寄给您看看。原来的题目是：从心率变异看心主神明的科学性，因听课的人都是业外人士，所以通俗化为：解读心脏机密，掌握身心健康主动权。我把这项心得作为给您 30 年前那份期待的一个答卷，希望您能看到。

我现在还在中国康复研究中心北京博爱医院工作，在现代康复医学高新科技领域颇有成果，有自己的网站“中国康复城”，创办于 13 年前，也曾有过“把高新科技引入医学第一人”的称谓。2006 年去广州得到您学生送的一本书，知您身体健康很高兴，很欣慰。2003 年闹 SARS 期间正在德国，始终关注着您的行医成就，为您骄傲。您是我永远的老师，我正在努力，也期望您能为您的学生也骄傲一回。

祝您长寿健康！

像药王孙思邈一样，身体力行创个奇迹！

您 34 年前的学生

第六期西学中高级研究班

空军 458 医院部队学员

郭明 2009－6－5

脊损相关病的另类思考：

谈全程综合康复大有可为

导语：从 2003－2011 年，我做了 8 年的国际脊髓学会中国脊髓损伤学会（ISCoS－CARD）/中国残疾人康复协会脊髓损伤康复专业委员会两会的常务秘书长。在这段时间里，我有幸结识了全国各省市脊髓损伤领域有成绩的医生300多人，是他们教会我如何站在一个全新的角度审视脊柱外科的发展。每年一次的学术会议，拓展了我原来只关注内科，不了解外科的视野局限，找到了医学整合、首先在内外科结合上的聚焦点，临近2009年的第22届新年学术沙龙时，我呈递了这篇卸任文字。

全文：定义与特色

1. 另类：与正统、主流比较而存在，属于一种不合常理、非主流、从另一个视角谈问题做事情的类别。比如脊柱脊髓损伤的治疗康复，学科方向和关注点都集中在外科手术领域，近些年虽然伸延出许多新的学科，像细胞移植、微创术式、工程置换、功能重建、最优治疗资源整合等，却并没脱离外科学领域和手术专家范围。本文所提之另类，则避开了脊髓损伤的外科视角，从旁支学科人体科学知识角度来探讨脊损及相关疾病者的治疗康复。

要说明的是，这里的另类也不是传统意义上、非此即彼的另类，而是倡导你中有我、互补长短、主角配角共存的另类。

2. 思考：特指医生的思考，不是病人、商家、媒体、官员的思考，也不包括医学生及刚毕业的高学历轮转实习医生的思考。医生的思考与众不同，在关乎生命的特殊职业中，医生的基本素质是终身学习、整体思维、知识 + 能力 + 仁爱之心的奉献。医生思考的特点，注重：①大量临床循证和实践经验为知识背景；②清晰的结构和严谨的表达；③杜绝简单线性思维，善于总结，分析能力强；④可操性和实际效果验证；⑤客观，真正的医生追求职业成效，胜于追求升迁和物质利益。

所以不论是中医还是西医，不论是我国还是欧美海外，但凡具备上百例诊治经验的一线医生，一般都养成了学科固有的逻辑思维习惯，都具备相同的科学性和专业性的思维方式。这方面全球一致，几乎不存在学科界限。区别的只是程度水平的不同，注意：学术争论、是真是伪、优劣评比不属于此讨论范畴。

本文正是基于上述两点，来组织与分享21世纪全球新知在信息时代带给我们临床大夫的思考。本着百家齐放、百鸟争鸣的多元化发展方针，期盼有更多的医生、医学生来关注、讨论和实践以下的思考。

【思考1】**从PET－CT检测与QWS数据解读说起**

PET－CT全名翻译为：正电子发射型断层扫描仪。临床使用时间不长，属最新医用设备。如果将医学影像学发展分为三个阶段，X线的应用为第一阶段，CT与MRI为第二阶段的话，从PET－CT开始，医学影像学就进入了分子影像学的第三发展阶段。这一阶段，我们之所以可以了解身体细胞分子层面的变化，归功于PET－CT能把机体功能代谢影像和解剖结构影像技术融为了一体，在肿瘤、心脏和神经等疾病的诊断、分期、疗效评价方面显示出重要的临床价值。更有意义的是，PET－CT的检查结果还揭示出我们从CT与MRI中不曾了解的信息，西医的影像科专家从中看到了中医经络巡行的轨迹，证实了海外最新研究成果：中医经络系统并不依赖神经网络和血液循环，而是以生物电的形式实现信息的输送，经络实际上是分子水平的“通讯回路”，使脏器系统得以进行信息交流。由此可见，PET－CT 为东西方医生在人体科学方面的共同探讨铺垫了对话的渠道。

QWS 全名翻译为：量子共振检测系统。比 PET－CT 晚些时间进入临床，由于购置价格相对经济，操作相对傻瓜化，所以 QWS 检测很快成为目前国际上比较流行的预防医学技术。与 PET－CT 一样，都是早于人体脏器组织病变之前，提示潜在疾病的，大约早3～6 个月，QWS 就能够及时测出体内细胞代谢发生在微弱磁场的异常改变。这个微妙能量的变化，古代希腊称为“生命力”（Vital force），印度称为“普拉那”（Prana），欧美称为“能量”（Energy），中国称为“气”，虽然叫法不同，反应在测试数据上都是“细胞分子层面的电子波动异常”。过去对这类疾病是不被认识的，所以才有“神经官能症”“癔病”“自主神经紊乱”“内分泌失调”等诊断。QWS 检测类似心电和脑电图的检查，深受海外临床医师们青睐。近两年笔者也尝试用它取代听诊器，检诊了 300 多病人后发现，QWS 确实可以帮助我们去了解和分析患者在基因遗传、营养结构、毒素污染、脊椎神经、心理压力、疾病风险等诸多方面的信息数据，帮助我们在多因素致病的情况下准确地找到关键环节，制定出针对性强的康复治疗方案，同时也觉察到，在我们心电和脑电报告中的分析缺陷。

类似 PET－CT 与 QWS 的高新科技成果，进入 21 世纪来，全球几乎每天都有翻新和递增。单举这两项检测旨在说明，现代临床已全面进入基因后组学时代，临床思维正酝酿着质的飞跃。前沿成果带来的新理念冲击，远大于新方法术式的改进和变革。很多新的认识是检查仪器带给我们的，过去的仪器我们只能见到脏器的解剖结构，而现在的仪器能让我们见到人体结构之外的、看不见的“能量层”，或“气层”的功能性变化，并有准确的数据分析和动态的比对。如果我们临床医生不掌握这部分知识，用看 CT 与 MRI 的方式去理解 PET－CT 与 QWS 检测给出的数据，不懂报告结果就很糟。轻则，难对局部损伤和病变做出多因素和整体性的思考；重则，就会发生处置措施上的南辕北辙，治疗效果反而适得其反。

临床循证启示：

案例 1. 脑脊神经的律动：有节律的运动是人体维持生命能量畅行无阻的保证，人活一口气，不单是指我们看得见的四肢运动，还有心脏搏动、血液循环、血管收缩、胃肠蠕动和脑脊神经信号活动等等微小律动，所有律动构成了人体内部各系统协调运行的主旋律。

美国密西根大学从受试者的 PET－CT 检查中发现了颅骨的微小运动，从而证实了人体中枢神经系统及相关结构都有恒定律动的结论。颅骨的微小律动发生在头颅 26 块骨头的谷缝接合处，他们认为其节律性的扩张和收缩是人类生命及健康的一个重要特征，任何原因不论大小，不管是骨头、神经的结构损伤，还是功能的紊乱，只要造成阻滞和束缚，影响到脑神经信号的传递就可导致疾病和障碍。造成脑脊神经损伤最多的有 3 种情况：出生时的操作影响、意外跌倒或被击、重大心理创伤。美国有专业手法医师专门从事颅骨矫正（caranical therapy），帮助恢复与生俱来的神经律动，往往可以很快收获疗效，这项技术帮助了数以万计因脊神经律动失常导致的各种疾病与障碍的困扰，对儿童的脑瘫、智障、顽固性中耳炎康复等尤其有很好的记录。

案例 2. 幻肢疼痛的起因：病人的肢体被截除后，常会出现“幻肢疼痛”。一位战士因战伤大腿高位截除后，他描述说：“术后十几年，经常感觉已失去的大腿痛、关节痛、脚痛、脚痒、脚趾甲痒、脚趾甲裂缝痒，这种难以忍受的痛苦经常痛痒得钻心。其实我哪里还有脚和膝盖啊！痛痒得实在不行，就叫妻子挠挠、掐掐。让她在我被截下肢的部位使劲地拍我坐的床、使劲地按。有时我感觉到我仍有大腿，当往前跨出一步，就摔倒了。重重地摔在地上。好痛啊！”。这种没肢体有感觉的现象挺普遍的，它构成了临床康复的困惑和难点。近半个多世纪，医生在引进前沿技术成果对“生命信息”的实用性探索中，终于找到了原因，当然也就有了成功的解决办法和满意的疗效。研究过程挺复杂，以下择重点简述：

首先是俄罗斯的瑟弥欧·克尔连（Semyon Kirlian），他利用高频率电场的原理和设备，把人眼看不见的“能量场”在暗室中直接拍成了像片。后来美国人开始应用克尔连（Kirlian）射影技术诊断病人，实践中发现，当拍摄有生命的树叶时，叶片周围会同样出现一圈与手指头图像类似的能量信息场。当他们把树叶前端剪去一半再拍摄时，拍摄到的影像竟与第一次完全相同，只是在剪刀的切割处出现了一条线，此现象被称为“克尔连幽灵叶效应”（Kirlian Phantom - Leaf Effect）。叶片虽剪去一半，但所拍到的叶片辉光依然存在如故。于是医生们联想到，幻肢感觉和高位脊髓截瘫患者康复被动训练时仍能在肢端末梢测出的微电流信号，也就是说，没有解剖结构的地方它的能量信息场还在。

并由此推测身体内一定存在另一个能量信息通道，研究发现这另一通道被称为“以太体”，是肉体的一个模型。以太体是子宫内胎儿原始细胞生长的支架，帮助发育的胚胎细胞，坐落到人体的一定部位，最后形成人体。虽然 DNA 的研究进展极快，但生物学家仍不能解释胚胎细胞如何找到最终“落脚”的地方，形成一个完整的人体。基因密码只能使原始胚胎细胞发育成神经细胞、骨细胞、或肌肉细胞，却无法解释这些原始细胞最终为何落脚到该处，是“以太体”的发现回答了此问题。出生后，“以太体”还对婴儿期的生长发育继续提供结构信息。甚至到了青春期和成人期，这个看不见的“支架”还继续指导着细胞的生长，像个看不见的“能量模板”直接指导正常生化过程和身体内的细胞电信息系统，保证着人体的健康。而克尔连摄影技术的“幽灵叶效应”，就是一个强有力的证明。

这是当今对“幻肢疼痛”最有意义的解释，当然也包括了高位脊髓截瘫，医生如果换个思路，相信会有好的康复效果。总之无论是 PET - CT 还是 QWS，以及脑电图和心电图等生物电采集，都含有人体的动态能量信息，它们之间的结果是互相印证的。所以关键不是做什么检查，而是如何结合病人身心灵的整体情况去分析思考，找出针对性强的、能让患者综合康复的措施。

【思考 2】**HRV 帮助临床医生介入患者的心理康复**

HRV 也叫心率变异，是心电可以采集到的数据，心电图师会告诉你这个数值可变系数太大，没有任何意义……（详见第 3 节，东西方不同版本的“心主神明”）

我对自己进行了 31 天的实践体验，积累的数据告诉我，临床医生介入患者的心理康复，完全可以借助 HRV 这项新技术成果，从患者生理功能、心脏节律入手，来解决患者心理、情绪、精神压力的问题。这样介入更加合乎临床医生的思维习惯，既帮助了病人的整全康复，又提高了临床康复治愈率，何乐而不为。

【思考 3】**ABO 血型遗传基因与临床康复的密切关系**

血型与人体健康一直是大家非常关心的话题，但是很多人、包括我们现在很多临床大夫，对血型的认识还都停留在上个世纪，只有抢救输血或手术时才会去考虑它；还有些人一提起血型首先想到的是性格命运类的话题。殊不知血型与健康、与预防、与临床康复，以及养生保健等是有着密切联系的。

西方的最新研究发现血型是人体最稳定的遗传性状之一，相同血型的人有相同的生理特征，对食物的反应、缓解情绪压力的办法是一致的。我国很早以前就有“滴血认亲”的做法，一滴血看是那么普通和渺小，但它却包含着人类发展史上最神秘的基因密码。自从 ABO 血液系统发现以来，人们一直试图寻找血液密码的解密要素，直到 20 世纪，有医生用自己从医数 10 年的血型与疾病统计循证，才给血型研究者提供了一个好的研究角度。全球许多顶尖的临床大夫在采用作为诊疗指导，治疗着当今最具挑战性的疑难杂症。

我从 08 年初开始拿来学习临床出院病例，确实了血型规律对人们的防病治病有着极大的应用价值和生命力，其重要性对所有临床医生都是不容忽视的。所涉理论众多，在这先从饮食说起，简要归纳些与传统反差很大的要点列举如下，希望引起注意。（后面省略，详见血型一章）

【思考 4】**现时代康复医学需要各学科医师联手合作**

进入 21 世纪，生物医学领域变得更为复杂，而且始终处于不断变化之中，每天都会采集到新的数据，整理出新的信息，公布新的研究成果，大多数医生很难跟上这种更新速度，没有哪个医生能够了解医学领域的所有变化。现在越是大医院专科越细，诊治判断的范围也就越窄。过细的分科，使医生知识面形成一种“管状视野”，很难有效解决许多患者综合、复杂、多因素的问题。

就像骨科医生关注点在骨头，神外医生的关注点在神经，而脊柱与脊髓患病的患者却是骨与神经的整体，面对五花八门、精细专业的分科，病人常常手足无措，甚至有骨肿瘤病人上了某专科手术台，肿瘤切除了，脊柱却处理失当造成后凸畸形，丧失了生活质量。

分科过细的高度专业化，在过去的几十年内，确实为提高专病的诊治水平做出了贡献。但现在不同了，面临现代医疗实践存在的大量问题，也为摆脱当今医学的现实困境，海内外各医学专科又趋向于合了。今天的合有别于过去的组织合一，今天的合是组织上专业分科，学术上有机整合，类似康复单元的工作模式，这种模式使各学科历史上的分分合合，进入到了一个更高层次的循环。

所以，无论从国际学科发展潮流还是患者康复的切身需要看，各医学专科之间的沟通、交叉、融合至少现在是一种必然的趋势。比如骨科与神外科携手，对脊柱损伤者先复位固定再行手术治疗，最大程度避免了损失；比如，在上颈部手术中和耳鼻喉科合作，给患者带来了极大的益处。已有专家呼吁：愿做中国第一个“吃螃蟹”的人，在学科之间打破壁垒，真诚合作，不断创新，让脊柱脊髓外科交叉而立。

康复医学自创办伊始，就是一门跨学科的、高度综合的应用学科。强调团队模式工作，这个团队包括很多人——医生、治疗师、矫形师、护士、家属、病人自己，还有患者周围的人直至整个社会。多学科专业技术人员组成的team组模式，始终是康复医学临床的核心策略和一大特色。从这个角度说，康复医学并没有学科门栏，康复更多的是理念，是思路。康复医师不过是team组的leader，如果是神经康复单元组的leader，担纲的可以是神经内、也可以是神经外科的医师；如果是骨康复单元组的leader，担纲的可以是骨科，也可以是矫形外科医师，或假肢工程师，这当然决定于team组的内涵。

所以说，各学科医师与其在外单打独斗，呼吁打破学科壁垒，不如联手在康复医学大旗之下，把各专科的优势在合作中、在学术整合中、在帮助病人实现康复回归的目标中，充分发挥出来。只有这种新模式能让“交叉后的脊柱脊髓外科”短时间内迅速立起来。虽非一日之功，但加速转变是社会的企盼，因为病人不能等待。各学科医生联手，多因素、多层次的分析，对病人是一大幸事，对社会是一大福祉，对医生本人也是颇具成就感的机遇和挑战。

转变不是改专业，康复技术从单个来看，OT、PT、ST、PS、RE没有哪一项称得上是高端技术，也没有哪一项技术是康复治疗的关键，康复医师的作用只是将各种技术整合起来，让一个不能站立的人站起来，让一个不能走路的人能走路，争取单一专科力所不逮的效果；帮助患者改变身体状况，改变精神面貌和生活态度，降低死亡率、致残率，缩短住院时间，这种效果不也是各专科医生追求的目标吗?!

康复医学也有难点，难在①如何判定和选择最优治疗，把各种最优治疗资源综合有效的整合；②对每个康复个体如何能有效把握康复目标、治疗时机和疗程疗效；③如何形成以功能医学为基础、同时积极兼收并蓄各种康复治疗办法的发展格局；诸如此类还有很多，从这个角度说康复医学的门栏又很高，能够担纲一个生理系统伤病康复单元组的leader，没有广泛的学科知识，没有一定的整全医学临床经验，仅仅是对少数康复技术的了解，显然是不够的。但这些难点是个不断学习和提高积累的过程，对所有专科医生都一样，只要做医生就要有临床病案的积累。总之，康复医学只有各学科专家联手才能有质的收获。

各学科聚在一起交流，与开自己本学科会议有很大的区别，越是专科前沿的东西，越少人听，曲高和寡很自然。本文在此做一尝试，不以阐述自己的学科亮点为主，而是把所有中西医、内外科医生都能听得懂的、感兴趣的话题拿来一起分享和对接，划归成不按套路出牌的另类思考——说大家明白的话。

本文结论：**21世纪的医学告诉我们，患者不是一辆等待检修的破车，而是一个有情感的生命；外科医生不要只看到自己手下的解剖结构，内科医生也不要仅仅盯着化验单上**

的数值；人体是个超智能的复杂巨系统，由硬件生理结构和软件功能调控系统共同组成。

整全综合康复大有可为，整全综合康复能有所为，整全综合康复需要各学科医师联手而为。让我们共同在现代康复医学的大旗下，创东方医学的中国品牌，在全世界开花，造福人类，迎接一个高科技、更绿色、更人文的康复医学新未来！

第四节　新世纪第 2 个 10 年2010－2020——雏形

国际自然疗法大会：顺天规律养生，借天之力平衡

——癌症康复的另类自愈疗法实践

导语：从这一节这一篇文章开始，就进入又一个 10 年的历史时期了，虽然写书时才刚过两年的光景，但是，新世纪医学紧锣密鼓的前奏曲显然已经奏响。2010 年 8 月，北京举办了 WONMP ASIA 第二届国际自然疗法医学会议暨健康博览会，针对癌症康复的自然疗法主题，我作了大会演讲，就是下面的文字。

32 体质的概念此时已经基本成型，大会后我获得国际自然疗法学会评审委员会颁发“自然疗法创新成就奖 2010”，以表彰我在自然疗法领域工作的出类拔萃，封底附有插图。其中所说的“易经与量子医学之临床应用和知识技能整合大奖”，其实就是 32 种体质分类的早期雏形。

全文：尊敬的主席先生，同仁、朋友们：

很荣幸能在自然疗法 2010 的北京大会与大家相识，感谢会议讲坛为我提供的机会，今天我要讲的题目是：顺天规律养生，借天之力平衡——癌症康复的另类自愈疗法实践。以前大家知道的题目是“易经诊断学”，今天作了些改动。分 2 个主题，2 个重点方法，尽量简单明了，感兴趣的可参加明天的工作坊。

第一个主题：人是天地的产物

中国老子讲：“人法天，天法道，道法自然”，一个道字荟萃了中华民族历代先哲的智慧，精炼出观察宇宙变幻规律的世界观。道的核心是“位当”两个字，又落在一个“和”字上，和谐构成了世界万物生生不息的根本大法。

易经之道已不全是中国的专利了，她赢得了当今全球有识之士的共鸣。美国一位著名社会学家指出：“西方社会能否生存，将取决于能否吸取东方首先是中国“天人合一”的思想，这将是一场真正意义上的文化革命。”前苏联一位著名作家曾说：“最高智慧只有一种科学……解释天地万物和人在其中位置的科学。”

医和易是同源同理的，《内经》通篇都是上讲天，下讲地、中讲人的内容。人在天地之间，就要顺天而行，不要战天斗地，只要顺应了大自然的规律，健康就变得很简单、很容易。现在的西医也正在以自然疗法的方式，走在东方医易同源同理的大道上。

作为一个西医内科临床，我一生干预治疗无数，一路追踪医学科技的前沿成果，当跟到人类基因组草图公布10周年之际，却突然发现高科技的量子信息检测和PET－CT得出的数据竟然与易经结果等同，甚至到了不做检测就能推出结果、不做病理切片就知道分型、不做基因就知道遗传的地步，神奇的让人不可思议和难以置信。

在分析并追踪了全球数以万计的病例后，我开始为老祖宗的智慧震撼，为顺天而行的康复精品兴奋不已。因为我发现：只是改变了不良生活习惯，只是吃对了饮食结构，就省去了用药求医；仅仅是顺应了老祖宗的规律，仅仅是恢复了身体的平衡，就可激发起那么多病人与生俱来的自愈能力，解决那么多困扰现代人的不治之症问题，包括谈虎色变的癌症。

在我干预的癌症康复病例中，友人把好转的个案以难度系数分了等级，建议我开癌症门诊，我有口难辩，其实所有康复的癌症都不是我治的，我不过是顺天之意出了点主意，是大自然的规律在帮你，谁敢跟老天爷抢功啊！任何人换到宇宙观的角度，都会很容易看到，癌症其实不是病，不过是人体违背了大自然规律，出现的表征。顺天而行就不可能患癌症，同样，借天之力去重建和谐，与天地保持一致，人人都能成治癌专家，而且还不仅仅是癌症，几乎包括所有现代人的疑难病症。

这不是我一个人的观点，在中华大地泱泱众生的保健中，始终活跃着一批另类的医者，他们十几年、几十年如一日，在努力学习和传承着中医理论的精髓，在发扬光大着中华民族的优秀传统文化，有些人虽不是医生却胜似医生，他们医好的病人成千上万，成为广大病患者心中最可信赖的神医和救命菩萨。没有他们的努力，也没有我的感悟，今天在这里不过是个借花献佛之举。

第二个主题：顺天地之力时，健康变得很简单

古代经典是我们付诸实践的指导，对于老祖宗的智慧，不要在理论探讨上做文章，不要在研究室里找答案，要在行动的规律中去体悟根本。当你在道上悟出根本的时候，随手拈来全是治病的药和方法。不过最基础还是吃和睡，吃睡按规律去做，就会健康无忧。现在很多看病难看病贵的问题，是把简单问题复杂化了。“天力大于人力”是个真理，有时间别浪费在争吵上，真理并非越辩越明，而是越用越明。告诉大家2个简单易行的方法：

方法之一：把生活起居调整到与太阳同步

晚上9～10点睡，早晨3～5点钟起。早晨3～5点钟是肺在值班，这时起床，就好像把身体的充电器插在了太阳的电源上，肺功能为之一振，脑细胞供氧就充足。有病的人和癌症患者，不论正在接受什么治疗，都要把睡眠的时间段调整到与太阳同步，可以看到：凡善于“借水力养肝木”的癌症患者，都可以得到大自然的帮助，康复的速度会高于其他同类病人。家有病人的亲属，帮助你的亲人改变一下睡眠习惯，尤其是早上6点以前唤醒他的睡眠，喝点温水上个厕所活动一下，哪怕6 点以后接着再睡，都比其他方法更有疗效。

方法之二：从出生日期和血型中寻找适宜自己的饮食

一个是生辰八字，一个是血型与健康饮食规律，二者偏一不可。两者的结合共生出32 种不重合的健康饮食方案，可以囊括和指导所有地球人。

1. 从出生日期中寻找自己的饮食规律

可以分四步实现，这里不详述了，强调5 个掌握要点，①什么“不能吃”比什么“能吃”重要；②健康饮食比饮食文化重要；③先调饮食比先吃药重要；④再好的食品也受时间的局限；⑤当黄瓜绿豆没错的时候，要考虑我们吃错了。

2. 血型饮食的规律要点

东方的饮食重“同气相求”，西方的饮食重“血中精微物质－血凝素”。人体本来就是非气即血，气与血，只有两手抓两手都要硬，才能构成健康饮食的完整概念。

① O 型和 A 型是偏食血型，O 型血偏肉食，A 型血吃素食健康，万不可一概而论；

② O 型血的认识误区最多，纠正过来是当务之急；

③ 善于应用 A 型血吃素健康的规律，能帮助抗凝防病、促进癌症康复；

④ B 型与 AB 型都是均衡饮食，B 型偏 O，AB 型偏 A，这些都是铁的规律

天人合一的宇宙观给了我们一个全新的思考角度，沿这个思路出发，天下无癌，说癌症不治，是我们对大自然的规律了解的太少。癌症康复的最高层次是接近自然，回归自然，融于自然，从天地中获得痊愈的力量。治好癌症不在专家，是每个人身体自愈力的功劳。借天力激发潜能，调平衡自愈百病，这是我今天讲演的核心。

最后，祝在座的朋友都能与大自然同行，共同见证从此无癌的历史，与天地同寿，与日月同辉！

首次培训课：　探索未来医学

导语：2010 年10 月8 日那天，我受邀北京饭店的“道易生生馆”讲课，传播新世纪的医学理念，与专业人员一起讨论探索“未来医学”，那个充满梦想与憧憬的、新一轮东西方医学整合。此时距中国台北何逸仙医师举办的第一届国际未来医学研讨会相隔不到2 个月。我的文章也是对何医师倡议的回应和自我观点的明确阐述，供同道参考。

全文：一、未来医学的定义和范围

1. 组成部分

未来医学可以算医学领域的90 后吧，80 后是我现在医学的定位，即“康复医学”。未来医学的太爷是3 位先祖：伏羲、黄帝、老子。嫡亲爷爷是我国中医鼻祖扁鹊、华佗，

叔伯爷爷有的在海外，西方的希波克拉底等，产生于古希腊、古埃及、古印度、古玛雅文化。未来医学的父亲是以西方医学为指导思想的中西医结合，未来医学的母亲是现代的高新科技，未来医学的出世是我国中西医结合与当代高新科技的产物，不是从石头缝里蹦出来的。

未来医学的组成：所有与时代同步、正在发展着的医学都涵括在内，国内的中医西医、预防医学、康复医学，传统的道医学、民族医学，以及正在引进的国际自然医学、顺势医学、生物能量信息医学、东西方整合医学等等。正在发展的中医即现代中医学、发展的西医学即基因基础上的生物系统医学、发展的预防医学即治未病的健康养生医学，等等，以此类推。换句话，也就是说：所有不求发展、固守拘泥于传统理念不变的医学均不属于未来医学范围。未来医学的核心就是与社会大潮同步发展和创新的医学，不拘一格。只要是与健康生命有关的医学命题，只要是在发展中的医疗保健服务，均可划归未来医学的范畴。

2. 组成的顺序：

这点很重要。虽然所有发展医学都可以融在未来医学之中，但是有严格的组成顺序，也就是我们未来医学的“道”，必须严格限定并遵照：天人合一宇宙观的整体理念为体，所有现代信息能量数字科技为用的原则，即以东方整体医学为体，西方专科医学为用的方式进行整合；具体到本馆即以道德经为体，所有检测调理技术为用的原则；也就是说，要遵循“人法地、地法天、天法道、道法自然”的顺序进行整合，唯此才能提纲挈领，明确主次，谁为根，谁为干、为枝叶，未来医学不是拼盘组合，也有别于传统的中西医结合。

3. 仁为魂，变为本的医者原则：

医为仁术，仁为医魂，未来医学注重人体与生命在关联中的变化，是能够“知变”“应变”“适变”的医学，坚信人只要活着就有希望的理念。凡对医术丧失信心、生命还在却以为不可改变、不愿或不能实施救助的医者，或把未来医学画个框，拘泥不变者，都会在发展中被淘汰。未来医学的从医者，是以多维立体的观念去解决问题，而不是以专科单一的角度去证明和表现自己，此为所有从事未来医学执业者的基本准则。

4. 整体与关联的指导思想：

在天地人大千世界的多维变化中，从整体出发、从相互关联中着眼，是未来医学的主体思路。关联就是关系学，比如人与自然的和谐关系、专科与多学科的互补关系、身体与心神的对应统一关系、机体五脏六腑之间的相生与相克的关系等等。通过遵循和体悟那些带有共性、共通性的规律，产生共同遵守的理论体系和通用性的解决办法。如果把传统可视化医学称为物质医学的话，未来医学就是研究关联规律的非物质医学，是建筑在现代超微观分析技术成果上的、超宏观天人同构规律的整合医学。

5. 服务的规范和界定：

以人为本、以恢复与重建人体与大自然规律的平衡与和谐为目标，以激发个体自愈潜能的自然疗法为调理办法，以不产生越俎代庖养成新的依赖为远期疗效判定标准；执行检调一次，帮一年，管一生的会员健康管理制度，其固定流程和管理办法，区别与医院、体检中心、美容院、养生院、会所、研究机构、厂家等现有健康部门。

二、未来医学的优势

1. 顺应天道和地球运行的规律

“西方规矩”正让位于“东方文化”：风水轮流转，今天 21 世纪的风水正在缓缓地转向东方。比如今年在上海召开的世博会、08 年的奥运会，不管各种语言怎么宣传它是全人类的大集合，都改变不了它起源西方且渗透着西方竞争文化、即“西方中心论”的事实。世界科技、文学、诺贝尔等具有全球影响意义的各项大奖都是西方说了算，西方民众的情绪几乎代表了世界的情绪，这就是西方文化与意识形态主宰了整个世界的 20 世纪写照，世界成了西方的代名词。办了两个会，中国力量已经显示出来了，表现也升级了，我们不再停留只是向世界学习的潮流中的文化，而是走向世界高峰时代的对话，连国际医学学术会议都改称呼为“高峰论坛”了，国人紧跟西方的脚步在 21 世纪真该放慢一些了，因为西方正在“自由化”的旗帜下走向封闭和僵化，“西方规矩”多少有点“昨日黄花，风光不再”的感觉，未来医学绝不是死守着前人的规矩，而是在这个基础上的创新，是在顺势而为，结果会完全不同。

2. 顺应科学的发展趋势

21 世纪是高新科技发展异常迅速的时期，有句话：乱世出英雄，盛世出秀才。2 次大战后全球有个婴儿潮出生人数暴增 7000 多万（可能没算中国），多少聪明才智发明了多少好东西真是数都数不过来，近几年通过网上撞到我这的产品、保健品、新知识、新技术简直是应之不暇。今天你刚刚看到的好东西，明天就又有新的东西出来，或又有了新的更新和升级。03 年开始的体检中心和健康管理理念，不到 5 年，满大街的体检中心都不如我带来生生馆的一部量子检测仪了，而这部量子检测仪也就 2 年的光景，又赶不上一个图数并茂的 3D 细胞共振仪了；那个感觉真就是“谁也没闲着”，就在我们此时又不知有多少新东西在产生。医生从检查单看，以前就几项，现在能出上千数值，好几大篇，医学的基因图谱序列是 3 万个、由 30 亿个碱基组成……，如何面对这众多的信息数据，面对这诸多的心血和成果，绝大多数人已完全没有了思路，我们医院的好多大夫和社会上很多想搞健康产业的人士，都遇到了这种思路上的困惑。

现在，只有少数人发现了纷杂世界万变不改其宗的秘笈，深藏在我们老祖宗的道德经里。天人合一的宇宙观给我们在这个世纪——面临这纷多的信息资讯——，一个全新的思考视角。凡能感悟到、并用到自己专业领域的，几乎都成了成功人士和领跑者，比如李政道的测不准定理。越复杂的东西蕴含着越简单的道理，像现在的医学科技数据越多规律越单一。过去医学重结构，现在，凡是高端的设备，越尖端越钻进了重信息能量方面看不见的东西；气血气血，过去重血，现在重气。过去的医疗侧重诊断，现今的治疗侧重解决问题；过去越复杂越有水平，现在越简单越有需求。上工、老医生、职业医师追踪的最高标准都是：无病、至简、奇效；上工治未病追求的就是无病，五脏身心灵的和谐与平衡就是至简，奇效一定是自体免疫力被激发的终局。

3. 掌握在生命科学中融汇古老与神奇的操作规律和方法

（1）易经+血型+量子检测的个性化：人体生命的真谛很多人都在探索，但最终还要落实到解决每个人的健康上面。大家都知道，现在最不缺的就是健康讲座了，全球都一样。美国、欧洲、德国、韩国、日本都有著名的医生在到处被邀请讲健康，要不是有语言沟通上的限制，咱们的健康讲师恐怕都排不上号。纵观所有这些健康资讯，您听了看了这么多，有谁知道了自己遗传体质是怎么回事？缺少个性化，构成了当今社会所有健康讲座的缺憾。尤其是，当个性化没有一个可操作性的理念时，会让我们听的越多越糊涂。现今的健康问题空白点太多，我们的32种体质分类，恰恰是解决了“个性化”的问题，不谦虚地说，比基因检测普及到每个人的预计目标至少提前12年。

易经生辰八字+ABO血型系列+3D量子数据所产生的个性化32种体质分类，可以为我们找出疾病预测预防的根本、原则、办法，可以安排适宜每个人的饮食指南和运动方式；可以预防尚未发生的猝不及防的危难重症；每个人一旦掌握、了解了自己的身体属性，就可以当自己的保健专家，就会避免医疗医药带来的风险、也会理智地进行所有健康消费，让自己的健康升级、让自己的生活质量提升。

（2）科技化的国际自然疗法：从5个角度来进行整体平衡的调理，海外叫“体质、脊椎、情绪、饮食、排毒、营养”，古中医也叫“排通调补固、心境食眠动”；总之，都是从立体化多维角度，综合激发人体与生俱来的自愈潜能，恢复与自然的和谐与平衡。身体健康没有什么问题不能解决，唯一不能解决的就是内心的抗拒和不配合，这种抗拒有时是不被感知的。

（3）能容乃大，融后乃强：未来医学恰恰处在这样一个平台上，在个性化自愈力的基础上，整合所有现今的调理方法，没有学派之争、没有时空限制、没有国界阻隔，就是一个目标：用上工治未病的办法，让健康得到提升。试想，当集中全部优势做一件事情时，其能量是不是无以匹敌?!

一缕新医学服务曙光升起

——2011 年元旦的清晨感言

导语：2011 年元旦那天的清晨，在我刚刚与北京饭店生生馆的投资人交谈后，一种被激发的对中国优秀历史文化的感念之情，和一种莫名冲动交织成的一种责任，写出了下面的文章。虽然后来与投资人的合作没有继续下去，但这种念想却注定会影响到我后来的行医实践，这个念想就是传承经典，创新当代，迎接未来。

全文：

伴随清晨一缕阳光，我仿佛看到一抹崭新的医学服务曙光正在北京饭店的上空升起。北京饭店犹如盘卧在东长安大街上的一条东方龙，生生馆经堂内的 3 位圣贤，伏羲、老子、黄帝正在给这条东方巨龙描画着点睛之笔。

我爱这个地方，这里有我必须背负的使命→传承经典，创新当代，迎接未来。为了养我育我的中华大地和父老乡亲，为了因现代医疗失误过早离世的我的妈妈和那些病人，我没有选择，必须面对和承接重任。也许是某人点准了我的要穴：几十年行医、全部心血的付出，不就是等待这一天吗?！确实：替天行道，顺天行医，一个天翻地覆的“覆”字，构成了我为之努力的全部意义。

我向圣祖发愿，从现在至死，我只为实现这一目标活着。尽我有限之力让医学回归本原，让西方技术服务东方智慧，让亲人们从此不再为疾病与死亡恐惧，让平和与祥瑞重回中华大地。

看着他们画的中西医的阴阳太极图，我觉得自己似乎也在画着哲学文化与医学科技的阴阳太极。生生馆探索的不是我个人的行医之路，而是一个新医学服务的产业链龙头，就好比 20 多年前邓朴方引进现代康复医学时一样，最初只是想把康复医疗技术引进来，后来竟搞成了一个巨大的事业→中国的残疾人事业，并得到了联合国颁发的人权奖。

与 20 多年前相比，我们今天既相似也在升级。中华民族的优秀根文化培植了未来医学成长的良田沃土，中医与西医将在此地获得全新的融合、嬗变和提升，东西方科技将在这里整合，长成一个 e 时代的参天巨树。当木立东方那一天，未来医学不仅会为医学的创新发展做出贡献，也必定会把老子的德道思想和中华优秀传统文化传播到全球各地。

凡巨大的命题都要从点滴做起，这就是“体大求精”的立意，首先是全新的服务模式。我选择定位“医疗服务会馆”，继传统医院门诊之后的全新模式探索，专门负责解决“治疗未病”的问题。从业人员主流与医院门诊等同，应是经过“道易未来医学”新知识技术培训的、新一代的医生护士，馆内技术服务人员一律是卫生技术人员和在校学员双重身份，最终形成未来医学专业的职称系列和学位建制。

主力军是医生，分 3 个层次，上工、中工、下工。上工的标准老祖宗定了，即能“治未病”就是上工，用现在的话“能在预防疾病上解决问题的才能成为高明医生”。预防在于预知，预知在于预测，预测是精准的不是泛泛的，是个性化的不是打疫苗那样普遍性的，更不是光说不练的理论宣讲。现在的医生能够称自己为“上工”或者被同道称之为“上工”的，确实少之又少。更多的人认为专家、教授、博士导等就是“上工”，其实是个误区，头衔只说明履历过程，不能说明医术。试想，好大夫忙活的“已病”都治不过来，哪有时间去解决“未有、未发、未变之病”的问题。

我们表扬了很多“大医精诚”的专家，其实都显现在治“已病”的范畴，古往今来就是这样的规律，“上工”出在民间，不出在、也不可能出在 3 甲的综合大医院。中国不是没有“上工”，是有很多“上工”不被我们认识，比如大道堂的刘承恩就是一个。刘承恩是一个出现在中华养生文化队列里的优秀“上工”代表，他十几年如一日从调理平衡出发，根据时令节气变化，提醒和帮助人们解决疾病预防中存在的具体问题。

老实说，他解决的问题让他自己也感到惊讶，没学过医不懂解剖生理，居然能使众多癌症好转、不育症生育，可能吗?！所以，面对调理疗效产生的百姓口碑和信任，看得出他为此诚惶诚恐。我有个朋友想挂他的号，让他看病，他一听“病”字立马就拒了。整个养生堂大厅，去过的人都能听到，到处都播放着这个劝导：“京城名医名院很多，看病去医院，我这里不看病，只调平衡”。这是在无照行医吗？不用明眼人，盲人都可以感觉到，说“无照行医”这句话的人不太靠谱。

从扁鹊开始，“上工”就是师出无名的。比如，扁鹊的大哥比扁鹊技高一筹，但有谁知道他大哥姓甚名谁？我在自己的看病过程中，也常常遇到这种境况：当我告诉一人帮助她躲过了脑出血的危险后，那人觉得她不过是“更年期过去了”，反倒显得我很夸张。自打我开始从预防角度解决问题，这种例子比比皆是。所以说，争当“上工”并不像想象的那么风光，很可能会默默无名，被误解，甚至会被逐出高明医师队列，会被认为是“不务正业、雕虫小技”。崔月犁老先生晚期对中医、对海外顺势医学的支持，就遭到了不公的鄙视，有人说崔老是“越老越糊涂了”就是个例证。

我以为，社会大众对治未病的“上工”是没有概念的，只有医生即医界同仁能看到和比较出“上工治未病”的高明，像扁鹊对他大哥的引荐和推崇就是说明。不是医者和业内同仁，一般是不具备评论一个医生的资质和水平的。我虽不是扁鹊，但终是业界同仁，我愿意以一个双医学博士的身份，说一句不太合时宜的话，那就是刘承恩不是医生，但胜似医生，他是当代“上工治未病”的榜样和楷模。如果生生馆探索的未来医学成功，一定会涌现出更多的刘承恩，从个性化的疾病预防角度来解决大量的健康问题，福祉我们的全社会和人群。

至于说发财了，查查有没有坑蒙拐骗，那是工商税务的事，自有法律规章在管着，不属于我说的范围。我只是建议，媒体在说专业问题时应该增加点技术含量，把好尺度。如果借用主流媒体的影响，从情感人格上否定一个十几年坚持走下来的中华龙文化养生产业，之前最好先问问老祖宗是不是会答应，但愿好自为之。人在宇宙，犹如一个浮尘微粒，只有遵循“人法地，地法天，天法道，道法自然”的规律，才可能活在当下、实现美好的期许。中华民族历代先哲的智慧给了我们成功的大道之法，顺道才兴，逆道必亡，这是我们发力之前必须牢记的真理。

文字到此，正值一轮红日喷薄欲出，金色的阳光立时毫无遮挡地普照着整个京城。新的一天、新的一年来了，又一个新的希望被给予。让我们尊崇老祖宗的教诲，尊道贵德，搁置争议，张开双臂迎接 2011 年第一天的太阳。

全球医界理智的回归

——医疗保健专家北京饭店春节联谊会祝辞

导语： 2011 的兔年春节，我刚刚被任命“馆长”不久，就召集了一个医界的专家联谊会，因为我始终就觉得，健康也好、上工治未病也好，医生永远是主力军，而且必须是多学科专家联合诊治的团队，不能靠单个的绝活绝技，更不是商家赚钱的工具。医生应该是提高大众身心健康的朋友，是帮助他人理解自己身体特征，顺应大自然规律的师长。所以，我一定要联手更多的老大夫，敬重他们的仁心仁术，且始终不渝。

全文： 给大家约来，为的是提前给大家拜个年！

大家看了今天的主题“医疗保健专家春节联谊会”这个联谊会是我第二次召集组织了，第一次 2006 年在康复中心，这次参加的也有上次参加的，办这种医生层面的新春联谊会是我一直来的想法。为什么呢？因为，每年从电视看新春联谊会总看不到医界有人牵头组织。全国有医生六、七百万，在这个都说是健康世纪的知本时代，医生本来是知识分子层面走在高新科技前沿的排头兵和仁者仁术的集中代表，是主力军，是对社会、对家人、对病人责任感很强的一批人。

在当今对健康关注风起云涌、健康知识铺天盖地的时候，有谁能把这种井喷般的需求和医药卫生事业的发展结合起来，为人类健康产业走出一条良性循环的道路呢？应该是我们医生。应该是一批在医疗卫生战线兢兢业业、任劳任怨的医务工作者，应该是一批养成了尊重生命、尊重临床实践习惯的老医生。因为每个老医生几十年行医之路能够走到今天而不被淘汰，本身就说明了医者的仁德和专业学科的造诣。不一定非得知名、非得是院士、博士导才是高明医生。

我强调老医生之间的合作和联手，是当今全球医界理智上的回归。美国白宫保健会就有文提出：最好的医生应该是从40岁开始做到90岁，这也是我组织上工专家团队为什么规定年龄的原因。老医生代表着规范、严谨，代表着与规范严谨捆绑在一体的个人与社会的健康与平安，也代表着老医生在市场和金钱方面，已达到了一个通关的水准。

遗憾的是，这股中坚力量很难聚在一起成为一个合力，其中有两大障碍，一是隔膜较多，别说中医西医之间，就是中医之间的学派、西医之间的分科都很少有机会交流；都习惯维护自己熟悉层面的科学性，习惯与不熟悉层面争论。医生们感兴趣的永远是自己熟悉领域的学术交流，学术会规格越高，专科性就越强，专科性越强，参加的人数就越少。

二是绝大多数老医生闲不下来，本来照顾家的时间就少，很难抽出时间参加社会活动，今天大家能来我郭明很感动，我相信大家今天一定会有收获。我是你们中的一员，几十年行医走下来，我想告诉大家，当我走到北京饭店的道易生生馆，就准备开始重新规划我明天的行医之路了。

今天的经堂内有我们中华民族的三位圣贤：伏羲、老子、黄帝。台湾何逸仙医师来这作报告时，首先拜谒了他们。刚才恽主任在老子问天的雕塑前感慨地说，“来到这里才感到自己已没有文化了，好像是个文盲。”这也是我刚走进来时的感觉。确实，从天人宇宙观的角度，看今天的医学发展之路，不论是东方还是西方，好像也都到了一个要“认祖归根”，要回归医学本来面目的时候了。

今天请到会的都是我娘家人，一家人不说两家话。北京饭店这个养生馆就是个襁褓里的婴儿，准备起个名字叫“未来医学”，准备办个户口叫“医疗会馆”。划归在医疗机构内进行注册管理，在座的都是家里的族亲，来年还望多多给予关爱和帮助，这个襁褓里的婴儿就是冲着认识生命而不是认识疾病而来的。

今天的新春联谊会是个不分国界、不分学科、不分流派的老医生聚会，能让我们欢聚在一起的有4种力量在支撑，这让我感恩不忘。

1. 是北京饭店养生馆投资股东对继承中华优秀传统文化的全身心付出；
2. 是北京饭店这个独具时空地理位置所特有的魅力；
3. 是海外同行在信息能量医学科技上面的鼎立支持；
4. 是国运的昌盛，是胡锦涛主席和温家宝总理对全社会道德教育的提倡和身体力行。

试想，如果我们在来年能按照既定方针努力的话，如果我们真正做到了顺天、顺地、顺民心的话，明年的此时，期待能在主流媒体的关注下，举办一个真正意义上的老医生的新春联谊会。

再一次感谢大家的到来！

2011 -1 -23

从美国4P医学看中国的上工治未病

导语：2010年我加速了与海外新医学服务的沟通，去台北两次参加何逸仙医师东西医诊所的学习会诊和排毒营的体验。海峡两岸都是炎黄的子孙，在传统中医及整合医学的思路上很有共同，但是在西医的诊疗技术及高新科技的运用方面，有很大的差距。

而我的 32 种体质分类，既体现了大中华的哲学思维和智慧，又结合了最新的血型研究成果和能量信息技术的运用，因此在个性化的把握上，优势彰显，跟前沿现代医生很有共同语言。以下是我在台湾讲给美国校长和台湾自然疗法医生的会场发言，后来登载在《生生报》。

全文：

2009 年 5 月，浙江大学开了一个“个性化医疗西湖国际会议”，陈竺院士受邀为大会名誉主席，专门讨论在基因功能研究不断深入下的个性化医疗问题；美国三院（美国国家科学院、国家医学和工程院、国家艺术科学院）的院士 Leroy Hood 教授提出了四个 P 的未来医学概念。

第一个 P：prediction 预测性

健康在于预防，预防在于预知，预知最科学的方式，就是预测。如果能预测出自身的疾病风险，就能找到预防的办法。以 Leroy Hood 教授为代表的中外科学家们认为，基因组测序可以帮助我们做到准确预测，所以都争先采取这种基因测查来进行疾病预防。

预测必须回答 3 个问题：每个个体可能的发病时间、发病类型，和目前健康状态的患病趋势。以量子检测为代表的第 3 代高新科技测试仪，可以从细胞能量层面做出身心灵的整体测查数据，早于医院传统生化、MRI、CT 检查结果的 3 ~ 6 个月，所以被海内外称为，当今预防医学最有威力的武器。

遗憾的是，高科技检测只回答了 2 个问题，目前健康趋势和可能的患病类型，与老祖宗易经八卦测算相比，在发病的时间预测上，还缺少准确地把握规律。生生馆的上工治未病把量子检测数据纳入到生辰日期中，借助五运六气学说上的时间气象因素影响，可以指导我们对每个个体可能的发病时间和类型，做出从未有过的精准预测。

周易血型体质系统采用东西方预测技术的完美组合，不仅能精准回答预测必须回答的 3 个问题，而且能够将这 3 个答案数据化、量化、图形化。既可帮助每个个体准确的疾病预防，又有终生健康的指导意义。

32 种周易血型体质分类，可以指导我们不用基因检测，不用生物技术和疫苗，实现症状前检查和预见性防卫，从而大大缩减疾病的传染性和病死率，实现针对个人基因差异提供的目标性医疗保健服务和健康管理。应该说，这才是以美国 Leroy Hood 教授为代表的基因组测序希望达到的目的。如果是，说一句不太谦虚的话：不用等到 2025 年，我们的专家团队现在已经进入了预防保健的个体化医疗时代。

第二个 P：Prevention 预防性

我国预防医学大家吴英恺院士，在世时有很多语重心长的讲话，今天看来仍极具指导意义。他说：“治疗是 10 个人给一个人解决部分问题，预防是一个人给一千个人传授知识，自我保健、预防疾病”；“要大力提倡预防，传染病可以预防，慢性病如心血管，甚至癌症都是可以预防的”；“什么是预防保健，就是科学知识，我们吃的不错，穿的不错，但吃的不科学，得的是生活方式病，不是富人病，人家美国、法国比我们富，但是人家心血管疾病的发病率比我们少”；“我们的卫生工作光治病，不防病，大夫看病，只顾开方子，不给群众讲道理，所以我们现在要补课，做医生，首先要考虑人民的健康。我们不能再走老路，我们要创新，要发展，搞大卫生，社会主义的大卫生。”所以说，当今促进健康最有效的手段是依赖于社会大概念的预防教育和养生行为。

美国医疗发展的历程经历了以下 3 个阶段：

1875——1925 年　环境时代，特征是天花免疫接种、外科消毒、公共卫生服务；

1925——1950 年　医药时代，特征是磺胺药、青霉素、抗结核药物的广泛使用；

1950——1980 年　生活方式时代，特征是心脏外科手术、心脏移植、冠脉搭桥。

今天的我国是不是也在步美国的后尘呢？比如不良生活方式导致的高血压、糖尿病等慢性非传染性疾病已经成了威胁健康重大的疾病，人口之众造成家庭和社会的巨大负担。如果不能从预防角度解决影响健康的疾病问题，持续需要医疗服务的人群，就会像“井喷”一样不断快速增加，涌入到大医院和专家面前。医院和专家的解决方式如果也步美国的后尘，用心脏外科手术、心脏移植、冠状动脉搭桥来解决不良生活方式导致的疾病问题，显而易见是不行的，南其辕而北其辙。近 20 年美国医生开始从健康饮食、从改变生活方式、从国际自然疗法中寻求办法了，中国呢？

需要有专门的机构来做这件事，按照我们吴英恺院士生前所说：“搞社会主义的大卫生，许多发达国家办不到，我们国家肯定能办到，今天我们国家还没有办到，明天我们一定能办到”。社会上所有体检中心、健康管理会、养生堂、牙科门诊、美容院等各种医院外的社会上的健康服务机构，在顺应社会上巨大的防病需求中应运而生了，他们都是从不同保健角度在做疾病预防，在搞老院士说的社会主义大卫生。当所有这些健康机构需要百尺竿头更进一步的时候，催生了北京饭店生生馆的上工治未病工程。不是从规范管理角度，而是从专家专业角度，尝试引领社会主义大卫生的良性循环和预防医学的健康发展。

第三个 P：personality 个性化

个性化是我们提供人性化预防医学服务的基础，全球的医界人员都在寻找个性化的钥匙，所以基因组计划的完成会产生那么轰动的全球效应。

微观思维认为：任何人类疾病都是遗传因素和环境因素相互作用的结果，医学需要了解遗传和环境因素在生理和病理过程中的作用和身体上的表现。实验室结论永远只能是对单基因疾病研究的技术路线，与当今多因素、多基因导致的常见病风马牛不相及。看看医院现在的内科临床诊断就知道，一个病名的很少，多的甚至超过了 20 多个；年纪大些的人通常会说，“医生说我一大堆病”病名都用堆儿撮了你可见有多少。在复杂疾病面前，药物基因的靶向学研究、支架、搭桥、微创、置换等，都很难解决“一大堆病”的问题。

现在临床来探讨个性化，一般都依赖于循证和流行病统计，从病和症的角度。随着基因的研究进展，生生馆的周易血型体质学提出了一个全新的思路，从“天人合一”“天人同构”的大宇宙观角度，立体探索天地人影响下的个体身心灵奥秘。这种个性化分类把预防保健提高到了一个从未有过的高度，其实用性和指导价值是迄今为止无人可比的生命指南。

第四个 P：participate 参与性

“参与”也是时代的特征，从高频率流行词：互动、分享、对接中，我们可以感受到这种交往服务的趋势和潮流。新世纪医学的发展趋势，不再是一方对另一方的依赖，而是双方共同的认知和行动，生生馆的上工治未病工程也必将顺势而为。

比如，医生追求的是患者对医生的信任和认可，不强行他人所为是治未病服务与传统医学服务的界限。如果你觉得对方需要重视预防，对方却认为晚期治疗比早期预防更重要，那就等对方自己觉悟后再说。正所谓：天宇虽宽难润无土之木，大道虽多难救无缘之人。医生要明白自己的局限，辩证地看待自己的医术和专业，尤其要关注对方接纳的心态。如果患者对医生的所为和疗效持怀疑态度，医生本人又不能排解和改变这种认识时，要鼓励对方重新挑选信赖的医生和自己中意的疗法，切不可固执己见。医患之间是亲人和朋友的关系，不是救世主。一定要尊重需求者自己身心都认可的选择，这是我们医生团队的从业之德。

从另一方面需求者角度看，叫“发挥主观能动性”。怎么发挥“发挥主观能动性”呢？我们尝试采取这样一个办法：首先应该了解自己身体的自然属性，分析一下自己在“呱呱坠地”那一刻，老天爷随机发放的天书给身体的功能软件划归到了哪一类：自己的身体王国谁当家？谁执政？自己的脏腑功能团队谁的力量强？谁的力量弱？自己的身体平衡最容易在哪个环节掉链子。同时还必须查验确定一下自己的血型，有条件做个能够定量化的高科技检测，建个体质类型的健康电子档案。

第二步：确定自己的目标，想解决什么健康问题？想在什么层面上获得预防疾病的养生效果？第三步，计划一下采取什么办法、找什么人帮助？帮到什么程度？第四步最重要，就是全面提升自己的生命质量，不仅摆脱对医药的长期依赖，还能通过不断的自我身心交流，找到自己的生存价值，做自己的健康专家，做全家亲友可信赖的健康顾问和使者。

综上可见，美国的四 P 医学内涵，已经完全融进了上工治未病的实际操作中。郭明大夫希望汇聚起一个医生团队携手海内外同仁，用东方智慧整合西方科技，立志为祖国的预防医学事业，以及给过世的吴英恺院士交一份答卷，给全国父老尽一份孝心与责任，同时也给党和政府在个性化的群防群治工作上，呈上一份有技术含量的、放心的专业指南。任重道远，不可懈怠。

家庭孝文化是中华养生文化的主旋律

导语：北京饭店确实是个地标性的建筑，那里最让我留念的是中国优秀

传统文化的氛围，也许是老祖宗正能量气场的烘托，使我连续写下了多篇带有强烈民族气节、先祖智慧、圣贤道德的檄文，这是我在医院病案室绝对写不出来的，我感恩给我这个机会的所有人。

全文：

在我泱泱中华大地，自古倡导百善孝为先。一个“孝”字全家安宁，一首“常回家看看”的歌曲，唱遍了神州960万土地的千家万户。几千年的文化精髓延续至今，“孝”在各自的家庭和家族中被理解和传承。

今天，我们把“孝”字恭请进了上工治未病的宝座，成为我馆中华养生文化的主旋律。我们面对“孝”字扪心自问，也向每一个炎黄儿女发问：

1. 你孝顺父母吗？你是如何孝顺你父母的呢？

我们收到很多回答：诸如，“吃最好的营养品”，“住最大最好的房子”，“找最好的医生”，“住最好的医院”，“去最好的火葬场”，“埋最好的墓地”都在倾其所有，尽其所能，谁能否认这不是孝顺呢？

我们看到很多现象：不少儿女都在为自己年迈的父母治病住院和保健护理忙碌，原因多是：高血脂、高血压、高血凝、糖尿病、心脏病、癌症、脑中风、脑痴呆、偏瘫、卧床不能动。

我们经历过最典型的案例：

例1. 一个孝子的懊悔：30万元孝心竟送老父性命

IT界成功人士王先生说：“我父亲不到70岁被检查出得了白血病，托关系送到一家大医院的血液高干病房，病房的隔离条件很严密。医生说，得这种病的人免疫力都非常低下，预防感染很重要；当时医院进口了一个抗生素针剂效果很好，但是价格很贵，一针1万多元钱，属于自费药不能报销。10多年前，一天1万元的针剂对我来说还是挺昂贵的，但为了我父亲，再贵也用。整整30天1个月的时间，父亲还是离开我们走了，走的原因仍然是感染没控制住，医生说死于霉菌感染。后来知道，这种霉菌感染就是菌群失调，是每天一支的进口抗生素把体内有益的菌群破坏，导致了死亡。有大夫说我，是自费30万元买我老父亲一条命，我很不愿听，但每每想起父亲的过早离世，心中总不免隐隐作痛，悔不当初。为了天下儿女都能给父母带来没有伤害的忠孝，我和朋友创建并成功地开办了一家健康网站，希望天下所有的儿女都知道科学防病养生的常识，给自己父母带来健康的晚年。”

例2. 孝子送父协和医院，脾体质出血，切脾送命

山东某县许先生说：“09年10月，我73岁父亲发现有皮下出血，血小板低，全身无力。家里兄弟姐妹一致同意，大家出钱送父亲到北京协和医院看病。一个朋友推荐了北京的郭大夫希望能进京找专家方便，郭大夫说我父亲是脾体质B型血，不适宜远程奔波

来北京手术切脾，应该先在当地煮大量黄芪水喝，把出血控制住。我们一边熬些黄芪水，一边还是把父亲送到了协和医院的普外消化科，进京看病又是到协和这样有名望的好医院，为什么要错过呢，我们一定要给父亲最好的治疗。手术当日郭大夫来看过我父亲，看着父亲与郭大夫谈笑讲病情，我们儿女心中都很温暖，感觉我们为父亲的选择很及时正确。协和医院在做完脾脏切除手术后，当得知父亲的血小板化验从非常低的 3000 升到 6 万时，全家欣喜若狂，当晚所有送父亲来的亲友一起聚餐庆祝。不料，第 2 天父亲开始高烧，医生用了很多办法，体温仍越升越高，经医生尽力抢救父亲还是离开我们走了。一辆载着父亲和儿女们期望而来的车，又载着我们的悲伤和父亲的遗体返回了山东。告别会上，我心情很复杂，可以告慰父亲的是我们做儿女的尽心了，我们让父亲临去世前住进了全国最好的北京协和医院。同时也希望郭大夫的理论能被更多儿女认识，造福更多父母和家庭。”

2. 孝道体现在五个层面，您在哪个层面呢？

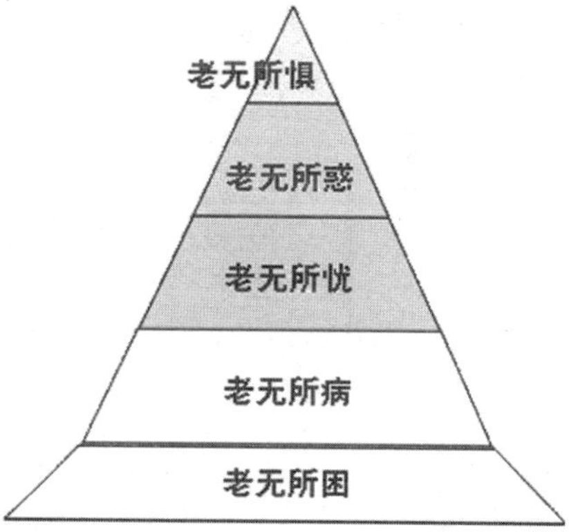

万事皆有道，何况孝道，只有遵循道的规律和法则，才可能做到真正的施仁达孝。我们认为孝道分五个层面：从最底层到最高层，依次为让老无所困的财孝，老无所病的医孝，老无所忧的心孝，老无所惑的智孝，和老无所惧的灵孝。真正的孝子应该能做到这五个层面，才可能达到让自己永不后悔的孝道。我们现在听到的回答和看到的现象，大都停留在最底层，即满足父母衣食住行的物质层面，很少能进到第 2 个层面，即老无所病的孝道。自从有了建立家庭档案的服务，很多孝子孝女开始纷至沓来，既为自己年迈的父母寻求老无所病的办法，提升自己对双亲的那份孝道，也为全家带来健康和谐，从此无忧、无惑、无惧，尽享生活和生命的美妙。

3. 孝首先表现在：对父母健康的认知

WHO：95% 的人死于对疾病的无知。从这个角度出发，我们的回答是：孝首先表现在对父母健康的认知。因为我们看到，儿女对父母体质的无知，常会出现家庭不和谐的现象，如无病找病、有病要命；老人闹心、老婆疑心、丈夫花心、孩子不省心，再有点家族遗传病的阴影，害怕抱怨等影响到整个家庭的生活质量。最悲剧的莫过于是，儿女原本的孝顺招致了完全相反的结果，让孝顺儿女伴随一生的悔恨。

相反，如果一个孝顺的晚辈给其父母建立了家庭健康档案，无形中就提升了对父母健康的认知。一旦了解了父母的体质状况，就可以帮助自己的父母按照体质差异去合理安排饮食、放松心情、参加活动、培养良好的生活习惯；如果自己的父母能顺应天时地利到大自然中去养生，就一定会产生儿女孝顺修成的正果，至少不会在父母走后懊悔终生。

孝顺儿女会心安理得给家里年迈的老人养福，让老人无疾而终；给家里男子护精，让其体力精力魄力充实，工作有成；给家里女人养血，让其美心美体美容；给家中后代营建生态的孕育环境，让孩子从优生开始，直到优育优成；这样做，家族才会繁衍兴盛，不再受命运与纷呈广告的摆布，真正是健康人组成的健康家庭。这也我们的目标：让所有孝顺儿女对父母健康的无知变为有知，让天下每个家庭成为一个优质和谐的家庭。

4. 以家庭为单元的养生文化是我中华养生的主旋律

有感于家庭文化的缺失和三代人两代沟现象的存在，我们汇集一批中华民族优秀的医者服务队伍，他们集中华优秀传统文化与世界前沿高新科技为一身，通过建立“家庭档案”的办法，探索道德文化与生命科学在中华养生文化中的优质服务，提升家庭以孝为先的健康文化质量。

项目的发起人是孝子为母发的愿，首席专家是孝女敬父的执行人；所有项目操作人是施仁达孝的专业团队；工作重点就是为天下的仁孝家庭建立档案。让我们尊崇老祖宗尊道贵德的教诲，为即将到来的母亲节父亲节唱响主旋律，弘扬和传承中华养生文化。让幸福的老人、成功的人士、和谐的家庭都有健康档案，并伴随天下儿女常回家看看的期盼，走进我中华大地千家万户的父母身边！（2011－4）

防脊柱、脊椎病患于未然

——脊椎病的新理念和全球防治新趋势

导语：2011 年夏秋之际，我接受某中医门诊主任邀请，以我 32 体质分类为指导，用宇航科技的 3D 细胞定位数字仪做检诊工具，举办了 6 次公益性的脊椎健康教育活动，产生了几近轰动的需求反响。

电视报、国际广播电台、总局工会、老干部中心、中影工会、艺委会等单位 150 余人参加了体检和复检。整理出以下讲稿，希望能帮助更多有脊柱脊椎健康忧虑的人，从整体身心灵的角度认识和保护好我们身体的顶梁柱，靠自己也能康复自己的脊椎疾病和解决连带的健康问题。

全文：大家都知道，一个健康的人必是身心灵整体和谐、充满生命力的个体；一个健康的身体必有一个健康的脊柱。在座的是不缺健康资讯的朋友，但今天我们带给大家“脊椎健康”的讲座，相信大家是从未听说和感受过的，在脊椎与生命、与健康、与疾病、与保健康复领域里，今天的内容从一个全新的角度，引荐一个全新的理念，通过全新知识和技术体验，让大家体会到脊椎带来的与众不同的全新健康感受。

为有较充分的体验时间，我简单扼要讲 6 个更新重点：

1. 脊柱的结构与稳定性与原来想象反差很大

脊柱位于人体的背部正中，上接颅骨形成颅腔，下连髋骨形成盆腔，胸椎与肋骨相连形成胸腔与腹腔，这些腔型的结构保护了我们的生命中枢（神经系统）和五脏六腑。

脊柱是我们人体的中轴线，由 26 块椎骨、23 个椎间盘、129 个关节、6 条韧带、4 个生理弯曲度和31对脊神经组成。其结构的复杂性，一方面说明了它对生命的重要，另一方面也导致了脊柱的不稳定性、易伤害性和损伤后的严重性，是人体所有骨关节中错位率最高的。

脊柱不像我们想象的那么强壮，尤其是从爬行动物的水平位进化到抗地心引力的直立行走，到现在的交通异常便利的航空高铁时代。现代化的生活方式越舒适，脊柱关节病的发病率就越高：像现在的以车代步、舒适的坐卧、长时间的看电视剧、上网等等，皆可造成不同程度的脊椎错位。

以往X光片、CT、MRI这些影像学的检查要超过3mm才能显现出错位来，而现在，很多东西方医生凭借神经反射测试、手感以及数字化仪器可以在3mm以下，轻度（0.5～1.5mm）错位时，做出早期判断并予以纠正。

2. 脊椎是人体信息和能量输布的主要通道过去没有认知

传统理解脊柱是人身体的支撑骨架，是支柱，属于硬件结构部分。对于非结构层面的功能变化很少有人知道。比如中医经络系统说人体阳气的总汇之都，自然界24个节气的变化，对应着人体24节椎骨，把握节气，调理脊椎就能达到事半功倍的养生效果。比如，美国的脊椎泰斗Palmer在1895年说过一段经典的语言，他要求他的脊柱神经医生，打通脊椎小我，连接身体和宇宙智慧的能量，帮助人们恢复一种本能的自然状态，激活人体的自愈系统，从而进行对脊椎错位的调整，使一切成为可能。

无论东西方语言如何不同，表达的是一个意思。也就是说，如果把脊椎比作人体的中轴路，这条路上有它的信号传输和交通规则。脊柱疾病的保守疗法，属于身心灵的整体能量疗法，美国脊椎泰斗说的“小我”指的是身体结构的道路部分，“本我”指的是非结构的精神疗法即信号部分。只有信息能量的高速通道畅通，人才能达到与宇宙能量的对接。东西方都认为，脊椎的整体作用是不可忽视的，脊椎健康对解决精神心灵层面的抑郁、情绪障碍、压力大等问题，有着不可替代和不被认识的神奇疗效。

3. 全身八大系统200余种病与脊柱有关，脊柱的整体性不被认知

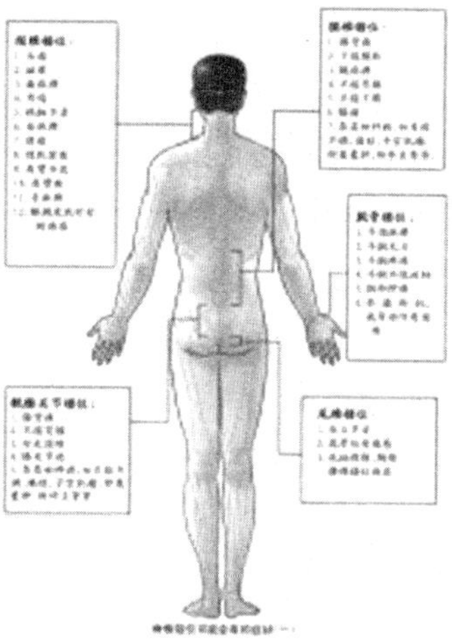

脊柱本身有八大症状（关节障碍、痉挛、僵硬、损伤、劳损、肿胀、紧张、触痛）这大家都知道。不知道的是脊柱的整体作用比它的局部更巨大，比如有专家统计，神经系统的头痛、偏头痛、三叉神经痛，引起的原因里85%由脊椎错位造成；失眠、神经衰弱的原因占到80%；换句话也就是说，从脊椎着手调理可以解决80%的失眠问题、90%的老年人膝关节疼痛、60%的心律失常、90%的乳腺增生等等问题。难怪近些年，美国国内有些综合的医院门诊出现了，看内科病先挂号到脊椎专科筛查，然后看内科的规定。身体不适先看脊椎是个好习惯，即便不是脊椎直接原因，通过整脊也能帮助我们打通“小我”，激发自身的免疫系统，走一条疾病康复的快速路。

4. 脊椎的功能变化比结构形态更直接和重要，至少是同等重要

以往大家更多关注的是结构改变，比如“椎间盘突出”，“骨质增生”“椎管狭窄”了等等，这些X光诊断的专业词语成了大家解释脊椎病患的常用词。实际是怎样呢：央视作过一个电影演员讲脊椎康复的节目影响很大，我虽没看过，但很多人都在问我是不是我的病人。我每次都要解释说不是我治的，但确实是我宣传的理念。

这个老演员的X光诊断腰椎有很多结构上的问题，都是外科建议作手术的指证。几乎所有人包括我们的很多医生都认为，如果不改变骨质结构的变化，康复就没有希望，疼痛就是不可逆的。结果呢，一个普通老人跟社区锻炼摸索出一套适宜自己腰椎健康的动作，没用多长时间，少则当天多则一个月，就获得了明显改善。我们很多大夫包括我们今天来为大家服务的团队，都有大量案例，不用手术可彻底解决脊椎问题，提升一个全新的生活质量。这并不是偶然的个案，是个有推广意义的普适规律和现象。

这就是我今天要反复强调的：脊椎功能的提升完全可以替代和反作用于脊椎结构上的改变，如果把简单的事情复杂化处理，结果只会越治越糟。采取提升脊椎功能的办法也有个前提，就是提高脊椎患病人对自己脊椎能力的认识，以及积极主动的自我训练和配合，强调自主康复不依赖别人，每个人都可以做到。

5. 脊椎康复的最好办法是东西方医学的取长补短

治疗脊椎出现的问题，别寄希望一招一术一次的绝活，也别把宣传重点集中在这上面。面对资讯和物质如此丰富的时代，与之相匹配的是多元化、多元素和个性化，连穿衣吃饭都讲究混搭，更何况能带给我们身体健康的保健方法。长期以来，医学界太习惯各学科流派和各治疗方法的争吵和PK了，影响到社会大众在选择健康治疗方法上，也很情绪化。

我常常会面对这种提问：大夫，这是中医还是西医？很多病人，对划这些界限的关注，远大于对自己健康适宜方法的关心。我在这里做个统一的回答：“你管它是什么呢？能解决你的脊椎问题对你就是好办法，说明病因找对了。白猫黑猫抓住耗子就是好猫，更何况高科技时代还有很多机器猫、智能猫，对吧！”

我们的生命、我们身体的五脏六腑，都在与时俱进；一年一岁，春夏秋冬四季，1个月2个节气，表现一样，原因各不同。解决脊椎健康问题，聪明的做法是不要人为地把自己局限在某一个招数、某一种营养品、某一个名医上，应多些比较和选择，多些自我体验没有坏处。

6. 中老年养生防病的最好方法是脊椎保健，而且要自我养护

养生就是养阳气，这么重要的人体阳气在身体什么地方都有，哪里是汇聚地呢？就在整条脊柱的地方，中医称“督脉”的部位。

西方的传统医学发现整脊疗法，不仅可以减轻疼痛，还可以延年益寿。据他们追踪，凡是活过80岁的人脊椎都没什么问题，脊椎有问题的一般都不能长寿。如果能够唤醒脊椎自身的修复本能，改善了脊椎的气血循环，阳气充足，不光是减轻疼痛，还会年轻腿脚有力气。秋季是中老年人骨关节病的好发季节，人体的阳气之都受不得一点寒凉。与其穿暖和用电褥子，都不及伸展活动来的实在。保护我们的腰背部暖和阳气旺盛，是激发人体痊愈力的最好办法，大家可以试试。

东西整合医学将成为21世纪的主流医学

——写去美国医学院校的交流中文稿

导语： 2012 年初，我美国大学的母校要求我写一篇大陆中西医结合的概述，以推进国内的整合医学事业，推进联手办学传授生物信息能量技术，培训医生高端人才，由此我完成了此篇文章的中英文稿。英文已登学校网站，中文在下。因其专业性强，非专业人员尽可忽略不看。

本文有 4 个次主题，1. 全球呼唤整合医学　2. 整合医学必以中医学为导向和根基　3. 生物信息能量为东西方医学对接的平台　4. 人体整合、医学整合、服务整合是我行医的归宿，分别从四个角度阐明。我个人认为，以生物信息能量技术为平台的东西方整合医学将成为 21 世纪的主流医学，它将影响到全球、全中国和我们每个医生的行医之路。

全文：全球呼唤"整合医学"

1997 年，美国国立卫生研究院（NIH）主持召开了针灸疗法听证会，并成立了 NIH 下属的"辅助和替代医学研究中心（NCCAM）"，主任是斯特劳斯博士。

1999 年，在以色列耶路撒冷市召开第五届国际脑科学大会，首次设立了"针灸"专题报告会。

1999 年，美国总统克林顿指定 19 人 CAM 委员会，对 CAM 进行政策性研究。

2001 年，英国查尔斯王子发起在伦敦召开"整合医学"会议，并对中国学者发出了邀请。他特别提倡西医学与 CAM 的互相主动配合，英国应该学习美国，有一个类似于 NCCAM 的机构，有足够的经费来支持这一重要活动，共同为病人服务。这一讲话受到与会者热烈欢迎。

2005 年，全世界已有超过 30 多个国家和地区政府的重视，支持发展整合医学（这些国家包括西半球：美国、加拿大、巴西、阿根廷、智利、哥伦比亚、哥斯达黎加、墨西哥、委内瑞拉；欧洲：英国、德国、法国、意大利、奥地利、比利时、保加利亚、捷克、丹麦、芬兰、匈牙利、爱尔兰、荷兰、挪威、波兰、葡萄牙、西班牙、瑞典、瑞士；以及澳大利亚、新西兰、印度、马来西亚、南非、马尔他、巴基斯坦、厄瓜多尔、肯尼亚、俄罗斯、斯里兰卡、沙特阿拉伯等）。

2010 年，中国台北何逸仙医师举办了第一届国际未来医学研讨会，专题讨论整合医学问题。何教授的报告题目：以自然医学为主轴之整合医学势必兴起。首次呼唤：在我中华大地，成立一支前瞻和前导性的自然医学整合中心，并辅以现代化科技建立一系统化的自然医学医疗、训练和教育中心，并以此中心作为基地，推展至全国、东南亚和世界其他地区。

2011 年，“整合医学”在全球迅速发展的势态下，来到我中华大地。何逸仙教授的倡导得到了北京专家郭明大夫的积极响应，郭大夫连续在生生报撰文，将何逸仙教授的提议转达给大陆的医界同仁。文章有“一抹崭新的医学服务曙光在北京饭店上空升起”“从美国的 4P 医学看中国的上工治未病”“家庭孝文化是中华养生文化的主旋律”等等。

整合医学必以中医学为导向和根基

中国有着悠久的历史文化和 2000 多年的传统中医药学，它承载着中国历代同疾病作斗争的经验和理论知识，是我国一项宝贵的民族文化遗产。如果说大陆的中西医结合是当代整合医学萌芽的话，整合医学在中国大陆应该有 60 年的历史了。从教育论算，起步于 1955 年第一个西医离职学习中医的培训班，从那以后，开始了西医学习中医的热潮，国家教委学科专业委员会确定中西医结合为独立的一级学科。20 世纪 90 年代，建立了中西医结合博士后流动站；1992 年，正式开展大学本科的中西医结合教育；1998 年开办了七年制的中西医结合专业；2002 年教育部批准部分院校在专业目录外设置中西医临床医学专业。

不久前的中国中西医结合学会有一项调查：69. 9% 的患者最喜欢中西医结合医学，71. 2% 的患者最喜欢中西医结合治疗方法。医生中 91. 2% 的人愿意实行中西医结合的诊断，93. 5% 愿意用中西医结合的治疗办法治疗病人和给自己保健。然而，大陆的现实却是优秀的中西医结合人才严重匮乏，600 万医生中从事东西方结合者不到 2 万人，病床数 10501 张（摘自：中华中医药论坛 www. zhongyiyao. net/bbs）。尽管如此，纵观临床的创新科研成果、汇集所有显效病例，绝大多数出自中西医结合的临床医生之手，包括笔者本人。

遗憾的是，大陆中西医结合走了一段历史的曲折。有一个学科指导方向的误区，即：用西医学去接纳改造证明中医学，西医学是主流，中医学是支流。今天的发展证明这条路是错误的，因为最后的结果导致了社会上要取消中医。正确的道路应该反过来，那就是我国著名科学家钱学森的预见：

“医学的方向是中医，不是西医，西医也要走到中医的道路上来。

中医可能引起医学革命，而医学革命可能引起整个科学革命。”

生物信息能量为东西方医学对接的平台

以中医为代表的东方医学，在古朴唯物论和自然辩证法指导下，在长期医疗实践中形成并发展了的一整套理论体系。虽然，其研究方法有朴素的系统论、控制论和信息论的内容，孕育着很多现代医学和生物学新理论新学说的胚胎和萌芽，虽然其宝贵精髓赋予其巨大的生命潜能和活力；但是，如果不利用飞速发展的当代生物信息能量技术，再好的经典都会被埋藏在故纸堆里，得不到光大和传承，也永远不能成为造福人类的医学服务主流。

比如，中医基本概念中的阴、阳、气、血、经络如果不用 3D 微磁场能量测定并加以量化，如果情志病因与脏腑的关系不用 3D 测定并进行相关性分析，如果中药的药性理论、方剂的配伍原则不用 3D 进行验证，东西方医学整合就没有桥梁，没有交流对话的平台。20 世纪中西医就是两条道上的跑车，其结果不仅肢解了中医理论的精华，还埋没了我们多少现时代的扁鹊、华佗，并连及他们为人类健康服务的机会和场地。

对这种持续一个世纪的争吵，真正倒霉的是我们的生命和身体。西医把人体看成是一个机械系统，某一部件磨损了就用手术修补或替换来解决问题，只重视结构不重视功能，就如同计算机只会修硬件不会调软件程序一样；而中医把人体看成是一个平衡系统，如阴阳五行等，也包括希波克拉底的四种血质学说，描述的是体内活动对立统一的能量，当能量平衡失调人就会生病，治疗的目的是在于调整失去的平衡。

这是两种医学采取不同治疗的关键所在，而这不同的关键之处，恰恰体现在现代医学科技以 3D 磁场能量共振测定仪为代表的技术里。具体说就是，要把西医认为每种疾病有一个主要原因，比如一种病菌，一种疾病，一种治疗；提升为中医诊病，寻病因的更多方面，医生治疗的不是疾病本身，而是病人的失衡状态，唯有从多个方面采取措施，才可能加以纠正；中医的治疗思路，更符合现代科学关于“复杂系统”的理论。

人体的复杂系统由网络组成，该网络有自我调节能力、自组织能力，自我学习、自我修复和纠错能力。当内外环境长期或剧烈扰动，七情六欲失控时，身体网络的各个节点都会发生微小的变化，这些变化用一般检测手段、如测血压血糖及某种神经递质含量等，还很难测出来时，其综合效应已经使得系统失调、出现各种慢性病了。

对于纠正全局，单用一味药物往往不足以奏效，整合医学强调从多个角度加以调理，包括改变生活方式、调整心理状态等等，这是现代的复杂医学思路，不是统治了 20 世纪医学的简单思路。正是现代量子科技的尖端技术，把这个复杂系统的思路完美体现在了 3D 磁场能量共振测定仪的荧屏上，图文并茂，深入浅出。不论你用什么语言描述整合医学，国内的中医学、道医学、民族医学，海外的印度医学、顺势医学、整脊医学、自然医学等等，思路是对是错，都统统在 3D 磁场能量共振测定仪的图片和数字上找到了对接的凭据，无一例外。

提请注意的是，整合医学不排斥“一种病因，一种疾病，一种治疗”的“特异性”病理诊断，正如骨关节坏死可以更换一样。医术至简，包括现有手术和替代医疗，不同的是，整合医学更强调五脏六腑、身心灵的整体平衡，强调分布于网络多个节点的“分布性”病理变化，强调用多种手段加以治疗。这种机械系统和复杂系统的不同，指明了我们使用 3D 磁场能量测定仪和使用现在的 CT、MRI 的真正差异所在，同时也避免和纠正了我们对中医和能量医学或左或右的思想偏差。

按照祖宗易经的观念，“位当适时”才是万变不离其宗的根本。唯此，真正意义的“整合医学”才可能变为现实，西医才可能走到中医的道路上来。

结束语 - 人体整合、医学整合、服务整合是我的行医归宿

最后，我摘录了 08 年香港国际自然疗法学院毕业典礼上的感言，作为此文稿的结束语。(此处略　2012 - 1)

让 3D 宇航科技服务千家万户

——3D 细胞定位系统的临床应用与现状

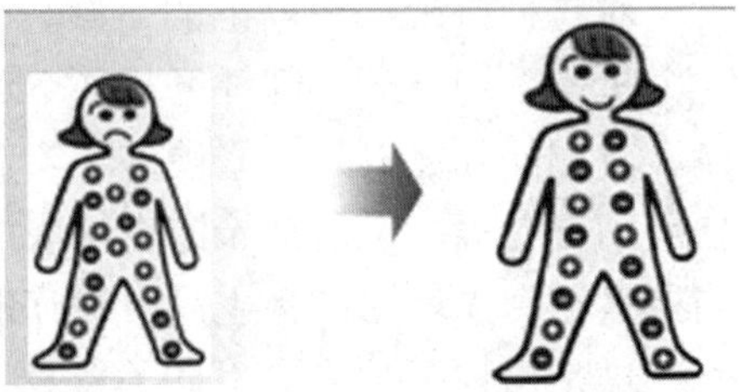

导语：2012 年 2 月，我们为康复中心的退休老干部进行了为期 1 周的 3D 预防体检，有近 200 人先后参加了体验，随后的反应可想而知。在众多老医护工作者、老专家和老朋友们的敦促期盼下，我们给院里递交了申请，希望能成立个保健特需科室，开展这项有益于大家身心健康的事业。也许……，反正最后的结果是被拒之门外。但是这个前后努力的过程，却成就了我这篇综述，虽然后面的 79 篇参考文献被省略了，但通篇文字仍不失其学术的严谨、全面和客观，且极具参考价值。

全文：【摘要】3D 细胞非线性定位扫描仪（以下简称 3D）是近年来海外生物能量医学一项跨时代的诊疗技术新成果，被称为预防医学的利器。它可以在 10 分钟内立体定位扫描全身 40 个部位 12 个脏器系统，早期发现在基因细胞层面的功能改变，不仅可以直观地提醒我们关注自己身体内在组织器官的病变趋势，及早采取针对性的措施防患于未然，还可以直接进行能量疗法干预，激发内在康复自愈系统，使有病变趋势的器官得到改善。本文旨在把有关 3D 的临床应用与国内外现状做一简要阐述，使之有个科普层面的了解。

生物能量信息医学是人类战胜疾病保护自身健康的现代医学新门类，尤其是由电子共振仪发展来的 3D 技术，其直观可视性，在量子医学领域被认为是新一项跨时代的诊疗技术成果，是人体全系统检查技术的巅峰之作。更好的应用和开发这一先进技术，能为医学治疗保健拓展新的更广阔的服务领域，是这个世纪医学创新的必经之路。

1. **定义**

1.1　**全称：**3D - MRA 光波共振声纳断层扫描监测分析仪（three dimensional contrast enhanced magnetic resonance analyzer，3D CE MRA）。

1.2　**简称：**3D 非线性细胞定位扫描仪、3D 细胞核磁、3D 非线性分析仪、3D—MRA、3D CELL、无极，3D（本文简称）。

1.3　**定义：**3D 是由俄罗斯太空总署生物医学工程研发，一个能够从体内组织、个别细胞所发出独特生物波的特性来追踪身体状态的仪器。能提供一种非侵入性的方式，深入到所有器官细胞层面，把不同精细度的检查结果，以多维立体定位彩图的方式直观地显现出来，并自动留档、数据对比，提供动态观察、趋势预测和个性化的健康建议。

2. **起源**

2.1　**诞生**于 1900 年德国学者蒲朗克的量子理论和 1905 年爱因斯坦的相对论。在高能量子物理学发展的新纪元里，科学家可以从一个全新的角度观察世界，医生可以从更微观的基因能量和更宏观的天体宇宙去探索生命和疾病的秘密。

2.2　**能量医学起源：**高能量子物理学为 21 世纪掀开了一个从未有过的认知高度，影响到化学、物理学，波及到医学领域。中国医生、俄国科学家与德国工程师合作之后，发展了能量医学。先是 50 年前德国人到大陆学习中医，把中医的阴阳、五行、经络、针灸带回德国，加上了德国的光电、电脑等现代技术，开发了福尔电针；1989 年美国人罗纳德·伍因斯特克开发出了具有代码解析功能的超高灵敏度微弱磁场能量测定装置，即第一代生物能共振仪器：量子共振检测仪，基本原件为多波振荡器及射电电子管。

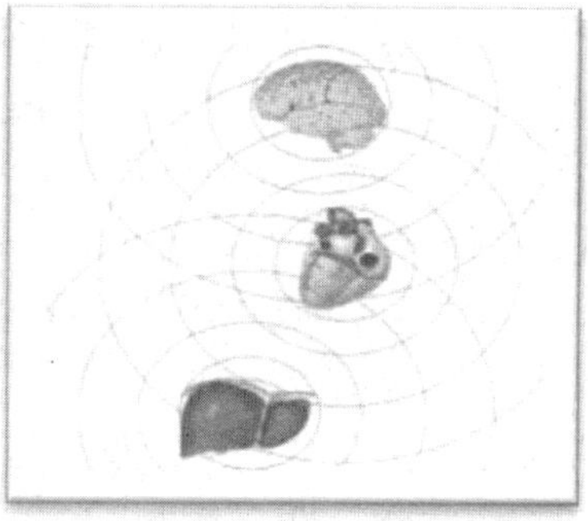

2.3　近年来随着计算机科学和信息技术的发展，原苏联的很多搞宇航生物医学遥控技术的科学家到德国，与德国工程师合作，在第一代量子共振检测仪、福尔电针基础上，又开发了智能化程度更高、图文并茂的、多立体维度的能量检测系统。本文所指为台湾何逸仙教授购买德国专利，更新升级后的第 5 代 3D 检测诊疗仪。

3. **基础理论**

3.1　**细胞能量信息理论**

3.1.1　**过去的观念：**物质由原子组成，能量是纯粹的，如光、热、电等。现在的观念：不论是物质还是能量，都由同样的基本粒子组成，如光子、量子。这些基本粒子本身都以波动的方式在不断地运动，都同时具有物质和波的（能量）特性，如爱因斯坦所说："生命一切皆震荡"。

3.1.2　**人体的每一个器官、每一个细胞都像是一个小小的广播电台：**其产生出的频谱，既有肉眼看不见的光谱、耳朵听不到的声谱、颅骨的律动波幅，还有心脏的跳动、血液被输送至各个器官时发出的不同声音等等，都会产生不同的频谱。它们既会发射、也会接受各种频率信息，相互产生共振。若是这些共振频率受到干扰，或整体消失，细胞之间的信号交换就会发生故障，产生不协调的磁场波动。

3.1.3　**高科技对微信号的捕捉和分析：**若是细胞的自愈力或身体的自我调控无法消除这些病理性的磁场波动，体内就会一直存在这些异常的波动信息，干扰正常的生理功能，造成器官能力上的减弱或异常，如心功能、肺功能减弱或障碍等；如果长期累积就会形成疾病。疾病的形成，是长期存在于体内的异常振动信号，累积到一定程度的结果。这些能量信号以往并不容易侦测，现在借助了现代信息科技和微电路学的发展，解决了捕捉不到的问题。可以实现侦测细微频率变换，超速统计筛选，转换数位序列，智能对比分析，最后通过数字成像显现在屏幕上。

3.2　**3D 仪器原理**

3.2.1　**光波共振力学：**是一种光子共振设备，利用发送光波能量改变身体生物磁场，进而接收细胞分子进入亚稳状态后散射出来的能量共振波，共振的结果与原本生物体内的磁场相互比较，分析比对其中的讯息。

3.2.2　**脑神经元的生物电子活动：**系统中预设了脑神经元的生物电子活动状态，以此为分析基础，经由声纳特殊传送器，读取投射身体脑部树干结构的诊察讯息，将共振回应的生理性或病理性信息波，传送回主机系统。

3.2.3　**庞大的系统记忆体：**存储有各种病变过程的特有频率特征，其中包括年龄、性别及其他变数的所有变化层面。系统在读得共振波回应的指数之后，会自动将电脑记忆储存中的各个器官和细胞独特的震荡频谱，与健康组织、病变组织的光谱频率进行对照，从中比对出最接近的病变原因，或病变的走向与趋势。

3.2.4　**超速的比对系统：**所有检测结果，都会在电脑的荧幕上，以曲线和彩图的方式呈现出来，让我们知道器官组织和环境间交换信息的情形。器官组织现在的功能状态是和谐还是失去平衡的不和谐，主要在哪些脏器，原因是什么；若是进一步查找病变区域和原因，可以继续在电脑器官图形上做更深入的检测，甚至深入分析到 DNA 的层次，直到找到可能的病因为止。

3.2.5　**微弱磁场能量放大装置：**磁感应器将侦测的微弱信号筛选，转换成数位序列分析，就解决了捕捉不到的问题。运用这种方式来探查我们的身体内部状态，比传统医学由生化性及结构角度来探查身体内部的原理与做法，显然优越得多，不仅能显示出超早期的病变趋势，辅助一般生化及组织器官结构检查之不足，还能超早干预，把疾病控制在未变之时。

4. **在临床医学中的应用**

4.1　**全科诊断－多维立体扫描定位：**

4.1.1　既可局部定点扫描，也可单一系统、器官或单一组织、单一细胞扫描。

4.1.2　全部扫描项目，光速 40 分钟完成 10～100 万个器官组织的扫描点；基础扫描 12 个脏器系统 40 个部位，10 分钟内完成。全部扫描完成，可对比的相关范围 12000 项。

4.1.3　系统解读后，在电脑屏上呈现出细胞、组织、器官及全身即时的能量化改变，可以与同时的 MRI、CT、PET－CT 结果相对照，原报告有改变的 3D 呈现结果与其等同。

4.1.4　建立于细胞超微结构多角度定位基础上的整体改变≥多系统的全科体检。

4.2　**早期诊断－彩图量化诊断指标：**

4.2.1　扫描结果以量子力学规则呈现不同颜色的标记，不同光谱色代表测定的熵值结果，色调由浅到深：白色（最低熵值）、黄色、橘红正三角、深红倒三角、棕色菱形到黑色正方形（最高熵值），标示在电脑模拟的器官组织图形上。

4.2.2　当检查出现 6 号黑色正方图形的改变时，一般都早于医院传统检查的器质性病变 6~8 个月；也就是说，医院 CT、MRI 有异常时，3D 图形结果等同；3D 有 6 号黑色正方图形时，CT、MRI 检查不一定会发现异常，且常会有血液生化数值的改变。

4.2.3　因其能够超早发现疾病的隐患，并用 6 个级别精确地标示出轻重的程度，所以被国内外称为预防的利器。

4.3　**治疗改善－能量疗法反馈调理：**

4.3.1　系统在扫描程序完成后，选择能量调理程序，进行器官病理性信息能量波的修复。

4.3.2　原理：以相对应的能量波相互作用的原理，利用相反的磁场波动震荡，让不和谐的磁场波动震荡等于零，从而调整病理性的功能改变，连带性影响血生化数值改变。

4.3.3　检验者只需戴上貌似耳机的低频传送器，透过脑神经细胞的传导和细胞共振现象，运用生物反馈无药求本的自然疗法，激发和改善人体自愈功能障碍，提高个性化的身体自愈力，对细胞分子层面的病变趋势有非常好的康复疗效和辅助作用。

4.4　**治疗定制－适应性治疗的个性化指导：**

4.4.1　自动化定位比较治疗前后的改变，显示百分比率。

4.4.2　把药、食品放入药盘可自动化测算适应性和百分比。

4.5　**沟通中西医－多因素鉴别诊断和治疗分析：**

4.5.1　每张扫描图和整体扫描结果都可以在具体定位基础上提供鉴别诊断参数。

4.5.2　设备存有 10 余项诊断资料库，为每个图形改变提供各个层面的参数和分析。

4.5.3　丰富的资料库包括：各脏器组织、血液生化、病理形态、疾病分类、微生物寄生虫等致病感染源、各种化学药物、顺势疗法、中草药、营养补品、各种过敏源等。

4.5.4　自动计算出每一个定点扫描图形改变的持续时间和愈后，指导临床治疗。

5. **海内外的使用现状**

5.1　**第一代量子共振仪和量子共振检测系统（QWS）在海外的开发应用：**

从 1989 年美国开始至今，已有多种原理相同、代码相同的类似设备被开发出来，研发国遍及欧美、日本、韩国。06 年统计：德国在日常诊疗中使用的设备当时就已超过 2.5 万台，日本 5000 台（QUS）、韩国 4000 台（Q－MRA），我国 20 台。

总体看各国使用现状均不尽人意。05 年美国国立卫生研究院（NIH）跟我国谈到中美医学战略合作，希望与我国共同开展的 3 个研究方向，1 是癌症的研究思路，2 是经络针灸，第 3 个就是能量医学，3 个研究课题是美国医界上层认为他们力所不逮，而中国有优势解决的问题。从中分析，西方人对能量基因学的理解，对迅猛发展的量子仪器使用，遇到了前所未有的瓶颈。

全球在第一代仪器上的最大贡献者，是东方台湾省的何逸仙医生。他以病理医师的独特观察和思考，计算出了精神心理层面的异常情绪产生时间，并有一套准确标准的计算程式，38 种情绪改变，不用心理评定量表等辅助，直接用头发就可得出，准确率在 95% 以上。正是由于何医师在情绪值产生时间上的计算贡献，第一代 QWS 在第二代产品升级换代后仍坚挺而没被淘汰。

5.2 第二代可视化的非线性定位扫描仪（3D－MRA）在全球的应用概况

5.2.1 以欧洲研发为主的研发，德国、法国、意大利、匈牙利、挪威、美国等，都陆续有新品推向全球。

5.2.2 美国：侧重基础研究，作为基因、干细胞产品的技术辅助，寄希望在更微观的靶向治疗和抗衰老的基因改变方面取得突破。

5.2.3 欧洲：趋向是和古东方的哲学文化整合：一方面开发更多纯自然草本，用于皇家、医护人员自己的保健治疗，另一方面则是给赛车手、球星类运动员作高端的封闭式调理训练，用3D等作为秘密武器，帮助运动员取得比赛时的最佳竞技状态。

5.2.4 亚洲：日本、韩国等重点在各种信息能量水、有机食品、营养品等的开发。医疗界仍是以台湾省的何逸仙医生为引领，在3D等能量设备的使用上一花独秀。何医师创办了第一家“东西整合医学中心”，接诊患者上万例，遍及14个国家，诊治的疗效显著，成为全球著名的、新一代医界奇才。

5.3 我国能量医学发展在第一代量子共振技术的使用推广阶段：

5.3.1 我国第一代量子共振技术：

1999年由张海涛医生从日本引进，他将该技术与中国中医理论相结合，成功开发出了自主产权的第一台“量了共振检测仪”（专利号：ZL 00 2 22857。2），并被列入“2004国家火距计划”，通过了国家卫生部高科技成果转化，填补了国内量子医学的空白，进入了各大医院，被用于临床疾病预防的健康体检。2008年相继有医院因此获得了国家基础科学人才培养基金、国家科技部“十一五”支撑计划项目（2006BAI13B05）、全军“十一五”东北地区边海防基层官兵亚健康状况调查分析及干预措施面上基金课题（060MA41）等，基本都在医院的特检科内开展量子医学的观察和服务。

5.3.2 涉及的学科领域越来越广泛：

恶性肿瘤的应用作用、临床诊断研究的进展、精神病学、亚健康状态检测、胰腺疾病筛查、帕金森认知功能障碍的早期诊断探讨、肺癌的早期血管病变、宽口径实验教学平台、在脑动脉测量变异及脑血管疾病中的应用等等。普遍结论认为：量子医学及检测技术适应了时代的发展和需要，具有强大的生命力，其临床应用广泛，很受大众欢迎，也使医务人员深感震撼和兴趣，充分显示出简便、快捷、高效、准确率高的特点，极有应用及推广价值。

5.3.3 第二代3D技术的开发应用目前是空白：

比较第一代产品，3D明显的优势是直观，智能化程度高，准确率、精确度、检测范围和检测速度都有显著提高。因此规避了以往由于操作员的身体状况、情绪、心理等诸多因素所造成的不便或失误。目前大多散用在血管数字化影像、数字脑图谱、微创外科立体定位、基因检测干预等专科，总体服务处在低档次观察体验阶段，少数医疗机构除了体检中心，普遍缺少能够提供综合一站式全科全程医学服务的平台。仅仅10年，海外第一代就更新升级为第二代了，我国对第二代的开发应用目前还完全是个空白。

6. 存在的主要问题

6.1　缺少大量的临床实践数据：

3D 突出的优势，比如整体多系统全科的特性、早期发现的非器质性改变、能量干预对康复进程的影响等，积累典型案例虽多，但缺少循证数据。

6.2　高科技含量的低档次应用现象普遍：

3D 已进入应用开发阶段，因缺少专业化培训，导致市场元素过多，使用者急功近利、各取所需，高科技设备的低档次利用是普遍现象。

6.3　相对论的理念和非线性观念不被理解，缺少专家的认可：

对 3D 的信息能量检测，已经习惯了严谨、可视化、有绝对值参照的专业医生，突然出现了能把身体看不见的功能信号数据化、相对化，理论上不被理解；加之社会上盛行科技骗子、行业造假等不良风气，普遍感觉基因细胞层面的信号被一台小小的放大仪获取有忽悠的成分，不靠谱，影响了健康服务领域的项目开发和使用。

6.4　卫生管理部门缺少规范化的管理办法：

对目前新一代医疗检测设备管理缺少章法，传统的申办流程繁琐时间长，跟不上医学高科技创新成果的步伐。像第一代量子仪，几个医院特检科刚刚使用不到 10 年，又一代更新产品已经成熟可以替换了。

6.5　错误的理解和推广导致伤害性的后果：

医学的创新成果只能在医疗领域进行，不能因社会对健康的需求呼声高涨，就遍地开花。虽然检测本身没有风险，但错误的解释却能导致伤害性的后果，比如：夸大病情，平添焦虑、过度防范、增加手术率、从医药依赖转向对 3D 等新技术的依赖，再加上缺少负责任的全程服务追踪，影响 3D 仪器本身价值的事小，没给需求者带来健康事大。适宜的做法应该是医疗机构引领的严谨规范的 3D 应用服务和流程，和一站式的专业培训推广。

参考文献：79 篇，此处略。

脑瘫与自闭症病孩的 32 种体质解析

——脑瘫病房首次学术交流活动

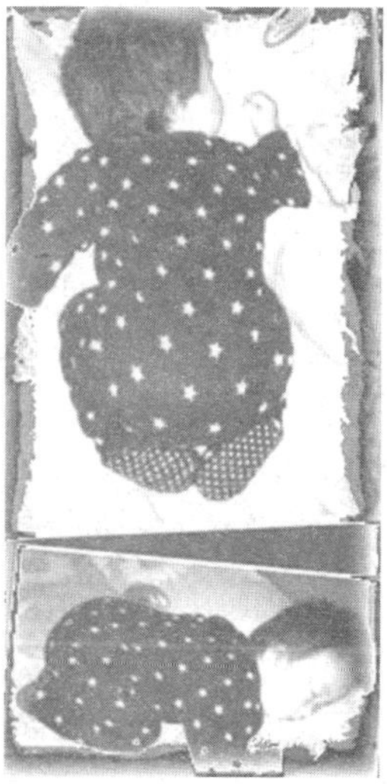

导语： 2012 年 7 月，我们原计划的合作课题落选了。而这项有意义的全新主题序幕已经拉开，于是在科主任的理解支持下，我们走入脑瘫科医生办公室，进行了针对入院病人的专题学习，也是头一次面向儿科医生的知识普及。我们希望有更多临床医生能了解国外数字化诊疗技术的进展，希望更多医学生把关注点从动物实验转移到临床循证的积累上，唯有临床实践，才是点燃我们科研思路最绚丽的火花。

全文：举几个最近的分析案例来说明：

案例1. 年初神经康复2科一个患儿会诊，韩某某，女，12岁，诊断是脑梗原因不明。爸爸带着说是到处看了一年多的病，因为诊断脑梗所以爸爸给吃了1年多的药，看了多家医院更改了多次用药，唯独阿司匹林不敢停，科里是作为诊断不明的典型病例来检验3D扫描仪的。

3D **检查**：基因类别－胆体质O型血。40张基本图，12个系统，有16张细胞定位图报警，19张有黑色病变图形。40张图↑35张异常，健康预防分级4级，提示全身气血循环影响多脏器都有问题。

32 **体质分析点评**：①3D检查4级，提示多系统报警。我们临床常见的是多系统衰竭死亡，衰竭前的多系统报警是什么？没有3D前没有这样的提示，有的只是局限各脏器的血液化验值检查。而课题的3D细胞定位扫描仪可以提前6～8月告诉我们，这个女孩就处在多系统报警状态。

②根据她的出生日期测得，孩子属于胆体质，也就是说她的当家脏器是胆。3D的细胞定位检查胆囊纵剖面、胆囊、胆囊内壁、胆管内壁等均呈现黑色病变图形，提示她的改变是以胆为核心的网络功能系统全线报警。

③O型血与阿司匹林：美国最新研究成果，O型血的血液质量，先天缺少带氧的车——血红蛋白，缺少携氧的工具——血铁红素，以能量过低为主要表现，还容易缺少凝血维生素K，需要预防眼底黄斑、低氧血症、脑神经细胞的渗血。这些需要预防的改变趋势在3D细胞层面的图像上都已经产生了改变。

治疗探讨：①停服阿司匹林，增加高压氧治疗、经络脊椎调理，避免苦寒凉性食品、增加烤白薯、红肉类的食品，夏至前后买来应季的荔枝当饭吃，避免一切活血抗凝的用药，同时加强活动量大些的肢体康复训练，她的脑梗应该会有改善；如果按照适宜自己饮食和起居规律的原则去做，应该不会有再入院的风险。

②如果建立系统的课题跟踪和随访，可以看到现在的病况一定比半年前要好，因为夏天暑热，胆体质的身体会比寒冬要舒服很多。如果立秋前做好预防，平安渡过冬季，这个孩子的脑梗会不会彻底治愈，立了课题可以追踪，疗效就都可以看到。

案例2. 卢某某，女，7岁了，脑瘫科出院病人。2011年8月康复评定科让我们检查3D，A型血胃体质的孩子，属于神经紧张性比较高的类型。我们用了美国整体医学中的骶骨律动神经系统检查，海外认为很多孩子的神经系统改变与头颅底骨的脑脊液律动不正常有关系，而颅底骨的脑脊液律动和颈椎连带的整个脊椎骨有关，这在我国医院内还是个完全的空白，海外的脊骨神经医学与中国的打通督脉作用和理解不仅部位相同，解决的办法也越来越靠近。今天我带来课题攻关的课题组成员，Doctor LEE就是美国来的这个疗法的专家，大家都不陌生，年初我们一起会诊了这个女孩。他爸爸最近看到我就一直在寻找Doctor LEE希望再会诊一下，因为上次的干预对孩子的康复有了质的飞跃。虽然，我那天肉眼看，感觉不出很大变化，孩子爸爸却直说“已经基本正常了，专家指导一下就是不一样了!”。不立课题都是没有凭据的说说，如果立了课题，就可以对此类病人用 3D 细胞定位仪记录下动态的康复效果，既增加病患的信心，又可指导以后的康复干预。

案例 3. 董某某，男，5 岁，B 型，头体质，住院日：2010－6－7，住院 15 天自转北京儿童医院。他入院是因为 1 月前排尿时出现尿道口疼痛，在兰州军区医院查 B 超：双肾积水，双输尿管扩张，膀胱黏膜增厚，X：腰 5 骶椎隐性裂。考虑排尿异常为神经原性膀胱收入院。既往史无任何，平素体健，发育未见异常，体检除包皮覆盖龟头余无异常。分析记录考虑腰骶椎发育不良。MRI：排除脊椎拴系可能。

案例 4. 郑某某，女，血型不知，肾体质 1.7 岁，四川成都籍贯，辽宁大连出生，一年内 2 次住院（2010－5－31　2010－7－28）病史描述：第 3 胎第 1 产，母 33 岁，母孕 6 个半月产检：脐带绕颈 2 周半。足月剖宫产出，拍打后哭，生长发育落后，1 岁半因不会独行，言语少，带患儿就诊华西医院，诊为“精神发育迟滞”，头 CT 无异常。父大学本科职员，母大专职员，否认家族相同病史，已死亡小儿原因：自然流产　孩子发育史：出生体重 3900 克，拍打后哭，抬头 2 月，翻身 4 月，抓握 6 月，独坐 9 月，爬 10 月，站立不会月，认人 12 月，说话 10 月，出牙 6 月。疫苗接种：按时。名字笔画复杂，共 33 划（2010－9－25）。

案例 3－4 的 32 体质分析点评：①从上述两个案例中我们看到，头体质的表现在泌尿系统，肾体质的表现为“精神发育迟滞”。这种现象在我们的患儿病历中屡见不鲜，提示我们头体质和肾系统功能区改变密切关联，也证实了 3D 细胞定位类能量检测的发现：骶尾骨的能量场对脑神经系统产生的影响是不容忽视的规律性原因。

②西方医学最新的一些仪器，能从看不见的粒子上采集其粒子的运动频率，我有两部，虽仪器手段完全不同，得出的数值也不一样，但结论是一致的：都告诉我们脑神经和精神系统改变，与脊椎与骶尾骨这个部位的能量场有密切关系，骶骨在英文、德文、古印度医学、古希腊、拉丁文化、玛雅文化中都把它当成身体所有骨头唯一的神圣之骨，只不过语言不同叫法不同罢了，很多当代医学无法解决的问题都跟骶骨的健康有关。中医把骶尾骨归在肾的领地，督脉的发源地，肾为“先天之本”“主骨生髓”，不是没有道理。

然而，单独讨论理论追本求源，对医生来说太奢侈了，没有时间，医生就是要循着规律去尝试解决问题。所以我更在意美国的脊骨神经学创始人 Palmer 医生早在 1895 年的一段经典和智慧的体验：“脊柱神经医生的宗旨是打通小我，连接本我和宇宙智慧的能量，让一切成为可能。”把脊柱疗法作为一种身心灵的疗法，恢复脊柱信息能量的高速路道畅达，激发人体本能的一种自然状态，与宇宙能量接轨，这才是我们脑瘫科医师对解决临床问题最有实际意义的启示。

③头体质和肾体质怎么知道的呢？从出生日期中查到的。不要小看我们看不见的宇宙能量场，在每个人出生那一刻、在婴儿跟妈妈断脐哇哇大哭那个时间点，脐带闭合、肺腔及口鼻窍向天地开通，看不见的信息流会对看得见的解剖结构产生巨大的影响。头体质说的是，那个特定的时空信息对大脑结构连带颈椎、骶尾骨产生的影响最大，肾体质就是对以肾脏为核心的领域干扰最大。

头体质还常会有囟门迟闭、脊椎拴系、骶椎隐裂、颈腰椎疼痛等。像案例 3 董某某这个 5 岁的头体质患儿就是，他的 X 光报告：腰 5 骶椎隐性裂。可怜天下父母心，孩子住院 15 天自转北京儿童医院，开始了为检查数值的正常，走入了终身求医之旅。如果纳入我们的系统康复流程，我们现在到场、我请来的大夫、老师都可以在 10 天内，从根本上解决他的尿道口疼痛的问题，而不必进入到“神经原性膀胱”的治疗流程里去，遗憾的还是没有立题的机会进行干预和调理。

案例 5. M 某某，女，血型不知，脾体质 1 岁，俄罗斯人，至今 1 岁坐不稳入院，病史描述：第 5 胎第 3 产，孕 33 周剖腹产，双胎小（其兄会走健康），出生体重 1800 克，无窒息，有轻微黄疸 1 周后消退。母乳喂养 4 个月，出生发育落后，8 月时当地医院拟诊脑瘫此病例的讨论重点两个：①脾体质，②头孢皮试阳性。

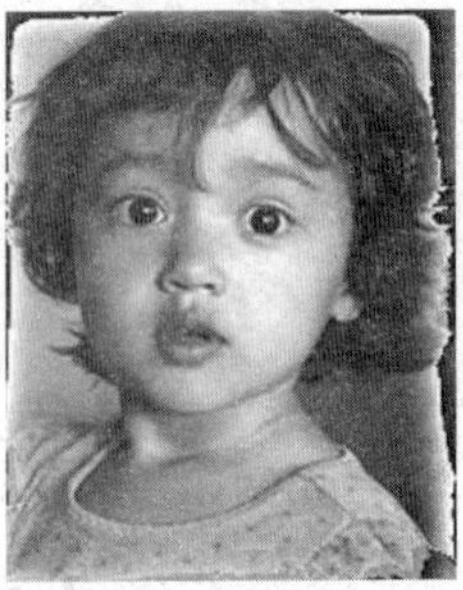

32 体质分析点评：①外国孩子的脾体质与中国孩子一个特点，上 2 个案例我们说的是头体质和肾体质在脑瘫及自闭症患儿中多见，不等于说其他体质就没有，但是不同体质的表现特点是不一样的，脾体质孩子的脑瘫表现在肌肉上，这个孩子给父母的第一描述是“坐不稳”；至于跟脑瘫类型有没有关系缺少更多凭据，但治疗方向绝对是从脾及相关功能网络系统切入。脾主管血液细胞，具体营养物质落在微量元素和帮助吸收的酶，二者缺一不可，所以这个孩子的脑瘫从强健脾脏功能开始。

②说到血液就不能没有 ABO 血型的常识，这个孩子没有检查不知道，但从“头孢皮试阳性”可以考虑血型可能是 B 型，或者 O 型。因为这两个血型尤其是前者，很容易产生过敏反应，会对体外来客产生非常大的排异反应，大到副作用远远大于主疗效的地步。搞清楚血型是为了治疗更有效。此案例头孢皮试阳性，已经在警示我们什么了，如果医生能把观察患病用药的相关性与血型结合起来考虑，会是怎样结果，我想每个有心的临床医生都会清楚！

治疗探讨：脾体质，B 或 O 型孩子的脑瘫如何进行康复干预呢？①送检全套（13 项）微量元素检查，针对检查数值进行有益微量元素值的平衡干预，用饮食的办法，身体听的懂，不是用药厂的那些微量元素补充品。②康复训练重在调呼吸，规范化的笑疗欢乐疗程，对这类体质的孩子有显著的效果，不仅可以从自闭症的症状改善中，还可以从前后血常规化验中得到显著效果的比较值。③避免无针对性的医药伤害，比如抗生素的使用、外伤性的手术、假体的置换、疫苗注射等等，都可能成为新的附加伤害，而干扰孩子的病愈历程。

我们立课题实际上就是想把当今前沿的高新技术和最新研究成果，用我们的古中国智慧进行梳理，解决临床不能解决的问题。比如大家搞的现代康复医学，20 多年了，我查病案都有八年了，它的创新点在哪呢？外科干细胞、微创，内科呢？不会也是搭桥安支架，或者间歇性导尿，没完没了。从病案问题看，内科的创新点应该是多系统治疗的最优资源整合，对康复医学来说，就是找一条能够激发和调动患者自愈力的办法。通俗说，就是从 OT、PT 康复胳膊腿，转而探讨每个个体的自我修复能力和自我平衡、自我恢复的能力，增加点康复医学的高科技含金量和中国医学特点的整合智慧。不为别的，就是因为可以提高治愈率，提高近期和远期的康复干预疗效，真正做到回归家庭和社会，而不是步综合医院的后尘，被众多的医患纠纷缠身，整日提心吊胆。

在我为立课题混搭的 team 组里，组员各个身怀绝技，以心理行为干预疗法为主导，辅以亲情配合，不用医药和器械；尽管解决办法不同，但都是从整体、从体质角度，有针对性地解决每个有特殊需求的孩子问题，包括沟通障碍，包括自闭、多动症、网瘾依赖等诸多疑难困惑。

去年在 301 干部病房，科里汇集了很多有素质的高学历医生，他们不只一个询问我，“你是怎么走到多学科整合这一步的?”我说，“每个有责任心的医生都会走到这一步，早晚的问题。”因为每个天天在一线看病的医生，都会为解决临床疑难问题感兴趣，医生当的时间越长越不敢懈怠。

2012 -7 -4

起步：E 时代的多学科联手执业”

——1 份有众多业界同仁签字支持的倡议书

导语：这一篇文章是我后加的，有关“32 体质创新思路的历史沿革”到此文暂时告一段落。之所以把最后一篇文稿收录，是因为准备行动了。再好的理念如果只是口头，而不付诸于行动的话，都于事无补。医学整合、人体整合的最后目标是服务整合，不论什么模式，如果阻挡了服务的继续，就会被冲破。

即将到来的 2013 年，将有较多善良优秀的医生探寻体制外的医改新路，医生多点执业话题将被业界关注。10 年前医生跳槽，多是奔向医药代表和医疗器械推销商，而今医生跳槽，却都是些很有职业素质的医生新秀，为了覆盖更宽广的病人需求。我为他们的勇气折服，为他们的医者仁心骄傲，我希望我的经验体会和我的奋斗之路，能给他们提供精神食粮和专业支撑，顺利度过转型中的怀孕瓶颈。

我从来都认为，执业医生，不论是中医还是西医，不论是内科还是外科，不论你是博士后还是乡村医助，都是知识和科技阶层的排头兵和主力军。医生是个高风险、高科技、高智慧、高医德、高奉献的终身职业，古往今来、海内海外，以身殉职的医生不计其数。这是个何等神圣的殿堂，每次毕业典礼的庄严都让我难忘，而我最后一次宣誓据今仅两年之余。人活在世上要有信仰，医生则是为信仰献身的职业，没有什么坎儿能阻挡一个医生去服务他的病人，我为自己是其中一员而终生无悔。

医生的信仰和追求，一般是不被外界所理解的，不论你是官家还是商家，也不论你是亲人还是病人。没有哪个善良优秀的医生会为做官和待遇活着，这不是“知识分子不为五斗米折腰”的问题，而是因为医生的眼睛里不敢没有生命，不敢没有病人，这是一份丝毫不敢懈怠的使命，融化在医生的血液里，融化在日常的行为惯性中。

我理解，当一个医生有了自己的积累，渴望能以更好的方式服务于自己的病人时，与现有的管理体制碰撞，就在所难免。从 2012 年 7 月协和医院“回到明朝当医生”者的创业，到 10 月份我国著名心血管病专家牵手体制外医院，到 12 月份又一血管外科主任提出“将离开体制执业，寻找一条新路。”都说明了好医生为了病人会舍弃一切，我从中看到了自己 1996 年去开辟网络平台时的身影。

但今天，时代已大不相同。我们不能离开已经建立了深厚感情的团队和同事，再去孤军面对传统偏见带来的市场和行业挑战。必须建立一个好的医疗服务模式，必须落户于一家体制内机构，必须更加注重解决实际问题的能力，必须有国际前沿性的开放诊疗平台，必须更严谨更安全。总之，所有必须必的考虑，都融进了最后一篇“起动”之中。核心就是：更多学科医生联手是浴血同盟、另辟一片医学服务新天地的不二之选。

全文：质检医生郭明在与海内外中西医同仁、退休老大夫和医院病区全体医务人员共同努力下，本着利于病患的事都可以探索的职业精神，向领导们倡议：在＊＊空地改扩建中西医结合病区，营建一个东西方多学科联手、能够提供特需高端康复的国际合作综合服务区，共同把历经 20 余年的中康肢体康复医学推向全身心整体康复的自主发展新阶段。

改扩建后的病区，由下列八个功能区组成：

1. 公寓式的家庭病房
2. 多学科东西方专家的首诊室和门诊、会诊大厅
3. 全球最前沿的数字化功能诊疗区
4. 国际整体自愈自然疗法康复区
5. 身心康复教育训练基地（行为干预 笑疗 音疗 农疗 趣疗）
6. 个性化体质饮食营养服务中心（定餐 配餐 送餐 自选餐厅）
7. 全程健康管理私密服务接待中心（call center）
8. 国际专家交流会馆和多学科医教研基地

业务上达到，能够开展从“残疾预防→临床康复→回归社区→居家护理”的全程绿色、数字人文化的连续、差异性服务，能够满足全国及世界华人的多元化康复医学需求，打造新世纪独具中华特色、又与海外高精尖数字技术接轨的现代化康复中心。

现有康复中心博爱医院的用房已经饱和，新综合医院大楼的建立，并没有给残疾人的康复服务和康复质量的提升，带来突破性的进步；对慢性病的预防和治疗，缺少有效的康复干预办法，单一专科的模式导致医疗质量下降，与病患的期望值反差巨大，尤其慢性病如脑中风、脑瘫及心身疾患的自闭症、孤独症等康复手段落后，正快速形成我国残疾人数的新增长点，现代康复医学如不能持续自主创新，将面临盛名之下其实难副之境地。

郭明大夫从医院八年 4 万份病案中整合出 32 种体质分类学说，历经多年的海内外临床验证，具有中华文化和高科技元素，能为残疾人的预防和康复、为疑难病患的多元个性化需求，与现有资源互补，与国际前沿对接，快速提升康复中心的软实力和质量，希望在此基础上，有机会共同建造一个国际一流水准的特需高端康复实体。

因为体制的原因，曾创新努力 20 多年从未成功的事，再一次锲而不舍的初衷，是不希望依赖国家的拨款，一样可以实现对医院基础设施、医疗设备的改造，不花残疾人的钱，一样可以进行康复手段和服务的升级；这种想法和做法，出自一个职业医生的良知，也得到了广大康复界同仁的广泛响应和支持。（注：此处省略百人签名，项目图示如下）

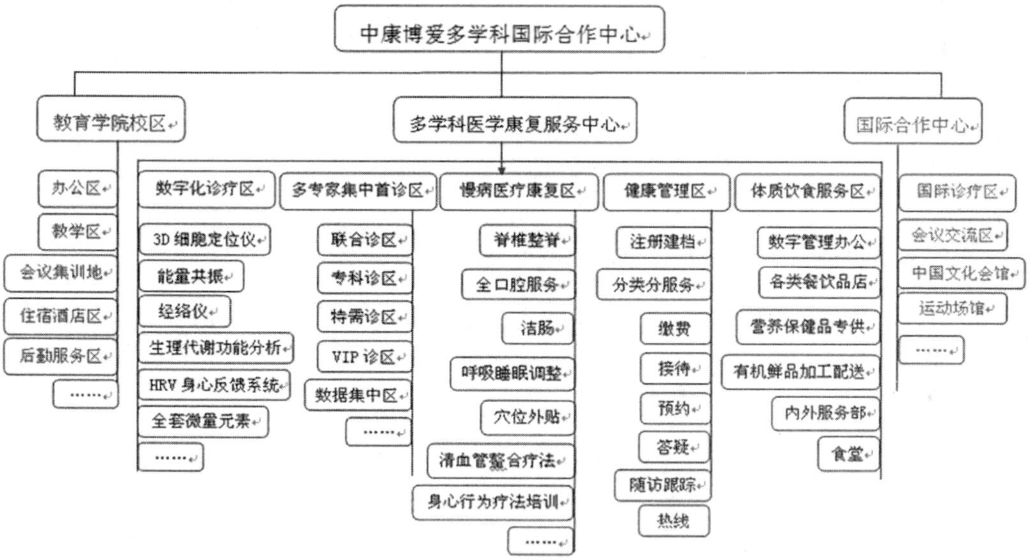

后面推介信的文字：

对郭明研究员所操作的 3D 非线性定位扫描仪能“知未病，治未病”我也是被检查的一员，既能查出部位病变，又能治病，感到兴趣，但对该仪的性能，工作原理与其他内容知之甚少。这是一项新事物，郭明研究员已做了不少工作，有必要在领导做出决定前做以下建议：在征得领导同意和参与下，郭明研究员为领导再做一次检查，或至少再做一次示范操作（百闻不如一见），以取得对该扫描仪在功能上的共识。

朱镛连　2012 - 2 - 26

首都医科大学附属北京天坛医院神经内科主任医师　教授

对郭明研究员所操作的3D非线性定位扫描仪能"知未病，治未病"我也是被检查的一员。既能查出部位病变，又能治病，感到兴趣。但对该仪的性能、工作原理与其他内容知之甚少。

这是一项新事物，郭明研究员已做了不少工作。有必要在领导做出决定前做以下的建议：

在征得领导同意和参与下，郭明研究员为领导再做一次检查，或至少再做一次示范操作，（"百闻不如一见"）以取得对该扫描仪在功能上的最佳共识。

朱镛连

2012.2.26.

郭明大夫对3D非线性定位扫描仪已经做了多年的研究，对健康及亚健康人群以及一些病人也做过检测，最近又给CRRC退休的一百六十多名职工做了检测，我也是其中一个，我身体健康名列一级。我多年来坚持练气功、游泳，年近八旬而尚可做一些临床诊治工作，得到了扫描仪的认定。

CRRC的领导，如能做一下扫描测试，亲身体会，或有可能在探索一条对祖国医学"上工治未病"的道路上有所裨益。

[illegible]

2012.2.29

第二份推荐信的文字：

郭明大夫对3D 非线性定位扫描仪已经做了多年的研究，对健康及亚健康人群以及一些病人也做过检测，最近又给 CRRC 退休的一百六十余名职工做了检测，我也是其中一个，我身体健康名列一级，我多年来坚持练气功、游泳、年近八旬，仍尚可做一些临床诊治工作，得到了扫描仪的证实。CRRC 的领导如能做一下扫描测试，亲身体会，或有可能在探索一条对祖国医学"上工治未病"的道路上有所裨益。

邢肇诩

2012. 2. 29

中国康复研究中心博爱医院曾经的院长　主任医师

——2012 年 78 岁，仍在看中医骨科门诊

我对二位推荐专家的介绍：

朱镛连教授在康复研究中心的博爱医院康复科病房已经 20 多年了，2012 年已经 85 岁，却仍在临诊一线，每周 2 次教学查房，和病人、和年青的大夫在一起。朱教授对医学新技术的支持信赖与推介，充分显现了一个行医多年的老医生不断进取的创新精神，这就是一个医生的职业精神，为了生命的严肃，为了病人的康复，锲而不舍、终身学习直到最后，为我们后辈的医生做出了榜样。

邢肇诩大夫是中国康复研究中心/北京博爱医院的老院长，也是一个中西医骨科大夫，退休后仍活跃在对外中医交流的平台，现任美国国家针灸中医学会会员，阿曼国王私人保健中医师及澳大利亚维多利亚洲针灸中医学会会员，持有美国德克萨斯州针灸行医执照，美国国家针灸证书。做完我的全科预防体检后，即带来了老伴也做了体检，高兴之余，写下如上推荐意见。

2012 - 10 - 28

后　　记

32 体质是一枝报春的梅花

总算赶在龙年冬至前完成了书稿，越临近玛雅人的预测，越有一种时间的紧迫感，像自己的生命在倒计时一般。其实，我们哪个生命不是在过一天少一天呢？不论是耄耋的老者，还是刚出世的婴儿。宇宙浩瀚，人生有限，来去匆匆，各有天命。老子讲："人法地，地法天，天法道，道法自然。"唯懂顺其自然者，才可能真正接天近地，获得更多的滋养，接收更好的资讯和能量。人在天地的变化中，犹如浮尘微粒，所能做的只是活在当下，淡泊平和，结缘积善，与天地能量场和谐共振。

写书是我第一次尝试，也是我临床学问的又一种表现形式，主旨仍然是强调人体整合、医学整合、服务整合的三大整合观。从"天人合一"出发，每人都是一个小宇宙，各有独特之处，这个独特之处就写在每个人的生日和血型里；对自己有用的法则，未必适合于其他人，包括自己的亲人。生命与健康的影响因素，永远都是天老大，地老二，人第三；比如玛雅人的预测，比如我们最容易患病的节气，春分、秋分、冬至、夏至，而医学的认识与天地影响因素相比，居第三还不及。

现代主流医学很有缺陷，我说没人理，就用恩格斯的话："人体本来是一个有机结合的整体，可惜的是现代医学把它肢解了"；什么是大学问，前苏联托尔斯泰说过，"最高智慧只有一种科学，解释天地万物和人在其中位置的科学。"现在的所谓大医精诚，应该是在大思维、大智慧指导下的整体医学观，是我们中华民族祖先以老子为代表，精炼出的观察宇宙变幻规律的天人合一、天人同构的大思维观，大到无穷，小至无形，谁也看不见，但又随时可以体悟到它的存在。大思维观强调宏观把握事物的整体性，得之则安，失之则乱。

整体医学观的方法论是模糊数学的测不准定律，与老子所说"道可道，非常道；名可名，非常名"同一个意思，当前已被全球知识界默认为人类的聪慧学。顺应就成功，如量子力学创始的丹麦人、如诺贝尔奖的李政道博士，以及今年获化学诺贝尔 G 蛋白偶联受体奖的美国罗伯特和布莱恩教授。而这是需要"悟"的，并不是任何人都有这个悟性。09 年看一同道讲他的遭遇很有意思，此人在美国波士顿碰到一个哈佛大学学医的韩国学生，问他为什么不学中医？他说"我不够格啊"，问"你连哈佛都考上了，还不够格吗?"那个韩国医学生真诚地说，"在我们韩国，只有智慧和德行一流的人才能学习中医，学中医的智慧绝不是学西医人的智力可以想象的!"，还不断地补充说："这是真的"。

我们中华民族的祖先就是这样以点带面，透过现象看本质，通过微观了解宏观，然后再从宏观的角度做出决策，是种了不起的大思维模式。在宇宙之中，星球皆为圆形，它们的运行轨迹也是圆的（包括椭圆），起点即终点，终点又是起点，宇宙的运行规律决定了人间事物、决定了我们每个人的生命运行轨迹，也脱离不了一个圆形，由此构成宇宙整体运动的组成部分。老子的智慧和思维方法，经过千百年检验，越来越被世人认可，因为它道出了世界的根本，也道出了人类医学的本源。

整体医学在人类医学史中是个新的不能再新的事物，我称之为90后，而32体质又是90后的产物，所以她既充满着生命力，也充满着幼稚和不成熟，粗陋浅显随处可见，但绝不是"假"的东西。以前一直没写书，是因为总觉得还需要不断完善和再补充，只是在B型血老公的不断催促下，在玛雅人预测的警示下，才断然开始行动的。好在我只是开头，一定还会有更多的医生和志士仁人续后。"重整山河待后生"，尤其开过十八大了，更确信这是一项兴我中华民族的前赴后继的事业。

下面结束悲壮，用我常常自勉的主席诗词给本书结尾，也挺符合此时窗外正在纷飞的雪景："风雨送春归，飞雪迎春到，已是悬崖百丈冰，犹有花枝俏，俏也不争春，只把春来报，待到山花烂漫时，它在丛中笑。"

不自量力地说一句：我和32种体质就是那枝报春的梅花。

作 者

2012－12－18晨 于北京

鸣谢与感恩

本书献给所有给予32体质理解和帮助的

亲人、友人、华人、同仁、病人、故人……

献给我永远挚爱至亲的父母双亲大人……

附录 1　生日体质计算法

《生日体质计算法》是把本书前面有关“出生日期运算计算器”和八个体质定义的内容摘录出来，不论生日是阴历还是阳历，都可以直接计算，而且可以与后面的《生日体质查询表》中的当家脏器相互印证。

具体方法如下：

1. 首先去网上下载一个“周易万年历”软件，然后根据万年历把出生日期的公元年与农历年对应的同一天找出来。比如说，某人出生于阳历 2006 年 11 月 10 日，农历年对应的天干地支就是：丙戌年 戊戌月 癸卯日。

2. 主要看天干，凡是出现甲、丙、戊、庚、壬的，为太过，归编甲组；凡出现乙、丁、己、辛、癸的为不及，归编乙组。

3. 一个属性年，只能有 4 种体质，不是甲组就是乙组，与公元年相对，逢单数年的是乙组的头、肺、胆、心 4 种体质，逢双数年的是甲组的肝、肾、胃、脾 4 种体质，单双数年不可能出现混淆。

4. 卦的表述顺序是年干在第一层，月干在中间，日干在上面。如上面的例子中，年干为丙，月干为戊，日干为癸，年、月为太过，日干为不及，组合就是胃体质，或称艮人。

需要注意的是，万年历有多种，我们以“周易万年历”为准，其他万年历如果与“周易万年历”一致，也行。

头体质 → 乾人 ☰	**脾体质** → 坤人 ☷
以属相：牛、兔、蛇、羊、鸡、猪的干支纪年为准	**以属相：鼠、虎、龙、马、猴、狗的干支纪年为准**
“年”的天干→→乙、丁、己、辛、癸；（乙组）	**“年”的天干→→甲、丙、戊、庚、壬；（甲组）**
“月”的天干→→乙、丁、己、辛、癸；（乙组）	**“月”的天干→→甲、丙、戊、庚、壬；（甲组）**
“日”的天干→→乙、丁、己、辛、癸；（乙组）	**“日”的天干→→甲、丙、戊、庚、壬；（甲组）**
年月日都在乙组→阳历单数年→3 个弱脏	**年月日都在甲组→阳历双数年→2 个弱脏**
例，某人出生于：丁亥年 乙巳月 己巳日。这个生日中日干为“己”，月干为“乙”，年干为“丁”，也就是“丁 乙 己”都代表不及在乙组，这人属于头体质，易经称为乾人。	例，某人出生于：戊子年 庚申月 丙子日。这个生日中日干为“丙”，月干为“庚”，年干为“戊”，也就是“戊 庚 丙”都代表太过在甲组，这人属于脾体质，易经称为坤人。

肺体质 → 兑人 ☱

以属相：牛、兔、蛇、羊、鸡、猪的干支纪年为准
“年”的天干→→乙、丁、己、辛、癸；（乙组）
“月”的天干→→乙、丁、己、辛、癸；（乙组）
“日”的天干→→甲、丙、戊、庚、壬；（甲组）
年月在乙组，日在甲组→阳历单数年→3 个弱脏

例，某人出生于：丁亥年 乙巳月 甲巳日。这个生日中日干为“甲”，月干为“乙”，年干为“丁”，也就是“丁 乙”年月代表不及在乙组，“甲”日代表太过在甲组的这人，属于肺体质，易经称为兑人。

胃体质 → 艮人 ☶

以属相：鼠、虎、龙、马、猴、狗的干支纪年为准
“年”的天干→→甲、丙、戊、庚、壬；（甲组）
“月”的天干→→甲、丙、戊、庚、壬；（甲组）
“日”的天干→→乙、丁、己、辛、癸；（乙组）
年月在甲组，日在乙组→阳历双数年→2 个弱脏

例，某人出生于：戊子年 壬戌月 辛巳日。这个生日中日干为“辛”，月干为“壬”，年干为“戊”，也就是“戊 壬”年月代表太过在甲组，“辛”日代表不及在乙组的这人，属于胃体质，易经称为艮人。

胆体质 → 离人 ☲

以属相：牛、兔、蛇、羊、鸡、猪的干支纪年为准
“年”的天干→→乙、丁、己、辛、癸；（乙组）
“月”的天干→→甲、丙、戊、庚、壬；（甲组）
“日”的天干→→乙、丁、己、辛、癸；（乙组）
年日在乙组，月在甲组→阳历单数年→3 个弱脏

例，某人出生于：丁亥年 戊申月 乙巳日。这个生日中日干为“乙”，月干为“戊”，年干为“丁”，也就是“丁乙”年日代表不及在乙组，“戊”月代表太过在甲组的这人，属于胆体质，易经称为离人。

肝体质 → 巽人 ☴

以属相：鼠、虎、龙、马、猴、狗的干支纪年为准
“年”的天干→→甲、丙、戊、庚、壬；（甲组）
“月”的天干→→乙、丁、己、辛、癸；（乙组）
“日”的天干→→乙、丁、己、辛、癸；（乙组）
年在甲组，月日在乙组→阳历双数年→2 个弱脏

例，某人出生于：戊子年 辛酉月 乙卯日。这个生日中日干为“乙”，月干为“辛”，年干为“戊”，也就是“戊”年代表太过在甲组，“辛乙”月日代表不及在乙组的这人，属于肝体质，易经称为巽人。

心体质 → 震人 ☳

以属相：牛、兔、蛇、羊、鸡、猪的干支纪年为准
“年”的天干→→乙、丁、己、辛、癸；（乙组）
“月”的天干→→甲、丙、戊、庚、壬；（甲组）
“日”的天干→→甲、丙、戊、庚、壬；（甲组）
年在乙组，月日在甲组→阳历单数年→3 个弱脏

例，某人出生于：丁亥年 戊申月 丙午日。这个生日中日干为“丙”，月干为“戊”，年干为“丁”，也就是“丁”年代表不及在乙组，“戊丙”月日代表太过在甲组的这人，属于心体质，易经称为震人。

肾体质 → 坎人 ☵

以属相：鼠、虎、龙、马、猴、狗的干支纪年为准
“年”的天干→→甲、丙、戊、庚、壬；（甲组）
“月”的天干→→乙、丁、己、辛、癸；（乙组）
“日”的天干→→甲、丙、戊、庚、壬；（甲组）
年日在甲组，月在乙组→阳历双数年→2 个弱脏

例，某人出生于：戊子年 辛酉月 庚戌日。这个生日中日干为“庚”，月干为“辛”，年干为“戊”，也就是“戊 庚”年日代表太过在甲组，“辛”月代表不及在乙组的这人，属于肾体质，易经称为坎人。

附录2　生日体质查询表

1.《生日体质查询表》的年份是1936－1－1至2015－12－31，只要在这个时间段范围内出生的人，都可以从表中查到自己的体质属性，也就是自己的当家脏器。

2.《生日体质查询表》采用的是公元年元旦纪年的形式，不是阴历春节属性年的纪年形式，也就是说，如果知道确切的阳历出生日期，就可以按表查询。

3. 如果生日是阴历，也就是跟属性有关以春节年为纪年方式的，要想查后面的表格，就一定要先使用《周易万年历》做阴阳历转换，找出准确的阳历日期，就可以继续查询后面的表格了。

4. 表格中的“单”，代表每月之中单数的日子，如1、3、5、7、9、11等类推；“双”代表每月双数的日子，如2、4、6、8、10、12号等类推。如单肺，就是单数日子是肺体质。

5. 先找到出生年份那一格，对号入座，就是您可以查到的体质属性了。如，1986年2月19日出生，找到“1986年”那1格，出生2月，19日在“9－28”之间，“单脾”，即为“脾体质”，以此类推。

附录2 生日体质查询表一

1936年～1945年

1936年

1	1-23	单肺 双头	5	1-20	单胃 双脾	9	1-15	单脾 双胃
月	24-31	单脾 双胃	月	21-31	单肝 双肾	月	16-30	单肾 双肝
2	1-22	单胃 双脾	6	1-18	单肾 双肝	10	1-14	单肾 双肝
月	23-29	单肝 双肾	月	19-30	单脾 双胃	月	15-31	单脾 双胃
3	1-22	单肾 双肝	7	1-17	单脾 双胃	11	1-13	单胃 双脾
月	23-31	单脾 双胃	月	18-31	单肾 双肝	月	14-30	单肝 双肾
4	1-20	单胃 双脾	8	1-16	单肝 双肾	12	1-13	单肝 双肾
月	21-30	单胃 双脾	月	17-31	单胃 双脾	月	14-31	单胃 双脾

1937年

1	1-12	单脾 双胃	5	1-9	单心 双胆	9	1-4	单胆 双心
月	13-31	单肾 双肝	月	10-31	单肺 双头	月	5-30	单头 双肺
2	1-10	单肝 双肾	6	1-8	单头 双肺	10	1-3	单头 双肺
月	11-28	单胆 双心	月	9-30	单胆 双心	月	4-31	单胆 双心
3	1-12	单胆 双心	7	1-7	单胆 双心	11	1-2	单心 双胆
月	13-31	单头 双肺	月	8-31	单头 双肺	月	3-30	单肺 双头
4	1-10	单肺 双头	8	1-5	单肺 双头	12	1-2	单肺 双头
月	11-30	单心 双胆	月	6-31	单心 双胆	月	3-31	单心 双胆

1938年

1	1 胆	31 胃	5	1-28	单肝 双肾	9	1-23	单脾 双胃
月	2-30	单头 双肺	月	29-31	单胃 双脾	月	24-30	单肾 双肝
2	1-28	单脾 双胃	6	1-27	单脾 双胃	10	1-22	单肾 双肝
月			月	28-30	单肾 双肝	月	23-31	单脾 双胃
3	1	脾	7	1-26	单肾 双肝	11	1-21	单胃 双脾
月	2-31	单肾 双肝	月	27-31	单脾 双胃	月	22-30	单肝 双肾
4	1-29	单胃 双脾	8	1-24	单胃 双脾	12	1-21	单肝 双肾
月	30	肾	月	25-31	单胃 双脾	月	22-31	单胃 双脾

1939年

1	1-19	单脾 双胃	5	1-18	单心 双胆	9	9-12	单胆 双心
月	20-31	单肾 双肝	月	19-31	单肺 双头	月	13-30	单头 双肺
2	1-18	单肝 双肾	6	1-16	单头 双肺	10	1-12	单头 双肺
月	19-28	单胆 双心	月	17-30	单胆 双心	月	13-31	单胆 双心
3	1-20	单胆 双心	7	1-16	单胆 双心	11	1-10	单心 双胆
月	21-31	单头 双肺	月	17-31	单头 双肺	月	11-30	单肺 双头
4	1-19	单肺 双头	8	1-14	单肺 双头	12	1-10	单肺 双头
月	20-30	单心 双胆	月	15-31	单心 双胆	月	11-31	单心 双胆

1940年

1	1-8	单胆 双心	5	1-6	单脾 双胃	9	1	胃
月	9-31	单头 双肺	月	7-31	单肾 双肝	月	2-30	单肝 双肾
2	1-7	单肺 双头	6	1-5	单肝 双肾	10	1-30	单胃 双脾
月	8-29	单脾 双胃	月	6-30	单胃 双脾	月	31	肝
3	1-8	单胃 双脾	7	1-4	单胃 双脾	11	1-28	单肾 双肝
月	9-31	单肝 双肾	月	5-31	单肝 双肾	月	29-30	单脾 双胃
4	1-7	单肾 双肝	8	1-3	单肾 双肝	12	1-28	单脾 双胃
月	8-30	单脾 双胃	月	4-31	单脾 双胃	月	29-31	单肾 双肝

1941年

1	1-26	单肝 双肾	5	1-25	单头 双肺	9	1-20	单心 双胆
月	27-31	单胆 双心	月	26-31	单胆 双心	月	21-30	单肺 双头
2	1-25	单心 双胆	6	1-24	单心 双胆	10	1-19	单肺 双头
月	26-28	单肺 双头	月	25-30	单肺 双头	月	20-31	单心 双胆
3	1-27	单肺 双头	7	1-23	单肺 双头	11	1-18	单胆 双心
月	28-31	单心 双胆	月	24-31	单肺 双头	月	19-30	单头 双肺
4	1-25	单胆 双心	8	1-22	单头 双肺	12	1-17	单头 双肺
月	26-30	单头 双肺	月	23-31	单胆 双心	月	18-31	单胆 双心

1942年

1	1-16	单心 双胆	5	1-14	单脾 双胃	9	1-9	单胃 双脾
月	17-31	单肺 双头	月	15-31	单肾 双肝	月	10-30	单肝 双肾
2	1-14	单头 双肺	6	1-13	单肝 双肾	10	1-9	单肝 双肾
月	15-28	单胃 双脾	月	14-30	单胃 双脾	月	10-31	单胃 双脾
3	1-16	单胃 双脾	7	1-12	单胃 双脾	11	1-7	单脾 双胃
月	17-31	单肝 双肾	月	13-31	单肝 双肾	月	8-30	单肾 双肝
4	1-14	单肾 双肝	8	1-11	单肾 双肝	12	1-7	单肾 双肝
月	15-30	单脾 双胃	月	12-31	单脾 双胃	月	8-31	单脾 双胃

1943年

1	1-5	单胃 双脾	5	1-3	单胆 双心	9	1-28	单肺 双头
月	6-31	单肝 双肾	月	4-31	单头 双肺	月	29-30	单心 双胆
2	1-4	单肾 双肝	6	1-2	单肺 双头	10	1-28	单心 双胆
月	5-28	单心 双胆	月	3-30	单心 双胆	月	29-31	单肺 双头
3	1-5	单心 双胆	7	1	心	11	1-26	单头 双肺
月	6-31	单肺 双头	月	2-31	单肺 双头	月	27-30	单胆 双心
4	1-4	单头 双肺	8	1-30	单胆 双心	12	1-26	单胆 双心
月	5-30	单胆 双心	月	31	头	月	27-31	单头 双肺

1944年

1	1-24	单肺 双头	5	1-21	单肝 双肾	9	1-16	单脾 双胃
月	25-31	单脾 双胃	月	22-31	单肝 双肾	月	17-30	单肾 双肝
2	1-23	单胃 双脾	6	1-20	单肾 双肝	10	1-16	单肾 双肝
月	24-29	单肝 双肾	月	21-30	单脾 双胃	月	17-31	单脾 双胃
3	1-23	单肾 双肝	7	1-19	单脾 双胃	11	1-15	单胃 双脾
月	24-31	单脾 双胃	月	20-31	单肾 双肝	月	16-30	单肝 双肾
4	1-22	单胃 双脾	8	1-18	单肝 双肾	12	1-14	单肝 双肾
月	23-30	单肝 双肾	月	19-31	单胃 双脾	月	15-31	单胃 双脾

1945年

1	1-13	单脾 双胃	5	1-11	单心 双胆	9	1-5	单胆 双心
月	14-31	单肾 双肝	月	12-31	单肺 双头	月	6-30	单头 双肺
2	1-12	单肝 双肾	6	1-9	单头 双肺	10	1-5	单头 双肺
月	13-28	单胆 双心	月	10-30	单胆 双心	月	6-31	单胆 双心
3	1-13	单胆 双心	7	1-8	单胆 双心	11	1-4	单心 双胆
月	14-31	单头 双肺	月	9-31	单头 双肺	月	5-30	单肺 双头
4	1-11	单肺 双头	8	1-7	单肺 双头	12	1-4	单肺 双头
月	12-30	单心 双胆	月	8-31	单心 双胆	月	5-31	单心 双胆

附录2　生日体质查询表二

1946 年 ~ 1955 年

1946 年

1	1-2	单胆 双心	5	1-30	单肝 双肾	9	1-24	单肾 双肝
月	3-31	单头 双肺	月	31	胃	月	25-30	单脾 双胃
2	1	肺	6	1-28	单脾 双胃	10	1-24	单脾 双胃
月	2-28	单脾 双胃	月	29-30	单肾 双肝	月	25-31	单肾 双肝
3	1-3	单脾 双胃	7	1-27	单肾 双肝	11	1-23	单肝 双肾
月	4-31	单肾 双肝	月	28-31	单脾 双胃	月	24-30	单胃 双脾
4	1	肝	8	1-26	单胃 双脾	12	1-22	单胃 双脾
月	2-30	单胃 双脾	月	27-31	单肝 双肾	月	23-31	单肝 双肾

1947 年

1	1-21	单肾 双肝	5	1-19	单心 双胆	9	1-14	单胆 双心
月	22-31	单心 双胆	月	20-31	单肺 双头	月	15-30	单头 双肺
2	1-20	单胆 双心	6	1-18	单头 双肺	10	1-13	单头 双肺
月	21-28	单头 双肺	月	19-30	单胆 双心	月	14-31	单胆 双心
3	1-22	单头 双肺	7	1-17	单胆 双心	11	1-12	单心 双胆
月	23-31	单头 双肺	月	18-31	单头 双肺	月	13-30	单肺 双头
4	1-20	单肺 双头	8	1-15	单肺 双头	12	1-11	单肺 双头
月	21-30	单心 双胆	月	16-31	单心 双胆	月	12-31	单心 双胆

1948 年

1	1-10	单胆 双心	5	1-8	单脾 双胃	9	1-2	单胃 双脾
月	11-31	单头 双肺	月	9-31	单肾 双肝	月	3-30	单肝 双肾
2	1-9	单肺 双头	6	1-6	单肝 双肾	10	1-2	单肝 双肾
月	10-29	单脾 双胃	月	7-30	单胃 双脾	月	3-31	单胃 双脾
3	1-10	单胃 双脾	7	1-6	单胃 双脾	11	1-30	单肾 双肝
月	11-31	单肝 双肾	月	7-31	单肝 双肾	月		
4	1-8	单肾 双肝	8	1-4	单肾 双肝	12	1-29	单脾 双胃
月	9-30	单脾 双胃	月	5-31	单脾 双胃	月	30-31	单肾 双肝

1949 年

1	1-28	单肝 双肾	5	1-27	单头 双肺	9	1-21	单心 双胆
月	29-31	单胆 双心	月	28-31	单胆 双心	月	22-30	单肺 双头
2	1-27	单心 双胆	6	1-25	单心 双胆	10	1-21	单肺 双头
月	28	头	月	26-30	单肺 双头	月	22-31	单心 双胆
3	1-28	单肺 双头	7	1-25	单肺 双头	11	1-19	单胆 双心
月	29-31	单心 双胆	月	26-31	单心 双胆	月	20-30	单头 双肺
4	1-27	单胆 双心	8	1-23	单胆 双心	12	1-19	单头 双肺
月	28-30	单头 双肺	月	24-31	单胆 双心	月	20-31	单胆 双心

1950 年

1	1-17	单心 双胆	5	1-16	单脾 双胃	9	1-11	单胃 双脾
月	18-31	单肺 双头	月	17-31	单肾 双肝	月	12-30	单肝 双肾
2	1-16	单头 双肺	6	1-14	单肝 双肾	10	1-10	单肝 双肾
月	17-28	单胃 双脾	月	15-30	单胃 双脾	月	11-31	单胃 双脾
3	1-17	单胃 双脾	7	1-14	单胃 双脾	11	1-9	单脾 双胃
月	18-31	单肝 双肾	月	15-31	单肝 双肾	月	10-30	单肾 双肝
4	1-16	单肾 双肝	8	1-13	单肾 双肝	12	1-8	单肾 双肝
月	17-30	单脾 双胃	月	14-31	单脾 双胃	月	9-31	单脾 双胃

1951 年

1	1-7	单胃 双脾	5	1-5	单胆 双心	9	1-30	单肺 双头
月	8-31	单肝 双肾	月	6-31	单头 双肺	月		
2	1-5	单肾 双肝	6	1-4	单肺 双头	10	1-29	单心 双胆
月	6-28	单心 双胆	月	5-30	单心 双胆	月	30-31	单肺 双头
3	1-7	单心 双胆	7	1-3	单心 双胆	11	1-28	单头 双肺
月	8-31	单肺 双头	月	4-31	单肺 双头	月	29-30	单胆 双心
4	1-5	单头 双肺	8	1-2	单头 双肺	12	1-27	单胆 双心
月	6-30	单胆 双心	月	3-31	单胆 双心	月	28-31	单头 双肺

1952 年

1	1-26	单肺 双头	5	1-23	单肝 双肾	9	1-18	单脾 双胃
月	27-31	单脾 双胃	月	24-31	单胃 双脾	月	19-30	单肾 双肝
2	1-24	单胃 双脾	6	1-21	单脾 双胃	10	1-18	单肾 双肝
月	25-29	单肝 双肾	月	22-30	单脾 双胃	月	19-31	单脾 双胃
3	1-25	单肾 双肝	7	1-21	单脾 双胃	11	1-16	单胃 双脾
月	26-31	单脾 双胃	月	22-31	单肾 双肝	月	17-30	单肝 双肾
4	1-23	单胃 双脾	8	1-19	单肝 双肾	12	1-16	单肝 双肾
月	24-30	单肝 双肾	月	20-31	单胃 双脾	月	17-31	单胃 双脾

1953 年

1	1-14	单脾 双胃	5	1-12	单心 双胆	9	1-7	单胆 双心
月	15-31	单肾 双肝	月	13-31	单肺 双头	月	8-30	单头 双肺
2	1-13	单肝 双肾	6	1-10	单头 双肺	10	1-7	单头 双肺
月	14-28	单胆 双心	月	11-30	单胆 双心	月	8-31	单胆 双心
3	1-14	单胆 双心	7	1-10	单胆 双心	11	1-6	单心 双胆
月	15-31	单头 双肺	月	11-31	单头 双肺	月	7-30	单肺 双头
4	1-13	单肺 双头	8	1-9	单肺 双头	12	1-5	单肺 双头
月	14-30	单心 双胆	月	10-31	单心 双胆	月	6-31	单心 双胆

1954 年

1	1-4	单胆 双心	5	1-2	单胃 双脾	9	1-26	单肾 双肝
月	5-31	单头 双肺	月	3-31	单肝 双肾	月	27-30	单脾 双胃
2	1-2	单肺 双头	6	1-29	单脾 双胃	10	1-26	单脾 双胃
月	3-28	单脾 双胃	月	30	肝	月	27-31	单肾 双肝
3	1-4	单脾 双胃	7	1-29	单肾 双肝	11	1-24	单肝 双肾
月	5-31	单肾 双肝	月	30-31	单脾 双胃	月	25-30	单胃 双脾
4	1-2	单肝 双肾	8	1-27	单胃 双脾	12	1-24	单胃 双脾
月	3-30	单胃 双脾	月	28-31	单肝 双肾	月	25-31	单肝 双肾

1955 年

1	1-23	单肾 双肝	5	1-21	单心 双胆	9	1-15	单胆 双心
月	24-31	单心 双胆	月	22-31	单肺 双头	月	16-30	单头 双肺
2	1-21	单胆 双心	6	1-19	单头 双肺	10	1-15	单头 双肺
月	22-28	单头 双肺	月	20-30	单胆 双心	月	16-31	单胆 双心
3	1-23	单头 双肺	7	1-18	单胆 双心	11	1-13	单心 双胆
月	24-31	单胆 双心	月	19-31	单头 双肺	月	14-30	单肺 双头
4	1-21	单心 双胆	8	1-17	单肺 双头	12	1-13	单肺 双头
月	22-30	单心 双胆	月	18-31	单心 双胆	月	14-31	单心 双胆

附录2　生日体质查询表三

1956年～1965年

1956年

1	1-12	单胆 双心	5	1-9	单脾 双胃	9	1-4	单胃 双脾
月	13-31	单头 双肺	月	10-31	单肾 双肝	月	5-30	单肝 双肾
2	1-11	单肺 双头	6	1-8	单肝 双肾	10	1-3	单肝 双肾
月	12-29	单脾 双胃	月	9-30	单胃 双脾	月	4-31	单胃 双脾
3	1-11	单胃 双脾	7	1-7	单胃 双脾	11	1-2	单脾 双胃
月	12-31	单肝 双肾	月	8-31	单肝 双肾	月	3-30	单肾 双肝
4	1-10	单肾 双肝	8	1-5	单肾 双肝	12	1	肾
月	11-30	单脾 双胃	月	6-31	单脾 双胃	月	2-31	单脾 双胃

1957年

1	1-30	单肝 双肾	5	1-28	单头 双肺	9	1-23	单肺 双头
月	31	胆	月	29-31	单胆 双心	月	24-30	单肺 双头
2	1-28	单心 双胆	6	1-27	单心 双胆	10	1-22	单肺 双头
月			月	28-30	单肺 双头	月	23-31	单心 双胆
3	1 31	心	7	1-26	单肺 双头	11	1-21	单胆 双心
月	2-30	单肺 双头	月	27-31	单心 双胆	月	22-30	单头 双肺
4	1-29	单胆 双心	8	1-24	单胆 双心	12	1-20	单头 双肺
月	30	肺	月	25-31	单头 双肺	月	21-31	单胆 双心

1958年

1	1-19	单心 双胆	5	1-18	单脾 双胃	9	1-12	单胃 双脾
月	20-31	单肺 双头	月	19-31	单肾 双肝	月	13-30	单肝 双肾
2	1-17	单头 双肺	6	1-16	单肝 双肾	10	1-12	单肝 双肾
月	18-28	单胃 双脾	月	17-30	单胃 双脾	月	13-31	单胃 双脾
3	1-19	单胃 双脾	7	1-16	单胃 双脾	11	1-10	单脾 双胃
月	20-31	单肝 双肾	月	17-31	单肝 双肾	月	11-30	单肾 双肝
4	1-18	单肾 双肝	8	1-14	单肾 双肝	12	1-10	单肾 双肝
月	19-30	单脾 双胃	月	15-31	单脾 双胃	月	11-31	单脾 双胃

1959年

1	1-8	单胃 双脾	5	1-7	单胆 双心	9	1-2	单心 双胆
月	9-31	单肝 双肾	月	8-31	单头 双肺	月	3-30	单肺 双头
2	1-7	单肾 双肝	6	1-5	单肺 双头	10	1	肺
月	8-28	单心 双胆	月	6-30	单心 双胆	月	2-31	单心 双胆
3	1-8	单心 双胆	7	1-5	单心 双胆	11	1-29	单头 双肺
月	9-31	单肺 双头	月	6-31	单肺 双头	月	30	心
4	1-7	单头 双肺	8	1-3	单头 双肺	12	1-29	单胆 双心
月	8-30	单胆 双心	月	4-31	单胆 双心	月	30-31	单头 双肺

1960年

1	1-27	单肺 双头	5	1-24	单肝 双肾	9	1-20	单脾 双胃
月	28-31	单脾 双胃	月	25-31	单胃 双脾	月	21-30	单肾 双肝
2	1-26	单胃 双脾	6	1-23	单脾 双胃	10	1-19	单肾 双肝
月	27-29	单肝 双肾	月	24-30	单肾 双肝	月	20-31	单脾 双胃
3	1-26	单肾 双肝	7	1-23	单肾 双肝	11	1-18	单胃 双脾
月	27-31	单脾 双胃	月	24-31	单肾 双肝	月	19-30	单肝 双肾
4	1-25	单胃 双脾	8	1-21	单肝 双肾	12	1-17	单肝 双肾
月	26-30	单肝 双肾	月	22-31	单胃 双脾	月	18-31	单胃 双脾

1961年

1	1-16	单脾 双胃	5	1-14	单心 双胆	9	1-9	单胆 双心
月	17-31	单肾 双肝	月	15-31	单肺 双头	月	10-30	单头 双肺
2	1-14	单肝 双肾	6	1-12	单头 双肺	10	1-9	单头 双肺
月	15-28	单胆 双心	月	13-30	单胆 双心	月	10-31	单胆 双心
3	1-16	单胆 双心	7	1-12	单胆 双心	11	1-7	单心 双胆
月	17-31	单头 双肺	月	13-31	单头 双肺	月	8-30	单肺 双头
4	1-14	单肺 双头	8	1-10	单肺 双头	12	1-7	单肺 双头
月	15-30	单心 双胆	月	11-31	单心 双胆	月	8-31	单心 双胆

1962年

1	1-5	单胆 双心	5	1-3	单胃 双脾	9	1-28	单肾 双肝
月	6-31	单头 双肺	月	4-31	单肝 双肾	月	29-30	单脾 双胃
2	1-4	单肺 双头	6	1	肾	10	1-27	单脾 双胃
月	5-28	单脾 双胃	月	2-30	单脾 双胃	月	28-31	单肾 双肝
3	1-5	单脾 双胃	7	1 31	脾	11	1-26	单肝 双肾
月	6-31	单肾 双肝	月	2-30	单肾 双肝	月	27-30	单胃 双脾
4	1-4	单肝 双肾	8	1-29	单胃 双脾	12	1-26	单胃 双脾
月	5-30	单胃 双脾	月	30-31	单肝 双肾	月	27-31	单肝 双肾

1963年

1	1-24	单肾 双肝	5	1-22	单肺 双头	9	1-17	单胆 双心
月	25-31	单心 双胆	月	23-31	单肺 双头	月	18-30	单头 双肺
2	1-23	单胆 双心	6	1-20	单头 双肺	10	1-16	单头 双肺
月	24-28	单头 双肺	月	21-30	单胆 双心	月	17-31	单胆 双心
3	1-24	单头 双肺	7	1-20	单胆 双心	11	1-15	单心 双胆
月	25-31	单胆 双心	月	21-31	单头 双肺	月	16-30	单肺 双头
4	1-23	单心 双胆	8	1-18	单肺 双头	12	1-15	单肺 双头
月	24-30	单肺 双头	月	19-31	单心 双胆	月	16-31	单心 双胆

1964年

1	1-14	单胆 双心	5	1-11	单脾 双胃	9	1-5	单胃 双脾
月	15-31	单头 双肺	月	12-31	单肾 双肝	月	6-30	单肝 双肾
2	1-12	单肺 双头	6	1-9	单肝 双肾	10	1-5	单肝 双肾
月	13-29	单脾 双胃	月	10-30	单胃 双脾	月	6-31	单胃 双脾
3	1-13	单胃 双脾	7	1-8	单胃 双脾	11	1-3	单脾 双胃
月	14-31	单肝 双肾	月	9-31	单肝 双肾	月	4-30	单肾 双肝
4	1-11	单肾 双肝	8	1-7	单肾 双肝	12	1-3	单肾 双肝
月	12-30	单脾 双胃	月	8-31	单脾 双胃	月	4-31	单脾 双胃

1965年

1	1-2	单胃 双脾	5	1-30	单头 双肺	9	1-24	单肺 双头
月	3-31	单肝 双肾	月	31	胆	月	25-30	单心 双胆
2	1	肾	6	1-28	单心 双胆	10	1-23	单心 双胆
月	2-28	单心 双胆	月	29-30	单肺 双头	月	24-31	单肺 双头
3	1-2	单心 双胆	7	1-27	单肺 双头	11	1-22	单头 双肺
月	3-31	单肺 双头	月	28-31	单心 双胆	月	23-30	单胆 双心
4	1	头	8	1-26	单胆 双心	12	1-22	单胆 双心
月	2-30	单胆 双心	月	27-31	单头 双肺	月	23-31	单头 双肺

附录2　生日体质查询表四

1966 年～1975 年

1966 年

1	1-20	单肺 双头	5	1-19	单脾 双胃	9	1-14	单胃 双脾
月	21-31	单脾 双胃	月	20-31	单肾 双肝	月	15-30	单肝 双肾
2	1-19	单胃 双脾	6	1-18	单肝 双肾	10	1-13	单肝 双肾
月	20-28	单肝 双肾	月	19-30	单胃 双脾	月	14-31	单胃 双脾
3	1-21	单肝 双肾	7	1-17	单胃 双脾	11	1-11	单脾 双胃
月	22-31	单胃 双脾	月	18-31	单肝 双肾	月	12-30	单肾 双肝
4	1-20	单脾 双胃	8	1-15	单肾 双肝	12	1-11	单肾 双肝
月	21-30	单脾 双胃	月	16-31	单脾 双胃	月	12-31	单脾 双胃

1967 年

1	1-10	单胃 双脾	5	1-8	单胆 双心	9	1-3	单心 双胆
月	11-31	单肝 双肾	月	9-31	单头 双肺	月	4-30	单肺 双头
2	1-8	单肾 双肝	6	1-7	单肺 双头	10	1-3	单肺 双头
月	9-28	单心 双胆	月	8-30	单心 双胆	月	4-31	单心 双胆
3	1-10	单心 双胆	7	1-7	单心 双胆	11	1	胆
月	11-31	单肺 双头	月	8-31	单肺 双头	月	2-30	单头 双肺
4	1-9	单头 双肺	8	1-5	单头 双肺	12	1　31	头
月	10-30	单胆 双心	月	6-31	单胆 双心	月	2-30	单胆 双心

1968 年

1	1-29	单肺 双头	5	1-26	单肝 双肾	9	1-21	单脾 双胃
月	30-31	单脾 双胃	月	27-31	单胃 双脾	月	22-30	单肾 双肝
2	1-27	单胃 双脾	6	1-25	单脾 双胃	10	1-21	单肾 双肝
月	28-29	单肝 双肾	月	26-30	单肾 双肝	月	22-31	单脾 双胃
3	1-28	单肾 双肝	7	1-24	单肾 双肝	11	1-19	单胃 双脾
月	29-31	单脾 双胃	月	25-31	单脾 双胃	月	20-30	单肝 双肾
4	1-26	单胃 双脾	8	1-23	单胃 双脾	12	1-19	单肝 双肾
月	27-30	单肝 双肾	月	24-31	单胃 双脾	月	20-31	单胃 双脾

1969 年

1	1-17	单脾 双胃	5	1-15	单心 双胆	9	1-11	单胆 双心
月	18-31	单肾 双肝	月	16-31	单肺 双头	月	12-30	单头 双肺
2	1-16	单肝 双肾	6	1-14	单头 双肺	10	1-10	单头 双肺
月	17-28	单胆 双心	月	15-30	单胆 双心	月	11-31	单胆 双心
3	1-17	单胆 双心	7	1-13	单胆 双心	11	1-9	单心 双胆
月	18-31	单头 双肺	月	14-31	单头 双肺	月	10-30	单肺 双头
4	1-16	单肺 双头	8	1-12	单肺 双头	12	1-8	单肺 双头
月	17-30	单心 双胆	月	13-31	单心 双胆	月	9-31	单心 双胆

1970 年

1	1-7	单胆 双心	5	1-4	单胃 双脾	9	1-29	单肾 双肝
月	8-31	单头 双肺	月	5-31	单肝 双肾	月	30	胃
2	1-5	单肺 双头	6	1-3	单肾 双肝	10	1-29	单脾 双胃
月	6-28	单脾 双胃	月	4-30	单脾 双胃	月	30-31	单肾 双肝
3	1-7	单脾 双胃	7	1-2	单脾 双胃	11	1-28	单肝 双肾
月	8-31	单肾 双肝	月	3-31	单肾 双肝	月	29-30	单胃 双脾
4	1-5	单肝 双肾	8	1	肝	12	1-27	单胃 双脾
月	6-30	单胃 双脾	月	2-31	单胃 双脾	月	28-31	单肝 双肾

1971 年

1	1-26	单肾 双肝	5	1-23	单肺 双头	9	1-18	单胆 双心
月	27-31	单心 双胆	月	24-31	单心 双胆	月	19-30	单头 双肺
2	1-24	单胆 双心	6	1-22	单胆 双心	10	1-18	单头 双肺
月	25-28	单头 双肺	月	23-30	单胆 双心	月	19-31	单胆 双心
3	1-26	单头 双肺	7	1-21	单胆 双心	11	1-17	单心 双胆
月	27-31	单胆 双心	月	22-31	单头 双肺	月	18-30	单肺 双头
4	1-24	单心 双胆	8	1-20	单肺 双头	12	1-17	单肺 双头
月	25-30	单肺 双头	月	21-31	单心 双胆	月	18-31	单心 双胆

1972 年

1	1-15	单胆 双心	5	1-12	单脾 双胃	9	1-7	单胃 双脾
月	16-31	单头 双肺	月	13-31	单肾 双肝	月	8-30	单肝 双肾
2	1-14	单肺 双头	6	1-10	单肝 双肾	10	1-6	单肝 双肾
月	15-29	单脾 双胃	月	11-30	单胃 双脾	月	7-31	单胃 双脾
3	1-14	单胃 双脾	7	1-10	单胃 双脾	11	1-5	单脾 双胃
月	15-31	单肝 双肾	月	11-31	单肝 双肾	月	6-30	单肾 双肝
4	1-13	单肾 双肝	8	1-8	单肾 双肝	12	1-5	单肾 双肝
月	14-30	单脾 双胃	月	9-31	单脾 双胃	月	6-31	单脾 双胃

1973 年

1	1-3	单胃 双脾	5	1-2	单胆 双心	9	1-25	单肺 双头
月	4-31	单肝 双肾	月	3-31	单头 双肺	月	26-30	单心 双胆
2	1-2	单肾 双肝	6	1-29	单心 双胆	10	1-25	单心 双胆
月	3-28	单心 双胆	月	30	头	月	26-31	单肺 双头
3	1-4	单心 双胆	7	1-29	单肺 双头	11	1-24	单头 双肺
月	5-31	单肺 双头	月	30-31	单心 双胆	月	25-30	单胆 双心
4	1-2	单头 双肺	8	1-27	单胆 双心	12	1-23	单胆 双心
月	3-30	单胆 双心	月	28-31	单头 双肺	月	24-31	单头 双肺

1974 年

1	1-22	单肺 双头	5	1-21	单肾 双肝	9	1-15	单胃 双脾
月	23-31	单脾 双胃	月	22-31	单肾 双肝	月	16-30	单肝 双肾
2	1-21	单胃 双脾	6	1-19	单肝 双肾	10	1-14	单肝 双肾
月	22-28	单肝 双肾	月	20-30	单胃 双脾	月	15-31	单胃 双脾
3	1-23	单肝 双肾	7	1-18	单胃 双脾	11	1-13	单脾 双胃
月	24-31	单胃 双脾	月	19-31	单肝 双肾	月	14-30	单肾 双肝
4	1-21	单脾 双胃	8	1-17	单肾 双肝	12	1-13	单肾 双肝
月	22-30	单肾 双肝	月	18-31	单脾 双胃	月	14-31	单脾 双胃

1975 年

1	1-11	单胃 双脾	5	1-10	单胆 双心	9	1-5	单心 双胆
月	12-31	单肝 双肾	月	11-31	单头 双肺	月	6-30	单肺 双头
2	1-10	单肾 双肝	6	1-9	单肺 双头	10	1-4	单肺 双头
月	11-28	单心 双胆	月	10-30	单心 双胆	月	5-31	单心 双胆
3	1-12	单心 双胆	7	1-8	单心 双胆	11	1-2	单胆 双心
月	13-31	单肺 双头	月	9-31	单肺 双头	月	3-30	单头 双肺
4	1-11	单头 双肺	8	1-6	单头 双肺	12	1-2	单头 双肺
月	12-30	单胆 双心	月	7-31	单胆 双心	月	3-31	单胆 双心

附录2　生日体质查询表五

1976年~1985年

1976年

1	1-30	单肺 双头	5	1-28	单肝 双肾	9	1-23	单肾 双肝
月	31	脾	月	29-31	单胃 双脾	月	24-30	单肾 双肝
2	1-29	单胃 双脾	6	1-26	单脾 双胃	10	1-22	单肾 双肝
月			月	27-30	单肾 双肝	月	23-31	单脾 双胃
3	1-30	单肾 双肝	7	1-26	单肾 双肝	11	1-20	单胃 双脾
月	31	脾	月	27-31	单脾 双胃	月	21-30	单肝 双肾
4	1-28	单胃 双脾	8	1-24	单胃 双脾	12	1-20	单肝 双肾
月	29-30	单肝 双肾	月	25-31	单肝 双肾	月	21-31	单胃 双脾

1977年

1	1-18	单脾 双胃	5	1-17	单心 双胆	9	1-12	单胆 双心
月	19-31	单肾 双肝	月	18-31	单肺 双头	月	13-30	单头 双肺
2	1-17	单肝 双肾	6	1-16	单头 双肺	10	1-12	单头 双肺
月	18-28	单胆 双心	月	17-30	单胆 双心	月	13-31	单胆 双心
3	1-19	单胆 双心	7	1-15	单胆 双心	11	1-10	单心 双胆
月	20-31	单头 双肺	月	16-31	单头 双肺	月	11-30	单肺 双头
4	1-17	单肺 双头	8	1-14	单肺 双头	12	1-10	单肺 双头
月	18-30	单心 双胆	月	15-31	单心 双胆	月	11-31	单心 双胆

1978年

1	1-8	单胆 双心	5	1-6	单胃 双脾	9	1-2	单脾 双胃
月	9-31	单头 双肺	月	7-31	单肝 双肾	月	3-30	单肾 双肝
2	1-6	单肺 双头	6	1-5	单肾 双肝	10	1	肾
月	7-28	单脾 双胃	月	6-30	单脾 双胃	月	2-31	单脾 双胃
3	1-8	单脾 双胃	7	1-4	单脾 双胃	11	1-29	单肝 双肾
月	9-31	单肾 双肝	月	5-31	单肾 双肝	月	30	脾
4	1-6	单肝 双肾	8	1-3	单肝 双肾	12	1-29	单胃 双脾
月	7-30	单胃 双脾	月	4-31	单胃 双脾	月	30-31	单肝 双肾

1979年

1	1-27	单肾 双肝	5	1-25	单肺 双头	9	1-20	单胆 双心
月	28-31	单心 双胆	月	26-31	单心 双胆	月	21-30	单头 双肺
2	1-26	单胆 双心	6	1-23	单胆 双心	10	1-20	单头 双肺
月	27-28	单头 双肺	月	24-30	单头 双肺	月	21-31	单胆 双心
3	1-27	单头 双肺	7	1-23	单头 双肺	11	1-19	单心 双胆
月	28-31	单胆 双心	月	24-31	单头 双肺	月	20-30	单肺 双头
4	1-25	单心 双胆	8	1-22	单肺 双头	12	1-18	单肺 双头
月	26-30	单肺 双头	月	23-31	单心 双胆	月	19-31	单心 双胆

1980年

1	1-17	单胆 双心	5	1-13	单脾 双胃	9	1-8	单胃 双脾
月	18-31	单头 双肺	月	14-31	单肾 双肝	月	9-30	单肝 双肾
2	1-15	单肺 双头	6	1-12	单肝 双肾	10	1-8	单肝 双肾
月	16-29	单脾 双胃	月	13-30	单胃 双脾	月	9-31	单胃 双脾
3	1-16	单胃 双脾	7	1-11	单胃 双脾	11	1-7	单脾 双胃
月	17-31	单肝 双肾	月	12-31	单肝 双肾	月	8-30	单肾 双肝
4	1-14	单肾 双肝	8	1-10	单肾 双肝	12	1-6	单肾 双肝
月	15-30	单脾 双胃	月	11-31	单脾 双胃	月	7-31	单脾 双胃

1981年

1	1-5	单胃 双脾	5	1-3	单胆 双心	9	1-27	单肺 双头
月	6-31	单肝 双肾	月	4-31	单头 双肺	月	28-30	单心 双胆
2	1-4	单肾 双肝	6	1	肺	10	1-27	单心 双胆
月	5-28	单心 双胆	月	2-30	单心 双胆	月	28-31	单肺 双头
3	1-5	单心 双胆	7	1 31	心	11	1-25	单头 双肺
月	6-31	单肺 双头	月	2-30	单肺 双头	月	26-30	单胆 双心
4	1-4	单头 双肺	8	1-28	单胆 双心	12	1-25	单胆 双心
月	5-30	单胆 双心	月	29-31	单头 双肺	月	26-31	单头 双肺

1982年

1	1-24	单肺 双头	5	1-22	单肾 双肝	9	1-16	单胃 双脾
月	25-31	单脾 双胃	月	23-31	单肾 双肝	月	17-30	单肝 双肾
2	1-23	单胃 双脾	6	1-20	单肝 双肾	10	1-16	单肝 双肾
月	24-28	单肝 双肾	月	21-30	单胃 双脾	月	17-31	单胃 双脾
3	1-24	单肝 双肾	7	1-20	单胃 双脾	11	1-14	单脾 双胃
月	25-31	单胃 双脾	月	21-31	单肝 双肾	月	15-30	单肾 双肝
4	1-23	单脾 双胃	8	1-18	单肾 双肝	12	1-14	单肾 双肝
月	24-30	单肾 双肝	月	19-31	单脾 双胃	月	15-31	单脾 双胃

1983年

1	1-13	单胃 双脾	5	1-12	单胆 双心	9	1-6	单心 双胆
月	14-31	单肝 双肾	月	13-31	单头 双肺	月	7-30	单肺 双头
2	1-12	单肾 双肝	6	1-10	单肺 双头	10	1-5	单肺 双头
月	13-28	单心 双胆	月	11-30	单心 双胆	月	6-31	单心 双胆
3	1-14	单心 双胆	7	1-9	单心 双胆	11	1-4	单胆 双心
月	15-31	单肺 双头	月	10-31	单肺 双头	月	5-30	单头 双肺
4	1-12	单头 双肺	8	1-8	单头 双肺	12	1-3	单头 双肺
月	13-30	单胆 双心	月	9-31	单胆 双心	月	4-31	单胆 双心

1984年

1	1-2	单心 双胆	5	1-30	单肝 双肾	9	1-24	单肾 双肝
月	3-31	单肺 双头	月	31	胃	月	25-30	单脾 双胃
2	1	头	6	1-28	单脾 双胃	10	1-23	单脾 双胃
月	2-29	单胃 双脾	月	29-30	单肾 双肝	月	24-31	单肾 双肝
3	1-2	单脾 双胃	7	1-27	单肾 双肝	11	1-22	单肝 双肾
月	3-31	单肾 双肝	月	28-31	单脾 双胃	月	23-30	单肝 双肾
4	1-30	单胃 双脾	8	1-26	单胃 双脾	12	1-21	单肝 双肾
月			月	27-31	单肝 双肾	月	22-31	单胃 双脾

1985年

1	1-20	单脾 双胃	5	1-19	单心 双胆	9	1-14	单胆 双心
月	21-31	单肾 双肝	月	20-31	单肺 双头	月	15-30	单头 双肺
2	1-19	单肝 双肾	6	1-17	单头 双肺	10	1-13	单头 双肺
月	20-28	单胆 双心	月	18-30	单胆 双心	月	14-31	单胆 双心
3	1-20	单胆 双心	7	1-17	单胆 双心	11	1-11	单心 双胆
月	21-31	单头 双肺	月	18-31	单头 双肺	月	12-30	单肺 双头
4	1-19	单肺 双头	8	1-15	单肺 双头	12	1-11	单肺 双头
月	20-30	单心 双胆	月	16-31	单心 双胆	月	12-31	单心 双胆

附录2　生日体质查询表六

1986 年 ~1995 年

1986年

1	1-9	单胆 双心	5	1-8	单胃 双脾	9	1-3	单脾 双胃
月	10-31	单头 双肺	月	9-31	单肝 双肾	月	4-30	单肾 双肝
2	1-8	单肺 双头	6	1-6	单肾 双肝	10	1-3	单肾 双肝
月	9-28	单脾 双胃	月	7-30	单脾 双胃	月	4-31	单脾 双胃
3	1-9	单脾 双胃	7	1-6	单脾 双胃	11	1	胃
月	10-31	单肾 双肝	月	7-31	单肾 双肝	月	2-30	单肝 双肾
4	1-8	单肝 双肾	8	1-5	单肝 双肾	12	1 31	肝
月	9-30	单胃 双脾	月	6-31	单胃 双脾	月	2-30	单胃 双脾

1987年

1	1-28	单肾 双肝	5	1-26	单肺 双头	9	1-22	单胆 双心
月	29-31	单心 双胆	月	27-31	单心 双胆	月	23-30	单头 双肺
2	1-27	单胆 双心	6	1-25	单胆 双心	10	1-22	单头 双肺
月	28	肺	月	26-30	单头 双肺	月	23-31	单胆 双心
3	1-28	单头 双肺	7	1-25	单头 双肺	11	1-20	单心 双胆
月	29-31	单胆 双心	月	26-31	单头 双肺	月	21-30	单肺 双头
4	1-27	单心 双胆	8	1-23	单肺 双头	12	1-20	单肺 双头
月	28-30	单肺 双头	月	24-31	单心 双胆	月	21-31	单心 双胆

1988年

1	1-18	单胆 双心	5	1-15	单脾 双胃	9	1-10	单胃 双脾
月	19-31	单头 双肺	月	16-31	单肾 双肝	月	11-30	单肝 双肾
2	1-16	单肺 双头	6	1-13	单肝 双肾	10	1-10	单肝 双肾
月	17-29	单脾 双胃	月	14-30	单胃 双脾	月	11-31	单胃 双脾
3	1-17	单胃 双脾	7	1-13	单胃 双脾	11	1-8	单脾 双胃
月	18-31	单肝 双肾	月	14-31	单肝 双肾	月	9-30	单肾 双肝
4	1-15	单肾 双肝	8	1-11	单肾 双肝	12	1-8	单肾 双肝
月	16-30	单脾 双胃	月	12-31	单脾 双胃	月	9-31	单脾 双胃

1989年

1	1-7	单胃 双脾	5	1-4	单胆 双心	9	1-29	单肺 双头
月	8-31	单肝 双肾	月	5-31	单头 双肺	月	30	胆
2	1-5	单肾 双肝	6	1-3	单肺 双头	10	1-28	单心 双胆
月	6-28	单心 双胆	月	4-30	单心 双胆	月	29-31	单肺 双头
3	1-7	单心 双胆	7	1-2	单心 双胆	11	1-27	单头 双肺
月	8-31	单肺 双头	月	3-31	单肺 双头	月	28-30	单胆 双心
4	1-5	单头 双肺	8	1 31	头	12	1-27	单胆 双心
月	6-30	单胆 双心	月	2-30	单胆 双心	月	28-31	单头 双肺

1990年

1	1-26	单肺 双头	5	1-23	单肾 双肝	9	1-18	单胃 双脾
月	27-31	单脾 双胃	月	24-31	单脾 双胃	月	19-30	单肝 双肾
2	1-24	单胃 双脾	6	1-22	单胃 双脾	10	1-17	单肝 双肾
月	25-28	单肝 双肾	月	23-30	单胃 双脾	月	18-31	单胃 双脾
3	1-26	单肝 双肾	7	1-21	单胃 双脾	11	1-16	单脾 双胃
月	27-31	单胃 双脾	月	22-31	单肝 双肾	月	17-30	单肾 双肝
4	1-24	单脾 双胃	8	1-19	单肾 双肝	12	1-16	单肾 双肝
月	25-30	单肾 双肝	月	20-31	单脾 双胃	月	17-31	单脾 双胃

1991年

1	1-15	单胃 双脾	5	1-13	单胆 双心	9	1-7	单心 双胆
月	16-31	单肝 双肾	月	14-31	单头 双肺	月	8-30	单肺 双头
2	1-14	单肾 双肝	6	1-11	单肺 双头	10	1-7	单肺 双头
月	15-28	单心 双胆	月	12-30	单心 双胆	月	8-31	单心 双胆
3	1-15	单心 双胆	7	1-11	单心 双胆	11	1-5	单胆 双心
月	16-31	单肺 双头	月	12-31	单肺 双头	月	6-30	单头 双肺
4	1-14	单头 双肺	8	1-9	单头 双肺	12	1-5	单头 双肺
月	15-30	单胆 双心	月	10-31	单胆 双心	月	6-31	单胆 双心

1992年

1	1-4	单心 双胆	5	1-2	单胃 双脾	9	1-25	单肾 双肝
月	5-31	单肺 双头	月	3-31	单肝 双肾	月	26-30	单脾 双胃
2	1-3	单头 双肺	6	1-29	单脾 双胃	10	1-25	单脾 双胃
月	4-29	单胃 双脾	月	30	肝	月	26-31	单肾 双肝
3	1-3	单脾 双胃	7	1-29	单肾 双肝	11	1-23	单肝 双肾
月	4-31	单肾 双肝	月	30-31	单脾 双胃	月	24-30	单胃 双脾
4	1-2	单肝 双肾	8	1-27	单胃 双脾	12	1-23	单胃 双脾
月	3-30	单胃 双脾	月	28-31	单肝 双肾	月	24-31	单肝 双肾

1993年

1	1-22	单肾 双肝	5	1-20	单心 双胆	9	1-15	单胆 双心
月	23-31	单心 双胆	月	21-31	单肺 双头	月	16-30	单头 双肺
2	1-20	单胆 双心	6	1-19	单头 双肺	10	1-14	单头 双肺
月	21-28	单头 双肺	月	20-30	单胆 双心	月	15-31	单胆 双心
3	1-22	单头 双肺	7	1-18	单胆 双心	11	1-13	单心 双胆
月	23-31	单胆 双心	月	19-31	单头 双肺	月	14-30	单肺 双头
4	1-21	单心 双胆	8	1-17	单肺 双头	12	1-12	单肺 双头
月	22-30	单心 双胆	月	18-31	单心 双胆	月	13-31	单心 双胆

1994年

1	1-11	单胆 双心	5	1-10	单胃 双脾	9	1-5	单脾 双胃
月	12-31	单头 双肺	月	11-31	单肝 双肾	月	6-30	单肾 双肝
2	1-9	单肺 双头	6	1-8	单肾 双肝	10	1-4	单肾 双肝
月	10-28	单脾 双胃	月	9-30	单脾 双胃	月	5-31	单脾 双胃
3	1-11	单脾 双胃	7	1-8	单脾 双胃	11	1-2	单胃 双脾
月	12-31	单肾 双肝	月	9-31	单肾 双肝	月	3-30	单肝 双肾
4	1-10	单肝 双肾	8	1-6	单肝 双肾	12	1-2	单肝 双肾
月	11-30	单胃 双脾	月	7-31	单胃 双脾	月	3-31	单胃 双脾

1995年

1	1-30	单肾 双肝	5	1-28	单肺 双头	9	1-24	单头 双肺
月	31	心	月	29-31	单心 双胆	月	25-30	单头 双肺
2	1-28	单胆 双心	6	1-27	单胆 双心	10	1-23	单头 双肺
月			月	28-30	单头 双肺	月	24-31	单胆 双心
3	1-30	单头 双肺	7	1-26	单头 双肺	11	1-21	单心 双胆
月	31	胆	月	27-31	单胆 双心	月	22-30	单肺 双头
4	1-29	单心 双胆	8	1-25	单心 双胆	12	1-21	单肺 双头
月	30	头	月	26-31	单肺 双头	月	22-31	单心 双胆

附录2 生日体质查询表七

1996 年 ~2005 年

1996 年

1	1-19	单胆 双心	5	1-16	单脾 双胃	9	1-12	单胃 双脾
月	20-31	单头 双肺	月	17-31	单肾 双肝	月	13-30	单肝 双肾
2	1-18	单肺 双头	6	1-15	单肝 双肾	10	1-11	单肝 双肾
月	19-29	单脾 双胃	月	16-30	单胃 双脾	月	12-31	单胃 双脾
3	1-18	单胃 双脾	7	1-15	单胃 双脾	11	1-10	单脾 双胃
月	19-31	单肝 双肾	月	16-31	单肝 双肾	月	11-30	单肾 双肝
4	1-17	单肾 双肝	8	1-13	单肾 双肝	12	1-10	单肾 双肝
月	18-30	单脾 双胃	月	14-31	单脾 双胃	月	11-31	单脾 双胃

1997 年

1	1-8	单胃 双脾	5	1-6	单胆 双心	9	1	心
月	9-31	单肝 双肾	月	7-31	单头 双肺	月	2-30	单肺 双头
2	1-6	单肾 双肝	6	1-4	单肺 双头	10	1 31	肺
月	7-28	单心 双胆	月	5-30	单心 双胆	月	2-30	单心 双胆
3	1-8	单心 双胆	7	1-4	单心 双胆	11	1-29	单头 双肺
月	9-31	单肺 双头	月	5-31	单肺 双头	月	30	心
4	1-6	单头 双肺	8	1-2	单头 双肺	12	1-29	单胆 双心
月	7-30	单胆 双心	月	3-31	单胆 双心	月	30-31	单头 双肺

1998 年

1	1-27	单肺 双头	5	1-25	单肾 双肝	9	1-20	单胃 双脾
月	28-31	单脾 双胃	月	26-31	单脾 双胃	月	21-30	单肝 双肾
2	1-26	单胃 双脾	6	1-23	单胃 双脾	10	1-19	单肝 双肾
月	27-28	单肝 双肾	月	24-30	单胃 双脾	月	20-31	单胃 双脾
3	1-27	单肝 双肾	7	1-22	单胃 双脾	11	1-18	单脾 双胃
月	28-31	单胃 双脾	月	23-31	单肝 双肾	月	19-30	单肾 双肝
4	1-25	单脾 双胃	8	1-21	单肾 双肝	12	1-18	单肾 双肝
月	26-30	单肾 双肝	月	22-31	单脾 双胃	月	19-31	单脾 双胃

1999 年

1	1-16	单胃 双脾	5	1-14	单胆 双心	9	1-9	单心 双胆
月	17-31	单肝 双肾	月	15-31	单头 双肺	月	10-30	单肺 双头
2	1-15	单肾 双肝	6	1-13	单肺 双头	10	1-8	单肺 双头
月	16-28	单心 双胆	月	14-30	单心 双胆	月	9-31	单心 双胆
3	1-17	单心 双胆	7	1-12	单心 双胆	11	1-7	单胆 双心
月	18-31	单肺 双头	月	13-31	单肺 双头	月	8-30	单头 双肺
4	1-15	单头 双肺	8	1-10	单头 双肺	12	1-7	单头 双肺
月	16-30	单胆 双心	月	11-31	单胆 双心	月	8-31	单胆 双心

2000 年

1	1-6	单心 双胆	5	1-3	单胃 双脾	9	1-27	单肾 双肝
月	7-31	单肺 双头	月	4-31	单肝 双肾	月	28-30	单脾 双胃
2	1-4	单头 双肺	6	1	肾	10	1-26	单脾 双胃
月	5-29	单胃 双脾	月	2-30	单脾 双胃	月	27-31	单肾 双肝
3	1-5	单脾 双胃	7	1 31	脾	11	1-25	单肝 双肾
月	6-31	单肾 双肝	月	2-30	单肾 双肝	月	26-30	单胃 双脾
4	1-4	单肝 双肾	8	1-28	单胃 双脾	12	1-25	单胃 双脾
月	5-30	单胃 双脾	月	29-31	单肝 双肾	月	26-31	单肝 双肾

2001 年

1	1-23	单肾 双肝	5	1-22	单肺 双头	9	1-16	单胆 双心
月	24-31	单心 双胆	月	23-31	单肺 双头	月	17-30	单头 双肺
2	1-22	单胆 双心	6	1-20	单头 双肺	10	1-16	单头 双肺
月	23-28	单头 双肺	月	21-30	单胆 双心	月	17-31	单胆 双心
3	1-24	单头 双肺	7	1-20	单胆 双心	11	1-14	单心 双胆
月	25-31	单胆 双心	月	21-31	单头 双肺	月	15-30	单肺 双头
4	1-22	单心 双胆	8	1-18	单肺 双头	12	1-14	单肺 双头
月	23-30	单肺 双头	月	19-31	单心 双胆	月	15-31	单心 双胆

2002 年

1	1-12	单胆 双心	5	1-11	单胃 双脾	9	1-6	单脾 双胃
月	13-31	单头 双肺	月	12-31	单肝 双肾	月	7-30	单肾 双肝
2	1-11	单肺 双头	6	1-10	单肾 双肝	10	1-5	单肾 双肝
月	12-28	单脾 双胃	月	11-30	单脾 双胃	月	6-31	单脾 双胃
3	1-13	单脾 双胃	7	1-9	单脾 双胃	11	1-4	单胃 双脾
月	14-31	单肾 双肝	月	10-31	单肾 双肝	月	5-30	单肝 双肾
4	1-12	单肝 双肾	8	1-8	单肝 双肾	12	1-3	单肝 双肾
月	13-30	单胃 双脾	月	9-31	单胃 双脾	月	4-31	单胃 双脾

2003 年

1	1-2	单脾 双胃	5	1-30	单肺 双头	9	1-25	单头 双肺
月	3-31	单肾 双肝	月	31	心	月	26-30	单胆 双心
2	1-28	单胆 双心	6	1-29	单胆 双心	10	1-24	单胆 双心
月			月	30	肺	月	25-31	单头 双肺
3	1-2	单胆 双心	7	1-28	单头 双肺	11	1-23	单肺 双头
月	3-31	单头 双肺	月	29-31	单胆 双心	月	24-30	单心 双胆
4	1	肺	8	1-27	单心 双胆	12	1-22	单心 双胆
月	2-30	单心 双胆	月	28-31	单肺 双头	月	23-31	单肺 双头

2004 年

1	1-21	单头 双肺	5	1-18	单脾 双胃	9	1-13	单胃 双脾
月	22-31	单胃 双脾	月	19-31	单肾 双肝	月	14-30	单肝 双肾
2	1-19	单脾 双胃	6	1-17	单肝 双肾	10	1-13	单肝 双肾
月	20-29	单肾 双肝	月	18-30	单胃 双脾	月	14-31	单胃 双脾
3	1-20	单肝 双肾	7	1-16	单胃 双脾	11	1-11	单脾 双胃
月	21-31	单肝 双肾	月	17-31	单肝 双肾	月	12-30	单肾 双肝
4	1-18	单肾 双肝	8	1-15	单肾 双肝	12	1-11	单肾 双肝
月	19-30	单脾 双胃	月	16-31	单脾 双胃	月	12-31	单脾 双胃

2005 年

1	1-9	单胃 双脾	5	1-7	单胆 双心	9	1-3	单心 双胆
月	10-31	单肝 双肾	月	8-31	单头 双肺	月	4-30	单肺 双头
2	1-8	单肾 双肝	6	1-6	单肺 双头	10	1-2	单肺 双头
月	9-28	单心 双胆	月	7-30	单心 双胆	月	3-31	单心 双胆
3	1-9	单心 双胆	7	1-5	单心 双胆	11	1	胆
月	10-31	单肺 双头	月	6-31	单肺 双头	月	2-30	单头 双肺
4	1-8	单头 双肺	8	1-4	单头 双肺	12	1-30	单胆 双心
月	9-30	单胆 双心	月	5-31	单胆 双心	月	31	头

附录2　生日体质查询表八

2006 年～2015 年

2006年

1	1-28	单肺 双头	5	1-26	单肾 双肝	9	1-21	单胃 双脾
月	29-31	单脾 双胃	月	27-31	单脾 双胃	月	22-30	单肝 双肾
2	1-27	单胃 双脾	6	1-25	单胃 双脾	10	1-21	单肝 双肾
月	28	肾	月	26-30	单肝 双肾	月	22-31	单胃 双脾
3	1-28	单肝 双肾	7	1-24	单肝 双肾	11	1-20	单脾 双胃
月	29-31	单胃 双脾	月	25-31	单胃 双脾	月	21-30	单肾 双肝
4	1-27	单脾 双胃	8	1-23	单脾 双胃	12	1-19	单肾 双肝
月	28-30	单肾 双肝	月	24-31	单脾 双胃	月	20-31	单脾 双胃

2007年

1	1-18	单胃 双脾	5	1-16	单胆 双心	9	1-10	单心 双胆
月	19-31	单肝 双肾	月	17-31	单头 双肺	月	11-30	单肺 双头
2	1-17	单肾 双肝	6	1-14	单肺 双头	10	1-10	单肺 双头
月	18-28	单心 双胆	月	15-30	单心 双胆	月	11-31	单心 双胆
3	1-18	单心 双胆	7	1-13	单心 双胆	11	1-9	单胆 双心
月	19-31	单肺 双头	月	14-31	单肺 双头	月	10-30	单头 双肺
4	1-16	单头 双肺	8	1-12	单头 双肺	12	1-9	单头 双肺
月	17-30	单胆 双心	月	13-31	单胆 双心	月	10-31	单胆 双心

2008年

1	1-7	单心 双胆	5	1-4	单胃 双脾	9	1-28	单肾 双肝
月	8-31	单肺 双头	月	5-31	单肝 双肾	月	29-30	单脾 双胃
2	1-6	单头 双肺	6	1-3	单肾 双肝	10	1-28	单脾 双胃
月	7-29	单胃 双脾	月	4-30	单脾 双胃	月	29-31	单肾 双肝
3	1-7	单脾 双胃	7	1-2	单脾 双胃	11	1-27	单肝 双肾
月	8-31	单肾 双肝	月	3-31	单肾 双肝	月	28-30	单胃 双脾
4	1-5	单肝 双肾	8	1-30	单胃 双脾	12	1-26	单胃 双脾
月	6-30	单胃 双脾	月	31	肝	月	27-31	单肝 双肾

2009年

1	1-25	单肾 双肝	5	1-23	单肺 双头	9	1-18	单胆 双心
月	26-31	单心 双胆	月	24-31	单心 双胆	月	19-30	单头 双肺
2	1-24	单胆 双心	6	1-22	单胆 双心	10	1-17	单头 双肺
月	25-28	单头 双肺	月	23-30	单胆 双心	月	18-31	单胆 双心
3	1-26	单头 双肺	7	1-21	单胆 双心	11	1-16	单心 双胆
月	27-31	单胆 双心	月	22-31	单头 双肺	月	17-30	单肺 双头
4	1-24	单心 双胆	8	1-19	单肺 双头	12	1-15	单肺 双头
月	25-30	单肺 双头	月	20-31	单心 双胆	月	16-31	单心 双胆

2010年

1	1-14	单胆 双心	5	1-13	单胃 双脾	9	1-7	单脾 双胃
月	15-31	单头 双肺	月	14-31	单肝 双肾	月	8-30	单肾 双肝
2	1-13	单肺 双头	6	1-11	单肾 双肝	10	1-7	单肾 双肝
月	14-28	单脾 双胃	月	12-30	单脾 双胃	月	8-31	单脾 双胃
3	1-15	单脾 双胃	7	1-11	单脾 双胃	11	1-5	单胃 双脾
月	16-31	单肾 双肝	月	12-31	单肾 双肝	月	6-30	单肝 双肾
4	1-13	单肝 双肾	8	1-9	单肝 双肾	12	1-5	单肝 双肾
月	14-30	单胃 双脾	月	10-31	单胃 双脾	月	6-31	单胃 双脾

2011年

1	1-3	单脾 双胃	5	1-2	单心 双胆	9	1-26	单头 双肺
月	4-31	单肾 双肝	月	3-31	单肺 双头	月	27-30	单胆 双心
2	1-2	单肝 双肾	6	1	头	10	1-26	单胆 双心
月	3-28	单胆 双心	月	2-30	单胆 双心	月	27-31	单头 双肺
3	1-4	单胆 双心	7	1-30	单头 双肺	11	1-24	单肺 双头
月	5-31	单头 双肺	月	31	胆	月	25-30	单心 双胆
4	1-2	单肺 双头	8	1-28	单心 双胆	12	1-24	单心 双胆
月	3-30	单心 双胆	月	29-31	单肺 双头	月	25-31	单肺 双头

2012年

1	1-22	单头 双肺	5	1-20	单肾 双肝	9	1-15	单胃 双脾
月	23-31	单胃 双脾	月	21-31	单肾 双肝	月	16-30	单肝 双肾
2	1-21	单脾 双胃	6	1-18	单肝 双肾	10	1-14	单肝 双肾
月	22-29	单肾 双肝	月	19-30	单胃 双脾	月	15-31	单胃 双脾
3	1-21	单肝 双肾	7	1-18	单胃 双脾	11	1-13	单脾 双胃
月	22-31	单胃 双脾	月	19-31	单肝 双肾	月	14-30	单肾 双肝
4	1-20	单脾 双胃	8	1-16	单肾 双肝	12	1-12	单肾 双肝
月	21-30	单肾 双肝	月	17-31	单脾 双胃	月	13-31	单脾 双胃

2013年

1	1-11	单胃 双脾	5	1-9	单胆 双心	9	1-4	单心 双胆
月	12-31	单肝 双肾	月	10-31	单头 双肺	月	5-30	单肺 双头
2	1-9	单肾 双肝	6	1-7	单肺 双头	10	1-4	单肺 双头
月	10-28	单心 双胆	月	8-30	单心 双胆	月	5-31	单心 双胆
3	1-11	单心 双胆	7	1-7	单心 双胆	11	1-2	单胆 双心
月	12-31	单肺 双头	月	8-31	单肺 双头	月	3-30	单头 双肺
4	1-9	单头 双肺	8	1-6	单头 双肺	12	1-2	单头 双肺
月	10-30	单胆 双心	月	7-31	单胆 双心	月	3-31	单胆 双心

2014年

1	1-30	单肺 双头	5	1-28	单肾 双肝	9	1-23	单肝 双肾
月	31	脾	月	29-31	单脾 双胃	月	24-30	单胃 双脾
2	1-28	单胃 双脾	6	1-26	单胃 双脾	10	1-23	单胃 双脾
月			月	27-30	单肝 双肾	月	24-31	单胃 双脾
3	1-30	单肝 双肾	7	1-26	单肝 双肾	11	1-21	单脾 双胃
月	31	胃	月	27-31	单胃 双脾	月	22-30	单肾 双肝
4	1-28	单脾 双胃	8	1-24	单脾 双胃	12	1-21	单肾 双肝
月	29-30	单肾 双肝	月	25-31	单肾 双肝	月	22-31	单脾 双胃

2015年

1	1-19	单胃 双脾	5	1-71	单胆 双心	9	1-12	单心 双胆
月	20-31	单肝 双肾	月	18-31	单头 双肺	月	13-30	单肺 双头
2	1-18	单肾 双肝	6	1-15	单肺 双头	10	1-12	单肺 双头
月	19-28	单心 双胆	月	16-30	单心 双胆	月	13-31	单心 双胆
3	1-19	单心 双胆	7	1-15	单心 双胆	11	1-11	单胆 双心
月	20-31	单肺 双头	月	16-31	单肺 双头	月	12-30	单头 双肺
4	1-18	单头 双肺	8	1-13	单头 双肺	12	1-10	单头 双肺
月	19-30	单胆 双心	月	14-31	单胆 双心	月	11-31	单胆 双心

附录2 生日体质查询表九

2016年～2025年

2016年

1月	1-9	单心 双胆	5月	1-6	单胃 双脾	9月	1-30	单肾 双肝
	10-31	单肺 双头		7-31	单肝 双肾			
2月	1-7	单头 双肺	6月	1-4	单肾 双肝	10月	1-30	单脾 双胃
	8-29	单胃 双脾		5-30	单脾 双胃		31	肾
3月	1-8	单脾 双胃	7月	1-3	单脾 双胃	11月	1-28	单肝 双肾
	9-31	单肾 双肝		4-31	单肾 双肝		29-30	单胃 双脾
4月	1-6	单肝 双肾	8月	1-2	单肝 双肾	12月	1-28	单胃 双脾
	7-30	单胃 双脾		3-31	单胃 双脾		29-31	单肝 双肾

2017年

1月	1-27	单肾 双肝	5月	1-25	单肺 双头	9月	1-19	单胆 双心
	28-31	单心 双胆		26-31	单心 双胆		20-30	单头 双肺
2月	1-25	单胆 双心	6月	1-23	单胆 双心	10月	1-19	单头 双肺
	26-28	单头 双肺		24-30	单头 双肺		20-31	单胆 双心
3月	1-27	单头 双肺	7月	1-22	单头 双肺	11月	1-17	单心 双胆
	28-31	单胆 双心		23-31	单头 双肺		18-30	单肺 双头
4月	1-25	单心 双胆	8月	1-21	单肺 双头	12月	1-17	单肺 双头
	26-31	单肺 双头		22-31	单心 双胆		18-31	单心 双胆

2018年

1月	1-16	单胆 双心	5月	1-14	单胃 双脾	9月	1-9	单胃 双脾
	17-31	单头 双肺		15-31	单肝 双肾		10-30	单肾 双肝
2月	1-15	单肺 双头	6月	1-13	单肾 双肝	10月	1-8	单肾 双肝
	16-28	单脾 双胃		14-30	单脾 双胃		9-31	单脾 双胃
3月	1-16	单脾 双胃	7月	1-12	单脾 双胃	11月	1-7	单胃 双脾
	17-31	单肾 双肝		13-31	单肾 双肝		8-30	单肝 双肾
4月	1-15	单肝 双肾	8月	1-10	单肝 双肾	12月	1-6	单肾 双肝
	16-30	单胃 双脾		11-31	单胃 双脾		7-31	单胃 双脾

2019年

1月	1-5	单脾 双胃	5月	1-4	单心 双胆	9月	1-28	单头 双肺
	6-31	单肾 双肝		5-31	单肺 双头		29-30	单胆 双心
2月	1-4	单肝 双肾	6月	1-2	单头 双肺	10月	1-27	单胆 双心
	5-28	单胆 双心		3-30	单胆 双心		28-31	单头 双肺
3月	1-6	单胆 双心	7月	1-2	单胆 双心	11月	1-25	单肺 双头
	7-31	单头 双肺		3-31	单头 双肺		26-30	单心 双胆
4月	1-4	单肺 双头	8月	1-29	单心 双胆	12月	1-25	单心 双胆
	5-30	单心 双胆		30-31	单肺 双头		26-31	单肺 双头

2020年

1月	1-24	单头 双肺	5月	1-22	单肾 双肝	9月	1-16	单胃 双脾
	25-31	单胃 双脾		23-31	单肾 双肝		17-30	单肝 双肾
2月	1-22	单脾 双胃	6月	1-20	单肝 双肾	10月	1-16	单肝 双肾
	23-29	单肾 双肝		21-30	单胃 双脾		17-31	单胃 双脾
3月	1-23	单肝 双肾	7月	1-20	单胃 双脾	11月	1-14	单脾 双胃
	24-31	单胃 双脾		21-31	单肝 双肾		15-30	单肾 双肝
4月	1-22	单脾 双胃	8月	1-18	单肾 双肝	12月	1-14	单肾 双肝
	23-30	单肾 双肝		19-31	单脾 双胃		15-31	单脾 双胃

2021年

1月	1-12	单胃 双脾	5月	1-11	单胆 双心	9月	1-6	单心 双胆
	13-31	单肝 双肾		12-31	单头 双肺		7-30	单肺 双头
2月	1-11	单肾 双肝	6月	1-9	单肺 双头	10月	1-5	单肺 双头
	12-28	单心 双胆		10-30	单心 双胆		6-31	单心 双胆
3月	1-12	单心 双胆	7月	1-9	单心 双胆	11月	1-4	单胆 双心
	13-31	单肺 双头		10-31	单肺 双头		5-30	单头 双肺
4月	1-11	单头 双肺	8月	1-7	单头 双肺	12月	1-3	单头 双肺
	12-30	单胆 双心		8-31	单胆 双心		4-31	单胆 双心

2022年

1月	1-2	单心 双胆	5月	1-29	单肾 双肝	9月	1-25	单肝 双肾
	3-31	单肺 双头		30-31	单脾 双胃		26-30	单胃 双脾
2月	1-28	单胃 双脾	6月	1-28	单胃 双脾	10月	1-24	单胃 双脾
				29-30	单肝 双肾		25-31	单肝 双肾
3月	1-2	单胃 双脾	7月	1-28	单肝 双肾	11月	1-23	单肾 双肝
	3-31	单肝 双肾		29-31	单胃 双脾		24-30	单脾 双胃
4月	1-30	单脾 双胃	8月	1-26	单脾 双胃	12月	1-22	单脾 双胃
				27-31	单肾 双肝		23-31	单肾 双肝

2023年

1月	1-21	单肝 双肾	5月	1-19	单胆 双心	9月	1-14	单心 双胆
	22-31	单胆 双心		20-31	单头 双肺		15-30	单肺 双头
2月	1-19	单心 双胆	6月	1-16	单肺 双头	10月	1-14	单肺 双头
	20-28	单肺 双头		17-30	单心 双胆		15-31	单心 双胆
3月	1-21	单肺 双头	7月	1-17	单心 双胆	11月	1-12	单胆 双心
	22-31	单头 双肺		18-31	单肺 双头		13-30	单头 双肺
4月	1-19	单头 双肺	8月	1-15	单头 双肺	12月	1-12	单头 双肺
	20-30	单胆 双心		16-31	单胆 双心		13-31	单胆 双心

2024年

1月	1-10	单心 双胆	5月	1-7	单胃 双脾	9月	1-2	单脾 双胃
	11-31	单肺 双头		8-31	单肝 双肾		3-30	单肾 双肝
2月	1-9	单头 双肺	6月	1-5	单肾 双肝	10月	1-2	单肾 双肝
	10-29	单胃 双脾		6-30	单脾 双胃		3-31	单脾 双胃
3月	1-9	单脾 双胃	7月	1-5	单脾 双胃	11月	1-30	单肝 双肾
	10-31	单肾 双肝		6-31	单肾 双肝			
4月	1-8	单肝 双肾	8月	1-3	单肝 双肾	12月	1-30	单胃 双脾
	9-30	单胃 双脾		4-31	单胃 双脾		31	肝

2025年

1月	1月28日	单肾 双肝	5月	1-26	单肺 双头	9月	1-21	单胆 双心
	29-31	单心 双胆		27-31	单心 双胆		22-30	单头 双肺
2月	1-27	单胆 双心	6月	1-24	单胆 双心	10月	1-20	单头 双肺
	28	肺		25-30	单头 双肺		21-31	单胆 双心
3月	1-28	单头 双肺	7月	1-24	单头 双肺	11月	1-19	单心 双胆
	29-31	单胆 双心		25-31	单头 双肺		20-30	单肺 双头
4月	1-27	单心 双胆	8月	1-22	单肺 双头	12月	1-19	单肺 双头
	28-30	单肺 双头		23-31	单心 双胆		20-31	单心 双胆

附录 3　五运六气与时间计算法

五运与时间的关系：	六气与时间的关系：
甲：土太过　已：土不及 乙：金不及　庚：金太过 丙：水太过　辛：水不及 丁：木不及　壬：木太过 戊：火太过　癸：火不及	子：少阴君火　午：少阴君火 丑：太阴湿土　未：太阴湿土 寅：少阳相火　申：少阳相火 卯：阳明燥金　酉：阳明燥金 辰：太阳寒水　戌：太阳寒水 巳：厥阴风木　亥：厥阴风木
24 节气与六气初至三气： **初之气**　厥阴风木：立春、雨水、惊蛰、春分；2 月 4→**4 月 5，春天，**天气多风；五脏为**肝** **二之气**少阴君火：清明、谷雨、立夏、小满；4 月 6→**6 月 5，初夏，**天气转暖；五脏为**心** **三之气**少阳相火：芒种、夏至、小暑、大暑；6 月 5→**8 月 5，夏天，**天气炎热；五脏为**心**	**24 节气与六气四至六气：** **四之气**　太阴湿土：立秋、处暑、白露、秋分；8 月 6→**10 月 5，长夏，**天气为湿；五脏为**脾** **五之气**阳明燥金：寒露、霜降、立冬、小雪；10 月 6→**12 月 5，秋天，**天气为燥；五脏为**肺** **六之气**太阳寒水：大雪，冬至，小寒、大寒；12 月 6→**2 月 3，冬天，**天气为寒；五脏为**肾**
12 时辰与脏器的关系： 子时：胆 23—1 点　**午时**：心 11—1 点 丑时：肝 1—3 点　**未时**：小肠 13—15 点 寅时：肺 3—5 点　**申时**：膀胱 15—17 点 卯时：大肠 5—7 点　**酉时**：肾 17—19 点 辰时：胃 7—9 点　**戌时**：心包 19—21 点 巳时：脾 9—11 点　**亥时**：三焦 21—23 点	**五运六气与时间关系：** 甲已化土**乙庚**金，**丁壬**化木尽成林。 **丙辛**具是三江水，**戊癸**南方火炎侵。 **子午**少阴君火心，**丑未**太阴湿土临。 **寅申**少阳相火位，**卯酉**阳明属燥金。 **辰戌**太阳寒水是，**巳亥**厥阴风木寻。
公元前 104 年明确 24 节气天文位置： 太阳从黄经零度起，沿黄经每运行 15 度经历的时日为一个节气。每运行 360 度，经历 24 个节气，每月 2 个。第一个节气为“节气”，即：立春、惊蛰、清明、立夏、芒种、小暑、立秋、白露、寒露、立冬、大雪和小寒 12 个；第二个节气为“中气”，即：雨水、春分、谷雨、小满、夏至、大暑、处暑、秋分、霜降、小雪、冬至和大寒。“节气”和“中气”交替出现，各历时 15 天，现在人们已经把“节气”和“中气”统称为“节气”。	**六气与五运的平衡关系：** 子午：少阴君火→水太过 丑未：太阴湿土→木太过 寅申：少阳相火→水太过 卯酉：阳明燥金→火太过 辰戌：太阳寒水→土太过 巳亥：厥阴风木→金太过

附录4　弱脏报警与五合穴查询图

阳历年	弱脏-主要1	弱脏-次要1	弱脏-次要2
年末尾数为0	肝	肺	
年末尾数为1	肾	脾	心
年末尾数为2	脾	肝	
年末尾数为3	心	肾	肺
年末尾数为4	肾	脾	
年末尾数为5	肺	心	肝
年末尾数为6	心	肾	
年末尾数为7	肝	肺	脾
年末尾数为8	肺	心	
年末尾数为9	脾	肝	肾

2018年	初之气	二之气	三之气	四之气	五之气	六之气
	2/4～4/4	4/5～6/5	6/6～8/6	8/7～10/7	10/8～12/6	12/7～2/3
肝	绿灯	绿灯	绿灯	绿灯	绿灯	绿灯
心	红灯	红灯	红灯	黄灯	红灯	红灯
脾	黄灯	绿灯	绿灯	红灯	绿灯	黄灯
肺	黄灯	红灯	黄灯	绿灯	红灯	绿灯
肾	黄灯	黄灯	红灯	红灯	黄灯	红灯

五合穴在五运致病中运用：

1. 如果太过，取左侧合穴，解除太过。如土运太过，取足太阴脾经的左侧阴陵泉穴位。
2. 如果不及，取右侧合穴，纠正不及。如土不及，取足太阴脾经的右侧阴陵泉穴位。
3. 土运取足太阴脾经；火运取手少阴心经；金运取手太阴肺经；木运取足厥阴肝经；水运取足少阴肾经

取穴：
屈肘，
在肘横纹尺侧
纹头凹陷处。

手少阴心经-少海

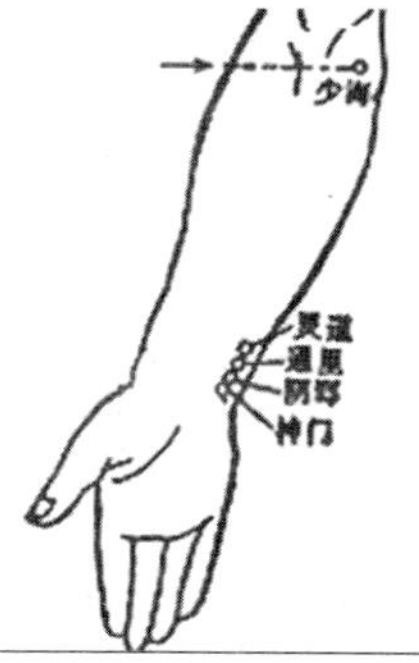

取穴：
手掌向上，
微屈肘，
在肘横纹上，
肱二头肌腱
桡侧缘处取穴

手太阴肺经-尺泽

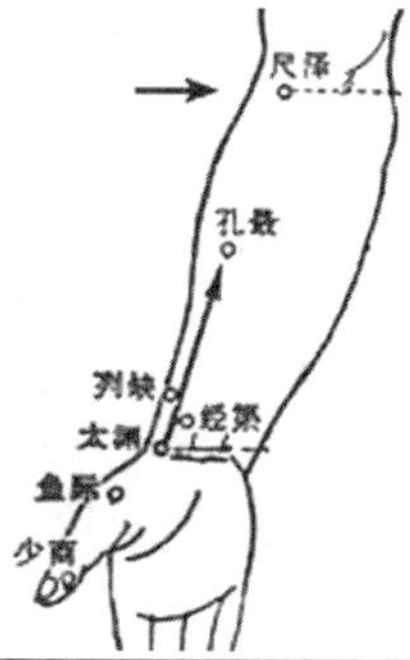

取穴：
正坐屈膝
或仰卧位，
在胫骨内侧髁
后下方约胫骨
粗隆下缘平齐处。

足太阴脾经-阴陵泉

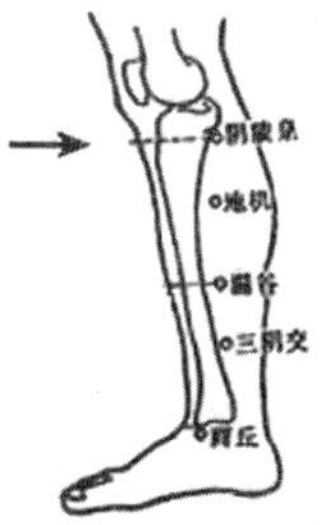

取穴：
屈膝正坐
或卧位，
于膝内侧
横纹端凹陷处。

足厥阴肝经-曲泉

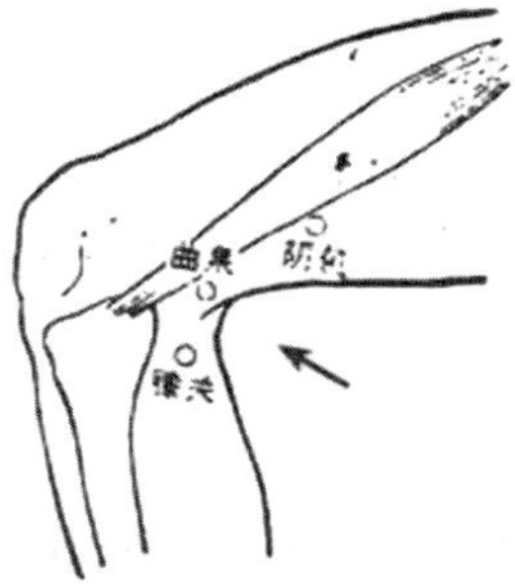

取穴：
正坐屈膝，
当腘窝内侧，
和委中相平，
在半腱肌腱和
半膜肌腱之间处

足少阴肾经-阴谷

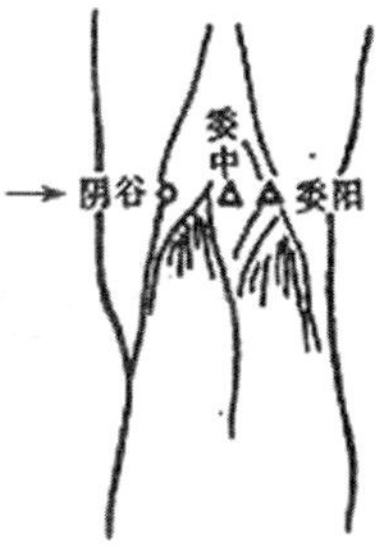

附录 5－1　先天弱脏与疾病对应参考表（心 肝 脾）

● 仅指第一主弱脏为例

弱 脏	先天易感的疾病	先天易有的症状
心 逢公元年末位数 3、6 出生	精神官能症（抑郁症、燥郁症等）、流行性脑炎	♥ 失眠、脑神经衰弱、多梦、健忘、无故惊恐、心神不安、烦躁不安等 ♥ 面红、舌红、面色口唇发紫、心胸作痛、动不动就出汗喘息、面色苍白或脸色黑黯淡 ♥ 汗多、冷汗、盗汗、手足心出汗、舌头生疮、糜烂 ♥ 舌头僵硬 不能言语、说话不清楚、心烦、睡不着、小便不顺畅滴滴答答且刺痛、尿液黄红、尿血等
	心脏血管疾病，如肺心病、冠心病、先天性心脏病、心律不齐、心肌炎、心内膜炎、心包炎、中风、贫血等	
	尿道炎、前列腺炎、膀胱炎	
	小肠痉挛、疝气	
	复发性口腔炎	
肝 逢公元年末位数 0、7 出生	眼睛疾病：如近视、青光眼、弱视、白内障、视网膜病变等	视力减退
	皮肤问题	发痒、长疹子、长斑等
	妇科疾病：如月经不调、痛经、更年期障碍、子宫病变、乳房病变、不孕症、子宫炎、子宫肌瘤、阴道炎、月经量少等	经血崩漏（大量出血）、月经滴滴答答拖得很久、白带、分泌物有异味等
	男科疾病：如阴囊湿疹、急性睾丸炎	阴囊发痒、红肿、下腹或阴囊肿胀疼痛，或有发烧迹象
	肠胃疾病：如胃炎、肠炎、胃食道逆流、胃酸过多、肠胃癌等	腹胀、拉肚子、消化不良等
	肝胆疾病：如肝癌、肝炎、胆囊炎、胆结石、肝硬化等	食欲不振、黄疸、腹水、水肿、疲累
	心血管疾病，如：高血压、中风、脑溢血	头晕、头疼
	贫血、失血	头晕、昏眩
	精神官能症、如：抑郁症、燥郁症、美尼尔症侯群	失眠、脑神经衰弱、多梦、健忘、四肢筋骨酸痛麻木、常叹气、心中郁闷不乐、眩晕等
	神经炎	四肢筋脉酸痛麻木
	甲状腺疾病、如甲状腺机能亢进、甲状腺结节、甲状腺炎	暴瘦、心悸、手抖、胸闷
脾 逢公元年末位数 2、9 出生	肠胃疾病、如：胃炎、肠炎、胃食道逆流、胃酸过多、肠胃癌等	腹胀、拉肚子、消化不良、打嗝、恶心想吐
	妇科疾病，如：月经失调、痛经、更年期障碍、子宫病变，乳房病变、不孕症、子宫炎、子宫肌瘤等	妇科经血崩漏、月经滴滴答答拖得很久、白带、分必物有异味等

附录 5－2　先天弱脏与疾病对应参考表(脾 肺 肾)

● 续接前面表图

脾 逢公元年末位数 2、9 出生	肥胖症、水肿	代谢慢/身体按压时会有指痕、一段时间才回复
	皮肤病	皮肤过敏
	肿瘤、癌症	
	血液疾病、如：贫血、地中海型贫血等	发烧、休克等
	牙齿疾病、口腔疾病	蛀牙、牙周疼、小虎牙
	代谢疾病、如：结石、糖尿病、痛风、精神官能症	神经衰弱、筋骨酸痛、神经抽痛、多眠嗜睡、昏昏沉沉、记忆力减退、神识不清(突然失去意识)等
肺 逢公元年末位数 5、8 出生	口腔疾病，如：口腔炎、齿龈炎、牙周炎等	牙龈流血、牙痛、牙齿动摇、牙脱落、口腔溃疡等
	扁桃腺炎	颈部肿胀
	感冒、流行性传染疾病、呼吸道疾病、如：肺炎、肺癌、呼吸器官过敏、慢性咽喉炎、支气管炎、咽喉痛、肺结核、肺癌等	发烧、咳嗽、流鼻涕、胸闷等
	过敏性疾病，如：鼻子、皮肤过敏等	流鼻水、鼻塞、皮肤痒、皮肤起疹子、湿疹、皮肤癣等。
	皮肤病	痘疮、斑点、起疹子
	大肠癌、急性肠炎、便秘	血便、大便习惯改变、便秘、腹泻
	脑部疾病	偏头疼、头痛、头晕、神经衰弱
肾 逢公元年末位数 1、4 出生	肾泌尿疾病：如肾炎、膀胱炎、结石、肾衰竭、前列腺肿大、尿毒症等	水肿
	糖尿病	吃多、喝多、尿多、易疲劳。但有些人没有症状
	抑郁症	失眠、偏头疼、头疼、脑神经衰弱、多梦健忘、四肢筋骨酸痛麻木、常叹气、心中郁闷不乐、眩晕等，有自杀倾向
	红斑性狼疮、类风湿性关节炎等免疫系统疾病	关节莫名肿痛、皮肤有蝴蝶斑等，但有些人没有症状
	骨质疏松	易骨折
	小儿发育不良	长不高、长不壮、性征发育晚
	妇科疾病;月经不调、痛经、更年期障碍、子宫病变、乳房病变、不孕症、子宫炎、子宫肿瘤等	妇女经期崩漏、月经滴滴答答拖得很久、白带、分必物有异味等
	血液疾病，如：贫血、地中海型贫血等，血管堵塞（中风、心悸梗塞等）	四肢冰冷、脸色苍白
	肠胃病	腹胀、拉肚子、消化不良、打嗝、恶心想吐
	性（肾）功能衰退	腰膝酸软（腰酸腿无力）、眼昏花
	风湿关节炎	关节疼痛肿胀
	耳朵疾病	耳鸣、耳聋